目　录

项目1　汽车照明电路的检测与维修 ………………………………………… 1

　　任务1.1　读懂简单的电路原理图 …………………………………………… 1

　　任务1.2　认识并学会常用元件的检测 ……………………………………… 2

　　任务1.3　学会基本物理量的测量 …………………………………………… 5

　　任务1.4　验证基尔霍夫定律 ………………………………………………… 6

　　任务1.5　简单故障的判断 …………………………………………………… 7

　　任务1.6　验证叠加原理与戴维南定理 ……………………………………… 8

项目2　汽车交流电路的检测与维修 ……………………………………… 11

　　任务2.1　观测正弦交流电压波形 …………………………………………… 11

　　任务2.2　观测 R、L、C 在交流电路中的特性 ……………………………… 12

　　任务2.3　三相负载电路的分析 ……………………………………………… 15

　　任务2.4　功率因数的提高 …………………………………………………… 18

　　任务2.5　汽车三相交流发电机的拆装与检测 ……………………………… 19

项目3　汽车安全用电 ……………………………………………………… 22

　　任务3.1　绝缘电阻的测量 …………………………………………………… 22

　　任务3.2　触电急救心肺复苏训练 …………………………………………… 23

项目4　铁芯线圈元件检测与电路分析 …………………………………… 25

　　任务4.1　电磁感应现象的观察与研究 ……………………………………… 25

　　任务4.2　变压器空载与负载运行检测 ……………………………………… 28

　　任务4.3　汽车常用电磁元件的认识与检测 ………………………………… 30

项目5　汽车电动机的检测与控制 ………………………………………… 36

　　任务5.1　汽车启动机的拆装与检测 ………………………………………… 36

　　任务5.2　三相异步电动机的检测与启动 …………………………………… 37

　　任务5.3*　三相异步电动机的正反转控制 ………………………………… 40

　　任务5.4　车用小型电动机的检测 …………………………………………… 41

项目6　常用半导体器件的认识与检测 …………………………………… 44

　　任务6.1　二极管的认识与检测 ……………………………………………… 44

　　任务6.2　三极管的认识与检测 ……………………………………………… 46

任务 6.3　场效应管的认识与检测 ……………………………………………………………… 48

任务 6.4*　晶闸管的认识与检测 …………………………………………………………………… 49

任务 6.5　绝缘栅双极型晶体管的认识与检测 ………………………………………………… 51

项目 7　常用放大电路的检测与调试 ……………………………………………………… 54

任务 7.1　单管共射放大电路的调试与测量 …………………………………………………… 54

任务 7.2　功率放大电路的调试与测量 ………………………………………………………… 57

任务 7.3　集成运算放大器的应用与测量 ……………………………………………………… 60

项目 8　汽车电源的变换与处理 ……………………………………………………………… 63

任务 8.1　二极管整流、滤波、稳压电路的测量 …………………………………………… 63

任务 8.2　三极管串联稳压电路的调试 ………………………………………………………… 66

任务 8.3　汽车晶体管模拟调压电路的调试 …………………………………………………… 68

任务 8.4*　晶闸管调压电路的测量与调试 …………………………………………………… 69

项目 9　汽车仪表电路的认识与检测 ……………………………………………………… 71

任务 9.1　测试基本逻辑门的逻辑功能 ………………………………………………………… 71

任务 9.2　设计简单的组合逻辑电路 …………………………………………………………… 73

任务 9.3　编码器与译码器的逻辑功能测试 …………………………………………………… 74

任务 9.4*　数据选择的逻辑功能测试 ………………………………………………………… 77

项目 10　时序逻辑电路的认识与设计 ……………………………………………………… 79

任务 10.1　触发器的功能测试 ………………………………………………………………… 79

任务 10.2　移位寄存器的测试与应用 ………………………………………………………… 81

任务 10.3　二-十进制计数、译码与显示电路 …………………………………………… 84

任务 10.4　汽车转向灯电路的调试 …………………………………………………………… 86

项目 11　汽车智能控制基础 ………………………………………………………………… 89

任务 11.1*　汽车典型控制系统的控制框图制作 …………………………………………… 89

任务 11.2　测试数/模与模/数转换 ………………………………………………………… 89

任务 11.3　CAN 总线的检测 …………………………………………………………………… 92

项目 1　汽车照明电路的检测与维修

本项目的内容实为电路入门基础,几乎所有任务均可在电工电子实验室完成,其中任务 1.1 亦可在教室完成。实验室需配备操作台、示波器、数字万用表、直流稳压电源及电阻、电容、电感、导线、开关等电路元器件。

任务 1.1　读懂简单的电路原理图

一、电路符号的认识

(1) 请按表 1.1-1 的要求画出常用的电路符号。

表 1.1-1　电路符号

元件	电阻	可调电阻	电容	可调电容	空心电感	铁芯电感
电路符号						
元件	电池	接地	常开开关	常闭开关	跨越导线	相交导线
电路符号						
元件	熔断丝	电压表	易熔丝	按钮开关	磁芯电感	单丝灯泡
电路符号						

(2) 认识表 1.1-2 中的电路符号。

表 1.1-2　电路符号认识

电路符号	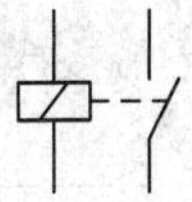	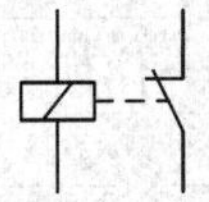		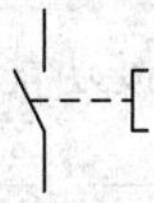	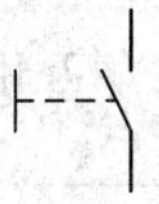	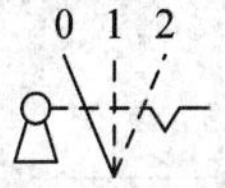
元件名称						
电路符号		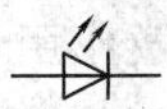				
元件名称						

二、识读简单的电路原理图

图 1.1-1 为桑塔纳 2000 汽车的照明电路图,请分析:

(1) 左右示宽灯电路的电流流通路径;

(2) 远近前照灯电路的电流流通路径;

(3) 行李箱灯电路的电流流通路径;

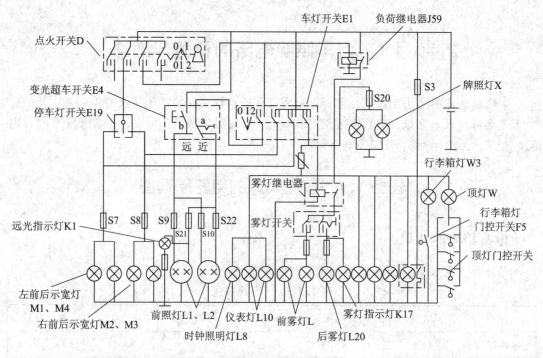

图 1.1 - 1　汽车照明电路原理图

任务 1.2　认识并学会常用元件的检测

一、数字万用表的使用

1. 数字万用表的认识

（1）你使用的数字万用表的型号是_____。

（2）仔细观察万用表面板功能转换开关（旋钮），你所用到的数字万用表能够测量_____、_____、_____、_____、_____、_____、_____、_____等。不同功能之间采用_____进行标识。

2. 面板熟悉

（1）请在图 1.2 - 1 上标明数字万用表的面板区域及作用。

（2）当显示屏上显示 1. 时，表示_____。

（3）表孔 COM 表示_____；测量交直流电压、二极管、电阻、频率、温度时，红表笔接_____表孔；测量电流时，红表笔接_____表孔。

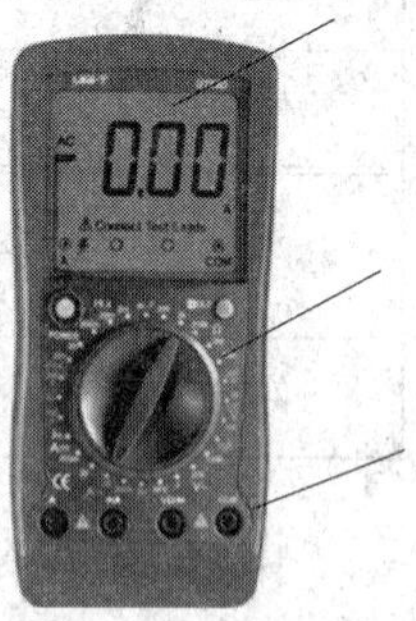

3. 数字万用表的使用

（1）万用表的初步检查内容有：_____
_____。

（2）检查表孔选择是否正确：正确（　）；错误（　）；如有错误，更正否（　）。

图 1.2 - 1　数字万用表

（3）根据被测量内容选择功能与量程，其原则是：功能选择原则为＿＿＿＿＿＿＿＿＿，量程选择原则为＿＿＿＿＿＿＿＿＿＿＿＿＿。

（4）测量：只有在测量电流时，表笔＿＿＿＿＿在电路中。测量其他量时，表笔都与被测点＿＿＿＿＿。

（5）读数：数据为＿＿＿＿＿＿＿＿＿，单位是＿＿＿＿＿＿。

二、认识与测量电阻元件

（1）认识电阻：标出图1.2-2所示电阻的名称。

图1.2-2　电阻元件

（2）从元件中将电阻找出来，测量出电阻的阻值并填入表1.2-1中。

表1.2-1　电阻测量

电阻	类型	标称值	测量值	误差
1				
2				
3				

（3）从元件中找出电位器，测量阻值、判断好坏并填入表1.2-2中。

表1.2-2　电位器测量

电位器	标称阻值	调整时阻值变化情况并判断好坏		
		阻值平稳	阻值突变	阻值跳动
1				
2				

（4）从元件中找出可调电阻，测量阻值、判断好坏并填入表1.2-3中。

表1.2-3　可调电阻测量

可调电阻	标称阻值	调整时阻值的变化情况并判断好坏		
		阻值平稳	阻值突变	阻值跳动
1				
2				

（5）思考并回答：测量一个标称值为200 Ω的电阻，选择200、2 k、20 k量程进行，显示的数据分别是什么？选用哪个量程最合适，为什么？

三、认识与测量电容元件

（1）认识电容器：写出图1.2-3所示各电容器的名称。

图 1.2-3　电容元件

（2）测量电容器容量，将测量数据填入表 1.2-4 中。

表 1.2-4　电容测量

序号	类别	标称值	测量值	好坏	备注
1					
2					

（3）思考与回答：哪种电容有正负极之分？电容的标注形式有几种？

四、认识与测量电感元件

（1）认识电感元件：请在图 1.2-4 中勾选你要检测的电感元件。

图 1.2-4　电感元件

（2）检测电感元件：找出桌面上的电感元件，将测量数据填入表 1.2-5 中。

表 1.2-5　电感测量

电感序号	检测仪器与挡位	检测数据	好坏判断
1			
2			

（3）思考与回答：你是如何检测电感好坏的？其检测原理是什么？

五、导线与开关、保险丝的检测

下面我们来检测导线、开关和保险丝，并将检测数据填入表 1.2-6 中。

表 1.2-6　导线与开关、保险丝的检测

	检测仪器与挡位	检测数据	好坏判断	备注
绝缘包芯线				
开关				
保险丝				

六、思考与总结

实验室提供的电阻、电感与电容，个别在外形上极为相似，你如何区分？

任务 1.3　学会基本物理量的测量

一、直流电压与电位的比较测量

1. 测量

按图 1.3 - 1 接好电路，按要求测量电压与电位，将测量结果填入表 1.3 - 1 中。

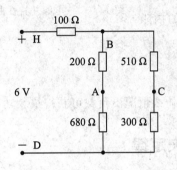

图 1.3 - 1　测量电压电位的电路

表 1.3 - 1　电压与电位比较测量

参点考	电　　压				电　　位			
	U_{AB}	U_{BC}	U_{CD}	U_{AD}	V_A	V_B	V_C	V_H
H 点								
A 点								
B 点								
D 点								

2. 数据分析与结论

(1) 由测量数据可知，电压的大小与所选参考点_____，而电位的高低与所选参考点_____。

(2) 若测量某两点间的电压，则将万用表两表笔直接搭接在_____即可；而测量某点电位首先将黑表笔固定在_____，然后用红表笔搭接在_____。

(3) 在实际电路中有且仅有一个参考点，这个参考点就是_____。

(4) 当所选参考点为电源负极时，_____与_____相等。

(5) 请总结电压与电位的区别与联系。

二、电源外特性描绘

(1) 按图 1.3 - 2 连接电路，测量出当负载分别为 200 Ω、510 Ω、1 kΩ 时回路中的电流与电源端电压，将数据填入表 1.3 - 2 中。（**注意**：精确到小数点后两位）。

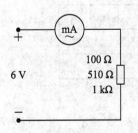

图 1.3 - 2　测量直流电流电路

表 1.3 - 2　回路电流与端电压测量

	负载开路	$R_L=1$ kΩ	$R_L=510$ Ω	$R_L=200$ Ω
电源端电压				
回路电流值				
消耗功率				

（2）数据分析与结论：

① 从表1.3－2中数据分析可知：负载电阻值越小，回路电流越_____，负载两端的电压越_____；当负载开路时，回路电流等于_____，端电压等于_____。

② 电源外特性的描绘：

（a）在图1.3－3中用描点法描出电源的外特性曲线。

（b）根据表1.3－2中数据，计算出电源的内阻，画出电源的等效电路图。

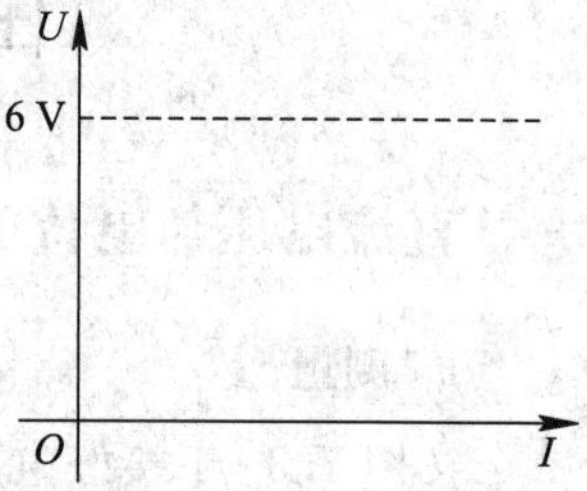

③ 分析与结论：电源内阻_____越好。因为电源的内阻越_____，带负载能力越强。

（图右侧）

U

6 V ----------------------

O ———————— I

图1.3－3 电源外特性曲线

三、思考与总结

根据全电路欧姆定律，电流越大，端电压越低，那么什么情况下负载可获得最大功率？

任务1.4　验证基尔霍夫定律

一、基尔霍夫第一定律

（1）按图1.4－1连接电路。

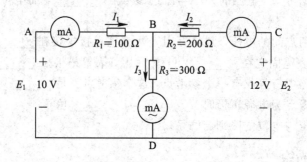

图1.4－1　基尔霍夫定律验证电路

（2）测量支路电流I_1、I_2、I_3，并将数据填入表1.4－1中。

表1.4－1　支路电流

	I_1/mA	I_2/mA	I_3/mA
第一次测量			
第二次测量			

（3）数据分析与结论：

① 从表1.4－1中数据分析可知，I_1、I_2、I_3的关系是_____。

② 基尔霍夫第一定律的两种表述分别是：

（a）_____，数学表达为_____；

（b）_____，数学表达为_____。

二、基尔霍夫第二定律

(1) 如图 1.4-1 所示，测量图中的电压 U_{AB}、U_{BC}、U_{CD}、U_{BD}、U_{AD}，并填入表 2.4-2 中。

表 1.4-2　各段电压值

U_{AB}	U_{BC}	U_{CD}	U_{AD}	U_{BD}

(2) 数据分析与结论：

① 将所测数据代入基尔霍夫第二定律，可得出：

在回路 ABDA 中，各段电压的关系是：＿＿＿＿＿＿＿＿＿＿＿＿＿＿＿＿＿＿；

在回路 BCDB 中，各段电压的关系是：＿＿＿＿＿＿＿＿＿＿＿＿＿＿＿＿＿＿；

在回路 ABCDA 中，各段电压的关系是：＿＿＿＿＿＿＿＿＿＿＿＿＿＿＿＿。

② 基尔霍夫第二定律的两种表述分别为：

(a) ＿＿＿＿＿＿＿＿＿＿＿＿＿＿＿＿＿＿＿＿＿＿＿＿＿＿＿＿。

(b) ＿＿＿＿＿＿＿＿＿＿＿＿＿＿＿＿＿＿＿＿＿＿＿＿＿＿＿＿。

三、思考与回答

在验证基尔霍夫定律时，有没有误差？请分析产生误差的原因。

任务 1.5　简单故障的判断

一、按图 1.5-1 接线

(1) 在未通电情况下，请测量各元件、开关及导线，保证电路连接良好。

(2) 调整直流稳压电源为 12 V，接入电路中。

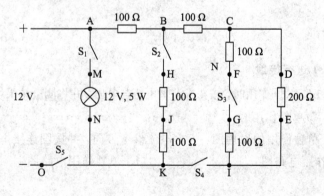

图 1.5-1　故障测试电路

二、用电压与电位测量法进行故障判断

(1) 当各开关正常闭合时，测量各电压及各点电位，填入表 1.5-1 中。

(2) 将各开关逐个断开，测量各电压及各点电位，填入表 1.5-1 中。

（3）将 B 与 K 点用短导线相连，测量各电压及各点电位，填入表 1.5－1 中。

（4）按自己意图设计故障并验证，将情况填入表中。

表 1.5－1 电压与电位测量值

条件	电压测量	电位测量	现象	结论

三、思考与总结

（1）图 1.5－1 中哪些点之间可以短接不会引起短路？

（2）用电压或电位法进行简单故障判断是否已熟练？谈谈看法与疑惑。

任务 1.6 验证叠加原理与戴维南定理

一、叠加原理验证

1. 按图 1.4－1 进行接线

（1）电源 E_1 和 E_2 共同作用时，按要求测量电流与电压，并将测量结果填入表 1.6－1 中。

（2）E_1（＋10 V）单独作用时：

① 请画出 E_1 单独作用的原理图，标出电流参考方向，并按图连接电路。

　　E_1 单独作用电路图：　　　　　　　　　E_2 单独作用电路图：

② 按要求测量 I_1、I_2、I_3、U_{AB}、U_{BC}、U_{BD}，将数据记入表 1.6 - 1 中。

（3）E_2（+12 V）单独作用时：

① 请画出 E_2 单独作用的原理图，标出电流参考方向，并按图连接电路。

② 按要求测量电压电流，将数据填入表 1.6 - 1 中。

表 1.6 - 1　电流与电压值

电流与电压 电源	I_1/mA	I_2/mA	I_3/mA	U_{AB}/V	U_{BC}/V	U_{BD}/V
E_1 单独作用						
E_2 单独作用						
E_1、E_2 共同作用						

2. 数据分析与结论

（1）电流的叠加有 ＿＿＿＿＿＿＿＿＿＿ 、 ＿＿＿＿＿＿＿＿＿＿ 、 ＿＿＿＿＿＿＿＿＿＿（数据说明）。

（2）电压的叠加有 ＿＿＿＿＿＿＿＿＿＿ 、 ＿＿＿＿＿＿＿＿＿＿ 、 ＿＿＿＿＿＿＿＿＿＿（数据说明）。

（3）由以上测量得出，当电流参考方向与实际方向一致时，取 ＿＿＿＿＿＿ ；当电流参考方向与实际方向相反时，取 ＿＿＿＿＿＿ 。当电压参考方向与实际方向一致时，数字万用表显示的电压为 ＿＿＿＿＿＿ ；当电压参考方向与实际方向相反时，数字万用表显示的电压为 ＿＿＿＿＿＿ 。

（4）由上测量可知，在多电源共同作用的线性电路中，任何一条支路电流都可以看成是各个电源单独作用时在该支路中所产生电流的 ＿＿＿＿＿＿＿＿ ，任何元件上的电压都可以看成是各个电源单独作用时在该元件上所产生电压的 ＿＿＿＿＿＿＿＿ 。这就是 ＿＿＿＿＿＿＿ 定理。

二、戴维南定理验证

（1）用戴维南定理求图 1.4 - 1 中 I_3 的大小。

① 测量二端网络的等效电动势 E_0：

（a）按图 1.4 - 1 接线。

（b）断开 R_3（负载电阻开路），测量开路电压 U_0，记入表 1.6 - 2 中。

表 1.6 - 2　开路电压、等效电阻与支路电流

	开路电压 U_0	等效电阻 R_0	支路电流 I_3
测量值			
计算值			

② 测量二端网络的等效电阻 R_0。

（a）将电压源短路（分别将 12 V 电源与 10 V 电源去掉，并用短导线代替）。

（b）将万用表置于相应的欧姆挡，测量 a、b 两端电阻 R_0，记入表 1.6 - 2 中。

③ 请画出二端网络的等效电路，计算出 I_3，填入表 1.6 - 2 中。

（2）数据分析与结论。

① 试比较用戴维南定理测算出的 I_3 与用叠加原理测量中的 I_3 是否一致？

② 戴维南定理的内容是什么？

三、思考与回答

（1）为什么叠加原理与戴维南定理只适合于线性电路？

（2）线性电路中，电流与电压可以叠加，功率是否可以叠加？

项目 2　汽车交流电路的检测与维修

本项目需实验室配备三相正弦交流电源、示波器、函数信号发生器、变压器、汽车交流发电机、数字万用表、交流电流表、镇流器、电阻、电容、电感、日光灯、导线、开关及拆装用起子、套筒、抹布、机油等。

任务 2.1　观测正弦交流电压波形

一、函数信号发生器的使用

（1）你使用的函数信号发生器的型号是＿＿＿＿＿＿＿＿，能产生＿＿＿＿＿＿、＿＿＿＿＿＿、＿＿＿＿＿＿、＿＿＿＿＿＿。

（2）请选择输出正弦波信号，并按要求调整幅度与频率，将结果填入表 2.1-1 中。

表 2.1-1　使用函数信号发生器

函数信号发生器					
信号	频率/Hz	频率表指示	频率倍乘	输出电压值	正弦波衰减	电压表示数
正弦波	500			3 V		
	1000			0.3 V		
	5000			30 mV		
	10 000			10 mV		

① 函数信号发生器输出信号的频率等于＿＿＿＿＿＿＿＿＿＿＿＿＿＿＿＿＿。

② 函数信号发生器输出正弦波信号的幅度等于＿＿＿＿＿＿＿＿＿＿＿＿＿＿＿。

二、示波器的使用

（1）你所使用的示波器的型号是＿＿＿＿＿＿＿＿＿＿，属于＿＿＿＿＿＿＿＿＿＿（数字式或模拟式）。

（2）电子示波器是一种＿＿＿＿＿＿测量仪器，用于观察＿＿＿＿＿＿＿＿＿＿。

（3）请按要求测量函数信号发生器产生的波形。

表 2.1-2　使用示波器

函数信号发生器			示波器						
信号	频率/Hz	电压	Y 轴挡位	Y 轴格数	峰峰值	X 轴挡位	X 轴格数	周期	频率
正弦波	500	3 V							
	1000	0.3 V							
	5000	30 mV							
	10 000	10 mV							

三、观测正弦交流电压的波形

(1)在图 2.1-1 中画出三相四线制 380 V 三相对称电源的波形图与相量图。

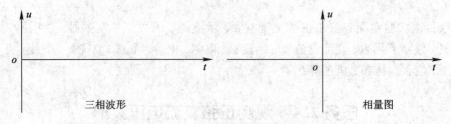

图 2.1-1 三相交流波形与相量图

(2)观测任意两相正弦交流电压的波形,完成下列问题。

① 正确连接示波器、变压器及三相正弦交流电源(若无三相变压器可用,用三个单相变压器,如图 2.1-1 所示),画出连接线。

② 描绘观测到的两相波形图,并读出其幅值、频率,标在图 2.1-2 中。

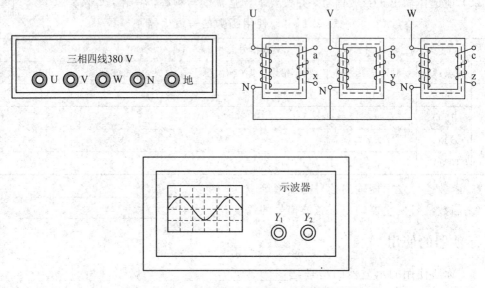

图 2.1-2 三相交流、变压器示波器线路连接

任务 2.2 观测 *R*、*L*、*C* 在交流电路中的特性

一、观察 *R*、*L*、*C* 电路中电压频率与阻抗的关系

1. 纯电阻电路中,电源频率与电阻的关系

(1)按图 2.2-1 接线,将函数信号发生器调整为正弦波输出(5 V)并保持不变。

(2)将函数信号发生器的频率由 5 Hz 逐渐调高至 5000 Hz,观察电流的变化,并将结果填入表 2.2-1 中。

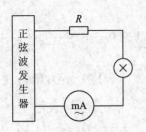

表 2.2-1 纯电阻元件在交流电路中

频率/Hz	5	500	1000	2000	5000	10 000
电流/mA						
灯光亮暗						

图 2.2-1 电阻元件在交流电路中

(3) 数据分析与结论：

由数据分析可知，在纯电阻电路中，调整电源频率，电路中的电流大小_____。由此可知，电阻的大小与电源频率_____。

2. 纯电容电路中，电压频率与容抗的关系

(1) 按图 2.2-2 接线，将函数信号发生器调整为正弦波输出(5 V)并保持不变。

(2) 将函数信号发生器的频率由 5 Hz 逐渐调高至 5000 Hz，观察电流变化，并将结果填入表 2.2-2 中。

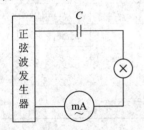

表 2.2-2 纯电容元件在交流电路中

频率/Hz	5	500	1000	2000	5000	10 000
电流/mA						
灯光亮暗						

图 2.2-2 电容元件在交流电路中

(3) 数据分析与结论：

① 由上表数据分析可知，在纯电容电路中，随电源频率的升高，电流_____。说明电容对交流电流有_____作用，并随频率的降低而_____。

② 电容对电流的阻碍作用称为_____，用_____表示，其大小为用公式表示为_____。

③ 电容对电流的阻碍作用不仅与_____有关，还与_____有关。

3. 纯电感电路中，电压频率与感抗的关系

(1) 按图 2.2-3 接线，将函数信号发生器调整为正弦波输出(5 V)并保持不变。

(2) 将函数信号发生器的频率由 5 Hz 逐渐调高至 5000 Hz，观察电流的变化，并将结果填入表 2.2-3 中。

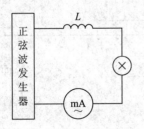

表 2.2-3 纯电感元件在交流电路中

频率/Hz	5	500	1000	2000	5000	10 000
电流/mA						
灯光亮暗						

图 2.2-3 电感元件在交流电路中

（3）数据分析与结论：

① 由上表数据分析可知，在纯电感电路中，随电源频率的升高，电流_____。说明电感对交流电流有_____作用，并随频率的升高而_____。

② 电感对电流的阻碍作用称为_____，用_____表示，其大小为用公式表示为_____。

③ 电感对电流的阻碍作用不仅与_____有关，还与_____有关。

（4）思考与回答：R、L、C 在直流电路中有什么特性？

二、观察 R、L、C 电路中电压与电流的相位关系

1. 观察纯电阻电路中电压与电流的相位关系

（1）按图 2.2 - 4 接线，正弦波信号发生器输出 4 V、1 kHz 的信号，电阻取值 100 Ω。

（2）Y_1 代表电流，Y_2 代表电压，用双踪示波器观察电流与电压的波形，填入表 2.2 - 4 中。

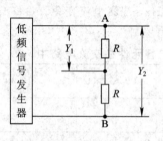

图 2.2 - 4　电阻元件在交流电路中

表 2.2 - 4　纯电阻元件电压与电流的相位

信号频率 1 kHz，电压幅度 4 V			
	波形图	相位差	
		测量值	理论值
电阻电路	u, i　　　　　　t		

（3）数据分析与结论：

在纯电阻电路中，电压与电流的相位差为_____，即电压与电流_____。

2. 观察纯电容电路中电压与电流的相位关系

（1）按图 2.2 - 5 接线，正弦波信号输出 4 V、1 kHz 信号，电阻取值为 51 Ω，电容为 0.1 μF。

（2）Y_1 代表电流，Y_2 代表电压，用双踪示波器观察电流与电压的波形，填入表 2.2 - 5 中。

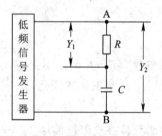

图 2.2 - 5　电容元件在交流电路中

表 2.2 - 5　纯电容元件的电压与电流相位

信号频率 1 kHz，电压幅度 4 V			
	波形图	相位差	
		测量值	理论值
电容电路	u, i　　　　　　t		

（3）数据分析与结论：

在纯电容电路中，理论上电压与电流的相位差关系是_____。而实际上由于_____的原因导致相位差_____。

3. 观察纯电感电路中电压与电流的相位关系

（1）按图 2.2 - 6 接线，正弦波信号输出 4 V、1 kHz 信号，电阻取值为 51 Ω，电感为

180 mH。

（2）Y_1 代表电流，Y_2 代表电压，用双踪示波器观察电流与电压的波形，填入表 2.2-6 中。

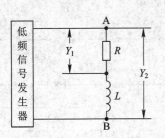

图 2.2-6　电感元件在交流电路中

表 2.2-6　纯电感元件电压与电流相位

信号频率 1 kHz，电压幅度 4 V		
波 形 图	相 位 差	
	测量值	理论值
电感 电路　u,i　t		

（3）数据分析与结论：

在纯电感电路中，理论上电压与电流的相位差关系是＿＿＿＿＿＿＿，而实际上由于＿＿＿＿＿＿＿的原因导致相位差＿＿＿＿＿＿。

（4）思考与回答：

① 为什么 Y_1 可代表电流？

② 电路中与电感、电容元件串联的电阻取值的大小对测量结果有没有影响？

③ 请总结纯电阻、电容、电感在交流电路中的特点，填入表 2.2-7 中。

表 2.2-7　R、L、C 在交流电路中的比较

	电阻 R	电容 C	电感 L
阻抗			
大小关系	$U=$ $U_m=$ $u=$	$U=$ $U_m=$ $u=$	$U=$ $U_m=$ $u=$
相位关系			
有功功率			
耗能			
相量表示			
相量图			
波形图			

任务 2.3　三相负载电路的分析

一、负载的星形连接

1. 按电路图 2.3-1 连接电路（注意：图中无需四个毫安表）

2. 当负载对称且中线正常时

(1) S_2 闭合，S_1 闭合，测量相关电压与电流，将数据填入表 2.3－1 中。

(2) 数据分析与结论：

① 从第一栏数据可以得知，当负载对称且有中线时，各相负载两端的电压都是_____，各相电流_____，中线电流为_____，所以各灯泡的亮暗程度_____。

② 相电压与线电压的关系是_____（用公式表示），相电流与线电流的关系是_____（用公式表示），中线电流是_____。

(3) 思考与回答：测量数据是否与理论一致？有没有误差？若有，请分析误差原因。

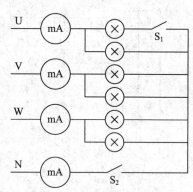

图 2.3－1 负载星形连接

3. 负载对称，无中线时

(1) S_2 断开，S_1 闭合，将测量相关数据填入表 2.3－1 中。

表 2.3－1 负载星形连接电压与电流

负载	中线	线电压			线电流（相电流）			中线电流	负载相电压			灯泡亮暗		
		U_{UV}	U_{VW}	U_{WU}	I_U	I_V	I_W	I_N	U_{UN}	U_{VN}	U_{WN}	U	V	W
对称	有													
对称	无													
不对称	有													
不对称	无													

(2) 数据分析与结论：

① 从第二栏数据可以看出，当负载对称且没有中线的情况下，各相负载两端的电压仍然是_____，各相电流_____，各灯泡亮暗程度_____。

② 当负载作星形连接且负载对称中线断开时，线电压与相电压的关系是_____，线电流与相电流的关系是_____（公式表示）。

③ 从以上分析可知，在负载对称的情况下，中线的有无对电路_____影响。因为中线电流_____，此时的中线_____。

4. 负载不对称，中线正常时

(1) S_1 断开，S_2 闭合，测量相关数据填入表 2.3－1 中。

(2) 数据分析与结论：

① 当负载不对称但有中线时，各负载相电压_____，灯泡亮暗程度_____，但各相电流_____，中线电流_____。

② 当负载作星形连接且负载不对称时，线电压与相电压的关系仍是_____，线电流与相电流的关系仍是_____，中线电流_____，此时的中线_____。

5. 负载不对称，中线断开时

(1) S_1 断开，S_2 断开，测量相关数据填入表 2.3－1 中。

（2）数据分析与结论：

① 当负载不对称且无中线时，三相负载的相电压分别是_____、_____、_____，所以对应的灯泡明暗程度分别是_____、_____、_____，各相电流分别是_____、_____、_____。

② 当负载不对称时，一旦中线断开，对电路的影响是_____。

所以在中线上不允许接_____、_____等，此时中线_____。

③ 中线的作用是_____。

二、负载三角形连接电路

1. 按图 2.3-2 连接电路，分别测量负载对称（S 断开）与负载不对称（S 闭合）时的相关电压与电流，填入表 2.3-2 中。

2. 按图 2.3-3 连接电路，分别测量负载对称（S 断开）时与负载不对称（S 闭合）时的相电流，填入表 2.3-2 中。

表 2.3-2　负载三角形连接电压与电流

负载	线电压即相电压			线电流			负载相电流		
	U_{UV}	U_{VW}	U_{WU}	I_U	I_V	I_W	I_{UV}	I_{VW}	I_{WU}
对称									
不对称									

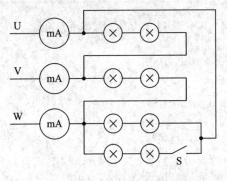

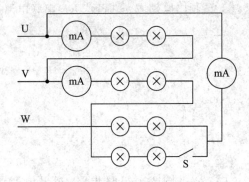

图 2.3-2　负载三角形连接，测相关电压与电流　　　图 2.3-3　负载三角形连接，测相电流

3. 数据分析与结论

（1）由表 2.3-2 的数据可知，当三相负载对称时，相电压与线电压_____，线电流为_____，相电流为_____。

（2）三相负载作三角形连接且负载对称时，线电流与相电流的关系是_____，线电压与相电压的关系是_____（公式表示）。

（3）当负载不对称时，三个相电流分别是_____、_____、_____，三个线电流分别是_____、_____、_____，线电流与相电流的大小不再满足_____。

（4）分析表 2.3-2 中的数据，当三相负载作三角形连接且负载不对称时，线电压与相电压的关系为_____，线电流与相电流的关系为_____。

三、思考与总结

（1）照明电路的零线上有电流吗？

（2）三相电源在分配三相负载时，总希望三相负载尽可能平衡，为什么？

（3）一个车间的所有用电器都是单相 220 V 的额定电压，能否将所有用电器都接到同一相电源上？

（4）完成本任务之后，你对于维修车间的用电安装了解了吗？

任务 2.4　功率因数的提高

一、安装并检修日光灯电路

（1）按图 2.4-1 安装日光灯电路，$C_1 = 1\ \mu F$，$C_2 = 2\ \mu F$。

（2）如果日光灯不能正常点亮，请按关键点电压法检修并排除故障。

二、并联电容前日光灯电路的测量

（1）将日光灯视为纯电阻，将镇流器视为纯电感，请画出原理图。（提示：RL 串联电路）。

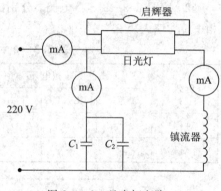

图 2.4-1　日光灯电路

（2）按图 2.4-1 的电路，断开电容支路，将测量结果填入表 2.4-1 中。

表 2.4-1　并联电容前的功率因数

待测量	总电压 U	总电流 I	视在功率 $S=UI$	灯管电压 U_R	有功功率 $P=U_R I$	镇流器电压 U_L	无功功率 $Q=U_L I$	功率因数 $\cos\varphi$
测量值								

（3）数据分析与结论：

① 从表 2.4-1 中的测量数据可以看出，总电流 I、流过日光灯的电流、流过镇流器的电流都等于_____，即串联电路中的电流_____。

② 总电压等于_____，总电流等于_____，视在功率为_____；日光灯两端电压等于_____，有功功率为_____；镇流器两端电压等于_____，无功功率等于_____，功率因数是_____。

③ 导致功率因数低的原因是：_____。

④ 请画出电压三角形与功率三角形。表中 S、P、Q 的数据符合功率三角形吗？分析原因。

三、并联电容后日光灯电路的测量

（1）按图 2.4-1 接线。

（2）分别并联三个不同容量的电容器，将测量结果填入表 2.4-2 中。

表 2.4-2　并联电容后的功率因数

	U	I	I_R	I_C	U_R	U_L	$P=U_R I$	$S=UI$	$\cos\varphi$
并 1 μF 电容									
并 2 μF 电容									
并 3 μF 电容									

（3）数据与结论：

① 并联 1 μF 电容后，日光灯电流_____，电容支路上的电流等于_____，总电流等于_____，较并联电容之前的总电流_____。

② 并联 2 μF 电容后，日光灯电流_____，电容支路上的电流等于_____，总电流等于_____，较并联 1 μF 电容，总电流继续_____。

③ 并联 3 μF 电容后，日光灯电流_____，电容支路上的电流等于_____，总电流等于_____，较并联 2 μF 电容，总电流_____。

④ 由以上数据分析表明，并联电容后功率因数_____。其中并联_____电容时功率因数最大，并联_____与并联_____电容其功率因数提高得较少，说明_____
_____。

⑤ 对照表 2.4-1 与表 2.4-2 中的数据，总电压_____，日光灯两端的电压_____，流过日光灯的电流_____；镇流器两端的电压_____，流过镇流器的电流_____，所以有功功率 P _____。而总电流_____，从而视在功率_____，从而使功率因数 $\cos\varphi$ _____。

四、思考与总结

画出提高功率因数相量图，说明提高功率因数的原理及提高功率因数的意义。

任务 2.5　汽车三相交流发电机的拆装与检测

一、就车检测交流发电机

（1）观察充电指示灯及检查励磁电路。

请在实验车间，在教师指导并保证安全情况下完成就车检测，将检测情况填入表 2.5-1 中。

表 2.5-1　就车检测发电机

	打开点火开关，不启动发动机	启动发动机，怠速情况下	发动机加速
充电指示灯情况			
金属靠近发电机			
励磁绕组电压值			

（2）数据分析与结论：

① 在发动机不工作时，汽车用电设备的电源由_____提供，这时仪表盘上充电指示灯_____。当金属起子靠近发电机时，感觉_____，测量励磁绕组的电压为_____。

② 当发动机启动后，仪表盘上充电指示灯_____，说明_____。当金属起子靠近发电机时，感觉_____，此时测量励磁绕组的电压为_____。

③ 当汽车在行驶过程中，发现充电指示灯（蓄电池形状）亮时，说明_____。

二、整体检测交流发电机

（1）交流发电机型号是_____，表示的含义是_____。

（2）请将汽车交流发电机的整体检测情况填入表 2.5-2 中。

表 2.5-2　发电机的整体检测情况

检测端	万用表挡位	电阻参考值	电阻检测值	情况分析	备注
EF 端子					

（3）思考与回答：EF 端子是交流发电机的_____绕组的引线端。

三、解体检测汽车交流发电机

1. 定子绕组的检测

请将检测结果填入表 2.5-3 中。

表 2.5-3　检测发电机定子绕组

检测内容	检测仪器与挡位	参考值	检测值	情况分析	备注
定子绕组的电阻值					
绕组间的绝缘性					
绕组与外壳是否搭铁					

2. 转子绕组的检测

请将结果填入表 2.5-4 中。

表 2.5–4　转子绕组的检测

检测内容	检测仪器	参考值	检测值	情况分析	备注
转子绕组的电阻值					
绕组与转子轴的绝缘性					
绕组与转子铁芯的绝缘性					

3. 电刷组件的检查

请将检测结果填入表 2.5–5 中。

表 2.5–5　电刷组件的检测

检测内容	检测工具	参考值	检测值	情况分析	备注
电刷高度					
弹簧弹性					
电刷与底座绝缘性					

4. 数据分析与结论

（1）定子绕组的故障一般有_____、_____、_____等。因定子绕组本身电阻很小，局部短路很难用万用表测出。

（2）在检测定子绕组或转子绕组电阻值时，选择万用表电阻挡的_____量程；测量定子绕组或转子绕组的绝缘性时，选择万用表电阻挡的_____量程。

四、装复交流发电机

按拆解的反顺序装复交流发电机。装复后，转动发电机皮带轮，转子应转动平顺，无摩擦及碰击声。

五、思考与总结

通过拆检汽车交流发电机可知，当发电机出故障时，最有可能的是哪些部位？为什么说发电机故障率小？

项目 3　汽车安全用电

　　绝缘是汽车安全用电的一个重要措施，定期对绝缘性能进行检测是防止电气起火或重大安全事故的有效手段。要完成项目的相应任务，实验室需配备实验用车、数字绝缘电阻测试仪、心肺复苏练习模型、汽车线束等。

任务 3.1　绝缘电阻的测量

一、数字绝缘电阻测试仪的使用

1. 数字绝缘电阻测试仪的认识

（1）如图 3.1-1 所示，你所选数字表的型号是 _____，该表能测量 _____、_____、_____。

（2）请在图 3.1-1 中勾选你所使用的数字绝缘电阻测试仪，简述测量注意事项。

图 3.1-1　绝缘电阻测试仪

2. 测量方法与步骤

将使用的绝缘电阻测试仪按表 3.1-1 中要求，填入表 3.1-1 中。

表 3.1-1　绝缘电阻测试仪的使用

测量内容 测量步骤	绝缘电阻	接地电阻	交直流电压
准备工作			
表笔选择			
表孔选择			
挡位量程选择			
测量方法			
读数			

二、测量

（1）测量导线绝缘电阻，将测量结果填入表 3.1－2 中。

表 3.1－2　导线绝缘电阻测量

	挡位选择	测量值	参考值	是否符合要求
线芯与外层				
线与线之间				
线束与车身				

（2）测量接地电阻，将结果填入表 3.1－3 中。

表 3.1－3　接地电阻测量

	挡位选择	测量数据	参考值	是否符合要求
12 V 蓄电池负极搭铁电阻				
其他搭铁电阻				

（3）测量车身对地绝缘电阻，将结果填入表 3.1－4 中。

表 3.1－4　车身对地绝缘电阻测量

	挡位选择	测量数据	参考值	是否符合要求
地点 1				
地点 2				
地点 3				

三、思考与总结

（1）说说绝缘电阻对汽车用电安全的意义。

（2）说说接地电阻对汽车安全用电的意义。

任务 3.2　触电急救心肺复苏训练

一、口对口人工呼吸训练

（1）当触电者失去_____，_____停止，但仍有_____的情况下，应采用口对口人工呼吸。

（2）人工呼吸正确步骤：请排序，将序号填入图 3.2－1 括号中。

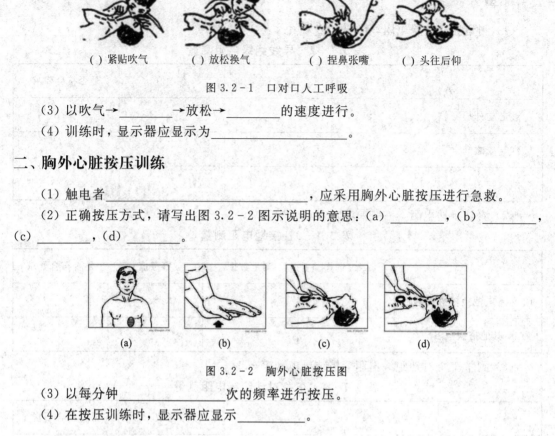

( )紧贴吹气   ( )放松换气   ( )捏鼻张嘴   ( )头往后仰

图 3.2-1　口对口人工呼吸

(3) 以吹气→_____→放松→_____的速度进行。

(4) 训练时,显示器应显示为_____。

二、胸外心脏按压训练

(1) 触电者_____,应采用胸外心脏按压进行急救。

(2) 正确按压方式,请写出图 3.2-2 图示说明的意思:(a) _____,(b) _____,(c) _____,(d) _____。

(a)   (b)   (c)   (d)

图 3.2-2　胸外心脏按压图

(3) 以每分钟_____次的频率进行按压。

(4) 在按压训练时,显示器应显示_____。

三、训练考核结果

用心肺复苏模型练习人工呼吸与胸外按压,将考核结果填入表 3.2-1(由教师填写)中。

表 3.2-1　训练考核结果

	步骤是否完整	姿势是否正确	电脑显示结果	考核结果	备注
人工呼吸					
胸外心脏按压					

项目 4　铁芯线圈元件检测与电路分析

　　该项目主要研究磁路的基础知识、常用汽车电磁元件的检测与实际电路分析。要完成项目相关任务，实验室需配备交流电源、直流电源、万用表、电流表、磁条、线圈、变压器、小灯珠、点火线圈、电磁阀、继电器、电磁式传感器、开关、导线等。

任务 4.1　电磁感应现象的观察与研究

一、电磁感应现象的观察与研究（1）

　　（1）按图 4.1-1 电路进行连线。

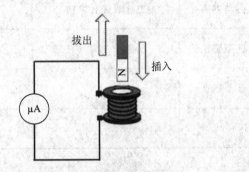

图 4.1-1　电磁感应现象观察

　　（2）按表 4.1-1 所示内容观察电流表指针的偏转方向，将现象填入表 4.1-1 中。

表 4.1-1　电磁感应现象（1）

条形磁铁动作	电流表指针偏转情况	条形磁铁动作	电流表指针偏转情况
N 插入（慢）		N 插入（快）	
N 拔出（慢）		N 拔出（快）	
S 插入（慢）		S 插入（快）	
S 拔出（慢）		S 拔出（快）	
静置于线圈中		置于线圈中左右晃动	

　　（3）分析与结论：

　　① 电流表的偏转方向与_____有关。

　　② 电流表的偏转幅度与_____有关。

　　③ 法拉第电磁感应定律的内容为：_____
_____。

　　④ 楞次定律的内容为：_____。

　　⑤ 感应电动势大小为_____（公式表示）。

二、电磁感应现象的观察与研究（2）

（1）按图 4.1-2 电路进行连线。

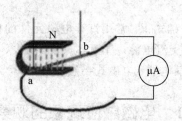

图 4.1-2　电磁感应现象观察

（2）按表 4.1-2 所示内容观察电流表的偏转情况，将现象填入表 4.1-2 中。

表 4.1-2　电磁感应现象（2）

导体 ab 运动方向	电流表偏转方向	电流表偏转幅度
ab 移进 U 型磁铁		
ab 移出 U 型磁铁		
ab 快速移动		

（3）分析与结论：

① 电磁感应定律的两种表述为：

（a）＿＿＿＿＿＿＿＿＿＿＿＿＿＿＿＿＿＿＿＿＿＿＿＿＿＿＿＿＿＿＿＿

（b）＿＿＿＿＿＿＿＿＿＿＿＿＿＿＿＿＿＿＿＿＿＿＿＿＿＿＿＿＿＿＿＿

② 感应电动势或感应电流的方向符合＿＿＿＿＿＿＿＿＿＿＿＿＿＿定则，感应电动势的大小为＿＿＿＿＿＿＿＿＿＿＿＿＿＿＿（公式表示）。

三、电磁感应现象的观察与研究（3）

（1）按 4.1-3 电路进行连线。

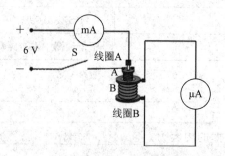

图 4.1-3　电磁感应现象观察

（2）按表 4.1-3 所示内容观察电流表的偏转情况，将现象填入表 4.1-3 中。

表 4.1-3 电磁感应现象（3）

变化条件	mA 表	μA 表偏转方向	μA 表偏转幅度
S 闭合瞬间			
S 断开瞬间			
S 断开后			
S 闭合后			
电源电压快速调高			
电源电压快速调低			

（3）分析与结论：

① 线圈 A 中电流变化引起磁场变化，线圈中会产生＿＿＿＿＿＿＿＿，称为＿＿＿＿＿＿＿＿。线圈 B 中产生＿＿＿＿＿＿＿＿，称为＿＿＿＿＿＿＿＿。

② 线圈 A 中电流增大，线圈 B 中电流＿＿＿＿＿＿＿＿；当线圈 A 中电流减小时，线圈 B 中电流＿＿＿＿＿＿＿＿。

③ 当线圈 A 中的电流保持不变时，线圈 B 中电流＿＿＿＿＿＿＿＿。

④ 线圈 B 中的电流表偏转幅度与＿＿＿＿＿＿＿＿有关。

⑤ 互感电动势的公式为＿＿＿＿＿＿＿＿。

四、带电导体在磁场中的受力情况观察

（1）按图 4.1-4 进行接线。

（2）按表 4.1-4 所示内容观察导体的受力情况，将现象填入表 4.1-4 中。

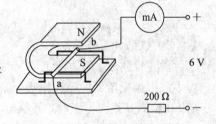

图 4.1-4 电磁感应现象观察

表 4.1-4 带电导体的受力情况

条件	导体滚动方向	导体滚动速度
电压不变，导体电流 a 流向 b		
电压不变，导体电流 b 流向 a		
电压增大，电流 a 流向 b		
电压减小，电流 a 流向 b		
磁场反向，电流 a 流向 b		
磁场反向，电流 b 流向 a		

（3）分析与结论：

① 导体在磁场中受力方向符合＿＿＿＿＿＿＿＿定则。

② 当电流方向改变、磁场方向不变时，导体受力方向＿＿＿＿＿＿＿＿。

③ 当电流方向不变、磁场方向改变时，导体受力方向＿＿＿＿＿＿＿＿。

④ 增大电源电压，则导体受力_____；减小电源电压，导体受力_____。

⑤ 带电导体在磁场中受力与_____成正比，用公式表示为_____。

任务 4.2 变压器空载与负载运行检测

一、识读变压器铭牌

（1）观察：实验桌上的变压器原边是_____脚，接_____电压。副边有两组，一组是_____端，输出电压是_____；另一组是_____端，输出电压为_____。

（2）观察变压器的结构、识读变压器的铭牌，填入表 4.2-1 中。

表 4.2-1 变压器名牌

铭牌内容							
铭牌意义							

（3）思考与回答：

① 你所观察的变压器属于_____结构。

② 变压器的型号是_____。

二、检测变压器原副边绕组情况

（1）在变压器不通电的情况下，用万用表电阻挡检测变压器，将结果填入表 4.2-2 中。

（2）数据分析与结论：

① 在检测原、副边绕组情况时，选择万用表的_____挡。

② 根据变压器的结构原理，变压器原边绕组匝数_____，副边匝数_____，所以在检测其直流电阻时，其原边电阻为_____，副边电阻为_____。

③ 若你检测到变压器原边或副边的电阻为∞，说明原边或者副边_____；若你检测到原边或副边的电阻为 0，说明_____。

表 4.2-2 变压器原副边绕组电阻

原边			副边			好坏判断
引脚	电阻值	数据	引脚	电阻值	数据	

三、测定变压器绕组同名端（交流判别法）

（1）图 4.2-1 所示为变压器原边与副边引脚，判断 1、2、3、4 引脚哪两引脚为同名端。

（2）用导线将副边 2 脚和 3 脚两点连接起来；调节调压器，使其输出电压为 100 V，并作为变压器的原边电压加至原边 5、6 脚。

（3）用万用表交流电压挡测量 U_{12}、U_{34} 及 U_{14}，判断同名端，并将测量值记入表 4.2-3 中。

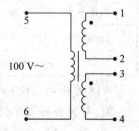

图 4.2-1 变压器同名端

（4）若将2、4脚连接，从1、3脚输出电压，又是怎样的结果？若将1、3脚连接，从2、4脚输出电压呢？将测量结果填入表4.2-3中。

表4.2-3 同名端判断

电压 引脚	U_{56}	U_{12}	U_{34}	U_{14}	同名端判定
2、3脚连接 1、4脚输出					
	U_{56}	U_{12}	U_{34}	U_{13}	
2、4脚连接 1、3脚输出					
	U_{56}	U_{12}	U_{34}	U_{24}	
1、3脚连接 2、4脚输出					

（5）数据分析与结论：

① 从表4.2-3中数据分析可知，当变压器副边绕组2、3脚相连，1、4脚输出电压时，相当于副边绕组电压_____（顺向串联，反向串联，并联），U_{12}、U_{34}、U_{14}电压关系是_____。若1脚瞬时电压为正，此时_____也为正，所以_____或_____为同名端。

② 若2、4脚相连，则1、3脚输出的电压为_____，相当于副边绕组电压_____（顺向串联，反向串联，并联）。

（6）思考与回答：试一试将1、3脚相连，2、4脚相连，从1、2脚输出电压，情况又如何？

四、测量变压器的空载运行变比

（1）按图4.2-2接线。

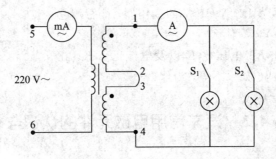

图4.2-2 变压器负载运行

（2）用导线连接变压器2、3两引脚，负载断开（S_1与S_2断开）。

（3）调节调压器，使变压器原绕组的输入电压达到额定值220 V。

（4）测量空载电流I_0和副绕组空载电压U_{20}，记于表4.2-4中。

（5）数据分析与结论：由表 4.2－4 可知，变压器空载电流为_____，负载电流为_____，变压比 $K=$_____，这是一个_____（降压或升压）变压器。

表 4.2－4　变压器空载运行

空载电流 I_0	原边电压 U_{56}	副边电压 U_{14}	负载电流 I	$K=U_{56}/U_{14}$

五、测量变压器负载运行

（1）按图 4.2－2 接线，保持原绕组输入电压为其额定值（220 V）不变，改变负载的电阻，分别测量原边电流、副边电流、原边电压、副边电压。

（2）将测量值记于表 4.2－5 中。

表 4.2－5　变压器负载运行

	原边电流/mA	副边电流/A	原边电压/V	副边电压/V
S_1、S_2 断开				
S_1 闭合，S_2 断开				
S_1、S_2 闭合				

（3）数据分析与结论：

① 由表 4.2－4 中数据可知，对于降压变压器，初级电流与次级电流之比_____。所以在接线路时，毫安表应接_____回路，安培表应接_____回路。

② 当负载增大时，副边电流_____，原边电流也_____。

③ 初级电压一定，次级电压随负载电流的增大而略有_____。

④ 根据所测数据，在图 4.2－3 上描出变压器的外特性曲线。

六、思考与总结

（1）判断出变压器的同名端，有什么实际意义？

（2）一个额定电压为 110 V/11 V 的变压器，能否用它来将 220 V 降压为 22 V？为什么？

（3）变压器匝数比 K、电压比 K 以及电流比 $1/K$，在测量中这三个 K 相等吗？如果不等，为什么？

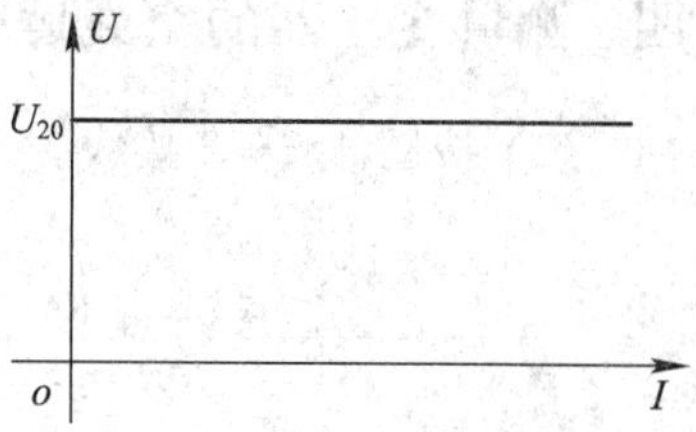

图 4.2－3　变压器外特性曲线

任务 4.3　汽车常用电磁元件的认识与检测

一、点火线圈

1. 点火线圈的认识

（1）点火线圈实质上是一个_____，其作用是_____。

（2）图 4.3－1 中的点火线圈属于何种类型，请写在括号中。

（　　　）　　　　　（　　　）　　　　　（　　　）

图 4.3－1　点火线圈外形

2. 点火线圈的测量

（1）你所测量的点火线圈的型号是＿＿＿＿＿＿＿＿＿＿＿＿＿＿。

（2）请将测量结果填入表 4.3－1 中。

表 4.3－1　点火线圈的测量

点火线圈型号	1	2	3
万用表挡位选择			
高压绕组	理论值：	理论值：	理论值：
	测量值：	测量值：	测量值：
低压绕组	理论值：	理论值：	理论值：
	测量值：	测量值：	测量值：
好坏判断			

（3）数据分析与结论：

① 由表 4.3－1 中数据可知，高压绕组的电阻值大，是因为＿＿＿＿＿＿＿＿；低压绕组电阻值小，是因为＿＿＿＿＿＿＿＿。

② 若测得的绕组电阻无穷大，则表明＿＿＿＿＿＿＿＿；若测得的绕组电阻明显小于标准值，说明＿＿＿＿＿＿＿＿；若测得的绕组电阻趋近于零，说明＿＿＿＿＿＿＿＿＿＿。

二、电磁阀的认识与检测

1. 认识电磁阀

图 4.3－2 中所示的三个电磁阀分别属于哪种类型？

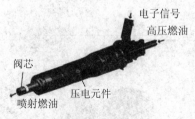

(a) 燃油喷射电磁阀　　　(b) 自动变速器换挡电磁阀　　(c) 汽车空调压缩机电磁阀

图 4.3－2　电磁阀

2. 电磁阀的检测

(1) 万用表电阻挡检测：检测电磁阀电磁线圈电阻，将结果填入表 4.3 - 2 中。

表 4.3 - 2　电磁阀线圈测量

测量 电磁阀	万用表量程	线圈电阻值	参考标准值	是否正常
1				
2				
3				

(2) 阀芯检测，将检测结果填入表 4.3 - 3 中。

表 4.3 - 3　电磁阀阀芯检测

电磁阀	检测端口	检测方式	判断好坏	备注
1				
2				
3				

(3) 通电检测：将电磁阀加上额定电压，将检测结果填入表 4.3 - 4 中。

表 4.3 - 4　电磁阀通电检测

电磁阀	额定电压	磁性检测	阀芯是否打开	判断好坏	备注
1					
2					
3					

3. 思考与回答

(1) 当检测到电磁阀的线圈电阻值符合技术标准时，是否就说明电磁阀一定是好的？

(2) 电磁阀有可能产生哪些故障？

三、继电器的认识与检测

1. 继电器的认识

(1) 继电器是_____元件，广泛用于_____。

(2) 在图 4.3 - 3 中勾选实验室提供的继电器。

图 4.3 - 3　汽车继电器

2. 继电器检测

（1）万用表电阻挡检测：用万用表电阻挡判断继电器励磁绕组引脚，将数据填入表4.3-5中；用通断挡（二极管挡）判断继电器的常闭触点与常开触点。

表 4.3-5　继电器电阻检测

继电器	1	2	3
有无泄放电阻或二极管			
线圈引脚判断			
线圈电阻值			
常闭引脚			
常开引脚			
是否符合技术要求			

（2）通电检测：按图4.3-4接通电源（12 V直流），将测量情况填入表4.3-6中。

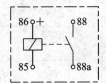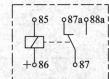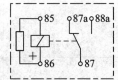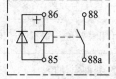

图 4.3-4　继电器内部结构图

表 4.3-6　继电器通电检测

继电器	1	2	3	4
继电器类型				
额定电压值				
常开触点				
常闭触点				
判断好坏				

3. 思考与回答

（1）继电器接直流电源时，是否必须考虑其电源的正负极性？为什么？

（2）当继电器线圈所加电压低于额定工作电压较多时，可能会出现什么情况？试一试。

（3）继电器有哪些故障情况？

四、磁感应式传感器的认识与检测

1. 磁感应式传感器的认识

(1) 磁感应式传感器的工作原理是 _____。

(2) 实验室提供的磁感应式传感器有 _____、_____ 等。

(a) 轮速传感器　　　　　　　　(b) 曲轴位置传感器

图 4.3-5　磁感应式传感器　　　　　　　图 4.3-6　磁感应式传感器针脚

2. 磁感应式传感器的检测

(1) 电阻检测。如图 4.3-6 所示，测量传感器两个针脚之间的线圈电阻值，将测量结果填入表 4.3-7 中。

表 4.3-7　磁感应式传感器电阻检测

传感器名称		
万用表挡位与量程		
线圈电阻值		
标准参考值		
是否符合标准		

(2) 电压检测。启动实验用车，测量磁感应式传感器输出端的信号电压，将测量结果填入表 4.3-8 中。

表 4.3-8　磁感应式传感器输出信号检测

条件：启动实验用车发动机，缓慢加速		
磁感应式传感器名称		
万用表挡位与量程		
电压变化情况		
判断信号输出		

(3) 示波器检测。用示波器检测传感器输出的电压波形，将结果填入表 4.3-9 中。

表 4.3 - 9　磁感应式传感器示波器检测

条件：启动实验用车发动机，缓慢加速			
磁感应式传感器名称			
示波器波形			
故障判断			

（4）思考与回答：

① 若用万用表检测到线圈电阻符合要求，能否就此判定传感器工作正常？

② 电压表的值随发动机转速有何变化？

③ 能否从波形的有无、大小及形状来判断传感器是否工作正常？说明理由。

五、思考与总结

（1）若没有实验用车，可否自行设计一个信号盘模拟汽车运行，检测磁感应传感器的输出电压与波形？试一试。

（2）电磁元件的共同结构是怎样的？

项目5　汽车电机的检测与控制

　　本项目为汽车电机的检测与控制设计，实验室需配备三相电源、三相异步电动机、车用启动机、永磁式直流电动机、步进电机、数字万用表、毫安表、交流继电器、热继电器、三相单刀双掷开关、按钮开关、导线等，有条件的还可配备永磁同步电机、开关磁阻电机、伺服电机、旋转变压器等。

任务5.1　汽车启动机的拆装与检测

一、拆解直流电动机（车用启动机）

　　按要求拆解车用启动机，并按顺序排放零件，做好标记。

二、检测直流电动机

　　（1）检测磁场绕组，并将检测结果填入表5.1－1中。

表5.1－1　检测磁场绕组

定子绕组阻值	检测仪器	参考值	测量值	情况分析	备注
绕组间绝缘性					
绕组间短路情况	检测工具	参考情况	检测情况	情况分析	备注

　　（2）检测电枢：

　　① 检测换向器，并将检测结果填入表5.1－2中。

表5.1－2　检测换向器

检测内容	检测工具	标准值	检测值	是否需更换	备注
外观					
直径					
圆度					
去母深度					

　　② 检测电枢绕组，并将检测结果填入表5.1－3中。

表 5.1 - 3 检测电枢绕组

检测内容	检测工具	参考值	检测值	情况分析	备注
电枢绕组电阻值					
电枢轴与绕组绝缘情况					
电枢铁芯与绕组绝缘情况					
电枢局部短路情况					

（3）检测电刷与电刷架，将结果填入表 5.1 - 4 中。

表 5.1 - 4 检测电刷与电刷架

检测内容	检测仪器	标准值	检测值	是否需更换	备注
外观					
长度					
弹性					
绝缘电刷架与后盖电阻					
搭铁电刷架与后盖电阻					

（4）数据分析与结论：

（1）在检测定子绕组或电枢绕组电阻时，你选用万用表_____挡的_____量程；测绝缘性时，用_____挡的_____量程。

（2）若测得定子绕组电阻值为∞，说明定子绕组_____故障。

三、装复直流电动机

按要求装复直流电动机。启动机装复后应转动灵活，各摩擦部位涂润滑油润滑，电枢轴的轴向间隙应符合要求。

四、思考与总结

汽车启动机故障率最高的应是哪些部位？通常有哪些故障？

任务 5.2 三相异步电动机的检测与启动

一、三相异步电动机的铭牌识读

将三相异步电动机铭牌的内容填入表 5.2 - 1 中。

表 5.2 - 1 电动机铭牌

型号		额定功率		频率	
额定电压		额定电流		接法	
额定转速		绝缘等级		工作方式	

二、检测三相异步电动机

(1) 用兆欧表测量电动机的绝缘电阻,将测量数据填入表5.2-2中。

表5.2-2 电动机绝缘电阻

测试项目	U_1-地	V_2-地	W_3-地	U_1-V_1	V_1-W_1	W_1-U_1
R(兆欧)						
是否合格						

(2) 判断三相异步电动机的三相绕组:分别测量三相异步电动机三相绕组的6个引线端,并将结果填入表5.2-3中。

表5.2-3 电动机绕组判断

	第一绕组	第二绕组	第三绕组
绕组端编号			
直流电阻值			

(3) 判定三相异步电动机三相绕组的首尾端,将结果填入表5.3-4中。

表5.2-4 绕组首尾端判断

	第一绕组	第二绕组	第三绕组	判定方法
首端编号				
尾端编号				

(4) 数据分析与结论:

① 你所测三相异步电动机的绝缘等级为_____。

② 在进行三相绕组判别时,你选择万用表_____挡的_____量程进行测量,所测得的三个结果应该_____。

③ 若测得其中有一个绕组电阻比其他两个明显要小,说明_____。若其中有一个绕组断路,则电阻为_____。

④ 判定三相绕组首尾端的方法还有_____。

三、直接启动三相异步电动机

(1) 按图5.2-1所示电路接线,电动机采用Y形接法。合上刀闸,待电动机稳步启动后,测量绕组电压,并将测量数据记入表5.2-5中。(条件允许的情况下测量启动电流及运行电流)。

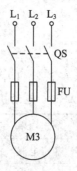

图5.2-1 三相异步电动机直接启动

（2）电动机采用△形接法，合上刀闸，待电动机稳步启动后，测量绕组电压，并将测量数据记入表 5.2 - 5 中。（条件允许的情况下测量启动电流及运行电流）。

表 5.2 - 5　绕组电压与启动电流

绕组接法	电源电压/V	绕组电压/V	启动电流/mA	空载运行电流/mA
Y 形接法				
△形接法				

（3）思考与回答：电动机三相绕组采用 Y 形与△形连接时，请绘出绕组连接简图。

四、Y /△换接启动三相异步电动机

（1）按图 5.2 - 2 所示电路接线。

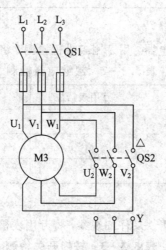

图 5.2 - 2　三相异步电动机换接启动

（2）先将刀闸开关向上闭合，使电动机接成"Y"形，开始启动。等电动机转速升高且趋于稳定时，将刀闸开关向下扳，使电动机接成"△"形，测量绕组电压（条件允许时测量启动电流与空载电流），记入表 5.2 - 6 中。

表 5.2 - 6　电动机降压启动

启动方法	电源电压/V	绕组电压/V	启动电流/mA	空载电流/mA
Y/△降压启动				

（3）数据分析与结论：

① 由表 5.2 - 6 中数据可以看出，降压启动后，其启动电流_____。

② Y/△换接启动，合上刀闸时，首先向_____合，此时应该为_____连接；待电动机转速升高时然后再向_____合，此时为_____连接。

任务 5.3* 三相异步电动机的正反转控制

一、检测常用低压电器

1. 交流接触器

(1) 在控制板上找到交流接触器。

(2) 用万用表检测交流接触器，判断其好坏，将结果填入表 5.3-1 中。

表 5.3-1　交流接触器检测

	电路符号	测量电阻值	测量结果	好坏判断
主触头				
常闭辅助触头				
常开辅助触头				
电磁线圈				

2. 热继电器

在控制电路板上找到热继电器，用万用表进行检测，将检测结果填入表 5.3-2 中。

表 5.3-2　热继电器检测

	电路符号	万用表挡位	检测结果	好坏判断
电热元件				
常闭辅助触头				
常开辅助触头				

3. 按钮开关

在控制电路板上找到按钮开关，仔细观察，将万用表检测结果填入表 5.3-3 中。

表 5.3-3　按钮开关检测

	电路符号	万用表挡位	检测结果	好坏判断
常闭触点				
常开触点				

4. 思考与回答

(1) 在检测低压电器时，你选择万用表的_____挡，理由是_____
_____。

(2) 在检查低压电器时，除了用万用表检测，还可用一些什么方法？

二、电动机正反转控制电路

(1) 按线路图 5.3-1 所示电路接线。

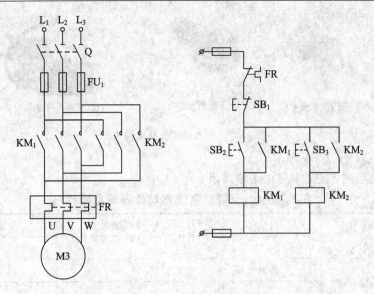

图 5.3 - 1   三相异步电动机的正反转控制

(2) 检查无误之后，将台面清理干净，然后通电启动电动机，将情况填入表 5.3 - 4 中。

表 5.3 - 4   电动机正反转控制

实现功能	按钮动作	运转情况	绕组电压	备注
正转				
停止				
反转				

3. 思考与回答

(1) 电动正转时要让电动机反转，是直接按下反转按钮还是先按下停止按钮然后再按下反转按钮？为什么？

(2) 在电路中，用交流接触器的常闭触头可实现什么功能？用常开触头又实现什么功能？

(3) 用作停止开关的按钮，应接哪对触头？用作正转或反转的按钮，接的又是哪对触头？

任务 5.4   车用小型电动机的检测

一、永磁式直流电动机

(1) 你检测的永磁式直流电动机是 _____ 。(图 5.4 - 1 仅供参考)。

(a)中央门锁永磁电机　　　　(b)雨刮永磁电机　　　　(c)玻璃升降永磁电机

图 5.4-1　永磁式直流电动机

（2）检测：

① 不通电检测，按要求将结果填入表 5.4-1 中。

表 5.4-1　永磁式直流电动机不通电检测

看	外壳情况	接线情况	判断
转：电枢轴	转动情况		
测：引线端电阻	参考值	测量值	

② 通电检测，将检测结果填入表 5.4-2 中。

表 5.4-2　永磁式直流电动机通电检测

额定电压值	通电时间	转速	噪声	发热	是否需更换

③ 数据分析与结论：

（a）通过观察，该永磁式直流电动机外表＿＿＿＿＿＿＿＿＿＿＿＿＿＿＿＿＿＿＿。

（b）通过用手转动电枢轴，可判断＿＿＿＿＿＿＿＿＿＿＿＿＿＿＿＿＿＿＿＿＿＿。

（c）根据所检测数据，引线端电阻＿＿＿＿＿＿，由此判断该永磁式直流电动机是＿＿＿＿＿。

（d）通电检测，进一步判断该电动机＿＿＿＿＿＿＿＿＿＿＿＿＿＿＿＿＿＿＿＿＿。

④ 思考与回答：车用永磁式小型直流电动机常见的故障有哪些？

二、步进电动机的检测

（1）你检测的步进电动机是＿＿＿＿＿＿＿。（图 5.4-2 所示仅供参考）。

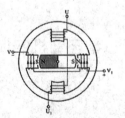

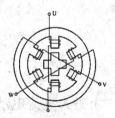

(a)两相四线步进电动机　　　　　　(b)三相六线线步进电动机

图 5.4-2　步进电动机

（2）检测：

① 不通电检测，将检测结果填入表 5.4-3 或表 5.4-4 中。

表 5.4-3　两相四线步进电动机不通电检测

类型	两相四线	
手转动转轴	每根引线分开	将线拧在一起
测量	A 相	B 相
测量绕组电阻		
绕组是否接地		

表 5.4-4　三相六线步进电动机不通电检测

类型	三相六线		
手转动转轴	每根引线分开	将线拧在一起（短路）	
测量	A 相	B 相	C 相
测量线圈电阻			
绕组是否接地			

② 数据分析与结论：

（a）测量绕组电阻时，两相或三相电阻测量值应＿＿＿＿＿＿＿＿＿＿＿。

（b）从表 5.4-3 和表 5.4-4 中测量绕组电阻的数据结果看，该步进电动机绕组电阻＿＿＿＿＿＿＿＿＿＿，说明电动机＿＿＿＿＿＿＿＿＿＿。

（c）用手转动转轴，转轴＿＿＿＿＿＿＿＿＿＿。当将引线短路时，用力＿＿＿＿＿＿，说明该电机＿＿＿＿＿＿＿＿＿＿。

（d）在测量绕组与地之间是否搭铁时，最好用＿＿＿＿＿＿表，测得电阻大于＿＿＿＿＿为正常。在这次测量中，各相绕组与地之间电阻分别为＿＿＿＿、＿＿＿＿、＿＿＿＿，说明该步进电机＿＿＿＿＿＿＿＿＿＿。

三、思考与总结

（1）在通电检测三相六线步进电动机时，测量每相绕组电压应使用万用表 DC 直流电压挡，且电压应为驱动电源的 $\frac{1}{3}$，请解释。

（2）步进电动机常见故障有哪些？

项目6 常用半导体器件的认识与检测

本项目所有任务均可在实验室完成，实验室应配备操作台、直流稳压电源、数字万用表、小灯珠、开关、导线，各种二极管、三极管、绝缘栅场效应管、晶闸管、IGBT 管、光耦合器件、霍尔元件。

任务6.1 二极管的认识与检测

一、学会使用数字万用表的二极管挡

1. 数字万用表二极管挡

（1）将数字万用表置于二极管挡，红、黑表笔分别置于 V Ω 孔及 COM 孔，然后将测量结果填入表 6.1-1 中。

表 6.1-1 数字万用表二极管挡

	两表笔短接	两表笔悬空	表笔间接一导线	测 51 Ω 电阻	该挡好坏
显示					

（2）数据分析与结论：

① 数字万用表将转换开关置于二极管挡时，将两表笔短路，会听到_____同时显示 0 或接近于 0 的数字（**注意**：两表笔只触碰一下即可）。

② 将数字万用表的转换开关置于该挡时两表笔悬空，这时显示为_____，为溢出标志。

③ 当测量小于 70 Ω 的电阻时，显示_____且_____。

二、二极管的认识与检测

1. 二极管的认识

请在图 6.1-1 中勾选实验提供的二极管。

图 6.1-1 二极管

2. 二极管的万用表检测

（1）检测二极管的好坏与正负极性，将检测数据填入表 6.1-2 中。

表 6.1 - 2　二极管检测

二极管	型号	万用表挡位	正向检测值	反向检测值	材料	好坏判断
普通二极管						
整流二极管						
稳压二极管						
发光二极管						
光敏二极管						

（2）数据分析与结论：

① 用蜂鸣挡检测二极管有数据显示时，数据的单位是_____。

② 光敏二极管在没有光照的情况下，正、反向检测均为_____。当光源靠近时，正向检测_____，反向检测_____。随着光源的逐渐远离，检测显示数据将_____，直至为_____；随着光源的逐渐靠近，检测数据将_____。

③ 二极管的基本结构是_____，具有单向导电性。

三、描绘二极管的伏安特性

（1）按图 6.1 - 2(a)所示电路进行接线，二极管为 IN4007，稳压电源输出 6 V，电位器 R 取 1 kΩ 调至中间，然后缓缓调整电阻 R，将电压与电流表的读数填入表 6.1 - 3 中。

（2）按图 6.1 - 2(b)所示电路进行接线，稳压电源输出 25 V，缓缓调整电阻 R，将电压与电流表的读数填入表 6.1 - 3 中。

表 6.1 - 3　二极管伏安特性描绘

正向特性	电压/V	0.1	0.2	0.3	0.4	0.5	0.55	0.6	0.65	0.7
	电流/mA									
反向特性	电压/V	0	5	10	15	20	21	22	23	24
	电流/μA									

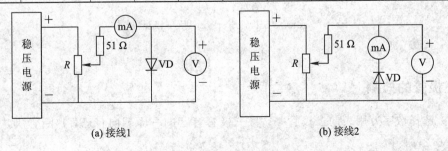

(a) 接线1　　　　　　　　　　(b) 接线2

图 6.1 - 2　二极管伏安特性测量电路

（3）根据表 6.1-3 中数字，在图 6.1-3 中描绘二极管的伏安特性曲线。

（4）用晶体管特性图示仪检测二极管的伏安特性（有条件的情况下）。

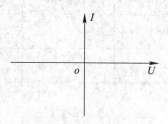

图 6.1-3 二极管伏安特性

三、思考与总结

请画出整流、稳压、发光、光敏、肖特基二极管的电路符号。

任务 6.2 三极管的认识与检测

一、数字万用表的 h_{FE} 挡

（1）该挡是测量_____的，也称为小信号 h 参数。

（2）可用该挡配合面板上_____对三极管进行测量，不再使用红黑表笔。

二、认识三极管

请在图 6.2-1 中勾选出实验室提供的三极管。

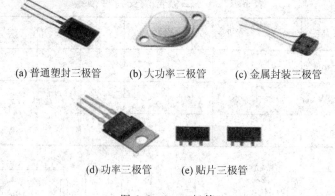

(a) 普通塑封三极管 (b) 大功率三极管 (c) 金属封装三极管

(d) 功率三极管 (e) 贴片三极管

图 6.2-1 三极管

三、三极管的检测

（1）选择数字万用表的二极管挡，将三极管有字的一面朝向自己，判断管脚，将结果填入表 6.2-1 中。

（2）选择数字万用表的 h_{FE} 挡，测量三极管的放大倍数，将测量结果填入表 6.2-1 中。

表 6.2 - 1　三极管检测

三极型号					
封装外形		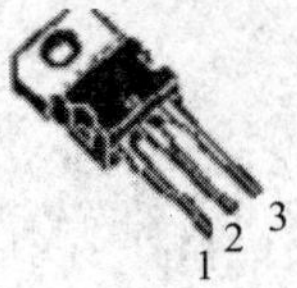		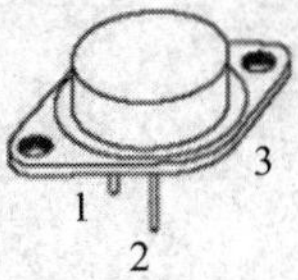	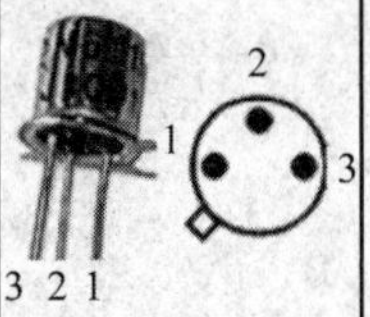
管脚判断	1	1	1	1	1
	2	2	2	2	2
	3	3	3	3	3
检测数据	B - E	B - E	B - E	B - E	B - E
	B - C	B - C	B - C	B - C	B - C
	C - E	C - E	C - E	C - E	C - E
	C - B	C - B	C - B	C - B	C - B
	E - B	E - B	E - B	E - B	E - B
	E - C	E - C	E - C	E - C	E - C
材料判断					
管型判断					
好坏判断					
β 值					

(3) 数据分析与结论:

① 三极管有三个管脚,两两之间测量,最多可以测_____次,其中只有_____次有读数。若两次测得的数据在 500 mV～800 mV 之间,该管为_____材料;若数据在 200 mV～400 mV 之间,为_____材料。

② 以红(黑)表笔接一个管脚,黑(红)表笔接另外两个管脚,均有读数,则红(黑)表笔所接是_____极,黑(红)表笔所接为_____与_____,并且该管为_____型(_____型)。比较两个数据的大小,大的一次另一表笔所接为_____,剩下一管脚为_____。

四、思考与总结

（1）画出三极管的输出特性曲线，标出三极管的三个区域及各自的工作条件与特点。

（2）在对三极管的 β 值进行测量时，当测量出的数字很小时（<20），请问是什么情况？

任务 6.3   场效应管的认识与检测

一、认识场效应管

（1）请在图 6.3-1 中勾选出实验室提供的场效应管。

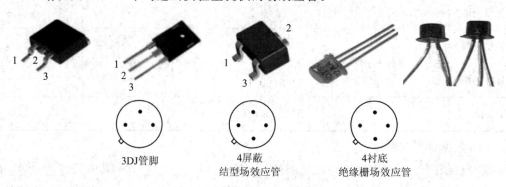

3DJ管脚   4屏蔽   4衬底
结型场效应管   绝缘栅场效应管

图 6.3-1   绝缘栅场效应管

（2）场效应管的管脚排列：请在图 6.3-1 中标出场效应管栅极 G、漏极 D、源极 S 对应的位置。

二、场效应管的检测

（1）用数字万用表二极管挡检测绝缘栅场效应管，将测量数据填入表 6.3-1 中。

表 6.3 - 1　场效应管的检测

场效应管型号						
检测数据	一次测量		二次测量		三次测量	
	D - S		G - S		S - G	
	D - G		D - S		D - S	
	S - G		S - D		S - D	
	S - D					
	G - D					
	G - S					
检测判断	沟道		情况		情况	
	DS 间有无二极管		好坏			

（2）数据分析与结论：

① 判断场效应管 D 与 S 间有无二极管的依据是_____。

② 沟道判断的依据是_____。

三、思考与总结

（1）检测各电极间的导通与关断情况时是否有顺序？

（2）画出绝缘栅场效应管的输出特性曲线。

任务 6.4* 　晶闸管的认识与检测

一、认识晶闸管

请在图 6.4 - 1 中勾选出实验室提供的晶闸管。

图 6.4 - 1　晶闸管

二、单向晶闸管的检测

1. 晶闸管的检测

用万用表检测，将检测情况填入表 6.4 - 1 中。

表 6.4 - 1　晶闸管的检测

晶闸管	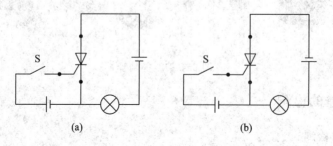			
型号				
万用表挡位				
检测数据	G - K	G - K	G - K	G - K
	G - A	G - A	G - A	G - A
	A - K	A - K	A - K	A - K
	A - G	A - G	A - G	A - G
	K - G	K - G	K - G	K - G
	K - A	K - A	K - A	K - A
管脚判断	1	1	1	1
	2	2	2	2
	3	3	3	3
好坏判断				

（1）正常情况下，用万用表二极管挡检测六次，只有＿＿＿＿＿＿＿次有显示数据，此时红表笔所接为＿＿＿＿＿＿＿，黑表笔所接为＿＿＿＿＿＿＿，剩下的一脚为＿＿＿＿＿＿＿＿。

（2）若有异常，则该晶闸管＿＿＿＿＿＿＿。

2. 晶闸管的导通与阻断

（1）按图 6.4 - 2(a)连接电路，将开关 S 依次断开、闭合、断开，将现象填入表 6.4 - 2 中。

（2）按图 6.4 - 2(b)连接电路，将开关 S 依次闭合、断开，将现象填入 6.4 - 2 表中。

图 6.4 - 2　晶闸管导通阻断实验电路

表 6.4 - 2 晶闸管导通与阻断测量

晶闸管导通的条件	阳极加正向电压，控制极不加正向电压	灯泡：	晶闸管：
	阳极加正向电压，控制极加正向电压	灯泡：	晶闸管：
	晶闸管导通后，撤销控制极电压	灯泡：	晶闸管：
晶闸管阻断的条件	晶闸管导通后，切断晶闸管上的阳极电压	灯泡：	晶闸管：
	晶闸管阳极加反向电压	灯泡：	晶闸管：

(3) 分析与结论：

① 根据表 6.4 - 2 分析，晶闸管的导通条件是_____。

② 当晶闸管导通后，撤销阳极电压，则晶闸管_____；撤销控制极电压，则晶闸管_____，说明一旦晶闸管导通，控制极_____。

③ 根据表 6.4 - 2 分析，晶闸管的阻断条件是：_____。

三、思考与总结

画出单向晶闸管的结构示意图与等效图，说明晶闸管的工作原理。

任务 6.5 绝缘栅双极型晶体管的认识与检测

一、认识绝缘栅双极型晶体管

(1) 请在图 6.5-1 中勾选出实验室提供的绝缘栅双极型晶体管。

图 6.5-1 绝缘栅双极型晶体管

(2) 请标出图 6.5-1 中 IGBT 管的管脚排列顺序。

(3) 画出绝缘栅双极型晶体管的等效电路及电路符号。

(4) IGBT 管在电路中只做_____使用，不做放大管使用。

(5) IGBT 管常见的故障是_____。

二、绝缘栅双极型晶体管的检测

（1）将万用表置于恰当挡位，检测绝缘栅双极型晶体管的导通与关断能力，将结果填入表 6.5 - 1 中。

表 6.5 - 1 绝缘栅双极型晶体管的检测

IGBT 管型号				
万用表挡位				
DS 间有无二极管				
导通检测数据	G - S		G - S	
	D - S		D - S	
	S - D		S - D	
关断检测数据	S - G		S - G	
	D - S		D - S	
	S - D		S - D	
好坏判断				

三、其他半导体器件的认识与检测

1. 写出下列半导体器件的名称

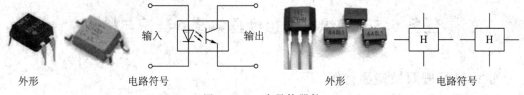

图 6.5 - 2 半导体器件

2. 光耦合器件的检测

（1）判断输入与输出端，将结果填入表 6.5 - 2 中。

表 6.5 - 2 光耦合器件引脚检测

型号	万用表挡位	输入端检测		输出端检测		
		引脚		引脚		
		检测数据		检测数据		

（2）好坏判断。按图 6.5 - 3 将两块万用表连接起来（两块万用表可相同），将检测结果填入表 6.5 - 3 中。

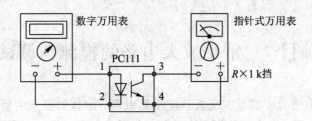

图 6.5 - 3　检测光耦器件

表 6.5 - 3　光耦合器件的好坏检测

型号	万用表挡位 （数字，指针）	输入端	万用表挡位 （数字，指针）	输出端 检测数据	好坏判断
		红-1，黑-2:			
		红-2，黑-1:			

3. 霍尔元件检测

（1）测量霍尔元件的输入与输出电阻，将测量结果填入表 6.5 - 4 中。

（2）霍尔元件灵敏度测量。在霍尔元件的电源端加上额定直流电压（+5 V），万用表的直流电压挡接信号端，用条形磁铁靠近霍尔元件，观察万用表电压的变化，然后将测量结果填入表 6.5 - 5 中。

表 6.5 - 4　霍尔元件件检测

型号	万用表挡位	输入电阻值	输出电阻值	是否符号技术要求	好坏判断

表 6.5 - 5　霍尔元件灵敏度检测

	型号	直流电源电压	万用表挡位	电压变化情况	灵敏度
磁铁 N 靠近					
磁铁 S 靠近					

四、思考与总结

（1）在检测半导体器件时，多数情况下使用数字万用表的什么挡进行检测？

（2）半导体器件的基本结构是什么？

项目 7　常用放大电路的检测与调试

完成本项目的任务，实验室需配备直流稳压电源、函数信号发生器、示波器、交流毫伏表、万用表、三极管、集成运放集成块以及电路所示电阻、电容、可调电阻等。

任务 7.1　单管共射放大电路的调试与测量

一、调整分压式偏置放大电路的静态工作点

1. 按图 7.1 - 1 接线

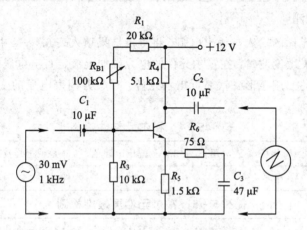

图 7.1 - 1　分压偏置式放大电路

2. 调整静态工作点

当输入信号 $v_i = 0$ 时，使 $U_{CEQ} = 6$ V，测量基极电流与集电极电流，将测量结果填入表 7.1 - 1 中。

表 7.1 - 1　静态工作点调整

调整元件	静态工作点测量		电位测量		工作状态判断
	I_{CQ}		V_B		
	U_{CEQ}		V_C		
	U_{BEQ}		V_E		

3. 数据分析与结论

（1）根据电路元件参数，电流 I_{CQ} 的计算值是 _____，实际测量值是 _____。

（2）三极管处在放大状态的条件是 _____，_____；该电路中 V_B、V_C、V_E 的电位关系是 _____。

（3）_____、_____、_____在三极管输出特性曲线上的交点称为静态工作点。三极管导通后，其 U_{BEQ} 等于_____，这判断三极管是否导通的一个重要标志。

（4）调整_____电阻，使 $U_{CEQ}=$_____U_{CC} 时，静态工作点处于最佳位置。

4. 思考与回答

请说明为什么要调整静态工作点。

二、测量放大电路的电压放大倍数

（1）调整函数信号发生器，使输出信号为 1 kHz 和 30 mV，作为放大电路的输入信号。

（2）用毫伏表测出输出电压，填入表 7.1-2 中。

表 7.1-2　放大倍数检测

负载	电压		
	U_i/mV	U_o/mV	A_V
空载 $R_L=\infty$	30 mV		
负载 $R_L=30$ kΩ	30 mV		
负载 $R_L=10$ kΩ	30 mV		

（3）用示波器观察输入/输出波形，在图 7.1-2 上绘出来。

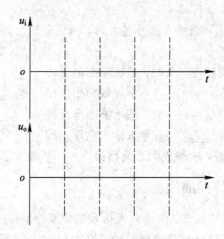

图 7.1-2　输入输出波形

（4）数据分析与结论：

① 放大器电压放大倍数＝_____。

② 由表 7.1-2 中数据分析可以得出：放大器空载时其电压放大倍数_____；接上负载后电压放大倍数将_____，并且随负载的增大而_____。

③ 由图 7.1-2 所示波形可以看出，在静态工作点合适的情况下，电压可以得到_____的放大，且输入与输出电压的相位_____。

三、观察静态工作点对输出波形的影响

（1）保证静态工作不变，将输入信号调到 300 mV，观察输出信号波形。

（2）保持输入信号为 30 mV，改变 R_{B1} 的大小至波形明显失真，将测量数据及波形记入表 7.1 – 3 中。

表 7.1 – 3　静态工作点对输出波形的影响

R_{B1} 状态	输入电压/mV	静态工作点	输出电压值	输出波形
合适	300			
R_{B1} 偏高	30			
R_{B1} 偏低	30			

（3）数据分析与结论：

① 保证静态工作点合适，当输入信号过大时，输出电压出现_____失真，这是由于_____原因。

② 当基极上偏置电阻调整得过大时，基极静态电流将_____，静态工作点_____，信号电压容易进入三极管的_____，导致输出电压出现_____失真。

③ 当基极上偏置电阻调整得过小时，基极静态电流将_____，静态工作点_____，信号电压容易进入在极管的_____，导致输出电压出现_____失真。

④ 从输入信号大小来讲，这种放大器又称为_____放大器。

四、测量放大器的幅频特性曲线

（1）将静态工作调到最佳状态，保持输入信号的幅度（30 mV）不变，调整信号频率，记下输出电压。当放大倍数下降至原放大倍数的 0.707 倍时，记下相对应的频率，并填入表 7.1 – 4 中。

表 7.1 – 4　幅频特性测量

输出 ╱ 频率 输入						
30 mV						

（2）在图 7.1-3 中描绘幅频曲线。

（3）数据分析与结论：

① 当放大倍数下降至_____时，所对应的上限频率与下限频率之差为放大器的通频带。

② 在通频带范围内，可以认为放大器对信号的放大倍数是_____。

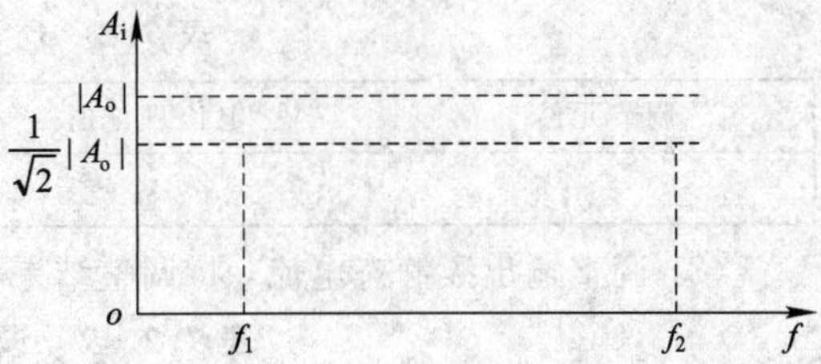

③ 信号低频段时，放大器对信号的放大倍数_____，其主要原因是_____。

④ 信号高频段时，放大器对信号的放大倍数_____，其主要原因是_____。

图 7.1-3 幅频特性曲线

任务 7.2 功率放大电路的调试与测量

一、OTL 功率放大电路静态工作点的调整

1. 按图 7.2-1 接线

说明电路中各组成元件的作用。

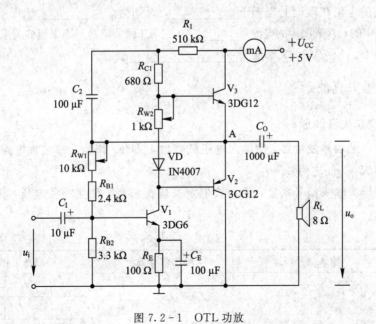

图 7.2-1 OTL 功放

2. 静态工作点的调整

（1）调整输出中点电位 V_A，将调整结果填入表 7.2-1 中。

表 7.2 – 1   调整中点电位

调节元件	V_A 电位理论值	V_A 电位测量值	备注

（2）调整输出级静态电流，将调整结果填入表 7.2 – 2 中。

表 7.2 – 2   调整静态工作电流

调整元件	输出级静态工作点调整			
		I_C 理论值	I_C 测量值	备注
	V_2	$I_{CQ}=5\ mA\sim10\ mA$		
	V_3	$I_{CQ}=5\ mA\sim10\ mA$		

（3）测量各级静态工作点和各三极管的静态工作点，将测量结果填入表 7.2 – 3 中。

表 7.2 – 3   测量各级静态工作点

	V_1	V_2	V_3
V_B			
V_C			
V_E			
工作状态			

3. 数据分析与结论

（1）调整静态工作点时，按先调_____、后调_____的顺序进行。

（2）A 点的电位在理论上应等于_____，否则会产生_____现象。

（3）电路中的 mA 表测得的电流是_____，它与末级集电极静态电流的关系是_____。

（4）调整 R_{W2}，使 V_2 与 V_3 处于_____状态。

二、观察交越失真波形

1. 观察交越失真波形

（1）调整函数信号发生器，使输出电压频率为 1 kHz，作为功率放大电路的输入信号。

（2）调整 R_{W2}，使之为 0。

（3）逐渐增大输入信号幅度，用示波器观察输出波形，测量相关电压，将结果填入表 7.2 – 4 中。

表 7.2 – 4   交越失真

信号频率	输入信号波形	输出信号波形	静态工作点测量			
				V_1	V_2	V_3
			V_B			
			V_C			
			V_E			
			I_C			

（4）数据分析与结论：产生交越失真的原因是 _____。

2. 交越失真的消除

（1）继续进行交越失真观察，缓慢增大 R_{W2}，直至交越失真刚好消失，停止调节 R_{W2}。

（2）测量相关电压并将结果填入表7.2-5中。

表7.2-5 消除交越失真

信号频率	U_i 波形	U_o 波形	静态工作点测量			
				V_1	V_2	V_3
			V_B			
			V_C			
			V_E			
			I_C			

（3）数据分析与结论：消除交越失真的办法是 _____。

三、最大输出功率 P_{omax} 与效率 η 的测量

1. 测量 P_{omax}

（1）调整函数信号发生器，使输出电压频率为 1 kHz，作为功率放大电路的输入信号。

（2）逐渐增大输入信号 U_i，用示波器观察输出电压波形，使输出电压最大且不失真，用毫伏表测出输出电压 U_{om}。

表7.2-6 测量 P_{omax}

信号频率	U_i 波形	U_{om} 波形	U_{om} 有效值	$P_{omax}=\dfrac{U_{om}^2}{R_L}$

2. 测量效率 η

当输出最大不失真时，读出 mA 表电流读数，并将结果填入表7.2-7中。

表7.2-7 测量效率

I_{CC}	U_{CC}	$P_E=I_{CC}U_{CC}$	P_{omax}	实际 η	理论值 η

四、思考与总结

实际 η 与理论值是否一致？为什么？

任务 7.3　集成运算放大器的应用与测量

一、测试反相比例运算放大器

1. 按图 7.3-1 接线

(1) 将两组直流稳压电源的输出电压调整为 12 V，分别送至集成块 +12 V 与 −12 V 电源端。

(2) 取 $R_1 = 10$ kΩ，$R_2 = 9.1$ kΩ，$R_F = 100$ kΩ。

(3) 将函数信号发生器的频率调整为 1 kHz，幅度按表 7.3-1 进行调整。

2. 将测量结果填入表 7.3-1 中

表 7.3-1　反相比例运放　　　　　　　　　　　　　　　　　mV

	输入电压值	20	30	40	50
反相比例运放	输出电压值				
	A_{VF} 测量值				
	A_{VF} 理论值				
	u_+				
	u_-				

3. 数据分析与结论

(1) 反相比例运算放大器的放大倍数 $A_{VF} = $ _____（公式）。在上述电路中，电压放大倍数的理论值是_____，实际测量值是_____。

(2) 图 7.3-1 中 R_F 为_____电阻。运算放大器引入深度负反馈之后，其电压放大倍数只与_____有关，而与集成运算放大器本身的放大倍数_____。

(3) 什么是虚短？什么是虚断？依据分别是什么？

4. 思考与回答

(1) 根据虚短概念，图 7.3-1 中 u_+ 应等于多少？实际测量值与理论是否一致？为什么？

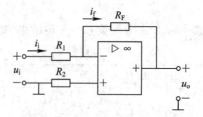

图 7.3-1　反相比例运放电路

(2) 图中 R_2 和作用是什么？它如何取值？

二、测试同相比例运算放大器

1. 按图 7.3 – 2 接线

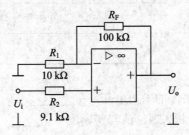

图 7.3 – 2　同相比例运放电路

2. 将测量结果填入表 7.3 – 2 中

表 7.3 – 2　同相比例运放　　　　　　mV

	输入电压值	20	30	40	50
同相比例运放	输出电压值				
	A_{VF} 测量值				
	A_{VF} 理论值				
	u_+				
	u_-				

3. 数据分析与结论

同相比例运算放大器的放大倍数 $A_{VF}=$ _____（公式）。在本电路中，其电压放大倍数为_____。实际测量时，其电压放大倍数是_____。

三、测试反相加法运算放大器

（1）按图 7.3 – 3 连线，使之成为反相加法运算放大器，其中 $R_P=6.8\ \text{k}\Omega$。

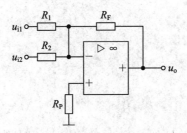

图 7.3 – 3　反相加法器

（2）按表 7.3 - 3 调节电路元件参数，测量 $u_。$，并记录在表 7.3 - 3 中。

表 7.3 - 3　加法运算

加法运算器	U_{i1}/mV	U_{i2}/mV	实际测量 $U_。/V$	理论值 $U_。/V$
$R_1 = 10\ k\Omega, R_2 = R_F = 20\ k\Omega$	30	30		
$R_1 = R_F = 10\ k\Omega, R_2 = 20\ k\Omega$	30	30		

（3）数据分析与结论：

① 根据原理分析，此加法器的输出电压 = ＿＿＿＿＿＿＿＿（公式）。

② 从表 7.3 - 3 的数据分析，理论值与实际测量值＿＿＿＿＿，说明＿＿＿＿＿。

四、思考与总结

（1）运算放大器的放大倍数测量值与理论值一致吗？如有误差，请分析原因。

（2）根据测量，u_+ 与 u_- 相等吗？

（3）将信号频率调到 10 Hz 或者 10×10^4 Hz，再测量输出电压值，发现什么问题了吗？请解释原因。

项目 8　汽车电源的变换与处理

完成本项目任务，实验室需配备正弦交流电源、直流稳压电源、变压器、示波器、毫伏表、万用表、继电器、二极管、三极管及电路图中电阻、电容、灯珠等。

任务 8.1　二极管整流、滤波、稳压电路的测量

一、半波整流、电容滤波电路的测量

1. 半波整流电路

(1) 按图 8.1-1 连线（VD 为 1N4007）。

(2) 当负载电阻 $R_L=2\ \text{k}\Omega$ 时，测量各关键点电压，并将测量结果填入表 8.1-1 中。

表 8.1-1　半波整流、电容滤波电路

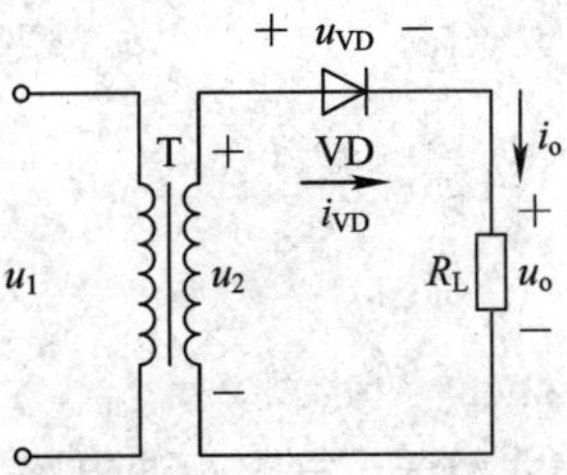

图 8.1-1　单相半波整流

待测电压	理论值	测量值
变压器原边电压 u_1		
变压器副边电压 u_2		
整流后负载端电压 U_o		
加滤波电容后 U_C		

(3) 用示波器测出变压器副边及输出电压，并在图 8.1-3 上绘出其波形图。

(4) 数据分析与结论：

① 正弦交流电压经变压器降压后的波形是_____。

② 整流后在负载上获得的波形是_____直流，其交流成分大。

③ 从波形图上可看出，半波整流电路是利用了二极管的_____，只有正半周到来时二极管_____，有电流流过负载；负半周二极管_____，负载上电流为零。所以负载上的平均电压为_____（公式表示）。

(4) 思考与回答：

① 负载上的电压测量值与理论值一样吗？为什么？

② 将二极管极性反过来接入电路中，情况将是怎样的？试一试。

2. 半波整流电容滤波电路

(1) 按图 8.1-2 接线。

(2) 滤波电容 C 为 220 μF、R_L 为 2 kΩ 时测量滤波后电压，并将测量结果填入表 8.1-1 中。

(3) 用示波器测量滤波电容两端电压波形，并在图 8.1-3 上绘出其波形图。

(4) 数据分析与结论：

① 从电压测量数据上看，加电容滤波后，输出电压明显_____，原因是_____
_____。

② 在理论上半波整流加电容滤波后其输出电压估算值为_____，此电路中实际测量值_____，原因是_____。

③ 从波形上看，输出电压并联滤波电容后_____，交流成分减少。

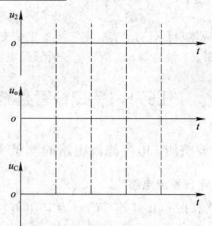

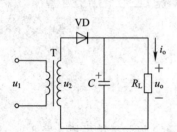

图 8.1-2　单相半波整流电容滤波电路　　图 8.1-3　单相半波整流电路负载两端的波形

二、桥式整流、电容滤波电路的测量

1. 桥式整流电路

（1）按图 8.1-4 接线。

（2）测量各关键点电压，并将结果填入表 8.1-2 中。

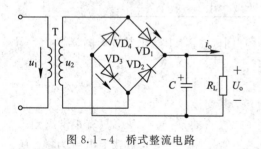

图 8.1-4　桥式整流电路

表 8.1-2　桥式整流、电容滤波电路

待测电压	理论值	测量值
变压器原边电压 u_1		
变压器副边电压 u_2		
整流后负载端电压 U_o		
并联电容 220 μF 电压 U_C		

（3）测量关键点波形，并在图 8.1-5 上绘出其波形图。

（4）数据分析与结论：

① 根据电压测量数据来看，桥式整流较半波整流的输出电压增加了_____；理论上输出电压与变压器副边电压关系是_____（公式）。

② 从波形上看，负载上获得了_____波形；当正半周到来时，二极管_____导通，负载上获得_____波形；当负半周到来时。二极管_____导通，负载上获得_____波形。

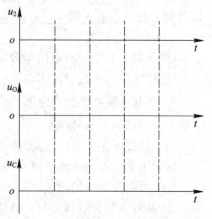

图 8.1-5　桥式整流、电容滤波后波形

（4）思考与回答：

① 当二极管其中任一只开路，输出电压将_____，原因是_____。

② 当二极管其中一只极性接反，输出电压将_____，原因是_____。（可以一试，但时间不能过长）。

③ 当四只二极管极性全部反过来接时，其输出电压将_____。

2. 测试桥式整流电容滤波电路

（1）按图 8.1-6 连线，滤波电容 C 为 220 μF，R_L 为 2 kΩ 时，在图 8.1-5 上画出电容滤波后的波形。

（2）测量滤波后的电压，填入表 8.1-2 中。

（3）数据分析与结论：

① 从电压测量数据来看，滤波后输出电压的平均值明显_____，原因是_____；理论上，加滤波电容后输出电压估算值为_____，而本电路中实际测量值为_____。

② 从波形上看，输出电压较半波整流电容滤波更_____。

（4）思考与回答：整流电路加电容滤波，负载开路，电路会工作吗？电容两端的电压为多少？

三、观测电容滤波和负载变化对整流输出电压的影响

（1）按图 8.1-6 连接电路。

（2）用示波器观察负载 R_L 分别为 2 kΩ 和 150 Ω、滤波电容分别为 47 μF 和 220 μF 时的输出电压波形；用万用表的直流电压挡测量输出电压有效值 U_o 记入表 8.1-3 中，并与理论值相比较。

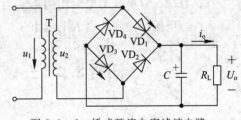

图 8.1-6 桥式整流电容滤波电路

表 8.1-3 电容与负载对输出电压的影响

负载电阻	电容 47 μF		电容 220 μF	
	U_o 波形	U_o 电压	U_o 波形	U_o 电压
$R_L = 2$ kΩ				
$R_L = 150$ Ω				

（3）数据分析与结论：

从表 8.1-3 中数据及波形分析，滤波效果与_____有关。_____越大，滤波效果越好，但二极管承受的反向电压越高。

四、二极管稳压电路

（1）按图 8.1-7 接线，其中 VD 型号为 2CW53。

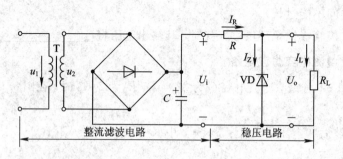

图 8.1-7　稳压二极管并联稳压电路

（2）限流电阻 $R=510\ \Omega$，$R_L=2\ \text{k}\Omega$，$C=220\ \mu\text{F}$；用示波器与万用表分别测量输出电压波形与电压值，并将测量结果填入表 8.1-4 中。

（3）数据分析与结论：

表 8.1-4　稳压二极管稳压

	测量值	理论值	波　　形
U_o			

① 此时稳压后的电压只与＿＿＿＿＿＿＿＿＿＿＿＿有关。

② 与稳压管串联的电阻作用是＿＿＿＿＿＿＿＿＿＿＿＿，避免＿＿＿＿＿＿＿＿＿＿＿＿。

③ 当稳压二极管的输入电压小于二极管稳定电压时，稳压二极管＿＿＿＿＿＿＿＿＿＿＿＿。

任务 8.2　三极管串联稳压电路的调试

一、具有放大环节的晶体三极管串联稳压电路

（1）按图 8.2-1 连接电路，其中 $R_1=470\ \Omega$，$R_2=510\ \Omega$，$R_w=1\ \text{k}\Omega$，$R_4=1\ \text{k}\Omega$，$R_3=1\ \text{k}\Omega$，$R_L=510\ \Omega$，V_1 为 9013，V_2 为 9011，VD 型号为 2CW53，$VD_1 \sim VD_4$ 型号为 1N4007。

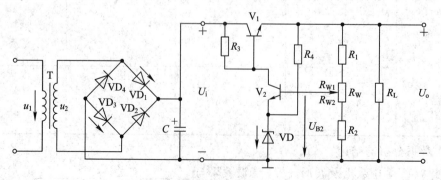

图 8.2-1　具有放大环节的晶体三极管串联稳压电路

（2）检测各关键点的电压，填入表 8.2－1 中。

表 8.2－1　三极管串联稳压电路的检测

被测电压	测量值		电压值是否正常及三极管状态判断
u_1			
U_i			
V_1	V_B		
	V_C		
	V_E		
	U_{CE}		
V_2	V_B		
	V_C		
	V_E		
U_o			

（3）测量各关键点电压波形，并将结果填入表 8.2－2 中。

（4）数据分析与结论：

表 8.2－2　关键点波形检测

被测电压	u_2	U_i	输出 U_o
波形			

① 从上分析可知，串联稳压电路的调整管 V_1 工作在＿＿＿＿＿＿状态，输出电压 U_o、调整管 CE 间电压 U_{CE} 与电容端电压 U_i 的关系是＿＿＿＿＿＿（用数学式表示）。

② 比较放大管 V_2 工作于＿＿＿＿＿＿状态。

③ 由于调整管处于＿＿＿＿＿＿状态，所以其 U_{CE}＿＿＿＿＿＿，损耗大发热高，一般都必须加装散热片。

（5）思考与回答：

① 具有放大环节的晶体管串联直流稳压电由＿＿＿＿＿＿、＿＿＿＿＿＿、＿＿＿＿＿＿、＿＿＿＿＿＿四大部分构成。

② 第一部分由＿＿＿＿＿＿组成，它完成＿＿＿＿＿＿作用；第二部分由＿＿＿＿＿＿组成，它完成＿＿＿＿＿＿作用；第三部分由＿＿＿＿＿＿组成，它完成＿＿＿＿＿＿作用；第四部分由＿＿＿＿＿＿组成，它完成＿＿＿＿＿＿作用。

二、检测稳压性能

（1）检测负载变化时的稳压性能：保持输入交流电压不变，改变接入负载电阻，测量输出电压，将结果记入表 8.2－3 中。

表 8.2－3　负载变化稳压性能检测

负载 R_L	U_1	U_C	V_{CE1}	V_{CE2}	输出电压	稳压性能
空载						
51 Ω						
75 Ω						

（2）检测输入电压变化时的稳压性能：负载电阻为 51 Ω 不变，改变输入电压，测量输出电压稳压性能，将结果填入表 8.2-4 中。

表 8.2-4　输入电压变化稳压性能检测

U_1	U_C	V_{CE1}	V_{CE2}	R_L	输出电压 U_o	稳压性能
180 V				51 Ω		
200 V				51 Ω		
220 V				51 Ω		

（3）数据分析与结论：从表 8.2-4 分析可知，该串联稳压电路的稳压性能 _____。

三、测量输出电压的调节范围与纹波电压

（1）保持输入电压不变，调节 R_W，测量其输出调节范围，将结果填入表 8.2-5 中。

表 8.2-5　输出电压调节范围

输入电压 U_C	输出 U_o 公式	输出 U_o 理论值	输出 U_o 实际调节值

（2）测量纹波电压。负载电阻为 51 Ω 不变，调整 R_W 使输出电压为 12 V，记录数据。改变变压器输入电压，用毫伏表检测纹波电压，将测量数据填入表 8.2-6 中。

表 8.2-6　纹波电压检测

U_1	U_C	U_o	纹波电压 U_S
200 V		12 V	
220 V		12 V	

（3）数据分析与结论：晶体管串联稳压电路克服了二极管稳压电路的 _____ 缺点，且输出纹波电压 _____。

四、思考与总结

（1）请简述三极管串联稳压电路的稳压过程。

（2）请推导三极管串联稳压电路输出电压与基准电压的大小关系。

任务 8.3　汽车晶体管模拟调压电路的调试

一、汽车晶体管调压电路

（1）图 8.3-1 为汽车调压器模拟电路，按图 8.3-1 组建电路。

（2）调整电位器，保证电源电压在 13.8 V～14.5 V 之间变化。

（3）测量各关键点电压，填入表 8.3-1 中。

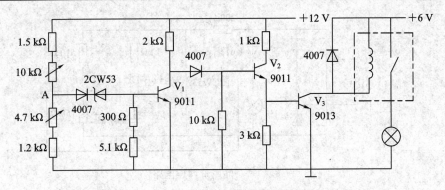

图 8.3 - 1　汽车晶体管调压电路

表 8.3 - 1　关键点电压测量

电源电压	灯（亮、灭）	V_A	V_1 工作状态			$V_2 V_3$ 工作状态		
12 V			$V_B=$	$V_C=$	$V_E=$	$V_B=$	$V_C=$	$V_E=$
13.5 V			$V_B=$	$V_C=$	$V_E=$	$V_B=$	$V_C=$	$V_E=$
14.6 V			$V_B=$	$V_C=$	$V_E=$	$V_B=$	$V_C=$	$V_E=$

（4）数据分析与结论：

① 电路中第二个 9011 与 9013 组成_____管。

② 当电源电压为 12 V 时，2CW53 稳压管_____，三极管 V_1_____，V_2 与 V_3 将_____，灯泡_____，表示汽车发电机励磁绕组由蓄电池供电。

③ 当电源电压升高至 14.6 V 时，2CW53 稳压管_____，三极管 V_1_____，V_2 与 V_3 将_____，表示汽车发电机励磁绕组断开而停止发电。

二、思考与总结

（1）请简述汽车晶体管调压电路的调压过程。

（2）电路中三极管都工作于什么状态？

（3）电路中各二极管的作用是什么？

任务 8.4*　晶闸管调压电路的测量与调试

一、晶闸管调压电路

（1）按图 8.4 - 1 连接电路。

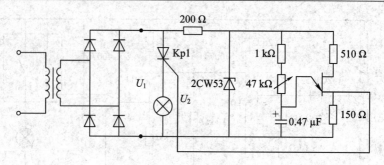

图 8.4 - 1　晶闸管调压电路

（2）调节 47 kΩ 电阻大小，测量灯泡两端电压，观察灯泡亮暗程度，将结果填入表 8.4 - 1 中。

表 8.4 - 1　负载电压调整

	负载电压 U_o/V	灯泡亮暗
U_o 最大时		
U_o 最小时		
U_o 任一值时		

（3）用示波器定性观察控制角 α 与 U_o 之间的关系，在图 8.4 - 2 上描绘出其波形。

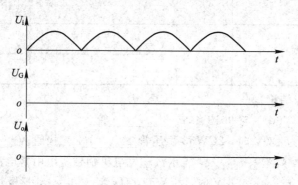

图 8.4 - 2　控制角与输出电压之关系

（4）数据分析与结论：

① 由表 8.4 - 1 分析可知：改变＿＿＿＿＿＿＿＿＿＿＿＿＿＿＿＿，就可改变晶闸管的起始导通时刻，从而调节＿＿＿＿＿＿＿＿＿＿＿＿＿＿＿＿。

② 从理论上说，输出电压与控制角的关系是＿＿＿＿＿＿＿＿＿＿＿＿＿＿，输出电流与控制角的关系是＿＿＿＿＿＿＿＿＿＿＿＿＿。

③ 本电路中，控制角越大，则晶闸管导通时间＿＿＿＿＿＿，输出电压＿＿＿＿＿＿。

④ 将晶闸管的控制极电压撤销，则晶闸管＿＿＿＿＿＿，灯泡＿＿＿＿＿＿。

二、思考与总结

（1）请简述图 8.4 - 1 晶闸管调压电路的工作原理。

（2）图 8.4 - 1 中稳压二极管的作用是什么？

（3）通过完成本次任务，你学会了什么？掌握了哪些知识？

项目 9　汽车仪表电路的认识与检测

完成本项目任务，实验室需配备直流稳压电源、万用表、与门、或门、与非门、非门、编码器、译码器、显示器、逻辑开关、发光二极管、导线等。

任务 9.1　测试基本逻辑门的逻辑功能

一、测试与门电路

（1）找出与门集成块，请画出与门的逻辑符号，写出其逻辑函数表达式。

（2）接通 5 V 电源，将发光二极管状态及测量电压数据填入表 9.1-1 中。

表 9.1-1　与门逻辑功能

输　入						输　出		
A			B			Y		
逻辑电平	开关状态	实测电位	逻辑电平	开关状态	实测电位	逻辑电平	LED 状态	实测电位
0			0					
0			1					
1			0					
1			1					

（3）数据分析与结论：

① 你测试的与门集成块的型号是_____。

② 逻辑电平"0"与"1"的实现：输入端_____实现逻辑电平"0"；输入端_____可实现逻辑电平"1"。对于输出端，LED 亮为_____，灭为_____。

③ 从电压测量数据来看，输入端逻辑电平"0"为_____ V，逻辑电平"1"为_____ V；对于输出端，逻辑电平"0"为_____ V，逻辑电平"1"为_____ V。

④ 概括来说，与门可实现_____的逻辑功能。

（4）思考与回答：

① 对于逻辑电平"0"与"1"，有没有一个固定的电位与之对应？

② 对于输入端，为什么逻辑电平"0"是 0 V，而输出端的逻辑电平"0"并不等于 0 V 而在 0.1 V～0.3 V 之间，为什么？

二、测试或门电路

（1）找出或门集成块，请画出或门的逻辑符号，写出其逻辑函数表达式。

（2）接通 5 V 电源，将发光二极管的状态及测量电压数据填入表 9.1-2 中。

表 9.1 - 2　或门逻辑功能

输　入						输　出		
A			B			Y		
逻辑电平	开关状态	实测电位	逻辑电平	开关状态	实测电位	逻辑电平	LED 状态	实测电位
0			0					
0			1					
1			0					
1			1					

（3）数据分析与结论：

① 你测试的或门集成块的型号是＿＿＿＿＿＿＿＿＿＿＿＿＿＿＿＿＿＿＿＿。

② 概括来说，或门可实现＿＿＿＿＿＿＿＿＿＿＿＿＿＿＿＿＿＿的逻辑功能。

三、测试非门电路

（1）找出非门集成块，请画出非门的逻辑符号，写出其逻辑函数表达式。

（2）接通 5 V 电源，将发光二极管的状态及测量电压数据填入表 9.1 - 3 中。

表 9.1 - 3　非门逻辑功能

A(输入)			Y(输出)		
逻辑电平	开关状态	实测电位	逻辑电平	LED 状态	实测电位
0					
1					

（3）数据分析与结论：

① 你测试的非门集成块的型号是＿＿＿＿＿＿＿＿＿＿＿＿＿＿＿＿＿＿＿＿。

② 非门可实现＿＿＿＿＿＿＿＿＿＿＿＿＿＿＿＿＿＿＿＿的功能。

四、测试与非门电路

（1）找出与非门集成块，请画出与非门的逻辑符号，写出其逻辑函数表达式。

（2）接通 5 V 电源，将发光二极管的状态及测量电压数据填入表 9.1 - 4 中。

表 9.1 - 4　与非门逻辑功能

输　入						输　出		
A			B			Y		
逻辑电平	开关状态	实测电位	逻辑电平	开关状态	实测电位	逻辑电平	LED 状态	实测电位
0			0					
0			1					
1			0					
1			1					

（3）数据分析与结论：

① 你测试的与非门集成块的型号是＿＿＿＿＿＿＿＿＿＿＿＿＿＿＿＿＿＿。

② 概括来说，与非门可实现＿＿＿＿＿＿＿＿＿＿＿＿＿＿＿＿功能。

五、思考与总结

（1）或非门可实现怎样的逻辑功能？请画出或非门的逻辑符号，写出其逻辑表达式。

（2）请画出同或门与异或门的逻辑符号，写出它们的逻辑表达式。

任务 9.2　设计简单的组合逻辑电路

一、设计一个"三地控制一灯"的电路

T 型过道中间有一路灯，要求三个方向的行人都能同时控制路灯的亮灭。请设计一个电路以实现控制，要求：画出逻辑电路，并实验验证。

（1）确定输入、输出变量，并赋予"0""1"含义。

（2）列出真值表。

（3）写出逻辑函数表达式，并化简。

（4）画出逻辑图。

（5）实验验证。

二、考核(表9.2-1由教师填写)

学生完成设计任务并通过电路验证,教师对学生设计进行考评,成绩计入表9.2-1中。

表9.2-1 三地控制一灯电路设计考核表

考核内容	考核结果		分 值	考核成绩
设计步骤	完整	不完整	10	
输入/输出变量	正确	错误	15	
真值表	正确	错误	15	
逻辑函数式	正确	错误	15	
逻辑图	正确	错误	15	
电路连线	成功	不成功	15	
功能验证	成功	不成功	15	
			总分100	

任务9.3 编码器与译码器的逻辑功能测试

一、74LS147编码功能测试

1. 按图9.3-1连线

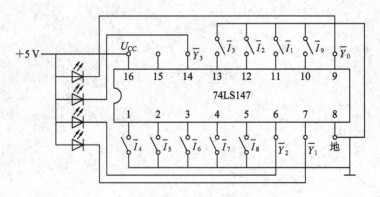

图9.3-1 74LS147接线图

2. 测试逻辑功能

表9.3-1 LS147编码功能表

输 入									输 出			
$\overline{I_1}$	$\overline{I_2}$	$\overline{I_3}$	$\overline{I_4}$	$\overline{I_5}$	$\overline{I_6}$	$\overline{I_7}$	$\overline{I_8}$	$\overline{I_9}$	$\overline{Y_0}$	$\overline{Y_1}$	$\overline{Y_2}$	$\overline{Y_3}$

输　　入									输　　出			
$\overline{I_1}$	$\overline{I_2}$	$\overline{I_3}$	$\overline{I_4}$	$\overline{I_5}$	$\overline{I_6}$	$\overline{I_7}$	$\overline{I_8}$	$\overline{I_9}$	$\overline{Y_0}$	$\overline{Y_1}$	$\overline{Y_2}$	$\overline{Y_3}$

（1）输入端：开关闭合为"0"，断开为"1"；输出端：发光二极管亮为"0"，灭为"1"。

（2）依次将输入端 $\overline{I_1}$、$\overline{I_2}$……开关闭合，观察输出端 $\overline{Y_0}$、$\overline{Y_1}$、$\overline{Y_2}$、$\overline{Y_3}$ 发光二极管的亮灭。

（3）列出真值表如表 9.3-1 所示。

3. 数据分析与结论

（1）74LS147 是＿＿＿＿＿＿＿＿＿＿＿＿编码器。

（2）74LS147 输入端有 0～9 共 10 条数据线，＿＿＿＿电平有效；输出端有 4 条数据线，＿＿＿＿电平有效。

二、74LS247 译码器功能测试

1. 按图 9.3-2 连线

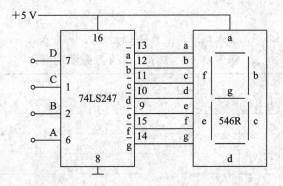

图 9.3-2　74LS247 译码与显示

2. 测试逻辑功能

在输入端依次输 0000、0001、0010、0011…1001，观察显示器显示的数据，填入表 9.3-2 中。

表 9.3 - 2　LS247 译码功能表

输 入				输 出							显示数字
D	C	B	A	a	b	c	d	e	f	g	

三、编码、译码与显示测试

(1) 按图 9.3 - 3 连线。

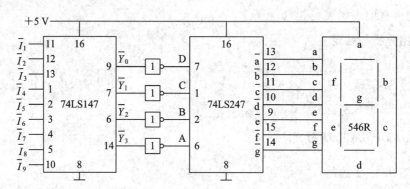

图 9.3 - 3　编码译码与显示

(2) 分别按下 74LS147 输入端开关,将数码显示结果填入表 9.3 - 3 中。

表 9.3 - 3　编码、译码与显示功能

输入	74LS147 输出				74LS247 输出							数字
	D	C	B	A	a	b	c	d	e	f	g	
$\overline{I_1}$												
$\overline{I_2}$												
$\overline{I_3}$												
$\overline{I_4}$												
$\overline{I_5}$												
$\overline{I_6}$												
$\overline{I_7}$												
$\overline{I_8}$												
$\overline{I_9}$												

（3）思考与回答：为什么在 74LS147 与 74LS247 之间加接非门？

任务 9.4* 　数据选择的逻辑功能测试

一、74LS151 逻辑功能测试

1. 按图 9.4 - 1 连线

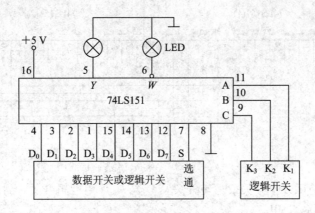

图 9.4 - 1　74LS151 逻辑功能测试图

2. 测试逻辑功能

填写逻辑功能表 9.4 - 1。

表 9.4 - 1　74LS151 逻辑功能

输　入				输　出	
选　　择			选　通		
C	B	A	S	Y	W

3. 数据分析与结论

（1）74LS151 是一个_____数据选择器，其中 A、B、C 为_____端，S 是_____端。$D_0 \sim D_7$ 是_____端，Y 与 W 是两个_____端。

（2）当 S 端为_____电平时，集成块 74LS151 选通。

（3）当 $ABC = 101$ 时，输出 $Y = $_____。

4. 思考与回答

能否将函数信号发生器产生的 3 V、10 Hz 矩形波送至数据选择端 D_1？当 $ABC = 001$ 时，输出端 Y 的波形是什么？试一试。

二、两片 74LS151 组成 16 选一数据选择器

(1) 按图 9.4－2 连线。

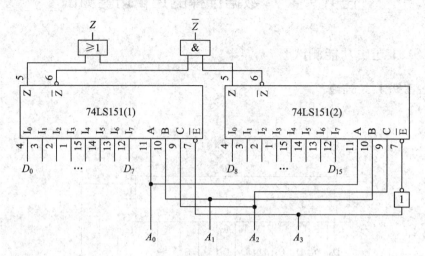

图 9.4－2　74LS151 组成 16 选一接线图

(2) D_0 至 D_{15} 采用数据开关或逻辑开关，A_0 至 A_3 采用逻辑开关，测试逻辑功能，并将测试结果填入表 9.4－2 中。

表 9.4－2　16 选 1 数据选择器的逻辑功能表

输　入					输　出	
选　择			选　通			
C	B	A	E_1	E_2	Z	$\bar{Z}$

(3) 数据分析与结论：

① 两片 74LS151 接成级连的方式，构成 16 选一数据选择器。图 9.4－2 中当 $A_3＝0$ 时，第_____片选通，地址选择 ABC 分别为 000、001、010、011、100、101、110、111 时，对应输出 $Z＝$ _____。

② 当 $A_3＝1$ 时，第_____片选通。当地址选择 ABC 分别为 000，001、010、011、100、101、110、111 时，对应输出 $Z＝$ _____。

三、思考与总结

用数据选择器可以实现逻辑函数，请用 74LS153 实现逻辑函数 $Y＝\overline{AB}\overline{C}+\overline{A}B\overline{C}+\overline{A}BC+ABC$。

项目 10 时序逻辑电路的认识与设计

完成本项目任务，实验室需配备直流稳压电源、单次脉冲源、万用表、与非门、JK 触发器、移位寄存器、计数器、译码器、显示器、555 定时器、逻辑开关、发光二极管、导线等。

任务 10.1 触发器的功能测试

一、测试基本 RS 触发器的逻辑功能

(1) 画出基本 RS 触发器的电路结构与电路符号。

表 10.1-1 RS 触发器

S	R	Q_n	Q_{n+1}	功能
0	0	0		
		1		
0	1	0		
		1		
1	0	0		
		1		
1	1	0		
		1		

(2) 按电路结构组建基本 RS 触发器，接通 +5 V 电源，测试基本 RS 的功能，填入表 10.1 中。

(3) 数据分析与结论：

① Q_n 指的是_____，Q_{n+1} 指的是_____。

② 基本 RS 触发器能实现_____、_____、_____逻辑功能。

③ 因与非门有 0 出 1，当 $R=S=$_____，输出 Q_n 为_____，$\overline{Q}_n$ 也为_____，违背了逻辑规则，且当 R、S 撤走后，Q_n 不定而禁止使用。

二、测试 JK 触发器的逻辑功能

(1) 按图 10.1-1 连线。

(2) 接通 +5 V 电源，改变输入端状态，每送一个 CP 脉冲(脉冲开关上下一次)，观察输出端状态变化，将结果填入表 10.1-2 中。

(3) 数据分析与结论：

① $\overline{S}_D$ 是_____端，_____电平有效；$\overline{R}_D$ 是_____端，_____电平有效。

② 该 JK 触发器是_____触发(触发信号)。

③ JK 触发器实现的功能有_____、_____、_____、_____。

④ JK 触发器的输出状态不仅与_____状态有关，还与_____状态有关，并且受_____控制。

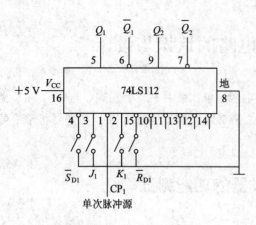

图 10.1-1 JK 触发器

表 10.1-2 JK 触发器

J	K	Q_n	Q_{n+1}	功能
0	0	0		
		1		
0	1	0		
		1		
1	0	0		
		1		
1	1	0		
		1		

（4）思考与回答：

写出 JK 触发器的特征方程。

三、测试 D 触发器的逻辑功能

（1）画出用 JK 触发器接成 D 触发器的电路图。

（2）按图连接线路，测试逻辑功能，将结果填入表 10.1-3 中。

表 10.1-3 D 触发器

D	Q_n	Q_{n+1}
0	0	
	1	
1	0	
	1	

（3）数据分析与结论：D 触发器实现的逻辑功能是 _____。

四、测试 T 触发器的逻辑功能

（1）画出用 JK 触发器接成 T 触发器的电路图。

（2）按图连接线路，测试逻辑功能，将结果填入表 10.1-4 中。

表 10.1-4　T 触发器

T	Q_n	Q_{n+1}
0	0	
	1	
1	0	
	1	

（3）数据分析与结论：T 触发器实现的逻辑功能是 _____。

五、思考与总结

（1）触发器的基本特点是什么？

（2）JK 触发器初态 Q_n 的 0 电平与 1 电平，你是如何实现的？（两种办法）

（3）在 JK 触发器中，当 $\overline{S}_D = 0$ 时，改变输入端状态送一个 CP 脉冲，输出端状态有没有变化？同样当 $\overline{R}_D = 0$ 时，改变输入端状态且送一个时钟脉冲，输出端状态有没有变化？当正常工作时，$\overline{R}_D$ 与 $\overline{S}_D$ 应处于什么状态？

（4）Q_{n+1} 与 $\overline{Q}_n$ 是一个概念吗？

任务 10.2　移位寄存器的测试与应用

一、测试 74LS194 的逻辑功能

（1）按图 10.2-1 接线。

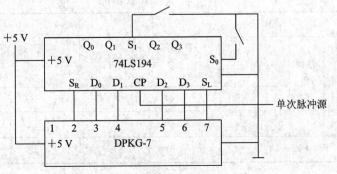

图 10.2-1　74LS194 测试电路

① $D_0 \sim D_3$ 接逻辑开关，S_R、S_L、S_1、S_0、$\overline{CR}$ 接逻辑开关。

② CP 接单次脉冲源，U_{CC} 接 5 V 电源，GND 接地。

③ S_0、S_1 外接开关，接地为 0，断开为 1；输出端灯亮为 1，灭为 0。

（2）按功能表规定的输入状态，逐项进行测试，将结果填入表 10.2-1 中。

表 10.2-1　74LS194 逻辑功能

输　入										输　出				功能
清零 $\overline{CR}$	工作方式控制		时钟 CP	串行		并行								
	S_1	S_0		S_L	S_R	D_3	D_2	D_1	D_0	Q_3	Q_2	Q_1	Q_0	
0	×	×	×	×	×	×	×	×	×					
1	×	×	0	×	×	×	×	×	×					
1	1	1	↑	×	×	D_3	D_2	D_1	D_0					
1	0	1	↑	×	1	×	×	×	×					
1	0	1	↑	×	0	×	×	×	×					
1	1	0	↑	1	×	×	×	×	×					
1	1	0	↑	0	×	×	×	×	×					
1	0	0	↑	×	×	×	×	×	×					

（3）数据分析与结论：

① 74LS194 是一个＿＿＿＿＿＿＿＿寄存器。

② $D_3 D_2 D_1 D_0$ 是＿＿＿＿端，$Q_3 Q_2 Q_1 Q_0$ 是＿＿＿＿端。$\overline{CR}$ 是＿＿＿＿端，S_1 与 S_0 是＿＿＿＿端，S_L 是＿＿＿＿端，S_R 是＿＿＿＿端，CP 是＿＿＿＿。

③ 清零时，$\overline{CR}$ 等于＿＿＿＿；正常工作时，$\overline{CR}$ 等于＿＿＿＿。

④ 当 $S_1 S_0 = 00$ 时，实现＿＿＿＿；当 $S_1 S_0 = 01$ 时，实现＿＿＿＿；当 $S_1 S_0 = 10$ 时，实现＿＿＿＿；当 $S_1 S_0 = 11$ 时，实现＿＿＿＿。

（4）观察逻辑功能的实现：

① 按表 10.2-2 并行装载（置数），进行功能观察，将结果填入表 10.2-2 中。

表 10.2-2　置数功能

输　入										输　出				说明
清零 $\overline{CR}$	工作方式控制		时钟 CP	串行		并行								
	S_1	S_0		S_L	S_R	D_3	D_2	D_1	D_0	Q_3	Q_2	Q_1	Q_0	
0	×	×	×	×	×	×	×	×	×					
1	1	1	↑	×	×	0	1	0	0					

② 按表 10.2-3 进行右移观察(给一个数码，送一个 CP 脉冲)，将结果填入表 10.2-3 中。

表 10.2-3　右移功能

清零 $\overline{CR}$	工作方式控制		时钟 CP	串行		输 出				说明
	S_1	S_0		S_L	S_R	Q_3	Q_2	Q_1	Q_0	
0	×	×	×	×	×					
1	0	1	↑	×	1					
			↑		0					
			↑		0					
			↑		0					

③ 按表 10.2-4 进行左移观察(给一个数据，送一个 CP 脉冲)，将结果填入表 10.2-4 中。

表 10.2-4　左移功能

清零 $\overline{CR}$	工作方式控制		时钟 CP	串行		输 出				说明
	S_1	S_0		S_L	S_R	Q_3	Q_2	Q_1	Q_0	
0	×	×	×	×	×					
1	1	0	↑	1	×					
			↑	0						
			↑	1						
			↑	0						

二、具有自启动功能的环形移位寄存器

(1) 如图 10.2-2 为具有自启动功能的四位环形移位寄存器的电路图。

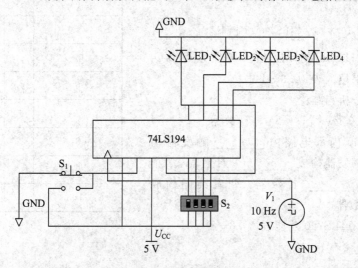

图 10.2-2　自启动四位环形移位寄存器电路图

① 请将电路图中 74LS194 各引脚功能标于电路图上。

② 按图 10.2-2 接线。

(2)观察环形移位寄存器的功能。

(3)数据分析与结论：

① 该环形移位寄存器的初始状态是_____。

② 按下开关 S_1，实现_____功能。

③ 图 10.2-2 中开关 S_1 所处位置，可实现_____工作方式。

④ 图 10.2-2 中 5 V、10 Hz 矩形波作为_____。

三、思考与总结

(1)观察自启动四位环形移位寄存器功能时，请简述其操作过程。

(2)完成本次任务，谈谈你的收获与不足。

任务 10.3　二-十进制计数、译码与显示电路

一、测试 74LS290 的计数功能

(1)按图 10.3-1 连线。

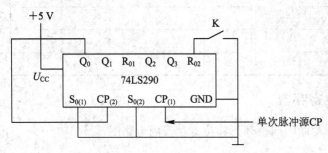

图 10.3-1　74LS290 功能测试

(2)测试 74LS290 的计数功能，观察 $Q_3 Q_2 Q_1 Q_0$ 的亮灭，将结果填入表 10.3-1 中。

(3)数据分析与结论：

① 74LS290 是一个_____计数器。

② 74LS290 内部电路由_____触发器构成，其中一个触发器构成_____计数器，3 个触发器构成_____计数器，两者共同构成_____计数器。

③ 请完成 74LS290 功能表 10.3-2。

表 10.3-1　74LS290 计数

脉冲个数＼输出	Q_3	Q_2	Q_1	Q_0
清零				
1				
2				
3				
4				
5				
6				
7				
8				
9				
10				

表 10.3 - 2 74LS290 功能表

输入				输出			
R_{01}	R_{02}	S_{01}	S_{02}	Q_1	Q_2	Q_3	Q_4
R_{01}、R_{02} 有任一为 0							
S_{01}、S_{02} 有任一为 0							

二、二-十进制计数、译码与显示电路

(1) 按图 10.3 - 2 连接电路。

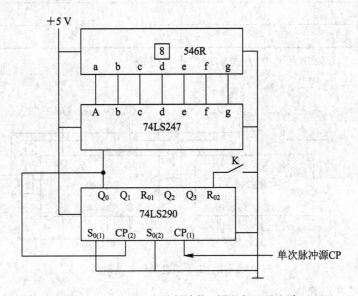

图 10.3 - 2 二-十进制计数、译码与显示电路

(2) 加入时钟脉冲，观察数码管数字变化，将结果填入表 10.3 - 3 中。

表 10.3 - 3 二-十进制计数、译码与显示

脉冲个数	1	2	3	4	5	6	7	8	9	10
$Q_3 Q_2 Q_1 Q_0$										
数码显示										

(3) 数据分析与结论：

① 图中 74LS290 完成 _____ 功能，74LS247 完成 _____ 功能，数码管完成 _____ 功能。

② CP_1 来自 _____，而 CP_2 来自 _____。

三、实现任意进制计数显示电路

（1）将74LS290改接成七进制计数显示。

① 按图10.3-3接线。

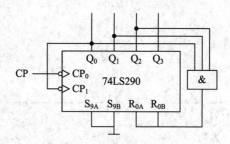

图10.3-3　七进制计数电路图

② 验证电路正确性。

脉冲个数	1	2	3	4	5	6	7	8	9	10
$Q_3 Q_2 Q_1 Q_0$										
数码显示										

（2）用两片74LS290级连的方式实现二十四进制。

① 按图10.3-4连线。

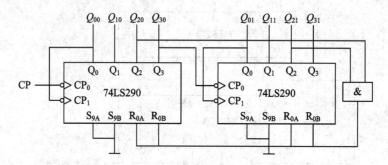

图10.3-4　二十四进制计数电路图

② 请验证电路正确性。

四、思考与总结

（1）通过本次任务，你对数字时钟的设计有了怎样的了解？说说你的设计思路。

（2）谈谈你对汽车里程表计数显示的设计与理解。

任务10.4　汽车转向灯电路的调试

一、测试555多谐振荡器的输出波形

（1）按图10.4-1接线。

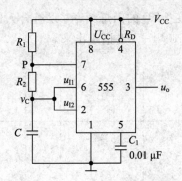

图 10.4-1　555 多谐振荡器

（2）观察输出端电压与 RC 充放电波形，在图 10.4-2 上描绘出其波形。

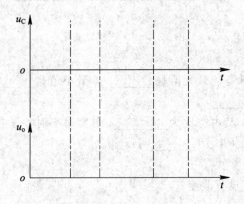

图 10.4-2　波形图

（3）数据分析与结论：

① 矩形的脉冲宽度与_____有关，增大_____可改变矩形的脉宽。

② 增大 R_2 的值可改变_____。

二、汽车转向灯电路调试

（1）按图 10.4-3 接线。

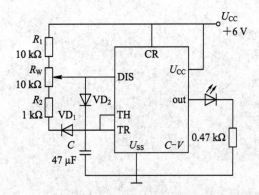

图 10.4-3　汽车 LED 转向灯电路

（2）调整 R_W 的大小，改变 LED 的闪烁频率，以符合人们视觉习惯。用示波器观察输出电压占空比的变化，并在图 10.4 − 4 上描绘出来。

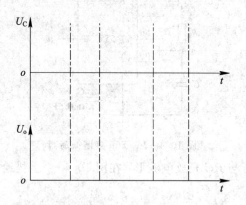

图 10.4 − 4　占空比变化

（3）数据分析与结论：

① 图 10.4 − 4 中，脉宽的最大值是_____，最小值是_____。间歇时间的最大值是_____，最小值是_____。

② 当脉宽为最大时，其占空比为_____；脉宽最小时，占空比为_____。

③ 检测 LED 的闪烁频率为_____ Hz。

（4）思考与回答：

改变占空比，频率有没有改变？

三、思考与总结

（1）根据图 10.4 − 3 电路中元件参数，请计算脉宽时间、占空比及输出矩形波频率。

（2）简述 555 定时器的工作过程。

项目 11　汽车智能控制基础

该项目作为选学内容，实验室需配备直流稳压电源、万用表、逻辑开关、数/模转换与模/数转换集成块、运算放大器等。任务 11.1 需查找阅读汽车相关资料才能完成；任务 11.2 能够在电工电子实验室完成；任务 11.3 需要配备实验用车并在专业老师指导下才能完成，可作为拓展训练。

任务 11.1*　汽车典型控制系统的控制框图制作

一、燃油汽车控制系统（根据实际情况，自行选定车型，查找相关资料）

1. 画出电子燃油喷射系统的控制框图

（1）控制系统方框图。

（2）控制原理简介。

2. 画出车身稳定控制系统框图

（1）控制系统方框图。

（2）控制原理简介。

3. 画出自动空调控制系统框图

（1）控制系统方框图。

（2）控制原理简介。

二、电动汽车控制系统（根据实际情况，自行选定车型，查找相关资料）

1. 画出电动汽车整车控制框图

（1）控制系统方框图。

（2）控制原理简介。

2. 画出纯电动汽车能源管理系统框图

（1）控制系统方框图。

（2）控制原理简介。

任务 11.2　测试数/模与模/数转换

一、熟悉集成块的功能

请在图 11.2-1 和图 11.2-2 上标出集成块的引脚功能（自行查资料）。

```
 1  ┌──────────┐ 20
───┤ CS        Vcc ├───
 2 │            │ 19
───┤ WR1      ILE ├───
 3 │            │ 18
───┤ AGND     WR2 ├───
 4 │            │ 17
───┤ D3      XFER ├───
 5 │            │ 16
───┤ D2        D4 ├───
 6 │            │ 15
───┤ D1        D5 ├───
 7 │            │ 14
───┤ D0        D6 ├───
 8 │            │ 13
───┤ VREF      D7 ├───
 9 │            │ 12
───┤ RF       IO2 ├───
10 │            │ 11
───┤ DGND     IO1 ├───
   └──────────┘
```

图 11.2 - 1　DAC0832

```
 1  ┌──────────┐ 28
───┤ IN3      IN2 ├───
 2 │            │ 27
───┤ IN4      IN1 ├───
 3 │            │ 26
───┤ IN5      IN0 ├───
 4 │            │ 25
───┤ IN6       A0 ├───
 5 │            │ 24
───┤ IN7       A1 ├───
 6 │            │ 23
───┤ START     A2 ├───
 7 │            │ 22
───┤ EOC      ALE ├───
 8 │            │ 21
───┤ D3        D7 ├───
 9 │            │ 20
───┤ OE        D6 ├───
10 │            │ 19
───┤ CLOCK     D5 ├───
11 │            │ 18
───┤ Vcc       D4 ├───
12 │            │ 17
───┤ VREF(+)   D0 ├───
13 │            │ 16
───┤ GND   VREF(−) ├───
14 │            │ 15
───┤ D1        D2 ├───
   └──────────┘
```

图 11.2 - 2　ADC0809

二、数/模转换测试

（1）按图 11.2 - 3 接线，检查无误后，接上电源。

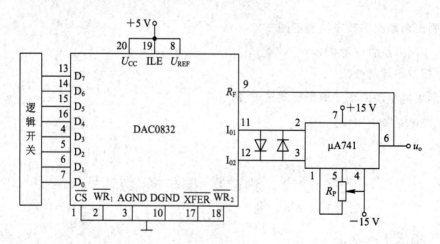

图 11.2 - 3　数/模转换电路

（2）令 $D_0 \sim D_7$ 全为 0，调节 R_P 使输出电压 $u_o = 0$。

（3）按表 11.2 - 1 输入数字量，测量输出电压值，填入表 11.2 - 1 中。

表 11.2 - 1 数/模转换

输入数字量								输出模拟量	
D_0	D_1	D_2	D_3	D_4	D_5	D_6	D_7	测量值	计算值
0	0	0	0	0	0	0	0		
0	0	0	0	0	0	0	1		
0	0	0	0	0	0	1	0		
0	0	0	0	0	1	0	0		
0	0	0	0	1	0	0	0		
0	0	0	1	0	0	0	0		
0	0	1	0	0	0	0	0		
0	1	0	0	0	0	0	0		
1	0	0	0	0	0	0	0		
1	1	1	1	1	1	1	1		

三、模/数转换测试

（1）按图 11.2 - 4 接线。

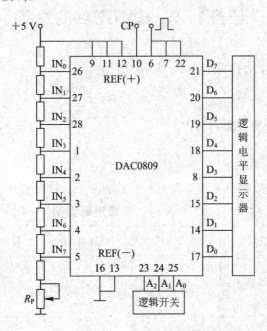

图 11.2 - 4 模/数转换电路

（2）输入 CP 脉冲 $f=100$ kHz，令 $A_2A_1A_0=000$，调节 R_P 使 IN_0 端电压为 4.5 V，输入一个单次脉冲，观察并记录于表 11.2 - 2 中。

（3）依此类推。

表 11.2 – 2　模/数转换

输入		A_2	A_1	A_0	D_7	D_6	D_5	D_4	D_3	D_2	D_1	D_0	十进制
IN_0	4.5	0	0	0									
IN_1	4.0	0	0	1									
IN_2	3.5	0	1	0									
IN_3	3.0	0	1	1									
IN_4	2.5	1	0	0									
IN_5	2.0	1	0	1									
IN_6	1.5	1	1	0									
IN_7	1.0	1	1	1									

四、思考与总结

（1）请根据表 11.2 – 2 中数据分析数/模转换与模/数转换的分辨率。

（2）请根据表 11.2 – 2 中数据分析模/数转换的转换误差。

任务 11.3　CAN 总线的检测

一、熟悉车型与网络拓扑图

（1）所测实验用车的车型是 _____。

（2）画出车载网络拓扑图。

二、CAN 总线检测

（1）检测电源电压，将结果填入表 11.3 – 1 中。

表 11.3 – 1　电源电压检测

万用表挡位	测量点	参考电压	测量电压	故障判断	备注

数据分析与结论：

① 若电源电压低于 _____ V，应对蓄电池充电或更换蓄电池。

② 若蓄电池电压在 _____，说明电源电压正常。

(2) 终端电阻检测：

① 检测 CAN 终端电阻，填入表 11.3 - 2 中。

表 11.3 - 2　终端电阻检测

CAN 类型	终端电阻值		总电阻值		故障判断
	参考值	测量值	参考值	测量值	

② 数据分析与结论：

(a) 当测量总电阻值等于参考电阻值时，可判断_____；

(b) 当测量总电阻值大于参考电阻值时，可判断_____；

(c) 当测量总电阻值小于参考电阻值时，可判断_____。

(3) 思考与回答：你是如何测单个终端电阻值的？

(4) 检测总线电压，将检测结果填入表 11.3 - 3 中。

表 11.3 - 3　总线电压检测

CAN 类型	参考电压	测量电压	故障判断	备注
CAN - H				
CAN - L				

(5) 检测波形，将结果填入表 11.3 - 4 中。

表 11.3 - 4　波形检测

CAN 类型	参考波形	测量波形	故障判断

① 下列波形故障为_____。

图 11.3 - 1　故障波形(1)

② 下列波形故障为_____。

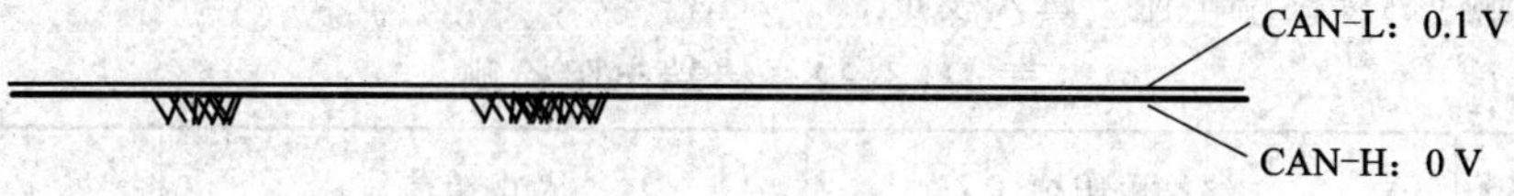

CAN-L: 0.1 V

CAN-H: 0 V

图 11.3-2　故障波形(2)

③ 下列波形故障为_____。

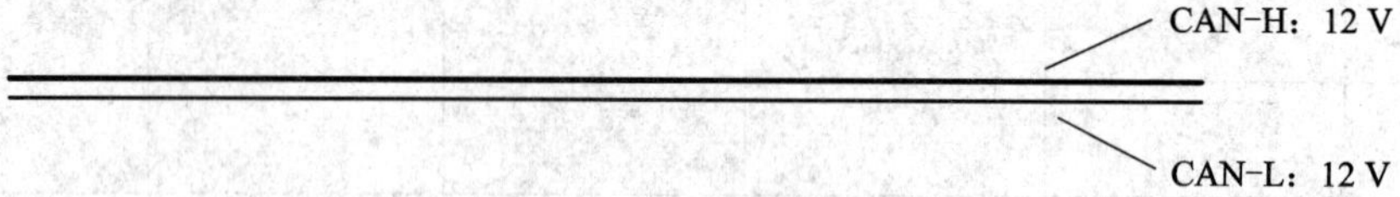

CAN-H: 12 V

CAN-L: 12 V

图 11.3-3　故障波形(3)

④ 若有其他故障波形请描绘。

三、思考与总结

说说 CAN 总线的检测方法与心得。

省级"专业教学资源库"建设项目配套教材　　　　　"双高计划"建设院校课改教材

高职高专国家示范性院校"十三五"规划教材

汽车电工与电子技术基础

（含项目实施工作单）

主　编　邓妹纯

副主编　曾光辉　童　亮

主　审　袁　辉

西安电子科技大学出版社

内 容 简 介

　　本书是省级"专业教学资源库"配套教材,是为响应教育部"一书、一课、一空间"的要求,结合电子技术在现代汽车上的应用,经过精选、调整、补充与开发而编写的。全书分为两部分:基础理论和项目实施工作单。基础理论以汽车检测与维修项目为载体,包括汽车照明电路的检测与维修、汽车交流电路的检测与维修、汽车安全用电、铁芯线圈元件检测与电路分析、汽车电机的检测与控制、常用半导体器件的认识与检测、常用放大电路的检测与调试、汽车电源的变换与处理、汽车仪表电路的认识与检测、时序逻辑电路的认知与设计、汽车智能控制基础等 11 个项目。项目实施工作单对应每个项目包括若干工作任务,是实施项目的具体过程。为了便于学生使用,项目实施工作单单独成册。

　　本书的特色在于:结合了传统汽车与新能源汽车的相关知识,开发了与理论基础相对应的实践项目与工作任务,可作为高等职业院校、高等专科院校、成人高校、五年制高职、技师学校、中职学校等汽车服务类专业的教材,也可作为社会相关从业人员的参考书及培训用书。

图书在版编目(CIP)数据

汽车电工与电子技术基础 / 邓妹纯主编. —西安:西安电子科技大学出版社,2020.8
ISBN 978 - 7 - 5606 - 5590 - 1

Ⅰ. ① 汽… Ⅱ. ① 邓… Ⅲ. ① 汽车—电工技术 ② 汽车—电子技术 Ⅳ. ① U463.6

中国版本图书馆 CIP 数据核字(2020)第 075831 号

策划编辑　李惠萍
责任编辑　唐小玉
出版发行　西安电子科技大学出版社(西安市太白南路 2 号)
电　　话　(029)88242885　88201467　　　邮　　编　710071
网　　址　www. xduph. com　　　　　　电子邮箱　xdupfxb001@163. com
经　　销　新华书店
印刷单位　咸阳华盛印务有限责任公司
版　　次　2020 年 8 月第 1 版　2020 年 8 月第 1 次印刷
开　　本　787 毫米×1092 毫米　1/16　印张　26.75
字　　数　633 千字
印　　数　1~3000 册
定　　价　58.00 元(含项目实施工作单)
ISBN 978 - 7 - 5606 - 5590 - 1/U

XDUP 5892001 - 1

＊＊＊ 如有印装问题可调换 ＊＊＊

高职高专国家示范性院校"十三五"规划教材

汽车电工与电子技术基础
编委会名单

主　编　邓妹纯

副主编　曾光辉　童　亮

编　委　（排名不分先后）

黄　威　曾光辉　汤红圆　胡志科

龙清华　童　亮　邹智敏　程利辉

主　审　袁　辉

前　　言

现代汽车，在很大程度上可以说是电子高科技的产物。从单个的电子元件到自动控制，从网络技术到人工智能，无一不伴随着电子科技的迅速发展。新能源汽车更是如此，其核心技术之一就是电子控制技术。面对复杂的汽车系统，现在的汽车维修人员不再只是一个大概知道汽车基本结构，能够测量几个电压，靠经验与手艺就能诊断汽车故障的维修工了，必须是一个懂原理、会分析、能运用，综合知识能力很强，精于技术的专业汽车维修工程师。

为顺应现代汽车技术的发展，结合职教学生的培养目标以及学生学习能力，我们精心编写了这套教材。本教材以夯实基础、保持先进、加强应用、培养能力为出发点，按照"以能力为本位，以职业实践为主线，以项目为载体的专业课程体系"的总体设计思路(如图 0.1 所示)，采用工作任务驱动的模式进行设计，将理论知识与技能训练融为一体，围绕工作任务的完成来选择与组织课程内容，突出工作任务与理论基础知识的联系，增强课程内容与职业岗位能力的相关性，达到提高学生职业能力的目的。

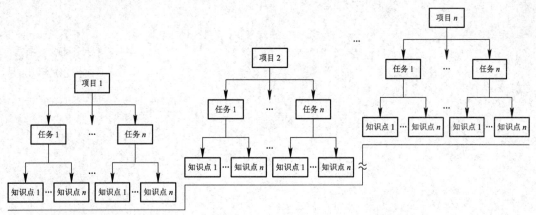

图 0.1　课程总体设计思路

本教材在保证知识系统性原则下，开发了 11 个项目，项目与项目之间呈递进关系，且与工作过程相一致；每个项目下有若干个平行的工作任务(工作任务的完成就是一种技能训练)，每个工作任务均需一个或几个理论知识点来支撑。编者认为，对于汽车电工与电子技术基础这门课程来说，理论基础是"灵魂"，技能训练是"躯干"，有灵魂的躯干才是鲜活的。因此，整套教材中用较大篇幅来夯实理论基础，而技能训练则以项目实施工作单的形式出现。

本教材内容综合了传统燃油汽车与新能源汽车的特点，保留了原有汽车电工与电子技术所有基础性内容，如直流电路、正弦交流电路、直流电动机、整流电路、基本放大电路、数字电路基础等；同时新增了一些元件、电路和技术，如霍尔元件、旋转变压器、IGBT 管、永磁同步电动机、同步整流电路、逆变电路、自动控制技术、无线电技术等。

编写本教材期间，我们大量征集了高职院校、中职学校、技师技工学校教师的意见与建议，同时结合了在汽车制造与汽车服务企业实地考察与调研的情况，使教材内容尽可能地符合学生认知规律以及企业对从业人员的知识要求。

本教材由湖南交通职业技术学院邓妹纯担任主编，由湖南益阳职业技术学院曾光辉、长沙市汽车工业学校童亮担任副主编。此外，参与本书项目讨论、工作任务审定与部分内容编写的还有：湖南交通职业技术学院黄威、长沙职业技术学院汤红圆、邵阳汽车技师学院龙清华、湖南省工业贸易学校胡志科、长沙市电子工业学校邹智敏、汨罗职业中专学校程利辉。全书由湖南交通职业技术学院袁辉担任主审。

由于编者水平有限，书中难免会出现不足与疏漏之处，恳请广大读者，特别是使用本书的教师与学生们提出批评与改进意见，以便今后修订时改正、完善。

注：为了与汽车原电路图一致，本书少量插图中的个别元器件符号与画法未执行国标（按行业习惯标注）。

编　者

2020 年 5 月

目 录

项目1 汽车照明电路的检测与维修 …… 1

知识点1.1 电路的组成与作用 …………… 3

1.1.1 电路及其作用 ……………… 3

1.1.2 电路模型与原理图 ………… 5

思考与练习 ……………………… 7

知识点1.2 电路的基本物理量 ………… 8

1.2.1 电流 ………………………… 8

1.2.2 电压 ………………………… 9

1.2.3 电位 ………………………… 11

1.2.4 电动势 ……………………… 11

1.2.5 电功率与电能 ……………… 12

思考与练习 ……………………… 12

知识点1.3 电路的基本元件 …………… 12

1.3.1 电阻元件 …………………… 13

1.3.2 电感元件 …………………… 15

1.3.3 电容元件 …………………… 17

1.3.4 电压源与电流源 …………… 19

思考与练习 ……………………… 20

知识点1.4 电路中的基本定律 ………… 21

1.4.1 欧姆定律 …………………… 21

1.4.2 基尔霍夫定律 ……………… 22

思考与练习 ……………………… 24

知识点1.5 电源的三种状态 …………… 24

1.5.1 电源的三种状态 …………… 24

1.5.2 汽车电路的特点 …………… 27

1.5.3 简单故障的检测与排除 …… 27

思考与练习 ……………………… 29

知识点1.6 电路的分析方法 …………… 30

1.6.1 电阻串并联电路 …………… 30

1.6.2 支路电流法 ………………… 33

1.6.3 叠加原理 …………………… 34

1.6.4 戴维南定理 ………………… 35

思考与练习 ……………………… 37

知识点1.7 电路的暂态分析 …………… 38

1.7.1 换路定律 …………………… 38

1.7.2 RC电路响应 ……………… 40

思考与练习 ……………………… 43

项目2 汽车交流电路的检测与维修

…………………………………… 44

知识点2.1 正弦交流电的基础知识 …… 45

2.1.1 正弦交流电的产生 ………… 45

2.1.2 正弦交流电的三要素 ……… 46

2.1.3 正弦交流电的表示法 ……… 47

思考与练习 ……………………… 49

知识点2.2 单一参数的交流电路 ……… 49

2.2.1 纯电阻电路 ………………… 49

2.2.2 纯电容电路 ………………… 50

2.2.3 纯电感电路 ………………… 52

思考与练习 ……………………… 54

知识点2.3 功率因数的提高 …………… 55

2.3.1 RL串联交流电路 ………… 55

2.3.2 功率因数的提高 …………… 57

思考与练习 ……………………… 59

知识点2.4 三相交流电路 ……………… 59

2.4.1 三相交流电的产生 ………… 59

2.4.2 三相交流电动势的连接 …… 60

2.4.3 三相负载的连接 …………… 62

思考与练习 ……………………… 65

知识点2.5 汽车交流发电机 …………… 65

2.5.1 汽车交流发电机的构造 …… 65

2.5.2 汽车交流发电机的特性 …… 67

2.5.3 汽车交流发电机的型号 …… 68

2.5.4 汽车交流发电机的检测 …… 69

思考与练习 ……………………… 72

项目 3　汽车安全用电 ················ 73

知识点 3.1　电流的危害 ·········· 74

　3.1.1　电流对人体的危害 ······· 74

　3.1.2　电气起火 ············· 75

　思考与练习 ················ 76

知识点 3.2　汽车电源系统 ········ 76

　3.2.1　燃油汽车供电系统 ······· 76

　3.2.2　新能源汽车电源系统 ····· 77

　思考与练习 ················ 77

知识点 3.3　汽车用电安全要求 ····· 77

　3.3.1　高压安全防护措施 ······· 78

　3.3.2　电动汽车人员触电防护 ··· 79

　思考与练习 ················ 79

知识点 3.4　触电急救 ············ 80

　3.4.1　触电急救原则 ········· 80

　3.4.2　触电急救方法 ········· 80

　思考与练习 ················ 81

知识点 3.5　日常用电安全 ········ 81

　3.5.1　触电的类型 ··········· 81

　3.5.2　安全用电技术措施 ······· 83

　思考与练习 ················ 86

项目 4　铁芯线圈元件检测与电路分析

　·················· 87

知识点 4.1　磁路基础 ············ 88

　4.1.1　磁路 ··············· 88

　4.1.2　磁路中的基本物理量 ····· 88

　4.1.3　铁磁材料及其特性 ······· 90

　4.1.4　磁路的基本定律 ········ 92

　4.1.5　电与磁的相互作用 ······· 93

　思考与练习 ················ 94

知识点 4.2　铁芯线圈 ············ 94

　4.2.1　直流铁芯线圈 ········· 94

　4.2.2　交流铁芯线圈 ········· 95

　思考与练习 ················ 97

知识点 4.3　汽车电磁元件与电路 ··· 97

　4.3.1　变压器 ············· 97

　4.3.2　汽车点火线圈与点火电路 ··· 101

　4.3.3　电磁铁 ············· 104

　4.3.4　电磁阀 ············· 105

　4.3.5　继电器 ············· 107

　4.3.6　磁感应式传感器 ········ 111

　思考与练习 ················ 112

项目 5　汽车电机的检测与控制 ····· 114

知识点 5.1　电机概述 ············ 115

　5.1.1　基本电机现象 ········· 115

　5.1.2　汽车电动机的种类 ······· 115

知识点 5.2　直流电动机 ·········· 116

　5.2.1　电磁式直流电动机 ······· 116

　5.2.2　永磁式直流电动机及常用电路

　·················· 125

　思考与练习 ················ 127

知识点 5.3　三相交流电动机 ······· 128

　5.3.1　三相交流异步电动机 ····· 128

　5.3.2　永磁同步电动机 ········ 138

　5.3.3　开关磁阻式电动机 ······· 140

　思考与练习 ················ 142

知识点 5.4　控制电机 ············ 143

　5.4.1　伺服电机 ············ 143

　5.4.2　步进电机 ············ 147

　5.4.3　旋转变压器 ··········· 151

　思考与练习 ················ 153

项目 6　常用半导体器件的认识与检测

　·················· 154

知识点 6.1　半导体与 PN 结 ······ 155

　6.1.1　半导体 ············· 155

　6.1.2　PN 结及 PN 结的特性 ··· 157

　思考与练习 ················ 159

知识点 6.2　晶体二极管 ·········· 159

　6.2.1　二极管的基本结构 ······· 159

　6.2.2　二极管的伏安特性 ······· 160

　6.2.3　二极管的主要参数 ······· 161

　6.2.4　二极管的命名与测量 ······ 161

6.2.5　特殊二极管 ················ 162

思考与练习 ················ 166

知识点 6.3　晶体三极管 ··········· 166

6.3.1　三极管的基本结构 ········ 166

6.3.2　三极管的电流放大原理 ···· 166

6.3.3　三极管的特性曲线 ········ 168

6.3.4　三极管的主要参数 ········ 170

6.3.5　三极管的外形与分类 ······ 170

6.3.6　三极管的测量 ············ 171

6.3.7　常用的特殊三极管 ········ 171

思考与练习 ················ 173

知识点 6.4　场效应管 ············· 174

6.4.1　绝缘栅场效应管 ·········· 174

6.4.2　功率场效应管 ············ 177

思考与练习 ················ 178

知识点 6.5　晶闸管 ··············· 178

6.5.1　晶闸管的基本结构 ········ 178

6.5.2　晶闸管的工作原理 ········ 179

6.5.3　晶闸管的伏安特性与主要参数

················ 180

6.5.4　晶闸管的测量与分类 ······ 181

思考与练习 ················ 182

知识点 6.6　绝缘栅双极型晶体管 ······ 182

6.6.1　IGBT 管的基本结构 ······· 183

6.6.2　IGBT 管的基本工作原理 ··· 183

6.6.3　IGBT 管的特性曲线 ······· 184

6.6.4　IGBT 管的测量 ·········· 185

6.6.5　其他半导体器件 ·········· 186

思考与练习 ················ 187

项目 7　常用放大电路的检测与调试

················ 188

知识点 7.1　基本放大电路 ········· 190

7.1.1　基本放大电路的组成 ······ 190

7.1.2　共射放大电路静态工作点的

选择 ··············· 191

7.1.3　共射放大电路的电压放大原理与

电压放大倍数 ··········· 192

7.1.4　共射放大电路静态工作点的稳定

················ 193

7.1.5　放大电路中的负反馈 ······ 194

思考与练习 ················ 196

知识点 7.2　多级放大与差动放大电路

················ 197

7.2.1　多级放大电路 ············ 197

7.2.2　差动(分)放大电路 ······· 199

思考与练习 ················ 200

知识点 7.3　功率放大电路 ········· 200

7.3.1　对功率放大电路的要求 ···· 201

7.3.2　功率放大电路的种类 ······ 201

7.3.3　实用功率放大电路 ········ 202

7.3.4　集成功率放大电路 ········ 204

思考与练习 ················ 205

知识点 7.4　集成运算放大器 ········ 206

7.4.1　集成运放的电路结构与特点

················ 206

7.4.2　集成运放的信号运算电路 ·· 207

7.4.3　集成运算放大器在汽车电子

电路中的应用 ··········· 209

思考与练习 ················ 210

项目 8　汽车电源的变换与处理 ········ 211

知识点 8.1　直流稳压电源 ········· 212

8.1.1　整流电路 ··············· 212

8.1.2　滤波电路 ··············· 217

8.1.3　稳压电路 ··············· 218

思考与练习 ················ 222

知识点 8.2　逆变电路 ············· 223

8.2.1　电压型单相桥式逆变电路 ·· 223

8.2.2　电压型三相桥式逆变电路 ·· 225

思考与练习 ················ 226

知识点 8.3　变频电路 ············· 227

8.3.1　变频器 ················· 227

8.3.2　正弦脉宽调制的控制原理 ······ 227

知识点 8.4　DC - DC 变换　·············· 229

　　8.4.1　DC - DC 同步整流原理 ······ 229

　　8.4.2　同步整流在汽车中的应用 ······ 230

知识点 8.5　可控整流电路 ·············· 231

　　8.5.1　单相半控桥式整流电路 ······ 231

　　8.5.2　电感性负载与续流二极管 ······ 231

　　思考与练习 ···················· 232

项目 9　汽车仪表电路的认识与检测

　　·························· 233

知识点 9.1　数字电路基础 ·············· 234

　　9.1.1　数字电路 ·············· 234

　　9.1.2　数制与码制 ············ 235

　　思考与练习 ···················· 237

知识点 9.2　逻辑代数与基本逻辑门 ······ 238

　　9.2.1　逻辑代数与逻辑电路 ······ 238

　　9.2.2　逻辑代数中的基本运算与

　　　　　基本逻辑门 ············ 238

　　9.2.3　集成门电路 ············ 242

　　9.2.4　逻辑函数及其化简 ········ 245

　　思考与练习 ···················· 248

知识点 9.3　组合逻辑电路 ·············· 249

　　9.3.1　组合逻辑电路的分析 ······ 249

　　9.3.2　组合逻辑电路的设计 ······ 250

　　9.3.3　常用的组合逻辑电路 ······ 252

　　9.3.4　组合逻辑电路的应用 ······ 262

　　思考与练习 ···················· 264

项目 10　时序逻辑电路的认识与设计

　　·························· 265

知识点 10.1　触发器 ·············· 266

　　10.1.1　触发器概述 ············ 266

　　10.1.2　RS 基本触发器 ········ 266

　　10.1.3　JK 触发器 ············ 270

　　10.1.4　D 触发器与 T 触发器 ······ 271

　　10.1.5　集成触发器简介 ········ 272

　　思考与练习 ···················· 272

知识点 2　时序逻辑电路　·············· 273

　　10.2.1　时序逻辑电路的分析方法

　　·························· 273

　　10.2.2　常用的时序逻辑电路 ······ 276

　　10.2.3　时序逻辑电路在汽车中的应用

　　·························· 286

　　思考与练习 ···················· 288

知识点 10.3　555 定时器 ·············· 288

　　10.3.1　555 集成定时器 ········ 288

　　10.3.2　汽车应用电路举例 ········ 291

　　思考与练习 ···················· 292

项目 11　汽车智能控制基础 ·············· 294

知识点 11.1　自动控制概述 ·············· 295

　　11.1.1　自动控制的基本概念 ······ 295

　　11.1.2　反馈控制原理 ·········· 295

　　11.1.3　反馈控制系统的组成 ······ 297

　　11.1.4　控制系统的类型 ········ 298

　　11.1.5　基本要求 ············ 299

　　思考与练习 ···················· 299

知识点 11.2　汽车电脑基础 ·············· 299

　　11.2.1　汽车电脑的基本组成 ······ 300

　　11.2.2　汽车电脑的工作过程 ······ 302

　　思考与练习 ···················· 302

知识点 11.3　数/模转换与模/数转换 ······ 302

　　11.3.1　D/A 转换器 ············ 303

　　11.3.2　A/D 转换器 ············ 306

　　思考与练习 ···················· 310

知识点 11.4　汽车总线系统基础 ·············· 311

　　11.4.1　汽车车载网络 ·········· 311

　　11.4.2　典型的车载网络 ········ 312

　　思考与练习 ···················· 315

知识点 11.5　车载无线电技术基础 ······ 315

　　11.5.1　无线电波的基础知识 ······ 315

　　11.5.2　无线电发射与接收 ········ 317

　　11.5.3　车载定位与导航 ········ 319

　　思考与练习 ···················· 321

参考文献 ······················ 322

项目 1 汽车照明电路的检测与维修

情境导入

现在的汽车越来越安全、舒适、环保、节能，这些都得益于"电"的应用。电子学的发展带动了汽车的发展进程。现代汽车可形象地说是"架在四个轮子上的计算机控制系统"。面对当今大量应用在汽车上的自动控制、安全防护、环境污染防治系统中的电子、电脑及人工智能诊断技术，唯有深入学习电路相关知识，才能系统掌握汽车电路工作原理，学会汽车电路分析与故障排除。

项目概况

本项目从电路基础入手，围绕"汽车照明电路的检测与维修"实施所需的理论知识与操作技能设计内容，通过学习电路的组成、电路元件及工作特性、电路基本物理量、电路基本定理与定律、电路状态与检测方法，初步学会简单电路图的识读、电路元件检测、基本物理量的测量、电路的分析方法，以达到能分析电路及排除简单电路故障的目的。

项目描述

图 1-1 是较为简单的汽车照明电路。若前照灯或雾灯出现灯光暗淡或不亮，我们应该学习哪些知识，培养哪些技能，才能完成电路分析与故障排除呢？

项目任务分解与实施

任务分解	知识点链接	学生技能培养	任务实施
任务 1.1	1.1 电路的组成与作用	读懂简单的电路原理图	见工作单任务 1.1
任务 1.2	1.3 电路的基本元件	认识并学会常用元件的检测	见工作单任务 1.2
任务 1.3	1.2 电路的基本物理量	学会基本物理量的测量	见工作单任务 1.3
任务 1.4	1.4 电路中的基本定律	验证基尔霍夫定律	见工作单任务 1.4
任务 1.5	1.5 电源的三种状态	简单故障的判断	见工作单任务 1.5
任务 1.6	1.6 电路的分析方法	验证叠加原理与戴维南定理	见工作单任务 1.6

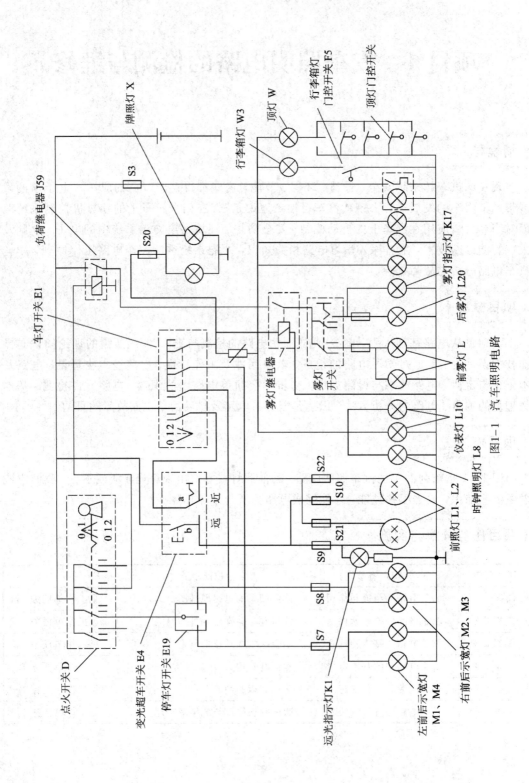

图1-1　汽车照明电路

知识导航

知识点 1.1　电路的组成与作用

1.1.1　电路及其作用

1. 电路的组成

电路是电流流过的一条闭合路径,是为了某种需要由一些电工设备或元件按一定方式组合而成的。电路由电源、中间环节、负载三大部分组成,图 1.1-1 为电路组成示意图。

图 1.1-1　电路组成示意图

电源是提供电能的设备,它将其他形式的能转换为电能。电源有两种,一种是直流电,其电流或电压大小与方向都不随时间变化,极性始终不会改变,用"DC"表示,如图 1.1-2 所示。干电池、蓄电池提供的都是直流电,图 1.1-3 为汽车蓄电池,它是将化学能转换为电能。另一种是交流电,其电流或电压的大小与方向均随时间变化而变化,如正弦交流电按正弦规律变化,用"AC"表示,如图 1.1-4 所示。图 1.1-5 为汽车发电机,它可产生三相正弦交流电,将汽车发动机的动能转换为电能。

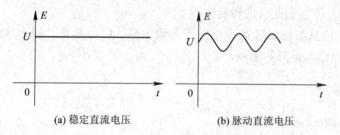

(a) 稳定直流电压　　(b) 脉动直流电压

图 1.1-2　直流电

图 1.1-3　汽车蓄电池

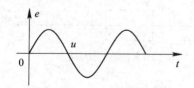

图 1.1-4　正弦交流电压

图 1.1-5　汽车发电机

负载是消耗电能的元件或设备,如图 1.1-6 所示为汽车负载。负载将电能转换为其他形式的能量,如前照灯将电能转换成光能,启动机将电能转换为动能,喇叭将电能转换为声能等。

(a) 汽车启动机　　　　(b) 汽车前照灯　　　　(c) 汽车喇叭

图 1.1-6　汽车负载

中间环节是连接电源与负载的部分，它起传输与分配电能的作用。中间环节包括导线和电器控制器件等，如图 1.1-7 所示的开关、线束、保险等。

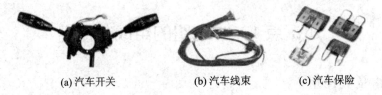

(a) 汽车开关　　　　(b) 汽车线束　　　(c) 汽车保险

图 1.1-7　中间环节

生活中较典型的电路是电力系统，其电路示意如图 1.1-8 所示。发电厂是电源，电能用户是负载，变压器与输电线都是中间环节。

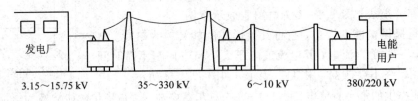

发电厂　　　　　　　　　　　　　　　　　　　　　　　　电能用户

3.15～15.75 kV　　　35～330 kV　　　　6～10 kV　　　380/220 kV

图 1.1-8　电力系统电路示意图

2. 电路的作用

电路的作用有两方面的含义：

（1）实现电能的分配、传输、传递和能量的转换。

汽车中典型实现电能分配、传输与能量转换的电路有照明电路、启动电路、电动车窗电路、空调电路等。图 1.1-9 为汽车雾灯控制电路。

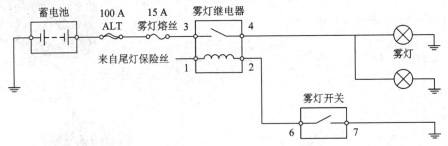

蓄电池　　100 A　15 A　雾灯继电器
　　　　　ALT　雾灯熔丝　3　　　4　　　　　　　　　雾灯
来自尾灯保险丝　　　1　　　2

雾灯开关
6　　7

1、2、3、4—雾灯继电器的四个引线端；6、7—雾灯开关的两个引线端

图 1.1-9　汽车雾灯控制电路

（2）实现信号的传递、控制与处理。

现代汽车采用了许多电子控制，如发动机电子控制、转向悬挂控制、防抱死制动控制、车速控制、定速巡航等。

在图 1.1-10 所示的安全气囊控制电路（SRS）中，碰撞传感器获取碰撞信号，经整形、放大、滤波等处理后，送到 SRS 中央处理器；中央处理器经监测、计算、确认、判断后发出点火信号，令安全气囊打开。电路主要实现信号的传递与处理，其组成示意图如 1.1-11 所示。

信号源能产生或接收含有某种特定信息的信号。汽车电路中的碰撞传感器、轮速传感器、接收天线等都是信号源。信号源相当于电源，但又与电源不同，其变化规律取决于特定信息。

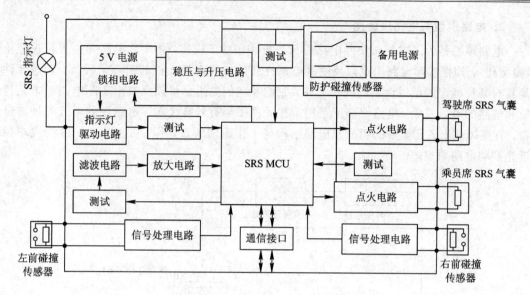

图 1.1-10　安全气囊控制电路

信号处理包含两方面的意义，一是对信号进行整形、滤波、放大等处理（模拟电路），二是对所收集到的信号进行运算、分析、判断（数字电路）。

执行器也就是负载，是能完成某一特定功能的设备或器件，如汽车的电磁阀、电动机、制动泵、喇叭等。

值得注意的是，电路的两种作用往往不是相互独立的，在信号进行处理的过程中同时也进行着能量的转换。

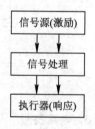

图1.1-11　信号处理示意图

1.1.2　电路模型与原理图

1.　实际电路

由电阻器、电容器、线圈、晶体管、传输线、电池等电气器件和设备按实际形状连接而成的电路，称为实际电路。如图 1.1-12 为汽车启动实际电路图，由点火开关、启动继电器、蓄电池、启动机等组成。

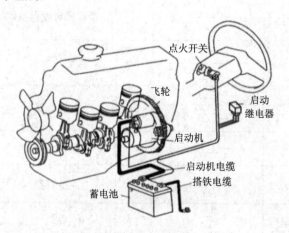

图 1.1-12　汽车启动实际电路图

2. 电路模型与电路原理图

电路模型是为了方便对实际电路进行分析和用数学描述，将实际电路元件进行理想化（模型化），即把实际电路用足以反映其电磁性质的一些理想元件的组合来代替。理想元件是具有某种确定的电磁性质的假想元件，它们及它们的组合可以反映出实际电路的电磁性质和电路的电磁现象。电路原理图是用理想元件图形符号替代实际电路中的电气器件与设备，直接体现出各元器件的组成及电路结构与工作原理的布局图。如图 1.1-13 为汽车远近光照明电路原理图。

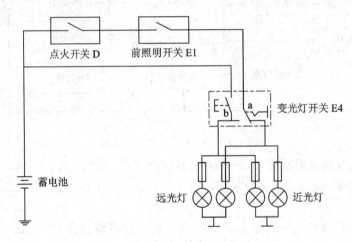

图 1.1-13　汽车远近光照明电路原理图

3. 电路符号

为了简化电路，通常将实际电路中的各种元器件用特定符号代表。汽车电路中常用元器件及符号表示如表 1.1-1 所示。

表 1.1-1　常用电路符号

序号	名　　称	图形符号	序号	名　　称	图形符号
1	交流	～	11	热继电器触点	
2	直流	—/－ －	12	滑线式可变电阻器	
3	正极	＋			
4	负极	－	13	旋转开关	
5	搭铁	E/⊥			
6	电阻器		14	熔断器	
7	可变电阻器				
8	加热元件		15	极性电容器	
9	动合(常开)触点		16	电容器	
10	动断(常闭)触点		17	电感器、线圈	

续表

序号	名　称	图形符号	序号	名　称	图形符号
18	旋转开关	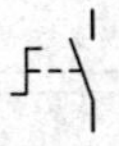	27	手动开关的一般符号	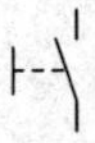
19	可变电容器		28	拉拔开关	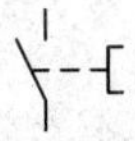
20	中间断开的双向触点	 或 	29	常闭触点继电器	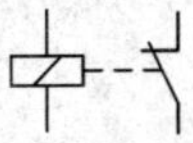
21	旋转多挡开关位置	 0 1 2	30	热敏开关动合触点	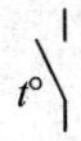
22	按钮开关	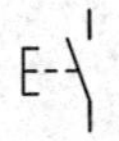	31	滑动触点电位器	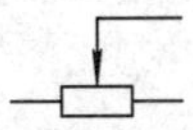
23	先断后合的触点	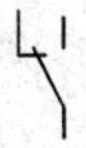	32	带磁芯的电感器	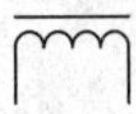
24	易熔丝		33	热敏开关动断触点	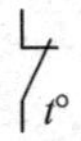
25	钥匙开关	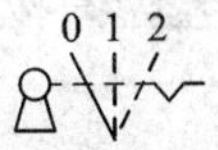 0 1 2	34	常开触点继电器	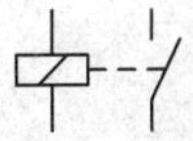
26	联动开关	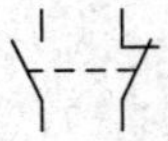			

4. 汽车电路图的特点

（1）在汽车电路图中，各用电设备、配电装置全用电路符号表示，不讲究电气设备的实际形状、位置和导线的实际走向；

（2）汽车电路图以表达汽车电路的工作原理和相互连接控制关系为重点，对线路图作了高度的简化，使电路变得简明扼要、准确清晰；

（3）汽车电路图对了解汽车电气设备的工作原理和迅速分析排除电气系统故障十分有利，是分析电气系统工作原理以及维修电气系统最实用的资料。

汽车电路原理图重点表达各电气系统电路的工作原理，既可以是全车电路图，也可以是各系统电路原理图。我们通常所说的汽车电路图就是这种原理图。

汽车电路识图主要是针对原理图而言的。对于从事电路研究、检测、装配、改装、维修工作的人员来说，正确识读电路图是必须具备的一项专业基本技能，这是根据电路图理解汽车各系统的工作原理、分析各系统间的内在联系、迅速排除电路故障的前提。

思考与练习

1. 如何理解电源与信号源？它们之间有哪些联系？请举例说明。

2. 要看懂简单的电路图，应该具备哪些基础知识？

3. 识读1.1-14电路图，分别标明电路中的电源、负载、中间环节。

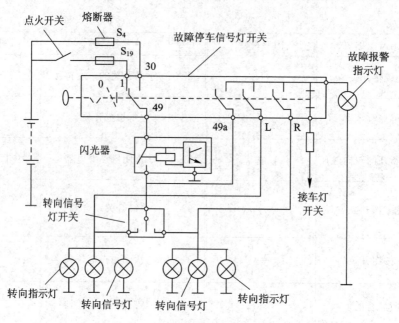

图 1.1-14 转向与故障停车信号灯电路图

知识点 1.2　电路的基本物理量

1.2.1　电流

1. 电流的形成

电荷在电场力的作用下定向移动就形成了电流。电流是一种物理现象，表示带电粒子定向运动的强弱。电流在数值上等于单位时间内通过横截面的电荷量，用公式可表示为

$$i = \frac{\mathrm{d}q}{\mathrm{d}t} \tag{1.2-1}$$

若是直流电，单位时间内电荷量没有变化，则电流用 I 表示，

$$I = \frac{q}{t} \tag{1.2-2}$$

式中，q 是通过导体横截面的电荷量，单位是库仑，符号为"C"；t 是通过电量 q 所用的时间，单位是秒，符号为"s"；

若在 1 s 内通过导体横截面的电荷量为 1 C，则导体中的电流为 1 安培。在国际单位制中，电流的单位是安培，简称"安"，用符号"A"表示。电流的常用单位还有毫安（mA）与微安（μA），各单位间的换算关系为

$$1 \text{ A} = 10^3 \text{ mA} = 10^6 \text{ } \mu\text{A}$$

2. 电流的方向

我们规定正电荷定向移动的方向为电流的方向（实际方向），如图 1.2-1(a)所示。在金属导体中，电流的方向与自由电子运动方向相反，如图 1.2-1(b)所示。

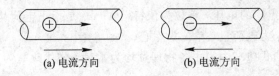

图 1.2-1　电流方向

在分析较为复杂的直流电路时，往往事先很难判断电流的实际方向。对交流电路而言，其方向是随时间不断变化的，无法标出电流的实际方向。所以在分析电路与计算电流时，常任意假定一个方向作为电流的参考方向，称为假定正方向。电流的参考方向可以与实际方向一致，也可以相反。当电流的实际方向与参考方向一致时，其测量或计算结果为正值；反之，当实际方向与参考方向相反时，则测量或计算出的结果为负值。因此，在参考方向选定之后，电流才有正、负之分，如图 1.2-2 所示。

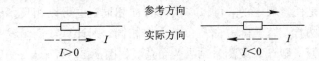

图 1.2-2　电流的参考方向

电流方向的表示方法有两种，一种是用"箭头"表示，另一种是用双下标表示，如图 1.2-3 所示。

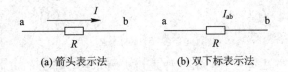

图 1.2-3　电流方向表示法

3. 电流的测量

测量某线路流过的电流，需将该线路断开，并将电流表串入线路中。

以数字万用表为例，具体操作步骤如下：

(1) 关闭电路供电电源，断开被测线路。

(2) 根据电流大小，将数字万用表红表笔插入安培(A)孔或毫安(mA)孔中，黑表笔插入公共端 COM 孔中，功能转换开关转换至电流挡(交流，直流)，并选择大于被测电流的量程(量程尽可能靠近被测电流大小)。若无法估算，则从最大量程逐渐递减至合适为止。

(3) 将红表笔与黑表笔分别接入线路断开点(电流表串联在线路中)。

(4) 接通电路电源，即可在数字万用表显示屏上读取被测电流的大小。

1.2.2　电压

1. 电压的定义

电场中的电荷会在电场力的作用下做功。为衡量电场力做功能力的大小，我们引入电压这个物理量。电压的定义为：a、b 两点的电压在数值上等于电场力将电荷由 a 点移到 b 点所做的功，用公式可表示为

$$u_{ab} = \frac{dw_{ab}}{dq}$$

$$(1.2-3)$$

式中，u_{ab} 是指 a、b 两点间的电压，单位为伏特(V)；w_{ab} 是指正电荷从 a 点移到 b 点所做的功，单位为焦耳(J)；q 为电荷量，单位为库仑(C)。

若为直流电路，则式(1.2-3)中各物理量均为常量，公式改写为

$$U_{ab} = \frac{W_{ab}}{q} \qquad\qquad (1.2-4)$$

在国际单位制中电压常用的单位还有千伏(kV)、毫伏(mV)、微伏(μV)，各单位间的换算关系为

$$1 \text{ kV} = 10^3 \text{ V} = 10^6 \text{ mV} = 10^9 \text{ } \mu\text{V}$$

2. 电压的方向

我们规定电压的方向为由高电位("+"极性)端指向低电位("−"极性)端，即电压降的方向。在实际电路中，通常我们事先并不知道某两点间产生电压的方向，因此可以假定参考方向。参考方向是任意假定的，可以与实际方向相同，也可以相反，最后根据计算或测量的结果判定实际方向。若实际方向与参考方向相同，则计算或测量结果为正值；若实际方向与参考方向相反，则计算或测量结果为负值，如图 1.2-4 所示。

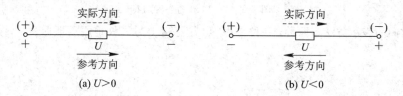

图 1.2-4 电压的参考方向

电压方向的表示方法有三种：第一种是箭头表示法，箭头的方向代表电压降落的方向，如图 1.2-5(a)所示；第二种是双下标表示法，前一个字母代表高电位端，后一个字母代表低电位端，如图 1.2-5(b)所示；第三种是用"+""−"符号表示(即正负极表示法)，如图 1.2-5(c)所示。

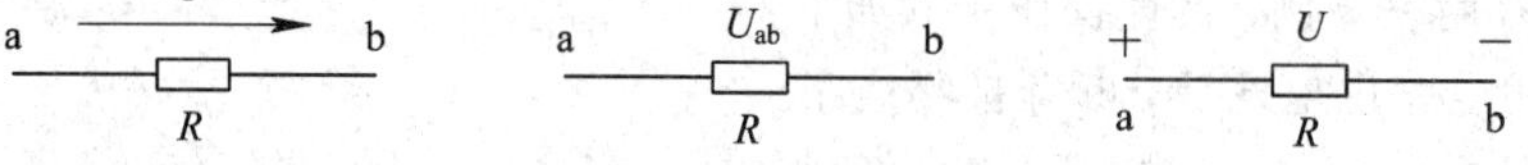

(a) 箭头表示法	(b) 双下标表示法	(c) 正负极表示法

图 1.2-5 电压方向表示法

在分析电路时，必须首先选定电流及电压的参考方向，缺少参考方向的物理量是没有意义的。为了分析与计算方便，通常我们选择电流与电压的参考方向一致，称为"关联参考方向"，即满足"水"往低处流的自然规律，如图 1.2-6 所示。

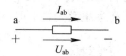

图 1.2-6 电流、电压的关联参考方向

3. 电压的测量

测量两点之间的电压，选择万用表电压挡(交流$\tilde{\text{V}}$，直流$\overline{\text{V}}$)与合适量程(量程大于被测电压并尽可能接近被测电压大小)，将红、黑两根表笔并联于两点之间即可。

注意：U_{ab} 脚标 a、b 即代表 a、b 两点之间，同时也代表其电压的参考方向为 a 点高、

b 点低。测量 U_{ab} 时将红表笔指 a，黑表笔指 b；测量 U_{ba} 时，将红表笔指 b，黑表笔指 a。

1.2.3　电位

1. 电位的定义

正电荷 q 从 a 点移到参考点 o 所做的功称为电位，用公式可表示为

$$V_a = \frac{W_{ao}}{q} \qquad\qquad (1.2-5)$$

电位用 V 表示，V_a 表示正电荷在电路中某点 a 所具有的能量与电荷所带电量的比值。与电压一样，电位的单位为伏特(V)，方向由高指向低。

在讨论电位问题时，必须选定参考点，参考点即零电位点。在实际电路中，通常我们选择电源的负极为参考点。

2. 电位与电压的联系

电压和电位都是反映电场或电路能量特性的物理量，两者既有联系又有区别。电位是相对的，它与参考点的选择有关；电压是不变的，与参考点的选择无关。在一个实际电路中，参考点是唯一的。

从电压与电位的定义来看，当参考点 o 的选择与 b 点重合时，则有

$$V_a = U_{ao} \qquad\qquad (1.2-6)$$

即 a 点的电位就等于 a 点到参考点 o 之间的电压。

如图 1.2-7 所示，有

$$U_{ab} = U_{ao} - U_{bo} = V_a - V_b \qquad (1.2-7)$$

即 ab 两点间的电压就等于 a、b 两点之间的电位差。

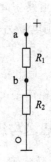

3. 电位的测量

测量某一点的电位，选择万用表电压挡，将黑表笔固定到参考点（电源负极），红表笔接到该点，显示屏上的数字即为该点的电位。如图 1.2-7 所示，测量 a 点的电位，将黑表笔固定于参考点 o，红表笔接 a 点即为 a 点的电位，接 b 点即为 b 点的电位。

图 1.2-7　电压与电位

1.2.4　电动势

在电源内部，电源力将正电荷从低电位移到高电位。电源力反抗电场力所做的功与被移动电荷的电荷量之比，称为电动势，用公式可表示为

$$E = \frac{W}{q} \qquad\qquad (1.2-8)$$

电动势的单位为伏特(V)，与电压单位相同。

电动势的方向规定为：由电源的负极（低电位）指向电源正极（高电位）。

在电源内部电路中，电流的方向从负极流向正极；在电源外部电路中，电流的方向由正极流向负极，如图 1.2-8 所示。

电动势的方向有两种表示方法：一种是用箭头表示，如图 1.2-9(a) 所示；另一种是用"＋""－"号表示，如图 1.2-9(b) 所示。

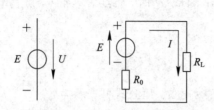
图 1.2 - 8 电动势的方向

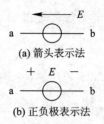
(a) 箭头表示法

(b) 正负极表示法
图 1.2 - 9 电动势方向表示法

1.2.5 电功率与电能

1. 电功率

单位时间内所消耗的电能称为功率，用公式表示为

$$P = \frac{W}{t} = UI \qquad\qquad (1.2-9)$$

根据电压与电流的参考方向不同，电功率有正负之分：

(1) 当 $P > 0$ 时，电路吸收功率，消耗能量，为负载。

(2) 当 $P < 0$ 时，电路发出功率，释放能量，为电源。

2. 电能

设电路中 a、b 两点的电压为 U，在时间 t 内电荷 q 受电场力作用从 a 点经负载移动到 b 点，则电场力所做的功为

$$W = Uq = UIt \qquad\qquad (1.2-10)$$

式中，U 是电路两端的电压，单位为伏(V)；I 是流过电路的电流，单位为安(A)；t 为电压与电流作用于电路的时间，单位为秒(s)；W 是电路消耗的电能，单位为焦耳(J)。

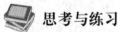 **思考与练习**

1. 在实际电路中，电位的参考点可以任意选择吗？为什么？

2. 在汽车电路中，参考点在哪里？

3. 一个同学用数字万用表的直流电压挡测量实际电路中的电压，红表笔指 A 点，黑表笔指向 B 点，测量结果为 −5 V，问：

(1) 哪点的电位高？

(2) 电流的实际方向是怎样的？

4. 电源电动势等于电源吗？

5. 在汽车电路中，有没有既可作电源又可作负载的元件或设备？查查资料举例说明。

知识点 1.3 电路的基本元件

电路的基本元件有电阻元件(电阻器)、电容元件(电容器)与电感元件(电感器)。它们既可以是实际电路元件，又可以看做电工设备与电子元器件的单一特性的抽象，即理想电路元件。

1.3.1　电阻元件

导体对电流的阻碍作用称为电阻，用字母 R 表示。R 既表示一个电阻元件，亦表示这个元件的参数，其主要职能就是阻碍电流流过，可用于限流、分流、降压、分压、负载等，在数字电路中作上拉电阻和下拉电阻。

按照伏安特性曲线的不同，电阻可分为线性电阻、非线性电阻，下面具体加以讲述。

1. 线性电阻

线性电阻是二端理想元件，在任何时刻，其两端的电压与电流的关系均服从欧姆定律。线性电阻的图形符号如图 1.3-1(a)所示。若将电阻元件的电压取为纵坐标，电流取为横坐标，电压与电流的关系曲线称为伏安特性，如图 1.3-1(b)所示。

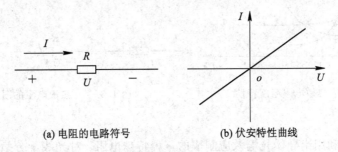

(a) 电阻的电路符号　　　　　　　　(b) 伏安特性曲线

图 1.3-1　电阻的电路符号与伏安特性曲线

在电压和电流的关联方向下，欧姆定律可表示成

$$U = RI \tag{1.3-1}$$

在关联方向下，任何时刻，线性电阻元件均吸收电功率，即

$$P = UI = RI^2 = \frac{U^2}{R} \tag{1.3-2}$$

这说明，任何时刻电阻元件都不可能发出电能，它吸收的电能全部转换为其他形式的能量被消耗掉。所以线性电阻元件都是耗能元件。

2. 非线性电阻

当电阻元件的伏安特性曲线不是一条过原点的直线时，称为非线性电阻。如图 1.3-2 中 b、c 曲线所示，元件的电阻将随电压或电流的改变而改变。

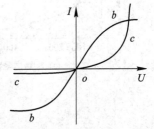

图 1.3-2　非线性电阻伏安特性

3. 汽车电路中使用的特殊电阻

特殊电阻属于敏感元件，一般由半导体材料做成，常见的有热敏电阻、光敏电阻和压敏电阻三种。

1）热敏电阻

热敏电阻的阻值会随着温度的变化而变化，其温度特性如图 1.3-3 所示。

（1）负温度系数（Negative Temperature Coefficient，NTC）热敏电阻。在工作范围里，NTC 的电阻值随温度升高而减小。

（2）正温度系数（Positive Temperature Coefficient，PTC）热敏电阻。在工作范围里，PTC 的电阻值随温度升高而呈指数性增加。这种电阻在汽车发动机、仪器、仪表等测温部件中被广泛应用。

（3）临界温度系数（Critical Temperature Resistor，CTR）热敏电阻。达到临界温度后，CTR 的电阻值随温度升高而呈指数性减小。

热敏电阻的图形符号如图 1.3 - 4 所示。

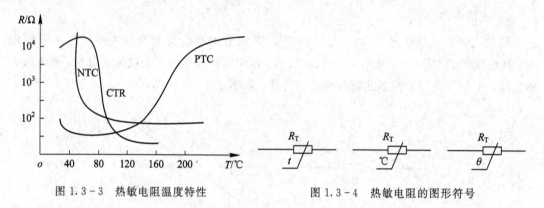

图 1.3 - 3　热敏电阻温度特性　　　　　图 1.3 - 4　热敏电阻的图形符号

2）光敏电阻

光敏电阻是利用半导体光电效应制成的一种特殊电阻，对光线十分敏感，它的电阻值能随着外界光照强弱（明暗）的变化而变化。光敏电阻在无光照射时，呈高阻状态；当有光照射时，其电阻值迅速减小。光敏电阻主要用作传感器，现广泛用于照明灯自动控制、光声控开关等。图 1.3 - 5 为光敏电阻的特性曲线与图形符号。

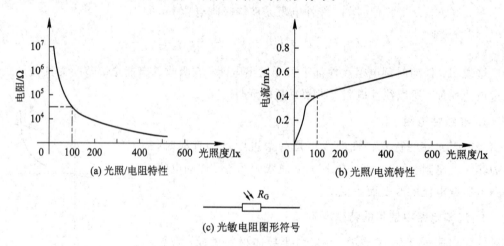

(a) 光照/电阻特性　　　　　　　(b) 光照/电流特性

(c) 光敏电阻图形符号

图 1.3 - 5　光敏电阻的光照特性与图形符号

3）压敏电阻

压敏电阻具有压阻效应。所谓压阻效应，就是固体受力后电阻率发生变化的现象。在汽车电路中，压敏电阻主要用来作力学传感器，它是一种用金属或半导体材料做成的对压力敏感的元件。

（1）电阻应变片式碰撞传感器。

电阻应变片是一种将被测件上的应变变化转换成为一种电信号的敏感器件，它是电阻应变片式传感器的主要组成部分之一。图 1.3-6 为金属电阻应变片的内部结构。当金属丝受外力作用时，其长度和截面积都会发生变化，电阻值即发生改变。只要测出电阻两端电压的变化，即可获得应变金属丝的应变情况。

（2）半导体压敏电阻式压力传感器。

半导体压敏电阻式压力传感器的压电转换元件是利用半导体的压阻效应制成的硅膜片，其形变与压力成正比，利用电桥将硅膜片的形变转成电信号，如图 1.3-7 所示。

半导体压敏电阻式压力传感器用作汽车电控汽油喷射系统，是测量发动机进气歧管压力、计量进气量的绝对压力传感器。

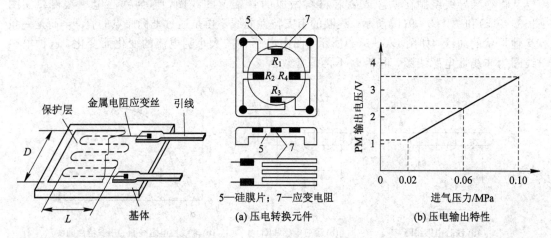

图 1.3-6 金属电阻应变片的内部结构　　图 1.3-7 压力传感器压电转换元件与输出特性

1.3.2 电感元件

在电子技术与电力工程中，常以由绝缘导线绕制而成的线圈作为电路元件。这种元件称为电感，用 L 表示，如汽车点火电路中的点火线圈，日光灯用的镇流器。L 既表示一个电感元件，又表示这个元件的参数。电感是一种能够储存磁场能量的元件。

1. 常用电感元件

1）线性电感元件

由绝缘导线绕制在非铁磁材料做成的骨架上的线圈，称为空心电感线圈，其电路符号如图 1.3-8(a)所示。对于空心电感，其电感元件的参数为

$$L = \frac{\psi_L}{i} = \frac{N\varphi_L}{i} \qquad (1.3-3)$$

当线圈流过电流 i 时，每匝线圈产生的磁通为 φ_L，则 N 匝线圈产生的总磁通称为磁通链 ψ_L，L 称为电感元件的自感或电感。式中，磁通与磁通链的单位为韦伯(Wb)，自感的单位是亨利(H)。国际单位制中还常用毫亨(mH)与微亨(μH)作单位，不同单位之间的换算关系为：

$$1 \text{ H} = 10^3 \text{ mH} = 10^6 \text{ }\mu\text{H}$$

线性电感的韦安特性是过原点的一条直线。所以线性电感元件的自感 L 是一个与自感磁通链 ψ_L 和电流 i 无关的正实常数。为了方便，本教材将线性电感元件简称为电感。

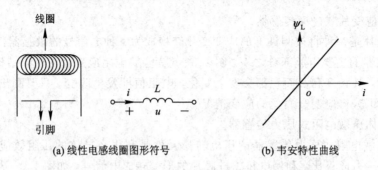

(a) 线性电感线圈图形符号　　　　　(b) 韦安特性曲线

图 1.3 - 8　线性电感线圈图形符号与韦安特性曲线

2）非线性电感元件

将绝缘导线绕制在铁芯或磁芯材料做成的骨架上的线圈，称为铁心电感线圈，如图 1.3 - 9(a) 和图 1.3 - 9(b) 所示。线圈的韦安特性曲线不再是通过坐标原点的直线，而是一条其他形状的曲线，如图 1.3 - 9(c) 所示。图中电感 L 的大小随电流的变化而变化，这种电感线圈为非线性电感线圈，电感 L 不再是常数。

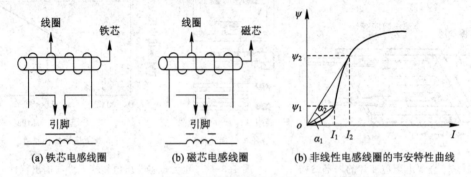

(a) 铁芯电感线圈　　　　(b) 磁芯电感线圈　　　　(b) 非线性电感线圈的韦安特性曲线

图 1.3 - 9　非线性电感线圈图形符号与韦安特性曲线

2. 电感的特性

在图 1.3 - 10 所示实验电路中，两个灯泡 HL_1 与 HL_2 完全相同，L 是一个较大的电感。调整可变电阻器 R_1 的阻值与线圈电阻 R 相同，在图 1.3 - 10(a) 中闭合开关 S，可以观察到 HL_1 比 HL_2 先亮。过了一会儿，两个灯泡达到相同的亮度。可见在开关闭合后的一瞬间，线圈 L_1 支路中电流由零开始逐渐增大，最后趋于稳定，用公式可表示为式 (1.3 - 4)，电流随时间的变化曲线如图 1.3 - 10(c) 所示。当电流达到稳定后，电感中感应电动势为零，电感相当于短路。

$$i = \frac{E}{R}(1 - e^{-\frac{Rt}{L}}) \tag{1.3 - 4}$$

电源不仅要供给电路中因产生热量所消耗的能量，还要反抗自感电动势做功，并将它转化为磁场能，存储在线圈的磁场中。线圈中磁场能为

$$W_L = \frac{1}{2} L i_L^2 \tag{1.3 - 5}$$

在图 1.3 - 10(b) 中，开关 S 闭合，灯泡 HL 正常亮。在开关 S 断开的一瞬间，灯泡并不是立刻熄灭而是瞬间发出更强的光，然后才熄灭。其原因是断开开关 S 的瞬间，线圈产生一个很大的反向感应电动势。反向感应电动势为

$$e = -N \frac{\Delta \Phi}{\Delta t} = -N \frac{d\Phi}{dt} = -L \frac{di}{dt} \tag{1.3 - 6}$$

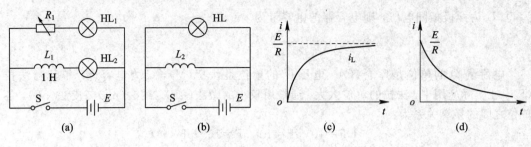

图 1.3-10　电感储能与释能

此时的电感将存储的磁场能释放，电流由最大值按指数规律下降至零，如图 1.3-10(d) 所示，其数学表达式为

$$i = \frac{E}{R} e^{-\frac{R}{L}t} \tag{1.3-7}$$

由实验现象分析可知：

(1) 电感元件是一个储能元件，存储磁场能；流过电感元件的电流不能发生跃变。

(2) 当流过电感元件的电流发生变化或穿过电感的磁通发生变化时，在电感两端会产生反向感应电动势，故电感对变化的电流有阻碍作用。

(3) 当流过电感元件的电流恒定时，电感元件相当于短路。

3. 电感元件的检测

电感元件的电感量可用高频 Q 表或电感表进行测量，一般情况下只需用万用表测量线圈的直流电阻来判断其好坏。若被测电感器的阻值为零，则说明电感器内部短路（小电感器的电阻值很小，只有零点几欧姆，就须用电感量测试仪器来测量）；若被测电感器阻值为无穷大，则说明电感器的绕组或引出脚与绕组接点处发生了断路故障。

1.3.3　电容元件

电容元件在电子产品与电力设备中有着广泛的应用。在电子产品中，电容常用于滤波、移相、选频、耦合等；在电力系统中，电容可用来提高功率因数。

1. 电容器与电容

被绝缘介质隔开的两个导体的总体，就构成一个电容器，如图 1.3-11 为平板电容器结构与电路符号。电容器用字母 C 表示。C 既表示电容元件，也表示其参数——电容量。

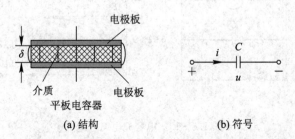

(a) 结构　　　　　　(b) 符号

图 1.3-11　平板电容器结构与电路符号

在电容器两端加电源电压 E，如图 1.3-12(a) 所示，则电容器任一极板间存储的电荷量

为 Q。U 为两极板间电压，则电容器的电容量为

$$C = \frac{Q}{U} \tag{1.3-8}$$

电荷量 Q 的单位是库仑（C），电压 U 的单位是伏特（V），C 为电容量，单位为法拉（F）。在实际应用中，法拉的单位太大，通常用较小的微法（μF）、纳法（nF）与皮法（pF），各单位之间的换算关系为：

$$1\ \text{F} = 10^6\ \mu\text{F} = 10^9\ \text{nF} = 10^{12}\ \text{pF}$$

2. 电容的伏库特性

线性电容元件是一个二端理想元件，其伏库特性曲线如图 1.3-12(b)所示。显然，线性电容元件的伏库特性曲线是过原点的一条直线，所以电容 C 是一个与电荷量 Q、电压 U 无关的正实数。以后为了方便，本教材将线性电容元件简称为电容。

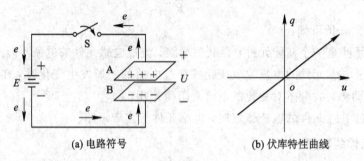

(a) 电路符号　　　　　　　　　(b) 伏库特性曲线

图 1.3-12　线性电容元件电路符号与伏库特性曲线

3. 电容的特性

在如图 1.3-13 所示的实验电路中，HL_1 与 HL_2 完全相同，C 是一个容量较大的电容器。在图 1.3-13(a)中，闭合开关 S，HL_1 点亮，而 HL_2 瞬间亮一下，然后逐渐熄灭。原因是，在电容两端加电源的瞬间，由于两极板上电荷量为零，两端电压为零，电容此时相当于短路，因此 HL_2 最亮；随着两极板上聚集的电荷逐渐增多，电容两端电压逐渐升高，当电容两端的电压等于电源电压时，电容器存储电荷完毕，此时电容支路上不再有电流，因此 HL_2 熄灭，这个过程称为电容充电。电容两端电压按指数规律上升，如图 1.3-13(c)所示，其数学表达式为

$$u_{\text{C}} = E(1 - e^{-\frac{t}{RC}}) \tag{1.3-9}$$

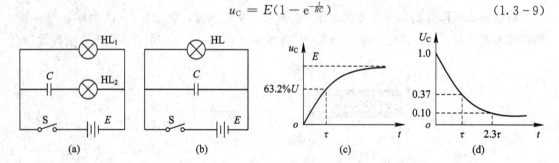

图 1.3-13　电容充电与放电

电容元件充电的过程即为电容储存能量的过程，其储存的能量为

$$W_{\text{C}} = \frac{1}{2} C u_{\text{C}}^2 \tag{1.3-10}$$

在图 1.3 - 13(b)中,当开关 S 断开时,HL 不是立即熄灭,而是逐渐熄灭。原因是在开关 S 断开的瞬时,电容上已储存了电能,其电压等于电源电压 E。开关断开后,该电压经 HL 形成一个回路,HL 上有电流流过,灯被点亮。随着电容正极板上的电荷不断经 HL 移到负极板上被中和,回路中电流逐渐减小,最后为零,HL 熄灭,该过程称为电容的放电。电容两端的电压按指数规律下降,如图 1.3 - 13(d)所示,其数学表达式为

$$u_{\mathrm{C}} = E\mathrm{e}^{-\frac{t}{RC}}$$
$$i = \frac{E}{R}\mathrm{e}^{-\frac{t}{RC}}$$

(1.3 - 11)

当极板间电压 u_{C} 发生变化时,极板上电荷也随着改变,于是电容器支路中就出现了电流。若指定电流参考方向为流进正极板,则电流为

$$i = \frac{\mathrm{d}q}{\mathrm{d}t} = \frac{\mathrm{d}Cu_{\mathrm{C}}}{\mathrm{d}t} = C\frac{\mathrm{d}u_{\mathrm{C}}}{\mathrm{d}t}$$

(1.3 - 12)

当 $u>0$ 且 $\frac{\mathrm{d}u_{\mathrm{C}}}{\mathrm{d}t}>0$ 时,$i>0$,电流实际方向指向正极板,电荷增多,电容被充电;当 $u>0$ 但 $\frac{\mathrm{d}u_{\mathrm{C}}}{\mathrm{d}t}<0$ 时,$i<0$,电流实际方向指向负极板,电荷减少,电容放电。当 $u<0$ 且 $\frac{\mathrm{d}u_{\mathrm{C}}}{\mathrm{d}t}<0$ 时,$i<0$,正极板上电荷绝对值增加,电容器被反向充电;当 $u<0$ 但 $\frac{\mathrm{d}u_{\mathrm{C}}}{\mathrm{d}t}>0$ 时,$i>0$,正极板上电荷绝对值减少,电容反方向放电。电容元件的电压若不断充电或放电,电容器电路中就形成了电流。

在任何时刻,线性电容元件中电流与电压的变化率均成正比。当元件上的电压变化率很大时,电流也很大;当电压不随时间变化时,则电流为零。

综上所述,电容具有以下特性:

(1) 电容是储能元件,可存储电能,其两端电压不能发生突变。

(2) 当电容两端电压发生变化时,电路中有电流出现;且电压变化越快,电流越大,即电压变化率越高,电容对电流的阻碍越小。

(3) 当电容两端的电压为直流时,电路中电流为零。所以电容对于直流相当于断路。

4. 电容器的检测

一般电容器的容量可以用数字万用表的电容挡直接检测。测量时可将已放电的电容两引脚直接插入面板上的 Cx 插孔,选取适当的量程后就可读取显示数据。

固定电容器常见的故障是开路失效、短路击穿、漏电、介质损耗增大和电容量减小,一般可通过容量检测、二极管挡短路检测及高阻挡绝缘电阻检测来综合判断其故障。

1.3.4　电压源与电流源

凡能将其他形式的能量转化为电能的装置都叫电源。常用的直流电源有干电源、蓄电池、直流稳压电源、直流发电机等,常用的交流电源有电力系统提供的正弦交流电源、交流稳压电源、交流发电机及各种信号发生器等。为了分析电路方便,通常将实际电源用理想的模型(电压源与电流源)代替。电压源与电流源是有源元件,电阻、电容及电感元件为无源元件。

1. 电压源

1）理想电压源

理想电压源是一个理想二端元件，具有如下特性：元件上的电压函数是固定的，不会因外接电路的不同而改变；元件中的电流随外接电路不同而不同。若电压源的电压是常数，则称为直流电压源，其电路符号与伏安特性曲线如图 1.3-14 所示。

2）实际电压源

实际的电压源其端电压随着负载电流的变化而变化。如图 1.3-15(a)所示，R_0 为电源内阻，E 为电源电动势。当电路接上负载后，回路中产生电流，则一部分电能消耗在内阻上。

实际电压源的伏安特性曲线如图 1.3-15(b)所示。

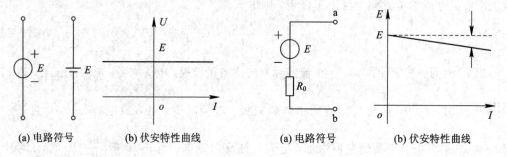

(a) 电路符号　　(b) 伏安特性曲线　　　　(a) 电路符号　　(b) 伏安特性曲线

图 1.3-14　理想电压源电路符号与伏安特性曲线　　图 1.3-15　实际电压源电路符号与伏安特性曲线

2. 电流源

电源除了用电压源表示，还可以用电流源表示。理想电流源的电流恒定不变，两端电压随外接电路的变化而变化，图 1.3-16 为理想电流源的电路符号及伏安特性曲线。实际电流源存在内阻，图 1.3-17 为实际电流源的电路符号及伏安特性曲线，R_0 为电流源内阻。

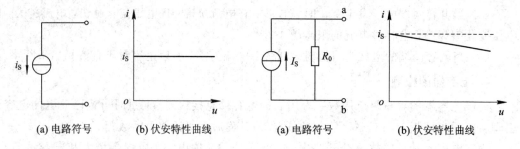

(a) 电路符号　　(b) 伏安特性曲线　　　　(a) 电路符号　　(b) 伏安特性曲线

图 1.3-16　理想电流源电路符号及伏安特性曲线　　图 1.3-17　实际电流源电路符号及伏安特性曲线

电压源与电流源的外特性是相同的，所以对外电路而言，电压源模型与电流源模型是等效的。电流源 I_S 与电压源 E 的等效关系为

$$I_S = \frac{E}{R_0} \quad 或 \quad E = R_0 I_S \tag{1.3-13}$$

 思考与练习

1. 在汽车电路中，热敏电阻主要作何用？查查资料，举例说明。

2. 下列情况可使平板电容器的电容增大一倍的是（　　）。

A. 电容器充电后保持与电源相连，将极板面积增加一倍

B. 电容器充电后保持与电源相连，将两极板间间距增加一倍

C. 电容器充电后保持与电源相连，将电源电压增大一倍

3. 电解电容是有正负极性的，它能否接到交流电路中？为什么？

4. 一个标注为 220 V/1000 μF 的电容能否接到 220 V 交流电路中，为什么？

5. 电压源与电流源对外电路是等效的，对内而言是不是等效？为什么？

知识点 1.4 电路中的基本定律

电路分析中有欧姆定律和基尔霍夫定律两个基本定律，它们是分析电路的基本工具。我们应学会熟练运用这两个基本电路定律进行电路分析。

1.4.1 欧姆定律

欧姆定律是电路分析中的基本定律之一，用来确定电路各部分的电压与电流的关系。

1. 部分电路欧姆定律

在图 1.4 - 1(a)中，设电压与电流的参考方向一致，即为关联参考方向。线性电阻的电阻值为 R，两端的电压为 U，则流过电阻的电流为

$$I = \frac{U}{R}$$

若 U 与 I 为非关联参考方向，如图 1.4 - 1(b)所示，则

$$I = -\frac{U}{R}$$

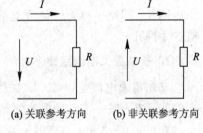

(a) 关联参考方向　　(b) 非关联参考方向

图 1.4 - 1　部分电路

可以看出，在线性电阻上，若流过的电流增大（减小），则电阻两端电压成比例增大（减小）。

2. 全电路欧姆定律

由电源、负载、中间环节组成的电路称为全电路。如图 1.4 - 2 所示，电路中 R_L 为负载，E 为电源电动势，R_0 为电源内阻。根据能量守恒定律，电动势提供的功率等于负载与内阻消耗的功率之和，即

$$P_E = P_{R_L} + P_{R_0}$$

则有

$$E = U_{R_L} + U_{R_0}$$

根据部分电路欧姆定律，有

$$U_{R_L} = IR_L, \quad U_{R_0} = IR_0$$

可得

$$E = IR_L + IR_0$$

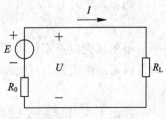

图 1.4 - 2　全电路

则有

$$I = \frac{E}{R_0 + R_L} \tag{1.4-1}$$

由式(1.4-1)可见，闭合电路中的电流与电源电动势成正比，与电路的总电阻成反比。这就是全电路欧姆定律。

电源两端的电压称为端电压或路端电压，用 U 表示，且

$$U = E - IR_0 \tag{1.4-2}$$

当回路电流增大时，内阻上的压降也增大，则端电压下降。

1.4.2 基尔霍夫定律

在学习基尔霍夫定律之前，首先学习电路中的几个概念。

支路：电路中的每一个分支。一条支路由一个或多个元件串联而成。如图1.4-3有6条支路。

节点：三条或三条以上支路的交点称为节点。图1.4-3中有4个节点。

回路：电路中的任何一条闭合路径。图1.4-3中有7个回路。

网孔：回路中再无任何分支的闭合路径。图1.4-3中有3个网孔。

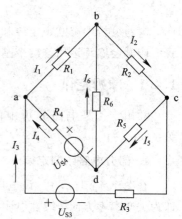

图 1.4-3　电路举例

1. 基尔霍夫电流定律

基尔霍夫电流定律(KCL)又称基尔霍夫第一定律、节点电流定律，定律表述为：在任一瞬间，流入某一节点的电流之和等于流出该节点的电流之和。

在图1.4-4中，节点电流参考方向如图所示，列出节点电流方程为

$$I_2 + I_3 + I_5 = I_1 + I_4 \tag{1.4-3}$$

将式(1.4-3)进行移项，改写为

$$I_2 + I_3 + I_5 - I_1 - I_4 = 0$$

即

$$\sum I = 0 \tag{1.4-4}$$

上式又可表述为：在任一瞬间，节点电流的代数和恒等于零。电流参考方向规定为流进节点取"+"，流出节点取"−"。

例如，在图1.4-3中，对于节点a有

$$I_3 + I_4 = I_1 \quad 或 \quad I_3 + I_4 - I_1 = 0$$

基尔霍夫电流定律可用于电路节点，也可以将它推广到一个闭合的回路，将这个闭合面看成是一个电路节点。如图1.4-5(a)所示，则根据节点电流定律有

$$i_A + i_B + i_C = 0$$

在图1.4-5(b)中，三极管可以看成是一个节点，则有

$$I_B + I_C = I_E$$

注意：在列节点电流方程时，首先必须设定未知电流的参考方向，否则无意义。

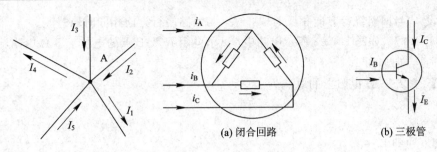

图 1.4 - 4　节点电流　　　　　　图 1.4 - 5　节点的推广

2. 基尔霍夫电压定律

基尔霍夫电压定律(KVL)又称为基尔霍夫第二定律或回路电压定律,用来确定回路中各段电压间关系。该定律表述为:对任一闭合回路,沿回路绕行一周,各段电压的代数和恒等于零,用公式可表示为

$$\sum U = 0 \qquad\qquad (1.4 - 5)$$

在如图 1.4 - 6 所示的 abcd 回路中,可根据下列步骤列出电压方程:

(1) 首先任意选定各支路电流的参考方向,如图 1.4 - 6 所示;

(2) 根据电流参考方向确定各电阻元件上电压参考方向(关联参考方向);

(3) 任意选定回路绕行方向(图中选顺时针绕行一周);

(4) 从 a 点出发顺时针一周回到 a 点,所有电压(含电源电动势)遇正取"+",遇负取"-",全部相加等于零,则有

$$-I_1 R_1 + E_1 - I_3 R_3 - E_2 + I_2 R_2 + I_4 R_4 = 0$$

整理得

$$E_1 + I_2 R_2 + I_4 R_4 = I_1 R_1 + I_3 R_3 + E_2$$

可见,基尔霍夫电压定律还可表述为:对于任一回路,沿回路绕行一周,电压降等于电压升。

基尔霍夫电压定律还可推广应用于不闭合的假想回路。如图 1.4 - 7 所示,当 ab 端开路时,设 ab 端电压为 U_{ab},对于假想回路 abcda 来说,其回路电压方程为

$$U_{ab} - I_3 R_3 + E_2 + E_1 + I_2 R_2 + I_1 R_1 = 0$$

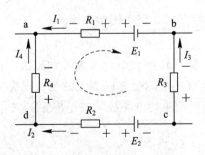
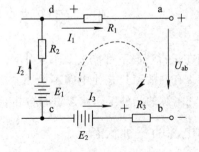

图 1.4 - 6　基尔霍夫第二定律　　　图 1.4 - 7　假想回路

注意:① 在列回路电压方程时,各支路电流均指参考方向,电阻上电压方向与电流参考方向关联;② 回路绕行方向任意选择,电流参考方向与回路绕行方向相同时,电压取"+",与回路绕行方向相反时取"-";③ 电源电动势方向(由负指向正)为给定实际方向

（无需假设），与回路绕行方向相反时取"＋"，与回路绕行方向相同时取"－"。

【例 1.4.1】　如图 1.4-8 所示电路中，试求电阻 R 及 B 点的电位。15 Ω 电阻上的电压为 30 V，且方向如图 1.4-8 所示。

【解】　（1）15 Ω 电阻上的电流为

$$I = \frac{U}{R} = \frac{30}{15} = 2 \text{ A}$$

电流实际方向朝上。

（2）节点 A 电流方程为
$$I_{5\Omega} = 5 \text{ A} + 2 \text{ A} = 7 \text{ A}$$

（3）节点 B 电流方程为
$$I_R = 7 \text{ A} - 2 \text{ A} - 3 \text{ A} = 2 \text{ A}$$

（4）选顺时针绕行方向，列回路电路方程为
$$I_R R - 75 + 30 + 7 \times 5 = 0$$

代入 $I_R = 2 \text{ A}$，则 $R = 5 \text{ Ω}$。

（5）　$V_B = U_{BO} = U_R = 2 \times 5 = 10 \text{ V}$

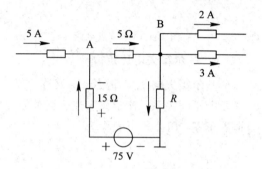

图 1.4-8　例 1.4.1 电路

　思考与练习

1. 为什么在全电路欧姆定律中，负载电流越大，端电压越小？

2. 对于电路中的一个节点，其电流的参考方向可以全部设为流进（流出）吗？为什么？

3. 有个同学对某回路 abcda 的电压进行测量，得到 $U_{ab} = 8.2 \text{ V}$，$U_{bc} = 6.5 \text{ V}$，$U_{dc} = 9.7 \text{ V}$，$U_{ad} = 5 \text{ V}$。他不知道为什么会有 $\sum U = 0$，请帮他解释。

4. KCL 与 KVL 定律适用于直流电路，是否适合于交流电路？KCL 定律适合于线性电路，是否适合于非线性电路？

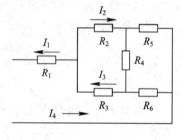

图 1.4-9　题 5 图

5. 如图 1.4-9 所示，已知电流 $I_2 = -2.5 \text{ A}$，$I_4 = 4.5 \text{ A}$，计算电流 I_3。

知识点 1.5　电源的三种状态

电路在正常情况下都能按要求工作，但在实际工作过程中会因为各种原因，导致电路产生故障。有的故障只是使电路不能正常工作，有的故障会造成更大的经济损失或酿成事故。本节就电源的几种工作状态进行分析，以便对简单的电路故障进行排除。

1.5.1　电源的三种状态

1. 额定工作状态（有载或负载状态）

电源的额定工作状态又称有载工作状态或负载工作状态。如图 1.5-1 所示，当开关闭合时，电源提供的电能转化为负载所消耗的其他形式的能量，电路正常工作。这种状态称

为有载工作状态。

1）电压与电流

根据全电路欧姆定律，电路中的电流为

$$I = \frac{E}{R_0 + R_L}$$

负载端电压 U 为

$$U = IR_L \quad \text{或} \quad U = E - IR_0$$

2）电源功率与负载功率

电源提供的功率为

图 1.5-1　电源有载工作

$$P_E = U_S I = I^2 R_0 + I^2 R_L \tag{1.5-1}$$

负载消耗的功率为

$$P = UI = I^2 R_L \tag{1.5-2}$$

3）电源外特性曲线

电源外特性曲线是指当负载发生变化时，端电压随负载电流的变化曲线。如图 1.5-2 所示，当负载电流增大时，端电压下降，原因是电流通过电源内阻产生了压降 IR_0。通常电源的内阻都很小，当 $R_0 \ll R_L$ 时，$U \approx E$。电源内阻越小，端电压下降越少，电源带负载能力越强。

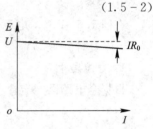

图 1.5-2　电源外特性曲线

4）额定值与实际值

额定值是生产厂家为了使产品能在给定的工作条件下正常运行而规定的正常允许范围。电气设备的使用寿命一般与绝缘材料的耐热性及绝缘强度有关，当电流超过额定值过多时，会导致绝缘材料发热过甚，致其损坏；当所加电压超过额定值过多时，绝缘材料可能被击穿。反之，若电压与电流远低于其额定值，电气设备将不能正常工作，电源得不到充分利用，设备也不能发挥其最大能力。所以电气设备及元器件在使用过程中一定要了解其额定功率与额定电压，不允许超范围使用，必须保证工作温度不超过规定的允许值。

电气设备在实际使用过程中，由于电网电压的波动或负载的变化，电压、电流与功率不一定等于它们的额定值。这个值称为实际值。

5）负载运行状态

负载是对消耗电能的电气设备或元器件的统称。负载增大，即负载的电流或功率增大。当电气设备的工作电压（电流）与功率等于额定值时，称为满载。满载是设备或元器件最经济、效率最高、使用寿命最长的一种运行方式。

当电气设备的工作电压（电流）与功率小于额定值时，称为轻载（欠载）。轻载时，因其工作电压与功率达不到正常值，会导致设备无法运行或损坏现象的发生。

当电气设备的工作电压（电流）与功率大于额定值时，称为过载。由于电流的热效应，过大的电流往往会导致设备发热甚至烧毁；线路长期过载会导致线路的老化、绝缘水平降低甚至发生火灾。

2. 空载

如图 1.5-1 所示，当开关 S 断开时，电源没有带负载，称为空载。

1）电压与电流

由于电路断开，电流没有流通的闭合路径，电路中的电流为

$$I = 0$$

电源端电压，即

$$U = E - IR_0 = E$$

电源空载时，电源的端电压等于电源电动势。

注意：当电路断开时，负载端电压为 $U_0 = IR_L = 0$。

2）电源功率与负载功率

断路时由于电流为零，电源提供的功率与负载功率均为零，即

$$P_E = P = 0$$

3. 短路

在图 1.5-3 中，电源正端经过导线直接连接到了电源负端，构成短路。

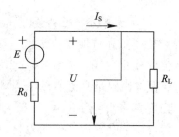

图 1.5-3　短路示意图

1）电流与电压

根据全电路欧姆定律，回路电流为

$$I_S = \frac{E}{R_0}$$

电流 I_S 称为短路电流。由于电源的内阻通常很小（理想情况下为零），因此短路电流非常大（理想情况下为无穷大）。

回路电流由短路线走捷径回到电源另一端，不再有电流通过负载，因此端电压为

$$U = 0$$

2）电源功率与负载功率

短路时电源所产生的电能全被内阻所消耗，负载不消耗功率，此时电源功率和负载功率分别为

$$P_E = I_S^2 R_0$$
$$P = 0$$

短路可以发生在负载与线路的任何处，是一种很严重的事故，是损毁电气设备甚至引起火灾的重要原因之一，应该尽力预防与避免。产生短路的原因往往是因为电路年久失修、水浸潮湿、绝缘损坏老化或过电压击穿、接线不慎等，因此经常检查电气设备及线路绝缘情况、保持干燥通风是一项重要的安全措施。为了防止短路事故所带来的严重后果，通常在电路中装有过载保护器，如保险丝、熔断器、断路器等。电路一旦发生短路故障，可迅速将电源自动切断。

3）电路短接

有时为了某种需要，将复杂电路中的一段电路进行短路，称之为短接。短接不会引起损坏或更大事故，而是为了保护人身及电气设备的安全、检查线路故障、获得某种实验结果等。

【例 1.5.1】　若某电源的开路电压为 12 V，接上 100 Ω 的电阻后，端电压为 11.98 V，试问该电源的内阻与电动势、短路电流各为多少？

【解】 电源电动势为

$$E = U_0 = 12 \text{ V}$$

$$I = \frac{U}{R_L} = \frac{11.98}{100} = 0.1198 \text{ A}$$

电源的内阻为

$$R_0 = \frac{E - U}{I} = \frac{12 - 11.98}{0.1198} = 0.167 \ \Omega$$

短路电流为

$$I_s = \frac{E}{R_0} = \frac{12}{0.167} \approx 72 \text{ A}$$

1.5.2 汽车电路的特点

1. 直流供电

不管是燃油汽车还是新能源汽车，都是直流供电。新能源汽车的动力电池从一百多伏到几百伏不等，常规蓄电池均为 12 V 或 24 V。直流电能可以存储，方便移动与携带，且电子电路均使用直流供电。直流电经逆变电路可变成三相交流电，而三相交流电也可经整流电路轻松地转换成直流电。

2. 低压单线制

使用常规蓄电池供电的所有用电设备都属于安全电压设备。汽车底盘、车架等都是导电良好的金属，为了节省导线和便于维修与安装，用电设备与电源之间只用一根导线连接，另一根由汽车底盘、车架替代，即整个车架构成电路的一部分，这种方式称为单线制。

3. 低压搭铁

采用单线制时，电源的一端必须要可靠地接到车架上，称为"搭铁"。按电源搭铁的极性，搭铁可分为正极搭铁与负极搭铁两种。由于负极搭铁对车架及车身的化学腐蚀作用较轻，无线电干扰较小，因此大多数国家的汽车均采用负极搭铁。

4. 负载并联

为了便于电路检测与维修，所有用电设备都采用并联方式连接。采用这种连接方式的优点是一条线路发生故障时，不会影响其他线路的正常工作。

5. 双电源供电

燃油车的双电源指的是发电机与蓄电池，全电动车的双电源指的是动力电池与常规蓄电池(详见项目 3 之知识点 3.2)。

1.5.3 简单故障的检测与排除

汽车的工作环境较为恶劣，温度高，油污重，腐蚀性强，湿度大，跋山涉水，日晒雨淋，颠簸负重，都容易产生各种故障。

1. 断路

断路是因为某种原因导致电流回路断开，电路中电流为零的一种故障。电路出现断路故障的原因复杂多样，任何一部分出现问题都可能导致断路情况的发生，如导线断开、印刷电路板断裂、电路零部件烧毁、连接线松脱、开关接触不良或失效等。

1）串联电路中的断路故障与检测

如图 1.5-4 所示，串联电路中出现断路故障，将导致该支路电流为零，该支路的所有用电设备都不能工作。当汽车电路中发生断路故障时，通常用万用表去寻找电路的断路点。具体方法是：将万用表（直流电压挡）黑表笔接在电源负极，红表笔依次触及电路的接线点。若万用表显示电压等于电源电压，则所触及接线点之前无断路发生；若触及的接线点电压显示为零，则该接线点与之前线路有断路故障。用这种方法可以减小故障范围，快速找到断路点。

2）并联电路中的断路故障与检测

如图 1.5-5 所示，如果并联电路的某个支路出现断路，则只有这个出现断路的支路受到影响，其他支路还可以正常工作。这时可用电压法检测，判断是线路断路还是设备或元器件本身出现断路，若设备或元器件两端电压正常，则说明设备或元器件本身有断路故障；若设备或元器件两端电压为零，则说明线路出现断路故障。

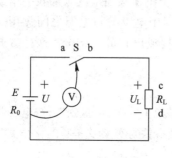

图 1.5-4　断路检测

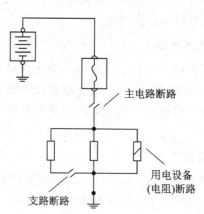

图 1.5-5　并联电路断路故障

2. 短路

电路中出现短路故障，电流会迅速增大，一般都会烧坏保险。在发现保险烧坏时，不要盲目更换保险丝或加大保险丝规格，要找到故障并排除后才能换上新保险丝。短路故障较断路故障排查难度大，不光需要理论知识做基础，更需要实践经验的积累。

1）接地短路

汽车线束多，都是用绝缘材料进行包扎并沿车身走线。大部分短路故障都是由导线或电路元件的绝缘层破损而与车身相接触造成的。在图 1.5-6 中，开关和灯泡之间的导线绝缘层破损而导致接地短路。在开关闭合前不会烧坏保险，一旦开关合上，电源经保险→开关→破损导线→搭铁构成短路，保险烧毁，灯泡不亮。图 1.5-7 是另一种形式的接地短路。电路在灯泡和开关之前接地，会导致灯泡不亮并且开关无法控制电路，保险丝立刻烧断。这种情况下，即使更换新保险仍然会再次烧断。

2）电源短路

在汽车电路故障中，还有一种短路形式是与电源短路。通常是一个电路的两个独立分支因导线绝缘层破损而相互连接，如图1.5-8与1.5-9所示。

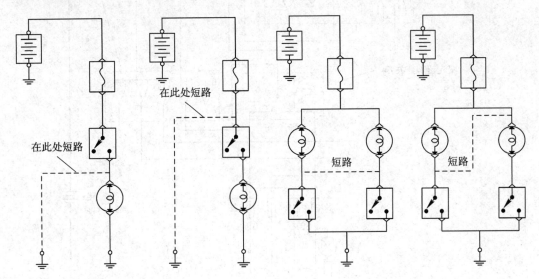

图1.5-6　接地短路(1)　图1.5-7　接地短路(2)　图1.5-8　电源短路(1)　图1.5-9　电源短路(2)

3. 高阻

高阻现象在汽车电路中经常出现。所谓高阻是原本不希望存在的电阻由于某种原因引起了电阻的存在，使电路中电阻增大。高阻会导致电路中电流降低，从而引起整个电路或元器件工作不正常。引起附加高电阻的原因通常是连接器发生腐蚀、连接点连接不好、连接处松动、接头不干净等。

高阻现象属于软故障，维修难度大。尤其由于现代汽车智能化程度高，汽车的最佳运行都是根据当时的工况来进行自动调整的，这就需要检测多个信号，所用各种传感器较多。传感器电压一般为5 V的基准电压。若基准电压电路中有附加电阻存在，则送回计算机的电压偏高或偏低，计算机的判断将不准，发送给执行器的信号也会偏离正常值，由此所带来的后果严重且复杂多样。所以在日常行车中，经常检查和注意电气系统的保养是非常重要的。

 思考与练习

1. 有一节9 V的电池，因使用时间较长，用万用表测量其端电压有9 V，但在电路中一接上负载其电压只有5.8 V了，为什么？

2. 生活中发现，傍晚的白炽灯光较凌晨4、5点钟的灯光暗，为什么？

3. 在实验课堂上，有一学生将100 Ω的金属膜色环电阻作为负载不小心接到220 V电源上，请问有什么后果？为什么？

4. 试分析图1.5-10中汽车前照灯不亮的可能原因并简述检修方法。

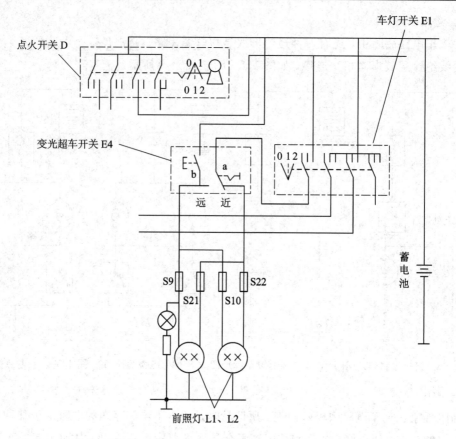

图 1.5 - 10   汽车前照灯电路

知识点 1.6   电路的分析方法

1.6.1   电阻串并联电路

1. 电阻的串联

两个或两个以上的电阻按顺序首尾相接连成一串，这样的连接方式称为串联。图 1.6 - 1 为两电阻相串联。电阻串联电路的特点为：

（1）总等效电阻等于各分电阻之和，即

$$R = R_1 + R_2 \qquad (1.6-1)$$

（2）总电压等于各分电压之和，即

$$U = U_1 + U_2 \qquad (1.6-2)$$

两个电阻上的电压分别为

$$\begin{cases} U_1 = R_1 I = \dfrac{R_1}{R_1 + R_2} U \\[2mm] U_2 = R_2 I = \dfrac{R_2}{R_1 + R_2} U \end{cases} \qquad (1.6-3)$$

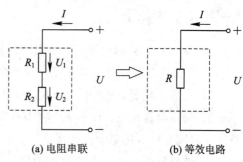

(a) 电阻串联   (b) 等效电路

图 1.6 - 1   电阻串联及其等效电路

可见，串联电阻上电压的分配与电阻值成正比。其中电阻值小的分压小，电阻值大的分压大。

（3）串联电路中的电流处处相等，即

$$I = I_1 = I_2$$

（4）串联电阻电路消耗的总功率 P 等于各串联电阻消耗功率之和，即

$$P = \sum P_i = P_1 + P_2 + \cdots + P_n \tag{1.6-4}$$

2. 电阻的并联

两个或两个以上的电阻并列在一起，首尾分别连接在电路中相同的两点之间，这种连接方式称为并联。图 1.6 - 2 为两个电阻并联的电路图，电阻并联电路的特点为：

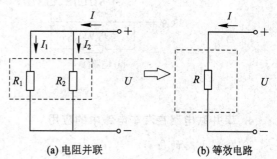

(a) 电阻并联　　　　　(b) 等效电路

图 1.6 - 2　电阻并联及其等效电路

（1）并联电路总电阻的倒数等于各分电阻倒数之和，即

$$\frac{1}{R} = \frac{1}{R_1} + \frac{1}{R_2} \tag{1.6-5}$$

$$R = \frac{R_1 R_2}{R_1 + R_2}$$

（2）并联电路的总电压等于各分电阻电压，即各电阻端电压相等

$$U = U_1 = U_2$$

（3）并联电路的总电流等于各分电流之和，即

$$I = I_1 + I_2 \tag{1.6-6}$$

$$I_1 = \frac{R_2}{R_1 + R_2} I, \ I_2 = \frac{R_1}{R_1 + R_2} I$$

由此可见，并联电阻有分流作用。在并联电路中，流过各电阻的电流与其电阻值成反比，阻值越大，分流越小；阻值越小，分流越大。

（4）并联电路消耗的总功率等于各分电阻上消耗功率之和，即

$$P = P_1 + P_2 + \cdots + P_n = \frac{U^2}{R_1} + \frac{U^2}{R_2} + \cdots + \frac{U^2}{R_n} \tag{1.6-7}$$

3. 电阻的混联及等效变换

在电路中，电阻的连接方式并不是只有简单的串联或并联，更多的时候是两都兼而有之，称之为混联。

【例 1.6.1】 计算如图 1.6 - 3(a)、(b)所示电路的等效电阻 R_{ab}。

【解】 图(a)：$R_{ab} = R_2 /\!/ R_3 + R_4 /\!/ R_5$（$R_1$ 被短路），代入数据得

$$R_{ab} = \frac{R_2 R_3}{R_2 + R_3} + \frac{R_4 R_5}{R_4 + R_5} = \frac{10 \times 10}{10 + 10} + \frac{6 \times 3}{6 + 3} = 7 \ \Omega$$

图(b)：$R_{ab} = (R_1 /\!/ R_5 + R_2 /\!/ R_3) /\!/ R_4$，代入数据得

$$R_{ab} = \left(\frac{4 \times 4}{4 + 4} + \frac{10 \times 10}{10 + 10}\right) /\!/ 7 = \frac{7 \times 7}{7 + 7} = 3.5 \ \Omega$$

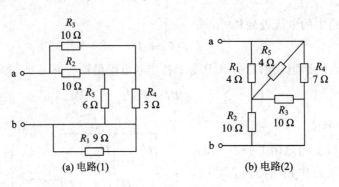

图 1.6 - 3　例 1.6 - 1 电路

4. 串并联电路在汽车电路中的应用

1) 串联电路的应用

(1) 降压。串联电阻具有分压作用。

注意：与负载相串联的电阻，实际电功率不应超过它的额定功率。

(2) 采样。在电子电路中，经常需要对电压或电流进行采样，以对比信号的变化，实现自动调节与控制。当输入信号电压变化时，串联电阻上的分压也随之变化，电阻两端的电压可体现电压的变化量。

(3) 调节输出电压。改变串联电阻的大小，可以得到不同的输出电压。如汽车节气门位置传感器，如图 1.6 - 4 所示。

(4) 调节负载电流。改变串联电阻大小，可以改变串联电路电流。如图 1.6 - 5 为车内鼓风机工作电路，通过开关的不同挡位改变负载电阻的大小来控制电机转速，从而调节冷气、暖气、除霜和通风的气流大小。

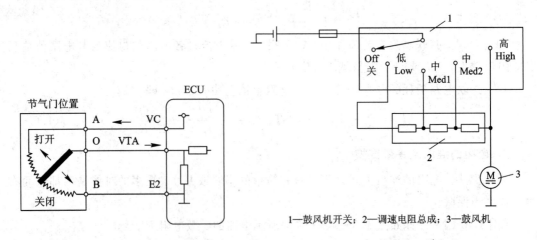

1—鼓风机开关；2—调速电阻总成；3—鼓风机

图 1.6 - 4　节气门位置传感器　　　图 1.6 - 5　鼓风机工作电路

(5) 限流。为了限制负载中通过大的电流，可在负载电路中串联一个电阻，这个电阻称为限流电阻。在电动机启动时，为限制大电流带来的影响，可在电枢电路中串联一个启动电阻，以降低启动电流。

2）并联电路的应用

（1）工作电压相同的负载都采用并联接法。汽车上的用电器，如喇叭、照明灯、电动机等都是并联接在直流电源上，各个电器能单独工作，互不影响。

（2）利用电阻的并联来降低电阻值。例如将两个 $1000\ \Omega$ 的电阻并联使用，其电阻值则为 $500\ \Omega$。并联的电阻越多，则总电阻越小，电路中总电流与总功率也就越大，但每个负载的电流和功率却没有变。

（3）在电工测量中，常用并联电阻的方法来扩大电流表量程。

1.6.2 支路电流法

对于简单电路，求某一条支路的电流，可用串并联电路等效变换之后求解。但对于有两个或两个以上电源供电的复杂电路，就不能用串并联等效变换的方法来求解电流了。

以支路电流为未知量，直接利用基尔霍夫电流定律与电压定律联立方程求解的一种电路分析方法，称为支路电流法。

在图 1.6-6 所示电路中，有 6 条支路，4 个节点，共需列出 6 个方程才能求出各支路电流。下面我们以图 1.6-6 电路为例来说明支路电流法的解题步骤。

（1）标出各支路电流的参考方向，如图 1.6-6 所示。

（2）列出节点电流方程。若有 n 个节点，则列出 $n-1$ 个方程。

对于节点 a，列出方程为

$$I_1 - I_2 + I_6 = 0$$

对于节点 b，列出方程为

$$I_5 - I_6 - I_4 = 0$$

对于节点 c，列出方程为

$$I_2 - I_5 - I_3 = 0$$

（3）选择网孔绕行方向，图中选顺时针方向。

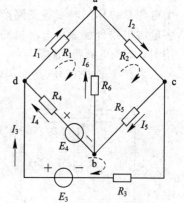

图 1.6-6 支路电流法求解电路

（4）列出网孔电压方程。若有 m 个网孔，则列出 m 个网孔的电压方程；或者有 b 条支路，n 个节点，则列出 $b-(n-1)$ 个回路电压方程。

网孔 abda 的电压方程为

$$-I_6 R_6 - E_4 + I_4 R_4 + I_1 R_1 = 0$$

网孔 acba 的电压方程为

$$I_2 R_2 + I_5 R_5 + I_6 R_6 = 0$$

网孔 dbcd 的电压方程为

$$I_3 R_3 - E_3 - I_4 R_4 + E_4 - I_5 R_5 = 0$$

（5）联立方程，求解。

【例 1.6.2】 已知如图 1.6-7 所示电路，$R_1 = 100\ \Omega$，$R_2 = 200\ \Omega$，$R_3 = 300\ \Omega$，$E_1 = 10\ \text{V}$，$E_2 = 12\ \text{V}$，求支路电流 I_1、I_2、I_3。

【解】 应用基尔霍夫节点电流定律与回路电压定律联立方程，得

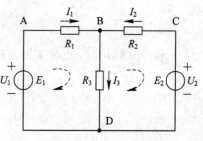

图 1.6-7 例 1.6.2 电路

$$\begin{cases} I_1 + I_2 = I_3 \\ I_1R_1 + I_3R_3 - E_1 = 0 \\ -I_2R_2 + E_2 - I_3R_3 = 0 \end{cases}$$

代入数据，即得

$$\begin{cases} I_1 + I_2 - I_3 = 0 \\ 100I_1 + 300I_3 - 10 = 0 \\ 200I_2 + 300I_3 - 12 = 0 \end{cases}$$

解得 $I_1 = 13$ mA，$I_2 = 16$ mA，$I_3 = 29$ mA。

可见，支路电流法是最基本的解题方法。当支路较少时，用支路电流法可直接求出未知电流。但当支路较多时，用支路电流法进行求解会导致方程众多，手续繁复。此时，我们可采用其他方法求解，下面具体加以讲述。

1.6.3　叠加原理

对于线性电路，有两个或两个以上电源共同作用时，任何一条支路上的电流都是由各个电源单独作用时在各支路产生电流的代数和，这就是叠加原理。实质上叠加原理就是将多电源电路分解成单电源电路，用串并联等效变换法计算各支路电流。当只有一个电源作用时，其他电源都"置零"。

以图 1.6 - 8(a)电路为例，用叠加原理可将电路等效如图 1.6 - 8(b)和(c)所示。

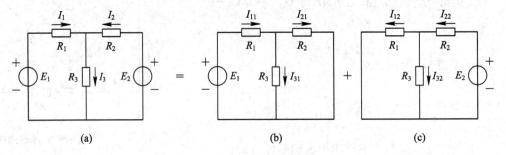

图 1.6 - 8　叠加原理

设各支路电流的参考方向如图 1.6 - 8(a)所示。

当电源 E_1 单独作用时，其电流实际方向如图 1.6 - 8(b)所示，各支路电流为

$$I_{11} = \frac{E_1}{R_1 + R_2 /\!/ R_3}$$

$$I_{21} = \frac{E_1}{R_1 + R_2 /\!/ R_3} \cdot \frac{R_3}{R_2 + R_3}$$

$$I_{31} = \frac{E_1}{R_1 + R_2 /\!/ R_3} \cdot \frac{R_2}{R_2 + R_3}$$

E_2 单独作用时，电流实际方向如图 1.6 - 8(c)所示，各支路电流为

$$I_{22} = \frac{E_2}{R_2 + R_1 /\!/ R_3}$$

$$I_{12} = \frac{E_2}{R_2 + R_1 /\!/ R_3} \cdot \frac{R_3}{R_1 + R_3}$$

$$I_{32} = \frac{E_2}{R_2 + R_1 /\!/ R_3} \cdot \frac{R_1}{R_1 + R_3}$$

根据叠加原理可得

$$I_1 = I_{11} + (-I_{12}) = I_{11} - I_{12}$$
$$I_2 = (-I_{21}) + I_{22} = I_{22} - I_{21}$$
$$I_3 = I_{31} + I_{32}$$

当电流方向与参考方向相同时取正，相反时取负。

用叠加原理解题应注意的问题有以下四方面：

（1）叠加原理只适用于线性电路（电路参数不随电压、电流的变化而变化），不能够用于非线性电路的分析。

（2）电源单独作用时，不能改变原电路结构与参数。暂时"置零"的电源，即理想电压源短路时，令 $E=0$；理想电流源开路时，令 $I_s=0$。

（3）解题时必须标明电流的参考方向；分解后电路电流参考方向与原电路参考方向相同时取正，相反时取负；最后原电路电流的结果是各分电流的代数和。

（4）叠加原理可用于电流的叠加，也可用于电压的叠加，但功率不能叠加。如 $I_1 = I_{11} + I_{12}$，则 $I_1 R_1 = I_{11} R_1 + I_{12} R_1$，显然 $I_1^2 R_1 \neq (I_{11} + I_{12})^2 R_1$。

【例 1.6.3】 如图 1.6-9(a)所示电路，用叠加原理求支路电流 I。

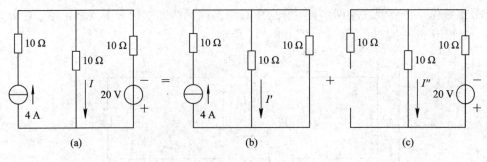

图 1.6-9 例 1.6.3 图

【解】 （1）电流源单独作用时，将理想电压源短路，如图 1.6-9(b)所示，则有

$$I' = 2 \text{ A}$$

（2）电压源单独作用时，将理想电流源开路，如图 1.6-9(c)所示，则有

$$I'' = -\frac{20}{10+10} = -1 \text{ A}$$

（3）用叠加原理可得

$$I = I' + I'' = 2 + (-1) = 1 \text{ A}$$

1.6.4 戴维南定理

在复杂电路中，有时候只需求解一条支路电流，若用上述支路电流法或叠加原理，往往需要求出其他诸多支路电流。为了简化计算，常用等效电源法。在学习等效电源法之前，首先要了解以下几个概念。

1. 二端网络

凡是只具有两个引线端与外电路相连的电路，均称为二端网络，如图 1.6-10(a)所示。

没有电源的二端网络称为无源二端网络。如图 1.6-10(b)所示，从 A、B 端向右看进去，只有电阻存在。无源二端网络可以是一个简单的电阻，也可以是任何一个复杂的用电设备。

含有电源的二端网络称为有源二端网络。如图 1.6-10(c)所示，从 A、B 端往左看进去，电路中包含电源。有源二端网络可以是一节简单的干电池，也可以是一个复杂的稳压电源或是一个庞大的供电系统。

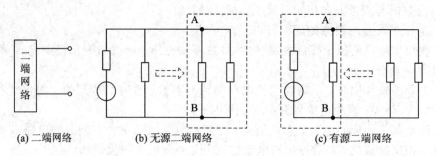

(a) 二端网络　　　(b) 无源二端网络　　　(c) 有源二端网络

图 1.6-10　二端网络

2. 等效电源

如果在电路中只需求出某条支路的电流，则可以将该条支路从电路中划分出来，将其余部分都看作一个有源二端网络。不管这个有源二端网络的结构有多复杂，对于这个支路而言，都相当于一个实际电源，如图 1.6-11 所示。

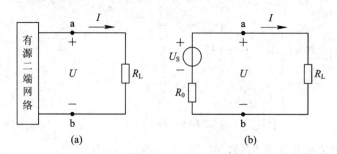

图 1.6-11　等效电源

3. 戴维南定理

任何一个有源二端线性网络都可以用一个等效的实际电压源代替。该等效电源的电动势 E 就是有源二端网络的开路电压 U_0，即将负载支路断开后 a、b 两端之间的电压；等效内阻 R_0 就是将该有源二端网络所有电源均置零后得到的无源二端网络的等效电阻，这就是戴维南定理。

在图 1.6-11 中，电源等效后变成一个最简单的电路，电流 I 可用全电路欧姆定律求得。

二端网络的开路电压 U_0 与等效内阻 R_0 可通过计算得到。若二端网络内部较为复杂，也可以用实验的方法得到。

【例 1.6.4】　如图 1.6-12(a)所示，用戴维南定理计算 $R_L=4\ \Omega$ 电阻上的电流 I 及电压 U_{ab}。

【解】　（1）将 $4\ \Omega$ 电阻所在支路从原电路中去除，如图 1.6-12(b)所示，此时可得

$$I'_{ad} = \frac{U_S}{R_1 + R_2} = \frac{8\ \text{V}}{(2+2)\ \Omega} = 2\ \text{A}$$

$$I'_{dc} = 0\ \text{A}$$

$$I'_{bc} = I_S = 4\ \text{A}$$

a、b 间开路电压为

$$U_{abo} = R_2 I'_{ad} + R_4 I'_{dc} - R_3 I'_{bc} = 2\ \Omega \times 2\ \text{A} + 0 - 3\ \Omega \times 4\ \text{A} = -8\ \text{V}$$

（2）将图 1.6 - 12(b)电路中所有电源均化为零，得到无源二端电阻网络，如图 1.6 - 12(c)所示，a、b 间等效电阻为

$$R_{abo} = R_1 /\!/ R_2 + R_4 + R_3 = 2/\!/2\ \Omega + 2\ \Omega + 3\ \Omega = 6\ \Omega$$

（3）根据戴维南定理，原电路可化为图 1.6 - 12(d)所示电路（注意 U_S 的极性），则有

$$U_S = U_{abo} = -8\ \text{V}$$

$$R_0 = R_{abo} = 6\ \Omega$$

$$I = -\frac{U_S}{R_1 + R_L} = -\frac{8\ \text{V}}{(6+4)\ \Omega} = -0.8\ \text{A}$$

$$U_{ab} = I \times R_L = -0.8\ \text{A} \times 4\ \Omega = -3.2\ \text{V}$$

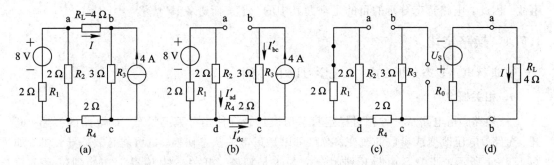

图 1.6 - 12　例 1.6.4 电路图

用戴维南定理解题时应注意以下三个问题：

（1）戴维南定理适用于计算有源二端网络以外的待求支路，对电源外电路等效，对内并不等效。

（2）在画等效电路模型时，应注意开路电压 U_0 的极性。

（3）戴维南定理和诺顿定理应用的另一方面重要意义不在于进行电路计算，而在于进行电路分析时的等效简化。

 思考与练习

1. 在如图 1.6 - 13 所示的电路中，已知 $I = 20$ mA，$I_2 = 12$ mA，$R_1 = 1$ kΩ，$R_2 = 2$ kΩ，$R_3 = 10$ kΩ，求电流表的读数。

2. 电路如图 1.6 - 14 所示，当 $R = 4\ \Omega$ 时，$I = 2$ A。求当 $R = 9\ \Omega$ 时，I 等于多少？

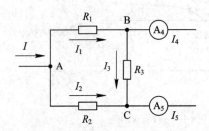

图 1.6 - 13　思考与练习 1

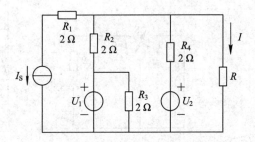

图 1.6 - 14　思考与练习 2

知识点 1.7 电路的暂态分析

在前面的学习中，我们已经了解了电阻元件电路，只要电源接通或者断开，电路立即处于稳定状态。但当电路中出现电容或电感元件时，情况则不同。在接通电源时，由于电容或电感能存储能量，其两端的电压或流过的电流是逐渐增长的，经过一段时间后才会趋于稳定；断开电源时，其存储的能量被释放，电压或电流也是逐渐衰减至零的。可见，电压、电流的增长或衰减都是一个暂态过程。

电路的暂态分析在工程中相当重要，一方面，在电子技术中常常利用电路的暂态过程来实现振荡信号的产生、信号波形的变换、延时、滤波等；另一方面，在电路的暂态过程中会出现过高的电压与过大的电流等情况，而过电压与过电流都将损坏电气设备，造成严重事故。因此，电路暂态分析的目的是掌握其中的"利"，而避免其"弊"。

1.7.1 换路定律

在进行电路暂态分析之前，首先学习以下几个概念。

1. 相关概念

• 换路：指电路从一种相对稳定状态切换到另一种相对稳定状态，如电路的接通、断开、短路、电压改变或参数的改变。换路可以是正常的状态切换，也可能是故障导致的。如图 1.7-1 所示，开关 S 由断开到闭合位置 1 是换路，开关 S 由位置 1 切换到位置 2 也是换路。

• 稳态：指电路中的状态变量（电压或电流）已达到一种相对恒定值。在图 1.7-1 所示电路中，当开关 S 断开时，电路中电流 $I=0$，电容两端电压 $U_C=0$，这是一种稳态，如图 1.7-2 所示。当开关闭合至位置 1 一段时间后，电路中电流 $I=0$，电容两端电压 $U_C=E$，是另一种稳态。

• 暂态：指电路的状态变量处在一个变化的过程。由于电路中存在电容或电感等储能元件，其储存的能量只能连续变化而不能发生跃变，在电路"换路"时，必定要经历一个过程，这个过程持续的时间往往很短暂，称为暂态。暂态也称为过渡过程，电路产生过渡过程是由于储能元件的存在，而引起过渡过程产生的条件是换路。

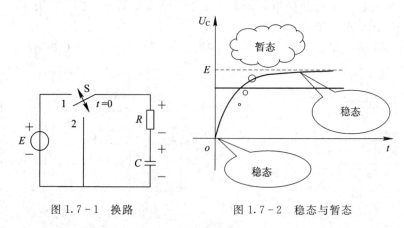

图 1.7-1 换路   图 1.7-2 稳态与暂态

2. 换路定律

如果电容的电流或电感的电压保持有限值，则在换路瞬间，电容两端的电压保持换路前与换路后不变，流过电感的电流保持换路前与换路后不变，这就是换路定律。

设 $t=0$ 是换路瞬间，$t=0_-$ 表示换路前一瞬间，$t=0_+$ 表示换路后一瞬间，则换路定律用公式表示为

$$\begin{cases} i_L(0_+) = i_L(0_-) \\ u_C(0_+) = u_C(0_-) \end{cases} \tag{1.7-1}$$

式(1.7-1)说明，电容在充电的一瞬间可视为短路，在放电的一瞬间可视作一个恒压源；电感在储能的一瞬间可视作开路，在释能的一瞬间可视作一个恒流源。

用换路定律可以确定电路中电压和电流的初始值，其步骤是：

(1) $t=0_-$ 时求出 $i_L(0_-)$ 与 $u_C(0_-)$。

(2) 由换路定律 $i_L(0_+) = i_L(0_-)$，$u_C(0_+) = u_C(0_-)$，画出当 $t=0_+$ 时的等效电路（电容视为恒压源，电感视为恒流源）。

(3) 求 $t=0_+$ 各电压与电流的初始值。

【例 1.7.1】　如图 1.7-3(a)所示，电路已经达到稳态，开关 S 在 $t=0$ 时断开，求电路中各元件的电压初始值。

【解】　(1) $t=0_-$ 时，$u_C(0_-) = U_{100\,\Omega} = \dfrac{24}{50+100} \cdot 100 = 16 \text{ V}$。

(2) 由换路定律可得 $u_C(0_+) = u_C(0_-) = 16 \text{ V}$。将电容视为恒压源，画出 $t=0_+$ 时的等效电路，如图 1.7-3(b)所示。

(3) 由图 1.7-3(b)可得出

$$u_C(0_+) = U_{100\,\Omega} = 16 \text{ V}$$

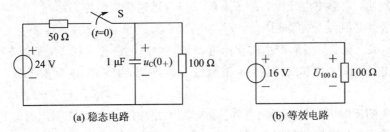

(a) 稳态电路　　　　　　　　　　　(b) 等效电路

图 1.7-3　例 1.7.1 电路

【例 1.7.2】　图 1.7-4(a)中，若电压表内阻为 1 kΩ，求开关 S 闭合一段时间后及开关断开的一瞬间，电压表上的电压各为多少。

【解】　(1) 开关 S 闭合一段时间后，电路已达到稳态，则 $t=0_-$ 时，有

$$i_L(0_-) = \frac{E}{R} = \frac{6}{6} = 1 \text{ A}$$

$$U_L = U_V = 0 \text{ V}$$

(2) 由换路定律得 $i_L(0_+) = i_L(0_-) = 1 \text{ A}$，画出电路等效电路，如图 1.7-4(b)所示。

(3) 由图 1.7-4(b)可得

$$U_V = U_L = i_L R = 1 \text{ A} \times 1 \text{ k}\Omega = 1000 \text{ V}$$

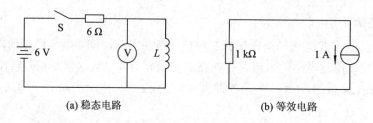

(a) 稳态电路　　　　　　　　(b) 等效电路

图 1.7-4　例 1.7.2 电路

由以上计算可知,在换路的瞬间,电压表两端电压高达 1000 V,电压表有可能损坏。

注意:

(1) 换路定律仅适用于换路瞬间;0_+ 与 0_- 在数值上都等于 0,但 0_+ 是换路后初始瞬间,而 0_- 是换路前的终了瞬间。

(2) 电容电流与电感电压为有限值是换路定律成立的条件。

(3) 换路定律反映了能量不能跃变。

【例 1.7.3】　如图 1.7-5 中,当电子开关闭合时,电流由电源(+12 V)经线圈至电子开关构成回路。线圈的两端接了一只二极管。设二极管正向电阻为零,反向电阻为无穷大。此处并联在线圈两端的二极管起什么作用?若不接此二极管,将对电路有何影响?

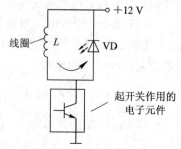

图 1.7-5　例 1.7.3 电路

【解】　(1) 当电子开关闭合时,由于二极管反向电阻为无穷大,二极管不工作,则电流由电源(+12 V)经线圈至电子开关构成回路,电路稳定时有最大电流流经线圈。当电子开关断开的瞬间,线圈产生一个很大的反向电动势,方向为上负下正。这个反向电动势使二极管正向导通,电感中电流维持原方向经二极管迅速衰减至零。

因此二极管起到续流的作用。

(2) 若不接二极管,线圈产生的反向电动势与电源电压相串联,全都加在电子开关上,有可能击穿电子开关。并联二极管后,二极管正向导通,其端电压接近于零,起保护电子开关的作用。

线圈产生的反向电动势有利也有弊。在实际电路中我们要用其“利”而避其“弊”。如在汽车点火系统中,就是利用了断开开关的一瞬间线圈产生的高压,击穿空气间隙产生电火花点燃气缸中混合气体的。

1.7.2　*RC* 电路响应

1. *RC* 电路的零状态响应

所谓零状态,就是在换路前,电容元件上存储的电能为零,即 $U_C=0$。这时,电源向电容元件充电(激励),电路中产生电流或电压(响应),称为零状态响应。实际上零状态响应就是电容元件的充电过程。

图 1.7-1 所示电路是一个 *RC* 串联电路。在 $t=0$ 时,开关 S 合到 1 上,电路即与一恒定电压源接通,对电容 C 进行充电,其上的电压为 u_C。

根据基尔霍夫第二定律，列出 $t \geqslant 0$ 时电路的方程为

$$U = Ri + u_C \qquad (1.7-2)$$

换路前电容电压 $U_C = 0$，换路后的瞬间电流 $i = \dfrac{U}{R}$，达到最大。所以在换路的一瞬间，电容相当于短路。换路后的最终结果是 $u_C = U$，此时电容相当一恒压源，因此电流 $i = 0$。

在 1.3 节中已经讲过，由于电容两端的电压不能跃变，因此电压 u_C 从 0 开始上升至 U，是时间 t 的函数，即

$$u_C = U - U\mathrm{e}^{-\frac{t}{\tau}} = U(1 - \mathrm{e}^{-\frac{t}{RC}})$$

其中 $\tau = RC$ 为时间常数，具有时间量纲，其单位为秒(s)。当 $t = \tau$ 时，有

$$u_C = U(1 - \mathrm{e}^{-\frac{\tau}{\tau}}) = U(1 - \frac{1}{2.718}) = U(1 - 0.368) = 63.2\%U \qquad (1.7-3)$$

即从 $t = 0$ 开始，经过一个时间 τ 后，电压 U_C 增长到稳态值的 63.2%。同样，电路中的电流从最大值 $i = \dfrac{U}{R}$ 变化到 $i = 0$ 也是按指数规律下降的，即

$$i = C\frac{\mathrm{d}u_C}{\mathrm{d}t} = \frac{U}{R}\mathrm{e}^{-\frac{t}{\tau}}$$

从理论上讲，电路只有经过 $t = \infty$ 的时间才能达到稳态。由于充电开始时电压上升速度较快，而后逐渐变慢，无限接近于电源电压，所以一般认为当时间经过 $t = 5\tau$ 时，就达到稳态了。这时，电容电压为

$$u_C = U(1 - \mathrm{e}^{-5}) = U(1 - 0.07) = 99.3\%U$$

时间常数 τ 越大，电容两端电压增长越慢。因此改变电阻 R 或电容 C 的数值，就可以改变电容元件充电的快慢。

【例 1.7.4】 如图 1.7-6(a)所示电路，已知 $R_1 = 100 \text{ k}\Omega$，$R_2 = 100 \text{ k}\Omega$，$U_S = 6 \text{ V}$，$C = 1 \text{ μF}$。在开关闭合之前，电容电压 $U_C = 0$。求当开关 S 闭合 0.2 s 之后，电容上的电压值。

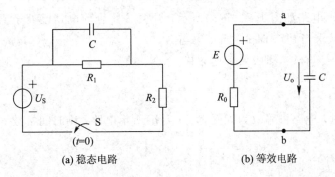

(a) 稳态电路   (b) 等效电路

图 1.7-6 例 1.7.4

【解】 (1) 求稳态值(可应用戴维南定理，求电容 C 的开路电压 U_o)，得

$$U_o = U_{R_1} = \frac{R_1}{R_1 + R_2}U = 3 \text{ V}$$

当电路稳定后，有

$$u_C = U_{R_1} = 3 \text{ V}$$

（2）应用戴维南定理求等效电阻 R_0，画出等效电路，如图 1.7-6(b)所示。R_0 为

$$R_0 = R_1 /\!/ R_2 = 50 \text{ k}\Omega$$

（3）求时间常数 τ，得

$$\tau = RC = 50 \text{ k}\Omega \times 1 \ \mu\text{F} = 0.05 \text{ s}$$

（4）因开关闭合前 $U_C = 0$，所以为零状态响应，将以上数据代入式（1.7-3）得

$$u_C = 3(1 - e^{-20t}) = 3(1 - e^{-4}) \approx 3 \text{ V}$$

2. RC 电路的零输入响应

所谓零输入，就是无电源给电容充电，电容已充有电荷。在这种条件下电路中产生的响应（电流或电压），称为零输入响应。实际上，RC 电路的零输入响应就是电容的放电过程。

在如图 1.7-1 所示的电路中，开关 S 在闭合在 1 位置一会儿后，由 1 迅速切换至 2，由换路定律可知，电容元件上的初始值为 $u_C(0_-) = U$。此时电容元件经 R 开始放电。根据基尔霍夫第二定律可得

$$Ri + u_C = 0 \tag{1.7-4}$$

在放电的一瞬间，由于 $u_C(0_+) = U$，此时电流最大 $i = \dfrac{U}{R}$。

随着放电的进行，电容正极板的电荷逐步移到负极性被中和掉，电压逐渐减小，最后无限趋近于零。在此过程中，电容两端的电压按指数规律下降。当 $t = \tau$ 时，有

$$u_C = Ue^{-\frac{t}{\tau}} = Ue^{-1} = 36.8\% U$$

时间常数 $\tau = RC$ 越小，放电越快；反之则越慢。

电容元件的放电电流和电阻元件上的电压分别为

$$i_C = C \frac{\mathrm{d}u_C}{\mathrm{d}t} = -\frac{U}{R}e^{-\frac{t}{\tau}}$$

$$u_R = Ri = -Ue^{-\frac{t}{\tau}}$$

【例 1.7.5】 电路如图 1.7-7(a)所示，开关 S 闭合前电路已处于稳态，在 $t = 0$ 时，将开关 S 闭合，试求当 $t \geqslant 0$ 时 u_C、i_C、i_1 与 i_2。

【解】 开关 S 闭合前，即 $t = 0_-$ 时，有

$$u_C(0_-) = \frac{10}{1 + 3 + 6} \times 6 = 6 \text{ V}$$

当 $t = (0_+)$ 时，电路可等效为如图 1.7-7(b)所示电路，则时间常数 τ 为

$$\tau = RC = \frac{3 \times 6}{3 + 6} \times 10 \times 10^{-6} = 2 \times 10^{-5} \text{ s}$$

$$u_C = 6e^{-\frac{t}{\tau}} = 6e^{-2 \times 10^{-4}t} \text{ V}$$

$$i_C = -\frac{U}{R}e^{-\frac{t}{\tau}} = -\frac{6}{2}e^{-2 \times 10^4 t} = -3e^{-2 \times 10^4 t} \text{ A}$$

$$i_1 = -\frac{6}{3 + 6} \cdot 3e^{-2 \times 10^4 t} = -2e^{-2 \times 10^4 t} \text{ A}$$

$$i_2 = \frac{3}{3 + 6} \cdot 3e^{-2 \times 10^4 t} = e^{-2 \times 10^4 t} \text{ A}$$

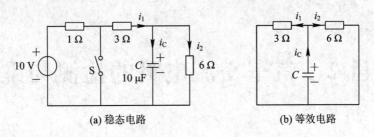

图 1.7 - 7　例 1.7.5 电路

3. *RC* 电路的全响应

RC 电路的全响应是指电源激励不为零，电容元件的初始状态也不为零时，电路所产生的响应（电压与电流）。对于线性电路，全响应可以分解成零输入响应与零状态响应的叠加，也就是全响应＝零状态响应＋零输入响应，即

$$u_C = U_s\left(1 - e^{-\frac{t}{\tau}}\right) + U_0 e^{-\frac{t}{\tau}} \qquad (1.7-5)$$

值得注意的是：

（1）应用叠加原理分析电路，在求零输入法响应时，可将输入激励去掉（电压源短路，电流源开路）。

（2）零输入响应与电路的初始状态值成正比。

（3）零状态响应与激励电压值成正比。

（4）全响应与初始状态量和电源激励量之间都不存在正比关系。

全响应也可表示为

$$全响应＝稳态分量＋暂态分量$$

用同样方法，可分析 *RL* 电路响应。

 思考与练习

1. 学习电路的暂态分析有何意义？

2. 电容在什么情况下相当于短路？什么情况下相当于开路？什么情况下又等效为恒压源？电感在什么情况下相当于开路？什么情况下相当于短路？什么情况下可等效为恒流源？

3. 电源开关的两端通常会并联一只电容，试问这只电容的作用是什么？

4. 什么是耗能元件？什么是储能元件？

项目 2　汽车交流电路的检测与维修

情境导入

车载用电设备几乎都是直流供电。实际上直流电是由交流电转换而来的，燃油汽车的三相正弦交流电就是由搭载在车上的交流发电机产生的。随着新能源汽车的崛起，有些用电设备就需要使用三相交流电，如混合动力汽车与纯电动汽车的驱动电机、电动空调的压缩机等。因此，正弦交流电路是汽车电路中不可或缺的一部分。

项目概况

正弦交流电是最常用的电源。本项目以燃油汽车交流电的产生为切入点，系统学习正弦交流电的产生、变化规律、三要素，电路元件在交流电路中的特性，正确使用三相交流等内容，通过对电路中相关物理量的测量、观察、检测等技能的培养，达到正确分析电路、检测交流发电机、排除电路故障的目的，同时为后续学习打下基础。

项目描述

燃油汽车的仪表盘有充电指示故障报警灯。正常情况下，发动机启动之前，打开电源开关，该灯亮；发动机启动后，该灯熄灭。若发动机启动后，指示灯仍亮，则说明汽车交流发电部分出现故障，需要进行维修。故障原因可能是：线路连接处有断路，发电机皮带松脱或打滑，发电机本身出故障，整流模块或电压调节器故障，磁场继电器故障。

那么，如何查找故障呢？

利用项目 1 所学的知识可对前两种故障部位进行排除，然后对其他故障进行检测。如图 2-1 为汽车交流发电机的分解图，如何检测发电机是否出故障？需要学习哪些理论知识作支撑？

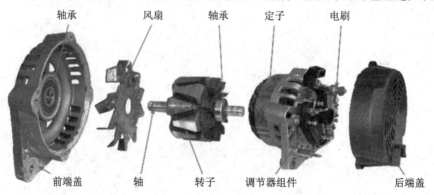

图 2-1　发电机分解图

项目任务分解与实施

任务分解	知识链接	学生技能培养	任务实施
任务 2.1	2.1 正弦交流电的基础知识	观测正弦交流电压波形	见工作单任务 2.1
任务 2.2	2.2 单一参数的交流电路	观测 R、L、C 在交流电路中的特性	见工作单任务 2.2
任务 2.3	2.4 三相交流电路	三相负载电路的分析	见工作单任务 2.3
任务 2.4	2.3 功率因数的提高	功率因数的提高	见工作单任务 2.4
任务 2.5	2.5 汽车交流发电机	汽车三相交流发电机的拆装与检测	见工作单任务 2.5

知识导航

知识点 2.1　正弦交流电的基础知识

2.1.1　正弦交流电的产生

根据法拉第电磁感应定律，科学家们研制出了交流发电机。如图 2.1-1 所示，匀强磁场中放一可以绕固定转动轴转动的单匝线圈 abcd。为避免线圈在转动时导线绞在一起，可将线圈的两根引线分别接到与线圈一起转动的两个铜环上，铜环通过电刷与外电路连接。线圈在外力作用下，在磁场中以角速度 ω 匀速转动时，线圈 ab 边与 cd 边切割磁力线，线圈中产生感应电动势。如果线圈是闭合回路，则在回路中产生感应电流。ad 边与 bc 边由于不切割磁力线而不产生感应电动势。

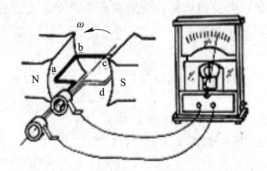
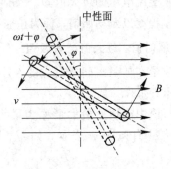

图 2.1-1　发电机原理

线圈 abcd 以角速度 ω 匀速转动。设在起始时刻，线圈平面与中性面的夹角为 φ，t 时刻线圈平面与中性面夹角为 $\omega t + \varphi$，则 cd 边切割磁力线运动所产生的感应电动势为

$$e_{cd} = BLv\sin(\omega t + \varphi) \tag{2.1-1}$$

同理线圈 ab 边切割磁力线运动产生的感应电动势为

$$e_{ab} = BLv\sin(\omega t + \varphi)$$

式中，B 为磁场的磁感应强度；L 为线圈的长度；v 是运动速度。

由于两个线圈是串联关系，因此整个线圈产生的感应电动势为

$$e = e_{cd} + e_{ab} = 2BLv\sin(\omega t + \varphi) = E_m\sin(\omega t + \varphi) \qquad (2.1-2)$$

若该电动势加在一个电阻为 R 的负载两端,则负载端电压为

$$u = U_m\sin(\omega t + \varphi) \qquad (2.1-3)$$

流过 R 的电流为

$$i = I_m\sin(\omega t + \varphi) \qquad (2.1-4)$$

从以上分析可知,发电机产生的感应电动势是按正弦规律变化的,其波形如图 2.1-2 所示。

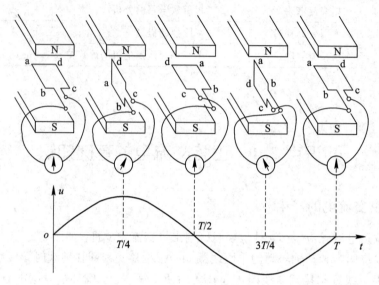

图 2.1-2 正弦交流电压波形

2.1.2 正弦交流电的三要素

正弦交流电压的最大值 U_m、角频率 ω 以及初相位 φ 分别表征正弦交流电压的大小、变化快慢程度以及初始值,称为正弦交流电的三要素。

1. 瞬时值、最大值与有效值

正弦量在任一瞬间所对应的大小称为瞬时值,常用小写字母表示,如 u、i。

瞬时值中出现的最大量称为最大值,也叫峰值或幅值,用大写字母加脚标 m 表示,如 U_m、I_m、E_m,如图 2.1-3 所示。

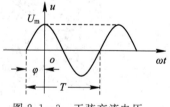

图 2.1-3 正弦交流电压

通常电压或电流的大小以有效值来衡量,用大写字母表示,如 U、I、E。

交流电的有效值是根据电阻的热效应来确定的。若交流电流 i 通过电阻 R 在一个周期内所产生的热量和直流电流 I 通过同一电阻 R 在相同时间内所产生的热量相等,则这个直流电流 I 的数值叫做交流电流 i 的有效值。有效值与最大值的关系是:

由 $RI^2T = \int_0^T Ri^2\mathrm{d}t$ 可得

$$I = \sqrt{\frac{1}{T}\int_0^T i^2\mathrm{d}t} = \sqrt{\frac{1}{T}\int_0^T I_m^2\sin^2\omega t\,\mathrm{d}t} = \sqrt{\frac{1}{T}I_m^2\frac{T}{2}} = \frac{I_m}{\sqrt{2}}$$

即

$$I = \frac{I_\mathrm{m}}{\sqrt{2}} = 0.707 I_\mathrm{m} \quad 或 \quad U = \frac{U_\mathrm{m}}{\sqrt{2}} = 0.707 U_\mathrm{m} \tag{2.1-5}$$

一般情况下，如无特殊说明，正弦电压与电流的大小都是指的有效值，如"60 W，220 V"中 220 V 为有效值。用万用表所测量的电压、电流大小指的均是有效值。

2. 周期、频率与角频率

正弦量按正弦的规律周而复始地变化，从起始位置开始变化又回到起始位，称为变化了一次。变化一次所需要的时间叫做周期，如图 2.1-3 所示。周期用 T 表示，单位为秒(s)。

每秒钟所变化的次数称为频率，单位为赫兹(Hz)，频率用 f 表示。周期与频率互为倒数关系，即

$$f = \frac{1}{T} \tag{2.1-6}$$

此外，还可以用角频率 ω 表示正弦量的变化快慢程度。角频率是单位时间内变化的弧度。角频率与周期、频率的关系是

$$\omega = \frac{2\pi}{T} = 2\pi f \tag{2.1-7}$$

ω 的单位是弧度/秒(rad/s)。

3. 初相位与相位差

式(2.1-1)中的 $(\omega t + \varphi)$ 表征正弦量变化的进程，称为相位角或相位。当 $t=0$ 时，相位角 φ 称为初相角或初相位。在正弦交流电路中，电压与电流的频率相同，但初相位不一定相同。

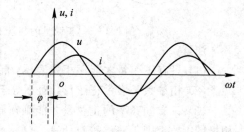

图 2.1-4　电压 u 与电流 i 的相位不相等

两个同频率的正弦量的相位角之差称为相位差，用 φ 表示。如图 2.1-4 所示，电流与电压的频率相同，但初相位不相同。

图 2.1-4 中 u 与 i 可表示为

$$\begin{cases} u = U_\mathrm{m}\sin(\omega t + \varphi_1) \\ i = I_\mathrm{m}\sin(\omega t + \varphi_2) \end{cases}$$

则相位差为

$$\varphi = \varphi_1 - \varphi_2 \tag{2.1-8}$$

若 $\varphi > 0$，则电压 u 超前电流 i；若 $\varphi < 0$，则电压 u 滞后电流 i；若 $\varphi = 0$，则电压 u 与电流 i 同相；若 $\varphi = \pi$，则电压 u 与电流 i 反相。

2.1.3　正弦交流电的表示法

正弦交流电的表示方法有瞬时表达式、波形表示法、相量表示法与相量图法四种。

为了分析与计算方便，用复数来表示正弦量的方法称为相量表示法。在相量表示法中，电动势、电压、电流分别用"$\dot{E}_\mathrm{m}$、$\dot{U}_\mathrm{m}$、$\dot{I}_\mathrm{m}$ 或 $\dot{E}$、$\dot{U}$、$\dot{I}$"表示。

　　如图 2.1-5 所示，以坐标原点 o 为端点做一条有向线段，线段的长度为正弦量的最大值，相量的起始位置与 x 轴正方向的夹角为正弦量的初相位，它以正弦量的角频率为角速度，绕原点 o 作逆时针匀速转动，则在任何一瞬间，相量在纵轴上的投影就等于该时刻正弦量的瞬时值。所以旋转相量可以完整地表示正弦量。

　　若正弦交流电为 $u = U_m \sin(\omega t + \varphi_1)$，$i = I_m \sin(\omega t + \varphi_2)$，则用复数的极坐标形式可表示为

$$\begin{cases} \dot{U}_m = U_m \angle \varphi_1 \\ \dot{I}_m = I_m \angle \varphi_2 \end{cases} \tag{2.1-9}$$

　　按照正弦量的大小和相位关系画出相量的图形，称为相量图。式(2.1-9)用相量图可表示为图 2.1-6。从相量图中可直观地看出各正弦量的大小关系与相位关系，这对分析与计算正弦量非常方便。

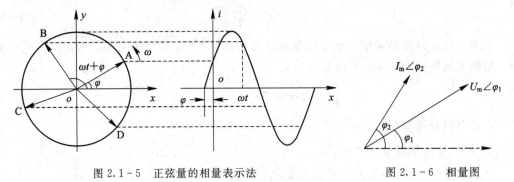

　　　　　　　图 2.1-5　正弦量的相量表示法　　　　　　　　　图 2.1-6　相量图

注意：

（1）只有正弦量才能用相量表示，相量不能表示非正弦量。

（2）相量只是表示正弦量，而不等于正弦量。

（3）只有同频率的正弦量才能画在同一相量图上，不同频率的正弦量不能画在同一个相量图上，否则无法比较与计算。

（4）相量的加、减运算服从平行四边形法则。

　　【例 2.1.1】　在图 2.1-7 电路中，设 $i_1 = 100\sin(\omega t + 60°)$ A，$i_2 = 100\sin(\omega t - 30°)$ A，求总电流 i，并画出电流相量图。

　　【解】　将 $i = i_1 + i_2$ 写成相量表示式为 $\dot{I} = \dot{I}_1 + \dot{I}_2$

$$\dot{I} = \frac{100}{\sqrt{2}} \angle 60° + \frac{100}{\sqrt{2}} \angle -30° \text{ A}$$

画出相量图如图 2.1-8 所示，由相量图可直接算出

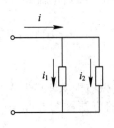
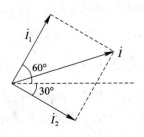

　　　　　图 2.1-7　例 2.1.1 电路　　　　　图 2.1-8　电流相量图

$$\dot{I} = \frac{100}{\sqrt{2}} \times \frac{2}{\sqrt{2}} \angle 15° = 100 \angle 15° \text{ A}$$

则 $i = 100\sqrt{2} \sin(\omega t + 15°)$ A。

 思考与练习

1. 在某电路中，$i = 100 \sin(6280t - \frac{\pi}{4})$ mA。(1) 试指出其频率、周期、角频率、幅值、有效值及初相位各为多少。(2) 画出波形图。(3) 如果电流选择相反的参考方向，写出其三角函数表达式，画出波形图。

2. 已知 $u_1 = 10 \sin\omega t$ V，$u_2 = 20 \sin(\omega t - \frac{\pi}{2})$ V，写出电压相量式，画出相量图，并求其相位差。

3. 已知相量 $\dot{I}_1 = (2\sqrt{3} + \text{j}2)$ A，$\dot{I}_2 = (-2\sqrt{3} + \text{j}2)$ A，试写出其极坐标式与三角函数式，画出相量图。

知识点 2.2　单一参数的交流电路

2.2.1　纯电阻电路

如图 2.2-1 所示，信号发生器产生的正弦交流电压通过电阻 R 加在小灯泡两端，保持正弦波电压不变，调整电压频率，发现灯泡亮暗程度未发生变化，说明电阻大小不随电压频率的变化影响。分析如下：

在电路 2.2-2(a) 中，设电压、电流的参考方向如图所示，设流过电阻元件的电流为

$$i = I_m \sin\omega t$$

则电阻的端电压为

$$u = Ri = RI_m \sin\omega t = U_m \sin\omega t$$

即

图 2.2-1　电阻元件在交流电路中

$$U_m = RI_m$$

用相量表示电压与电流则有

$$\dot{U}_m = U_m \angle 0°$$

$$\dot{I}_m = I_m \angle 0°$$

瞬时功率为电压瞬时值与电流瞬时值之积，用小写字母 p 代表，即

$$p = ui = U_m I_m \sin^2\omega t = UI(1 - \cos 2\omega t) \qquad (2.2-1)$$

平均功率即瞬时功率的平均值，用大写字母 P 表示，即

$$P = UI = RI^2 = \frac{U^2}{R}$$

电阻元件在正弦交流电路中的波形如图 2.2-2 所示。

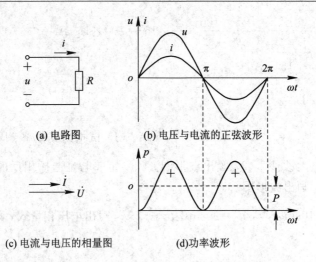

(a) 电路图   (b) 电压与电流的正弦波形

(c) 电流与电压的相量图   (d)功率波形

图 2.2-2   电阻元件在正弦交流电路中的波形

综上分析，电阻在交流电路中的特点是：

(1) 电压与电流频率相同。

(2) 电压与电流的瞬时值、最大值、有效值均遵循欧姆定律。

(3) 电压与电流同相。

(4) 瞬时功率与平均功率都为正，电阻消耗电能。

(5) 电阻元件在交流电路中对电流的阻碍作用不随频率的变化而变化。

【例 2.2.1】 将一个 $100\ \Omega$ 的电阻接入电压为 $u = 220\sqrt{2}\sin(314t + 30°)$ 电源上，试求：
(1) 电流有效值。(2) 如果电压保持不变，将频率变为 $100\ \text{Hz}$，这时电流有效值又为多少？

【解】 电压的有效值为

$$U = \frac{U_{\mathrm{m}}}{\sqrt{2}} = \frac{220\sqrt{2}}{\sqrt{2}} = 220\ \text{V}$$

则电流的有效值为

$$I = \frac{U}{R} = \frac{220}{100} = 2.2\ \text{A}$$

因电阻与频率无关，所以电压保持不变时，电流有效值相等。

2.2.2 纯电容电路

如图 2.2-3 所示，信号发生器产生的正弦交流电压通过电容 C 加到灯泡两端，保持灯泡两端电压不变，调整电压频率，观察到灯泡亮暗程度随频率的上升而增加，说明电容对交流的阻碍作用随频率上升而下降。分析如下：

在电路中，电压、电流的参考方向如图 2.2-4(a)所示。设电容器两端的电压为

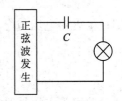

图 2.2-3   电容元件在交流电路

$$u = U_{\mathrm{m}}\sin\omega t$$

则电流为

$$i = C\frac{\mathrm{d}u}{\mathrm{d}t} = C\frac{\mathrm{d}(U_{\mathrm{m}}\sin\omega t)}{\mathrm{d}t}$$

$$= \omega C U_{\mathrm{m}}\sin(\omega t + 90°) = I_{\mathrm{m}}\sin(\omega t + 90°)$$

即

$$I_\mathrm{m} = \omega C U_\mathrm{m}$$

$$\frac{U_\mathrm{m}}{I_\mathrm{m}} = \frac{U}{I} = \frac{1}{\omega C} \tag{2.2-2}$$

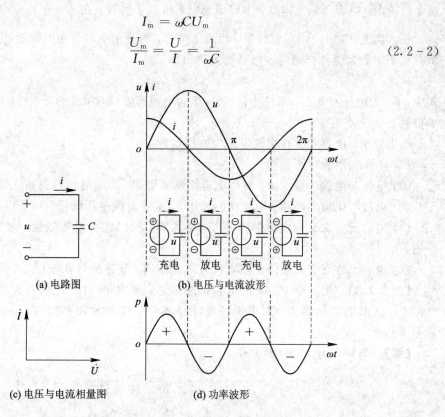

图 2.2-4　电容元件在正弦交流电路中的波形

　　显然，在电容元件电路中，电压的最大值（有效值）与电流的最大值（有效值）的比值为 $\frac{1}{\omega C}$，它的单位为 Ω。当电压 U 一定时，$\frac{1}{\omega C}$ 越大，电流越小，表征了电容对交流电流的阻碍作用，称之为容抗，用 X_C 表示。令

$$X_\mathrm{C} = \frac{1}{\omega C} = \frac{1}{2\pi f C} \tag{2.2-3}$$

　　可见，容抗 X_C 与电容 C、频率 f 成反比。电容元件对高频电流所呈现的容抗很小，是一捷径；而对直流（$f=0$）所呈现的容抗趋向于无穷大，可视作开路。因此电容具有隔直通交的作用。

　　电压与电流的相量表示为

$$\dot{U}_\mathrm{m} = U_\mathrm{m}\angle 0^\circ, \quad \dot{I}_\mathrm{m} = I_\mathrm{m}\angle 90^\circ$$

　　电压与电流和相量图如 2.2-4(c) 所示，相量图和功率波形分别如图 2.2-2(c) 和图 2.2-2(d) 所示。

　　瞬时功率为

$$p = p_\mathrm{C} = ui = U_\mathrm{m} I_\mathrm{m} \sin\omega t \sin(\omega t + 90^\circ) = UI \sin 2\omega t \tag{2.2-4}$$

　　在纯电容电路中，平均功率是瞬时功率在一个周期内的平均值。显然，平均功率 $P=0$，纯电容电路不消耗能量，但是电容器与电源之间进行着能量的交换。在 $0 \sim \frac{\pi}{2}$ 与 $\pi \sim \frac{3\pi}{2}$ 这

两个时段内，电容器能量增加，电容器充电，相当于负载；在 $\frac{\pi}{2}\sim\pi$ 与 $\frac{3\pi}{2}\sim2\pi$ 这两个时段内，电容器能量减小，电容器放电，相当于电源。为表示电容器与电源能量交换的多少，将瞬时功率的最大值称作纯电容电路的无功功率，即

$$Q_C = U_C I \qquad\qquad (2.2-5)$$

式中，U_C 为电压有效值，单位为伏（V）；I 为电流有效值，单位为安（A）；Q_C 为无功功率，单位为乏（var）。

综上分析，电容元件在交流电路中的特点为：

（1）电压与电流频率相同。

（2）电压与电流的最大值、有效值遵循欧姆定律，但瞬时值不遵循欧姆定律。

（3）电压与电流不同相，电流超前电压 90°，或者说电压滞后电流 90°。

（4）电容元件在交流电路中的平均功率为零，所以它不消耗能量。电容有存储电能的作用。

（5）电容元件在交流电路中对电流有阻碍作用，其容抗与电容 C、频率 f 成反比。

【例 2.2.2】 把一个 $10~\mu F$ 的电容元件接到频率为 $50~Hz$、电压有效值为 $10~V$ 的正弦电源上，试求电流为多少？如果保持电压值不变，将电源频率改为 $1000~Hz$，这时电流为多少？

【解】 当频率为 $50~Hz$ 时，有

$$X_C = \frac{1}{2\pi f C} = \frac{1}{2\times3.14\times50\times10\times10^{-6}} = 318.5~\Omega$$

$$I = \frac{U}{X_C} = \frac{10}{318.5} = 31.4~mA$$

当频率为 $1000~Hz$ 时，有

$$X_C = \frac{1}{2\pi f C} = \frac{1}{2\times3.14\times1000\times10\times10^{-6}} = 16~\Omega$$

$$I = \frac{U}{X_C} = \frac{10}{16} = 625~mA$$

2.2.3 纯电感电路

如图 2.2-5 所示，信号发生器产生的正弦交流电压通过电感 L 加到灯泡两端，保持灯泡两端电压不变，调整电压频率，观察到灯泡的亮度随频率变化而变化，说明电感元件对交流的阻碍与电流频率相关。分析如下：

电压、电流、电动势的参考方向如图 2.2-6(a) 所示，设电流为

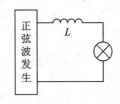

图 2.2-5　电感元件在交流电路中

$$i = I_m \sin\omega t$$

则电压为

$$u = -e_L = L\frac{\mathrm{d}i}{\mathrm{d}t} = L\frac{\mathrm{d}I_m\sin\omega t}{\mathrm{d}t} = \omega L I_m \sin(\omega t + 90°) = U_m \sin(\omega t + 90°)$$

即

$$U_m = \omega L I_m$$

$$\frac{U_m}{I_m} = \frac{U}{I} = \omega L \qquad (2.2-6)$$

由此可知,在电感元件电路中,电压的最大值(有效值)与电流的最大值(有效值)之比值为 ωL,其单位为 Ω。当电压一定时,ωL 越大,电流越小。显然它对交流电流具有阻碍作用,称之为感抗,用 X_L 来表示,令

$$X_L = \omega L = 2\pi f L \qquad (2.2-7)$$

可见感抗 X_L 与电感 L、频率 f 成正比。因此,电感线圈对高频电流的阻碍作用很大,而对直流则可视作短路。电感具有隔交通直的作用。

电压与电流的相量表示为

$$\dot{I}_m = I_m \angle 0°, \dot{U}_m = U_m \angle 90°$$

其瞬时功率为

$$p = p_L = ui = U_m I_m \sin\omega t \sin(\omega t + 90°) = UI\sin 2\omega t$$

由此可见,瞬时功率 p 是一个幅值为 UI、并以 2ω 的角频率随时间而变化的交变量,其波形如图 2.2-6(b)所示。相量图和功率波形分别如图 2.2-6(c)和图 2.2-6(d)所示。

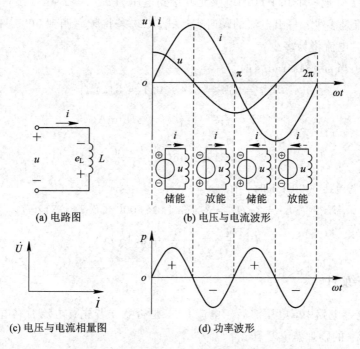

(a) 电路图　　　(b) 电压与电流波形

(c) 电压与电流相量图　　　(d) 功率波形

图 2.2-6　电感元件在正弦交流电路中的波形

在电感元件电路中,平均功率 $P=0$,电感不消耗能量。与电容一样,电感与电源之间存在能量的转换。无功功率用来衡量电感元件与电源之间能量转换的规模,即

$$Q_L = U_L I \qquad (2.2-8)$$

也可以写成

$$Q_L = \frac{U_L^2}{X_L} = I^2 X_L \qquad (2.2-9)$$

式中，U_L 为电压有效值，单位为伏（V）；I 为电流有效值，单位为安（A）；Q_L 为无功功率，单位为乏（var）。

注意：无功功率中"无功"的含义是"交换"，而不是"消耗"。它是相对于"有功"而言的，不能将"无功"理解为"无用"。实质上无功功率表明的是电路中能量交换的最大速率。无功功率在工程中占有很重要的地位，具有电感性质的变压器、电动机等设备都是靠电磁转换工作的。因此，如果没有无功功率，这些设备无法工作。

综上分析，电感元件在交流电路中的特点为：

（1）电压与电流频率相同。

（2）电压与电流的最大值、有效值遵循欧姆定律，但瞬时值不遵循欧姆定律。

（3）电压与电流不同相，电压超前电流 90°，或者说电流滞后电压 90°。

（4）电感元件在交流电路中的平均功率为零，不消耗能量，能将电能转化为磁能进行存储。

（5）电感元件在交流电路中对电流有阻碍作用，其感抗与电感 L、频率 f 成正比。

【例 2.2.3】　把一个 0.1 H 的电感元件接到电压为 $u = 10\sqrt{2}\sin 314t$ V 的正弦电源上，试求：（1）电流是多少？写出电流的瞬时表达式。（2）若将频率调到 5000 Hz，而电源电压保持不变，这时电流将为多少？

【解】　（1）当 $\omega = 314$ rad/s 时，有

$$X_L = \omega L = 314 \times 0.1 = 31.4 \ \Omega$$

$$I = \frac{U}{X_L} = \frac{10}{31.4} = 318 \ \text{mA}$$

$$i = 0.318\sqrt{2}\sin\left(314t - \frac{\pi}{2}\right) \ \text{A}$$

（2）当频率调到 5000 Hz 时，有

$$X_L = \omega L = 2\pi f L = 2 \times 3.14 \times 5000 \times 0.1 = 3140 \ \Omega$$

$$I = \frac{U}{X_L} = \frac{10}{3140} = 3.18 \ \text{mA}$$

 思考与练习

1. 在纯电容电路中，电压滞后于电流 90°，是否意味着先有电流后有电压呢？

2. 感抗 X_L 的物理意义是什么？

3. 指出下列各式哪些对、哪些错：

$$\frac{u}{i} = X_L, \quad \frac{U}{I} = j\omega L, \quad \frac{\dot{U}}{\dot{I}} = X_L, \quad \dot{I} = -j\frac{\dot{U}}{\omega L}, \quad \dot{U} = -\frac{\dot{I}}{j\omega C}, \quad \frac{U}{I} = \omega C, \quad \frac{U}{I} = X_C$$

4. 若以电流 $i = I_m\sin\left(\omega t + \frac{\pi}{3}\right)$ A 为参考量，在同一坐标中画出纯电容与纯电感的电流与电压的相量图。

5. 在图 2.2-7 中，设 $i=2\sin 6280t$ mA，试分析电流在 R 与 C 支路上的分配，并估算电容器两端的电压值。

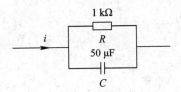

图 2.2-7　思考与练习题 5

知识点 2.3　功率因数的提高

单一参数的正弦交流电路属于理想化电路，而实际电路往往是多参数组合而成的。例如变压器、发电机、继电器等都含有线圈，通电后都会发热，说明这些实际线圈不但具有电感，同时还存在电阻。又比如在电子电路中，放大器、信号源、滤波电路等一般均含有电阻、电容、电感元件等多参数元件。因此分析多参数组合的正弦交流电路具有实际意义。

2.3.1　RL 串联交流电路

日光灯是最常见的 RL 串联电路，它是将镇流器(线圈)与灯管(电阻)串联起来，接到 220 V 交流电源上。

1. RL 串联电路电压的关系

在图 2.3-1 所示电路中，由于纯电阻电路中电压与电流同相，纯电感电路中电压的相位超前电流 $\pi/2$，又由于串联电路中的电流处处相等，以正弦电流为参考量，即 $i=I_{\mathrm{m}}\sin\omega t$，则电阻两端的电压为

$$U_{\mathrm{R}}=U_{\mathrm{Rm}}\sin\omega t$$

电感两端的电压为

$$U_{\mathrm{L}}=U_{\mathrm{Lm}}\sin\left(\omega t+\frac{\pi}{2}\right)$$

电路中的总电压为

$$u=u_{\mathrm{R}}+u_{\mathrm{L}}$$

$$\dot{U}=\dot{U}_{\mathrm{R}}+\dot{U}_{\mathrm{L}}$$

从相量图 2.3-2 中可看出 $\dot{U}$、$\dot{U}_{\mathrm{R}}$、$\dot{U}_{\mathrm{L}}$ 构成直角三角形，称为电压三角形，因此有

$$U=\sqrt{U_{\mathrm{R}}^2+U_{\mathrm{L}}^2} \tag{2.3-1}$$

$$\varphi=\arctan\frac{U_{\mathrm{L}}}{U_{\mathrm{R}}} \tag{2.3-2}$$

$$U_{\mathrm{R}}=U\cos\varphi$$

$$U_{\mathrm{L}}=U\sin\varphi \tag{2.3-3}$$

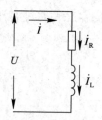
图 2.3-1 *RL* 串联电路

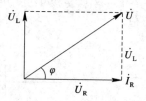
图 2.3-2 *RL* 相量图

2. *RL* 串联电路的阻抗

电路总电压为

$$U = \sqrt{U_R^2 + U_L^2} = \sqrt{(IR)^2 + (IX_L)^2} = I\sqrt{R^2 + X_L^2}$$

总阻抗为

$$z = \sqrt{R^2 + X_L^2} \tag{2.3-4}$$

阻抗 z 表示电阻和电感串联电路中电阻和电感对交流电流的总阻碍作用。阻抗的大小取决于电路(R、L)参数和电源频率。

电压三角形(图 2.3-3)的三条边同时除以电流 I,就得到阻抗三角形,如图 2.3-4 所示。

3. *RL* 串联电路的功率

将电压三角形的三条边同时乘以电流 I,则得到如图 2.3-5 所示的功率三角形。

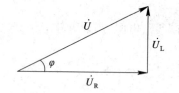
图 2.3-3 电压三角形

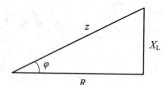
图 2.3-4 阻抗三角形

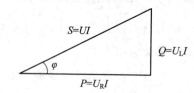
图 2.3-5 功率三角形

P 为有功功率,是电阻两端电压与电路中电流 I 的乘积。电路中只有电阻消耗功率,即

$$P = U_R I = I^2 R = \frac{U^2}{R} = UI\cos\varphi \tag{2.3-5}$$

式(2.3-5)说明在电阻电感串联电路中,有功功率的大小不仅取决于电压 U 与电流 I 的乘积,还与阻抗角的余弦 $\cos\varphi$ 有关。在电压与电流相同的情况下,$\cos\varphi$ 大则有功功率大,反之则小。

Q 为无功功率,电路中电感不消耗能量,感性无功功率为

$$Q = U_L I = I^2 X_L = \frac{U_L^2}{X_L} = UI\sin\varphi \tag{2.3-6}$$

S 称为视在功率(单位为伏安(V·A)),是总电压有效值与电流有效值之积,表示电源提供总功率(含 P 与 Q)的能力,即交流电源的容量。

$$S = UI \tag{2.3-7}$$

根据功率三角形可得

$$S = \sqrt{P^2 + Q^2} \tag{2.3-8}$$

阻抗角 φ 为

$$\varphi = \arctan\frac{Q_L}{P} \tag{2.3-9}$$

4. 功率因数

在 RL 串联电路中，电阻是耗能元件，电感是储能元件。电源提供的总功率一部分被电阻消耗，是有功功率；另一部分被纯电感吸收，是无功功率。这样就存在电源能量利用率问题。为了反映功率利用率，我们把有功功率与视在功率之比叫做功率因数，用 $\cos\varphi$ 表示，即

$$\cos\varphi = \frac{P}{S} \qquad\qquad (2.3-10)$$

式（2.3-10）表明，在视在功率一定的情况下，功率因数越大，用电设备的有功功率就越大，电源利用率越高。功率因数的大小由电路参数和电源频率决定。凡感性负载如电机、继电器功率因数都小于 1。

请读者自行分析 RC 串联交流电路。

2.3.2　功率因数的提高

在直流电路中，电流与电压不存在相位差，负载消耗的功率就等于负载端电压与电路中电流之积。在实际的交流电路中，负载往往不是纯电阻性的，或呈容性，或呈感性。只要电路中有容性或感性负载存在，电路中电压与电流就有相位差，负载的有功功率为

$$P = UI\cos\varphi \qquad\qquad (2.3-11)$$

在纯阻性负载电路中，功率因数为 1；其他负载的功率因数介于 0 与 1 之间。也就是说，电源提供的功率，一部分提供给负载消耗，另一部分则用于能量转换。

1. 功率因数提高的意义

在电力系统中，每个供电设备都有额定容量，即视在功率 $S=UI$。在电路正常工作时，功率是不允许超过额定值的，否则会损坏供电设备。

【**例 2.3.1**】　一台发电机的额定电压为 220 V，输出的总功率为 4400 kV·A。问：(1) 该发电机向额定工作电压为 220 V、有功功率为 4.4 kW、功率因数为 0.5 的用电器供电，能使多少个这样的设备工作正常？(2) 若将用电器的功率因数提高到 0.8，又能使多少个这样的用电设备正常工作？

【**解**】　发电机的额定工作电流为

$$I_N = \frac{S}{U} = \frac{4400 \times 10^3}{220} = 20 \times 10^3 \text{ A}$$

当功率因数为 0.5 时，每个用电设备的电流为

$$I = \frac{P}{U\cos\varphi} = \frac{4400}{220 \times 0.5} = 40 \text{ A}$$

发电机能提供这种设备正常工作的个数为

$$\frac{20 \times 10^3}{40} = 500 \text{ 个}$$

若功率因数提高到 0.8，则每个用电设备的电流为

$$I = \frac{P}{U\cos\varphi} = \frac{4400}{220 \times 0.8} = 25 \text{ A}$$

能使这种设备正常工作的个数为

$$\frac{20 \times 10^3}{25} = 800 \text{ 个}$$

【**例 2.3.2**】 一座发电站以 220 kV 的高压输入给负载 4.4×10^5 kW 的电力。如果输电线的总电阻为 10 Ω，试计算负载的功率因数从 0.5 提高到 0.8 时，输电线上一天可以少损失多少电能？

【**解**】 当功率因数为 0.5 时，线路中的电流为

$$I = \frac{P}{U\cos\varphi} = \frac{4.4 \times 10^5}{220 \times 10^3 \times 0.5} = 4 \times 10^3 \text{ A}$$

当功率因数提高到 0.8 时，线路中的电流为

$$I = \frac{P}{U\cos\varphi} = \frac{4.4 \times 10^5}{220 \times 10^3 \times 0.8} = 2.5 \times 10^3 \text{ A}$$

一天少损失的电能为

$$\Delta W = (I_1{}^2 - I_2{}^2)Rt = [(4 \times 10^3)^2 - (2.5 \times 10^3)^2] \times 10 \times 24 = 2.34 \times 10^6 \text{ kW} \cdot \text{h}$$

从上面的例题可以看出，提高功率因数在实际中具有重要的意义，主要体现在以下两方面：

（1）减小了电路中能量互换的规模，提高了供电设备能量的利用率。显然，功率因数越小，发电机所发出的有功功率就越小，无功功率就越大；无功功率越大，则电路中能量互换的规模越大，发电机发出的能量利用率就越低。因此，功率因数的提高能使发电设备的容量得到充分利用，能使电能得到最大节约。

（2）减小了线路与发电机绕组的功率损耗。当负载电压与有功功率一定时，电路中的电流与功率因数成反比，即

$$I = \frac{P}{U\cos\varphi}$$

功率因数越高，电路中电流就越小，线路上功率损耗就越小；功率因数越低，电路中的电流越大，线路上的压降就越大，电路的功率损耗也就越大。电流过大不仅使电能白白消耗在线路上，还将使负载的端电压下降，影响负载的正常工作。

2. 功率因数提高的方法

功率因数不高，其原因就是有感性负载的存在。所有的感性负载在建立磁场的过程中都存在无功功率。因为励磁电流不断变化，磁场能量不断增减，电感线圈和电源之间不停地进行能量交换，都需要无功功率。但从经济观点出发，必须减小无功功率，提高功率因数。提高功率因数的方法主要有以下两种：

（1）提高用电设备的功率因数。采取降低用电设备无功功率的措施，提高功率因数。例如正确选用异步电动机的型号与容量，使其额定容量与所带负载相配合；根据负荷选用相匹配的变压器，限制或减少轻载运行；合理安排和调整工艺流程，改善电机设备的运行状态；限制电焊机和机床电动机的空载运行等。

（2）在感性负载上并联电容器。要提高功率因数 $\cos\varphi$，就要尽可能减小电路的阻抗角 φ。在感性负载上并联电容器，可以减小阻抗角，达到提高功率因数的目的。

例如，日光灯就是一个典型的感性负载电路。图 2.3-6 所示为 RL 串联电路，采用并联电容的方式提高功率因数电路。

在并联电容之前，电压超前电流 $\varphi_1 = \arctan\dfrac{X_L}{R}$。

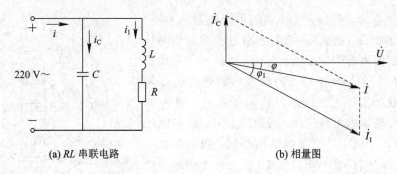

(a) *RL* 串联电路　　　　　　　　　(b) 相量图

图 2.3 - 6　并联电容提高功率因数

在并联电容之后，电容支路的电流超前电压 90°。以电压为参考作出它们的相量图，如图 2.3 - 6(b)所示。

从图 2.3 - 6(b)可以看出，并联电容后，总电流减小，总电流与电压的相位差也减小，达到了提高功率因数的目的。由图 2.3 - 6(b)可推导出计算并联电容器电容值的公式为

$$C = \frac{P}{U^2 \omega}(\tan\varphi_1 - \tan\varphi) \qquad (2.3 - 12)$$

值得注意的是，并联电容后，电路的有功功率并没有改变，因为电容不消耗能量。

在实际电力系统中，并不要求功率因数提高到 1。因为这样做经济效果并不显著，还要增加设备投资。可根据具体要求，将功率因数提高到适当数值即可。

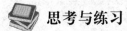 **思考与练习**

1. 交流接触器电感线圈的电阻为 220 Ω，电感为 10 H，接到电压为 220 V、频率为 50 Hz 的交流电源上，则线圈中电流有多大？如果将此接触器接在 220 V 的直流电源上，线圈中电流又为多大？若线圈允许通过的电流为 0.1 A，会出现什么后果？

2. 为了使一个电压为 36 V、电流为 0.3 A 的白炽灯接在 220 V、50 Hz 的交流电源上能正常工作，可以串上一个电容器限流，问应串联电容多大的电容器才能达到目的？

3. 可不可以将感性负载的功率因数提高到 1？为什么？

知识点 2.4　三相交流电路

2.4.1　三相交流电的产生

在图 2.1 - 1 中，匀强磁场中只有一匝线圈，产生的正弦交流电动势是单相电动势。如果在匀强磁场的空间放置三组线圈，且三组线圈彼此相差 120°，在外力的作用下切割磁力线时，则产生三相交流电动势。这就是三相交流发电机的原理。

如图 2.4 - 1 所示，三相交流发电机主要由定子与转子两大部分构成。定子是固定不动的部分，是在冲有槽的铁芯上放置三个几何尺寸与匝数相同的线圈（称作三相绕组或定子绕组）。三相绕组排列在圆周上的位置彼此相差 120°，分别用 U_1、U_2、V_1、V_2、W_1、W_2 表示。U_1、V_1、W_1 分别代表三相绕组的始端，U_2、V_2、W_2 分别代表三相绕组的末端，各绕

组的电动势的参考方向规定为由绕组的末端指向始端。
转子是旋转的部分，是磁极。磁极在铁芯上绕有励磁绕
组，励磁绕组通电后产生磁场。当发电机的转子在外力
（如汽车发动机）的带动下按顺时针方向以角速度 ω 匀
速转动时，就相当于每相绕组以角速度 ω 逆时针方向
匀速旋转，作切割磁力线运动，因而产生三相感应电动
势 e_U、e_V 和 e_W。由于三个绕组结构相同，切割磁力线
速度相同，在空间相差 $120°$ 的角度，因此产生的电动势
幅值相同，频率相同，相位彼此相差 $120°$，这种三相电
动势称为三相对称电动势。以 e_U 为参考正弦量，则三
相电动势的瞬时表达式与相量分别为

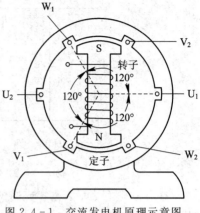

图 2.4 - 1　交流发电机原理示意图

$$e_U = E_m \sin\omega t \qquad \dot{U}_U = U\angle 0°$$
$$e_V = E_m \sin(\omega t - 120°) \qquad \dot{U}_V = U\angle -120° \qquad (2.4-1)$$
$$e_W = E_m \sin(\omega t + 120°) \qquad \dot{U}_W = U\angle 120°$$

它们的波形图与相量图如图 2.4 - 2 所示。

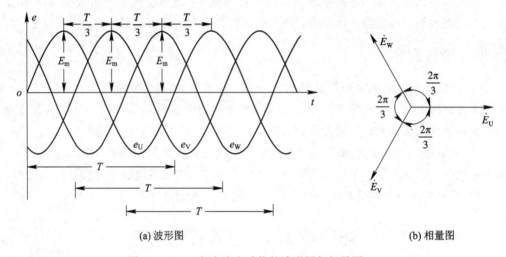

(a) 波形图　　　　　　　　　　　　　　　(b) 相量图

图 2.4 - 2　三相交流电动势的波形图与相量图

显然，三相对称电动势在任一瞬间其相量和为零，即

$$e_U + e_V + e_W = 0$$
$$\dot{E}_U + \dot{E}_V + \dot{E}_W = \mathbf{0} \qquad (2.4-2)$$

三相电动势随时间按正弦规律变化，它们先后达到最大值的顺序，叫做相序。图 2.4 - 2
的相序为 U - V - W。

2.4.2　三相交流电动势的连接

三相对称电动势的定子绕组具有 U_1、U_2、V_1、V_2、W_1、W_2 六个引线端。如何将这六
个引线端按一定的方法连接起来向外电路供电呢？一般有两种方法，即星形连接法和三角
形连接法。

1. 星形连接法——Y 连接

把三相绕组的末端 U_2、V_2、W_2 连接成一个公共点，叫做中点(零点)，用"N"表示，如图 2.4 - 3 所示。从中点引出的导线叫中线(零线)。从三相绕组的始端 U_1、V_1、W_1 分别引出三根导线，称作相线(火线)。这种供电方式称为三相四线制，用符号"Y"表示。

火线与中线之间的电压称为相电压，分别用 U_U、U_V、U_W 表示。若忽略发电机定子绕组的内阻，相电压在数值上就等于各相绕组的电动势，各相电动势相差 $120°$，三个相电压相互对称。

火线与火线之间的电压称为线电压。显然相电压与线电压并不相等。以中点 N 为参考点，由于两点之间的电压等于两点之电位差，因此线电压与相电压之间的关系是

$$\begin{cases} \dot{U}_{UV} = \dot{U}_U - \dot{U}_V \\ \dot{U}_{VW} = \dot{U}_V - \dot{U}_W \\ \dot{U}_{WU} = \dot{U}_W - \dot{U}_U \end{cases} \quad (2.4 - 3)$$

作出相电压的相量图，用平行四边形法则可以求出线电压，如图 2.4 - 4 所示。一般线电压用 U_L 表示，相电压用 U_P 表示，则相电压与线电压的关系是

$$\dot{U}_L = \sqrt{3}U_P \angle 30° \quad (2.4 - 4)$$

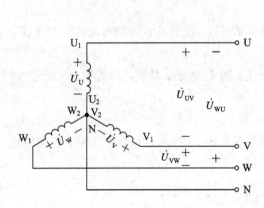

图 2.4 - 3　三相电源 Y 形连接

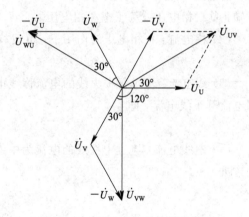

图 2.4 - 4　相电压、线电压相量图

可见，在数量关系上，线电压是相电压的 $\sqrt{3}$ 倍；在相位上，线电压超前相应相电压 $30°$。三个线电压也是对称的。

由以上分析可知，三相电源星形连接可以同时供给两种电压，一种是相电压，另一种是线电压。

2. 三角形接法——△连接

将每一相绕组的末端与另一相绕组的始端依次相连，构成一个闭合的三角形，这种连接方式称为三角形连接，用"△"表示，如图 2.4 - 5所示。

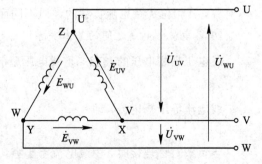

图 2.4 - 5　三相电源△连接

电源作三角形连接时，其相电压等于线电压，即

$$U_L = U_P$$

2.4.3 三相负载的连接

负载接入电源需遵循两个原则，一是电源电压应与负载的额定电压相同；二是全部负载应均匀地分配给三相电源。负载应按一定规则连接起来，组成三相负载。

三相交流电路中，负载的连接方式也有两种——星形连接与三角形连接。

1. 星形连接

如图 2.4-6 所示，三相负载 Z_U、Z_V、Z_W 分别接在电源各相线与中线之间，四根导线将电源与负载连接起来，构成星形连接。这种连接方式称为三相四线制。

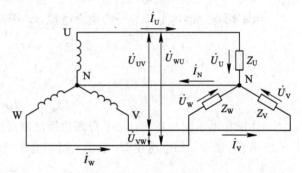

图 2.4-6 三相负载 Y 连接

1）相关概念

（1）负载相电压：负载两端的电压称为负载相电压。由于中线的存在，由图 2.4-6 可知，负载相电压就等于电源相电压。

（2）相电流：在相电压的作用下，负载有电流流过。流过各负载的电流称为相电流，用 I_P 表示。

（3）线电流：流过每根火线的电流称线电流，用 I_L 表示。显然，当负载为星形连接时，相电流等于线电流，即

$$I_L = I_P \tag{2.4-5}$$

（4）中线电流：流过中性线的电流为中线电流，用 I_N 表示。中线电流等于各相电流之和，即

$$\dot{I}_N = \dot{I}_U + \dot{I}_V + \dot{I}_W \tag{2.4-6}$$

（5）对称负载：三相负载的大小与性质都相等时，称之为对称负载。

由于相电压是对称的，当负载对称时，根据欧姆定律，线电流（相电流）也是对称的，即线电流（相电流）大小相等，相位互差120°。当负载不对称时，线电流（相电流）的大小也不对称，其相位关系也随负载的性质不同而改变。

2）各电流、电压之间的基本关系

线电压是相电压的 $\sqrt{3}$ 倍，且线电压超前相应相电压30°，用相量表示为

$$\dot{U}_L = \sqrt{3} U_P \angle 30°$$

线电流等于相电流，即

$$I_L = I_P$$

当负载对称连接时，中线电流等于零，即

$$\dot{I}_N = \dot{I}_U + \dot{I}_V + \dot{I}_W = 0$$

【**例 2.4.1**】　在图 2.4-7 中，电源电压对称，每相电压均为 $U_P=220\ V$，负载均为白炽灯组，在额定电压下：

(1) $R_1=R_2=R_3=22\ \Omega$ 时，求负载相电压、负载相电流及中线电流；

(2) 当 R_1 相灯泡灯丝烧断时，求负载相电压、负载相电流及中线电流；

(3) 当 R_1 短路时，求负载相电压、负载相电流及中线电流；

(4) 当 R_1 短路且中线断开时，求负载相电压、负载相电流；

(5) 当 R_1 开路且中线断开时，求负载相电压、负载相电流。

【**解**】　(1) 在负载对称且有中线的情况下，负载相电压与电源相电压相等，即

$$U_{P1}=U_{P2}=U_{P3}=220\ V$$

$$I_{P1}=I_{P2}=I_{P3}=\frac{U_P}{R_U}=\frac{220}{22}=10\ A$$

$$\dot{I}_N=\dot{I}_{P1}+\dot{I}_{P2}+\dot{I}_{P3}=10\angle 0°+10\angle-120°+10\angle+120°=0$$

(2) 因为有中线，所以 R_1 开路不影响其它两相，即

$$U_{P2}=U_{P3}=220\ V$$

R_1 开路时，其端电压等于电源电压，即

$$U_{P1}=220\ V,\ I_{P1}=0$$

中线电流如图 2.4-8 所示。

中线电流大小为

$$\dot{I}_N=\dot{I}_{P2}+\dot{I}_{P3}=10\angle-120°+10\angle120°=10\angle180°\ A$$

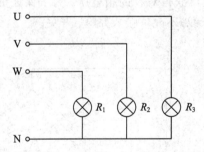 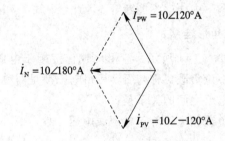

图 2.4-7　例 2.4.1电路图　　　　图 2.4-8　例 2.4.1(2)中线电流相量图

(3) 因为有中线，所以 R_1 短路时会烧坏该相保险，但不影响其他两相。其他两相负载相电压不变，仍为 220 V。R_1 因短路，其端电压为 0 V，保险已烧，相电流为 0。中线电流仍为其他两相之和，即 $I_N=10\ A$。

(4) 如图 2.4-9 所示，R_1 短路时，中线断开。R_2 与 R_3 的中性点为 W 相火线，则

$$U_{P2}=U_{P3}=380\ V$$

$$I_{P2}=I_{P3}=\frac{380}{22}=17.27\ A$$

其相电压远超其额定电压 220 V，会导致灯泡烧毁。

(5) 如图 2.4-10 所示，R_1 开路且中线也断开时，R_2 与 R_3 串联接于 U 相与 V 相之间，相电压与电流分别为

$$U_{P2} = U_{P3} = \frac{380}{22 + 22} \times 22 = 190 \text{ V}$$

$$I_P = I_L = \frac{380}{22 + 22} = 8.63 \text{ A}$$

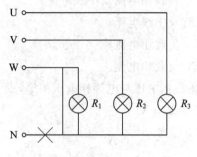

图 2.4-9 例 2.4.1(4)

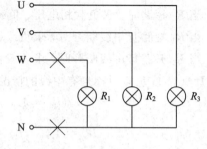

图 2.4-10 例 2.4.1(5)

可见，负载相电压低于电源相电压 220 V，灯泡较暗。

从上面的例题可以分析出：

（1）负载对称且有中性的情况下，各相电压对称且中线电流为零。此时中线若开路，对电路无影响，各负载相电压依旧对称。

（2）负载不对称且有中线的情况下，负载相电压保持不变，中线电流不等于零。若一相出现故障，其他两相均不受影响。

（3）负载不对称且无中线的情况下，负载相电压不再等于电源相电压。任何一相出现故障，均会导致其他两相电压出现异常，导致故障发生。

中线的作用是在于作星形连接时，不对称负载可获得对称的相电压。为了保证负载的相电压对称，中线就不能断开。因此，中线上（主干线）不允许接入保险、开关。

2. 三角形连接

如图 2.4-11 所示，各相负载直接接于电源线电压上，不论负载对称与否，其相电压都是对称的。各电压、电流之间的关系是：

（1）负载相电压等于电源线电压，即

$$U_P = U_L \qquad (2.4-7)$$

（2）各线电流与相电流的关系为

$$\begin{cases} \dot{I}_U = \dot{I}_{UV} - \dot{I}_{WU} \\ \dot{I}_V = \dot{I}_{VW} - \dot{I}_{UV} \\ \dot{I}_W = \dot{I}_{WU} - \dot{I}_{VW} \end{cases} \qquad (2.4-8)$$

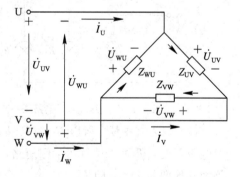

图 2.4-11 三相负载△连接

当负载对称时，线电流对称，相电流也对称。线电流是相电流的$\sqrt{3}$倍，且滞后相应相电流30°，即

$$\dot{I}_L = \sqrt{3} I_P \angle -30° \qquad (2.4-9)$$

当负载不对称时，上述关系不再成立。

思考与练习

1. 欲将发电机的三相绕组接成星形，若误将 U_2、V_2、W_1 连成一点作为中线，是不是也可以产生三相对称电动势？

2. 在三相四线制电路中，设线电压 $U_{UV} = 380\sqrt{2}\sin(314t - 30°)$ V，请画出相电压的相量图并写出相电压的三角函数式。

3. 在三相四线制电路中，当负载不对称时，各线电压、相电压、线电流、相电流及中线电流又有什么关系？当中线断开且负载不对称时，各负载相电压有什么变化？

4. 在三相四线制照明电路中，什么时候中线可以省略？请举例说明。

5. 在负载星形连接时，由于某种原因，中线上存在附加电阻，将会导致什么情况的发生？

6. 三相交流对称电动势可以连接成三角形，三个相等的直流电源可不可以连接成三角形？

知识点 2.5　汽车交流发电机

燃油汽车三相交流发电机的主要优点是结构简单，体积小，重量轻；故障少且容易维修，使用寿命长；功率大，转换成直流时电路简单。下面进行具体讲解。

2.5.1　汽车交流发电机的构造

以国产 JF1512 交流发电机为例，汽车交流发电机主要由定子总成、转子总成、电刷、整流器、风扇等构成，如图 2.5 - 1 所示。

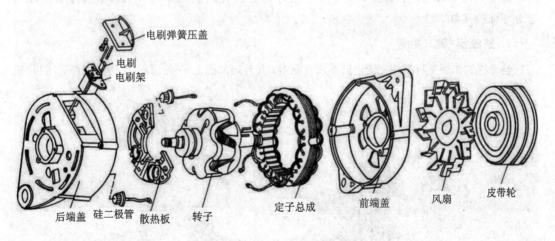

图 2.5 - 1　汽车交流发电机结构

1. 定子总成

定子的作用是获得三相交流电动势。定子由定子铁芯与定子绕组组成。定子铁芯由内圆冲有槽的硅钢片叠压而成。定子绕组是三相对称铜线圈按互成 $120°$ 的规律安装在定子槽中。三相绕组在旋转磁场中作切割磁力线运动，产生三相电动势。三相绕组采用星形连接，三个始端各引一根导线，三个末端连接成一点引出一根线，共4个引线端，如图2.5-2所示。

2. 转子总成

转子的作用是产生旋转磁场，由转子铁芯、转子绕组（励磁绕组）、爪极及滑环组成，如图2.5-3所示。转子绕组绕在转子铁芯上，并压装在转子轴上，置于两块爪极之间。当转子绕组有电流流过时，产生轴向磁通，使两块爪极磁化，一块为N，另一块为S，从而形成六对相互交错的磁极。发动机通过带轮带动转子旋转，产生旋转磁场。

滑环由彼此绝缘的两个铜环构成，装在转子轴上与转子一起旋转，它与转子轴是绝缘的。转子绕组的两个引线端分别从爪极孔中引出，一根接内侧铜环，另一根接外侧铜环。两个铜环分别与两个电刷接触，如图2.5-3所示。

1—定子铁芯；
2、3、4、5—定子绕组引线

图 2.5-2 定子

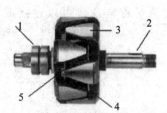

1—滑环；2—转子轴；3—爪极；
4—转子铁芯；5—转子绕组

图 2.5-3 转子

3. 电刷

电刷的作用是将外电源引入转子绕组，使转子绕组中有电流流过。如图2.5-4所示，电刷由电刷架、电刷、电刷弹簧等构成。两只电刷装在电刷架中的导孔中，借弹簧的压力与滑环保持接触。

4. 整流器（硅二极管）

整流器的作用是将三相交流电转换成直流电，其外形如图2.5-5所示（工作原理详见项目8）。

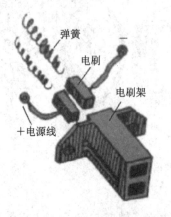

弹簧

电刷

电刷架

+电源线

图 2.5-4 电刷

图 2.5-5 整流器

2.5.2　汽车交流发电机的特性

研究汽车交流发电机的特性，是使用、选择交流发电机的重要依据。交流发电机的特性有输出特性、空载特性和外特性。

1. 输出特性

输出特性也叫负载特性或输出电流特性，是指发电机向负载供电时，保持发电机输出电压恒定（对 12 V 的发电机规定额定电压为 14 V，对 24 V 的发电机规定额定电压为 28 V）的情况下，发电机的输出电流与转速之间的关系，即 $I=f(n)$。交流发电机的输出特性曲线如图 2.5-6 所示。从输出特性曲线可以看出：

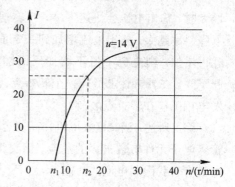

图 2.5-6　交流发电机的输出特性曲线

（1）当转速很低时，输出端电压低于额定电压，发电机不能向外供电；当转速达到空载转速 n_1 时，输出电压达到额定值；当转速高于空载转速时，发电机才有能力在额定电压下向外供电。所以空载转速值 n_1 常用作选择发动机与发电机之间传动比的主要依据。

（2）当转速超过空载转速 n_1 时，输出电流随转速的升高而增加。当转速上升为 n_2 时，发电机输出额定功率（额定电流与额定电压之积），故 n_2 称为满载转速。空载转速与满载转速是发电机的主要性能指标。在使用中，定期测量这两个数据，并与规定值相比较，可判断发电机性能是否良好。

（3）当发电机的转速达到一值时，输出电流不再随转速的升高而增大。这时的电流称为发电机的最大输出电流（或限流值）。这个性能表明，交流发电机具有自动限制电流的自我保护能力。

2. 空载特性

发电机空载时，其输出电压与转速之间的关系（$I=0$ 时，$U=f(n)$ 称为空载特性）如图 2.5-7 所示。

由图 2.5-7 可知，当发电机的转速较低时，转子线圈由蓄电池提供电流，称为他励。当转速足够高时，发电机输出电压高于蓄电池电压，此时转子线圈的电流由发电机本身提供，称为自励。从空载特性曲线可看出，随着转速的升高，输出电压上升较快。由他励转入自励时，发电机开始向蓄电池充电。这一性能表明，交流发电机的低速充电性能较好。空载特性是判断硅整流发电机性能是否良好的重要依据。

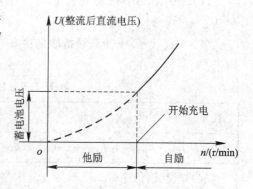

图 2.5-7　交流发电机的空载特性曲线

3. 外特性

外特性是指转速一定时，输出电压与输出电流之间的关系，即 $n=$ 常数时，$U=f(I)$ 的函数关系曲线，如图 2.5-8 所示。

从外特性曲线可以看出，当输出负载电流增大时，输出电压会快速下降，且转速越高，其下降斜率越大。输出电流增加到一定值时，若负载再增加，则电流不但不增加反而随端电压一起下降，在外特性上形成一个转折点。一般交流发电机工作在转折点之前。

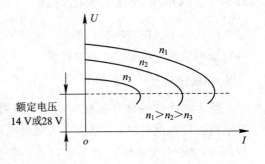

图 2.5-8 交流发电机的外特性

综上所述，当交流发电机在高速运转下突然失去负载时，其输出电压会急剧升高，二极管等电子元件有被击穿的危险。而交流发电机的短路电流是很小的，这再一次说明交流发电机有自我限制电流的功能。

2.5.3 汽车交流发电机的型号

汽车发电机种类繁多，结构各异。不同型号的发电机，其结构、发电电压、功率、设计序号、调整臂位置也不相同。

例如，JF173 表明该产品为交流发电机，标称电压为 12 V，额定功率为 750 W，设计序号为 3，调整臂在中间位置。JF2511Y 表明该产品为交流发电机，标称电压为 24 V，额定功率为 500 W，设计序号为 11，调整臂在右侧。

根据机械工业部标准 JB1546 83 规定，汽车发电机的型号由以下几个部分组成（参见图 2.5-9）：

（1）产品代号。产品代号是指按产品名称顺序，取汉语拼音的头一个字母组成。"J"指交流，"F"指发电机，"Z"指整，"W"指无刷，"B"指泵；"JF"为交流发电机，"JFZ"为整体式交流发电机，"JFB"为带泵交流发电机，"JFW"为无刷交流发电机。

（2）分类代号。在发电机的型号中，以电压等级为分类代号。"1"指 12 V，"2"指 24 V。

（3）分组代号。分组代号指的是功率等级，单位为"W"。我国汽车发电机代号如表 2.5-1 所示。

表 2.5-1 汽车发电机代号

代号	1	2	3	5	7	8	9
功率/W	=180	>180~250	>250~350	>350~500	>500~750	>750~1000	>1000

（4）产品设计序号。按产品设计顺序，以阿拉伯数字表示。

（5）变型代号。在发电机型号中，以调整臂位置标记作变型代号。调整臂在中间不作标记，在右侧以"Y"作标记，在左侧以"I"作标记。发电机顺时针旋转不作标记，逆时针旋转以"N"为标记。

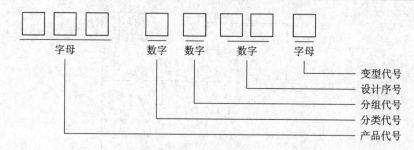

图 2.5 - 9　汽车交流发电机型号

2.5.4　汽车交流发电机的检测

1. 发电机就车检查

1）充电指示灯检查

打开点火开关，若发动机不启动，查看仪表充电指示灯是否点亮，如图 2.5 - 10 所示。如不亮应检查相应电路或充电指示灯保险丝是否熔断，指示灯灯泡是否损坏；如有应更换。

如果充电指示灯亮，则启动发动机。当发动机正常运转时充电指示灯应熄灭，否则应检查发电机。

2）发电机励磁电路检查

在发动机运转状态下用一金属物体（如梅花起子）检查发电机转子轴有无磁性，如有磁性，会明显感觉到起子受到吸引，说明发电机激磁电路良好，如图 2.5 - 11 所示。如没有磁性，则进一步应检查发电机励磁电路有无输入电压。如果无电压，则检查蓄电池到发电机励磁电路之间的连接是否松脱；如果有电压，则说明从电刷、滑环到励磁绕组有故障。

检查发电机输出电压（在发动机 2500 r/min 时为 12 V 或 24 V），其输出电压应小于14.8 V 或 27 V，大于 12 V 或 24 V；否则应检查硅整流器及定子绕组有无损坏。

图 2.5 - 10　充电指示灯

图 2.5 - 11　励磁电路检查

2. 发电机的整体检测

将交流发电机从汽车上拆下来，进行不解体检测，初步判断故障部位。对于电压调节器在外的交流发电机，通过整体检测，可以对励磁线路（包含电刷、滑环、励磁绕组等）、整流器作初步判断。

下面以万用表检测为例进行介绍。

检测前需要知道，汽车交流发电机的引线端分别为 B、F、E。E 为搭铁端子，B 为整流后电压输出端，F 为励磁电压端，如图 2.5 - 12 所示。

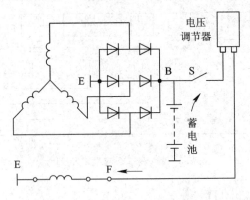

图 2.5-12　发电机引线端示意

　　根据电路及发电机结构分析，F 与 E 端内为励磁绕组，中间经过了电刷与滑环。电路正常时，其电阻很小，只有励磁绕组的直流电阻。而 B 端是发电机三相电动势经整流二极管整流后的输出端，当其中任意一个二极管出现开路故障时，用万用表的二极管挡进行检测时，与平时数据无差别。不解体检测时，对 B 与 E 端的检测结果是不确定的。用数字万用表 200 Ω 挡测量 FE 端子，其测量数值及故障分析如表 2.5-2 所示。

表 2.5-2　FE 端子检测

正常值	异常情况	故障原因分析
6～8 Ω	阻值大于标准值	电刷与滑环接触不良
	阻值小于标准值	励磁绕组局部短路
	阻值为∞	励磁绕组断路
	阻值为 0	"F"接柱搭铁或两只滑环短路

3. 发电机解体检测与维修

　　硅整流发电机每运转 750 h(相当于 30 000 km)后，应拆开检修一次。图 2.5-13 所示为发电机的解体图。解体检测主要检查电刷和轴承的状况。轴承如有显著松动，应更换。硅整流发电机若不发电，其主要原因多是硅二极管损坏，磁场绕组或定子绕组有断路、短路和搭铁(绝缘不良)等故障所致。

绕组之间的电阻值　　　　　　　绕组与转子铁芯的绝缘性

图 2.5-13　转子绕组的检测

1) 励磁绕组的检测与维修

将励磁绕组的两个引线端分别接到滑环的两个相互绝缘的铜环上，测量两个铜环之间的电阻值，即可测量出励磁绕组的通断情况。

选择数字万用表的 200 Ω 挡，检查磁场绕组阻值与绕组和转子铁芯的绝缘性。检测情况与故障排除方法如表 2.5 - 3 所示。

表 2.5 - 3　励磁绕组检测

检测内容	情 况 分 析			
	正常值	异常情况	故障分析	故障排除方法
励磁绕组阻值	2 Ω～4 Ω	$R=\infty$	励磁绕组断路或焊点断路	更换转子总成
		$R=0$	两绕组短路	更换转子总成
		$R<$ 标准值	励磁绕组有局部短路	更换转子总成
绕组与铁芯绝缘性	∞	$R<$ 标准值	绕组或滑环有搭铁	更换转子总成

2）定子绕组的检测与维修

如图 2.5 - 14 所示，定子绕组的故障一般有断路、短路、搭铁等。有断路故障时，用万用表的电阻挡可以判断，检测内容与情况分析如表 2.5 - 4 所示。如果定子绕组短路，由于其本身电阻很小，很难用万用表的电阻挡测量出来，因此需借助其他的方法进行判断。例如，可用示波器测量电压波形，判断绕组的短路情况。

(a) 检测三相绕组电阻

(b) 检测绕组间的绝缘性能

图 2.5 - 14　定子绕组的检测

表 2.5 - 4　定子绕组检测

检测内容	情 况 分 析			
	正常值	异常情况	故障分析	故障排除方法
定子绕组阻值	150 mΩ～300 mΩ	$R=\infty$	定子绕组断路或接点断路	更换定子总成
			定子绕组短路	更换定子总成
			励磁绕组有局部短路	更换定子总成
绕组间绝缘性	∞	$R<$ 标准值	绕组间有搭铁	更换定子总成

　　一般情况下，由于定子绕组的铜线较粗，很少出现中间断路的情况；而短路的情况也少见，因此故障少，易维修。

　　3）滑环的测量

　　使用游标卡尺测量滑环直径，如图 2.5-15 所示。当直径小于标准直径的最小值时，可更换转子。当滑环表面有轻微烧蚀时，可用砂布打磨，使其表面光滑。打磨后用万用表检测两铜环间的绝缘性，必须保证两者间是绝缘的。若烧蚀严重，可更换转子总成。

　　4）电刷及电刷弹簧的测量

　　电刷高度为 14 mm。在发电机工作过程中，电刷在电刷弹簧的压紧下与滑环接触并高速旋转，时间长了会有磨蚀。如果其高度为 7 mm～8 mm，就更换电刷。电刷弹簧弹性不足将会导致接触不良，所以当弹簧不紧时要及时调整或更换。

　　用游标卡尺测量发电机电刷长度，如图 2.5-16 所示。

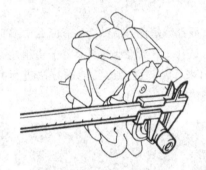
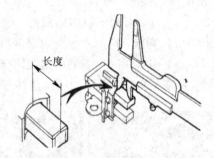

图 2.5-15　滑环的测量　　　　　　图 2.5-16　电刷的测量

 思考与练习

　　1. 请简述汽车三相交流发电机的工作原理。

　　2. 你是怎样理解汽车三相交流发电机他励与自励的？

　　3. 了解汽车三相交流发电机的输出特性有什么意义？

　　4. 三相交流发电机有故障少、易维修的优点，一般产生故障可能性最大的部位是哪里？

项目3 汽车安全用电

情境导入

电能的应用一方面极大地提高了人们的生活水平与生产效率，但另一方面也潜伏着安全隐患。例如，汽车电压从燃油车的十几伏增加到新能源汽车的数百伏，且有持续增高的趋势。面对不断提高的电压，用电安全就成为保证驾乘人员生命财产的首要课题。国家有关部门明文规定，从事新能源汽车工作的专业人员，必须持有低压电工证。

项目概况

本项目旨在通过强调电流对人身及财产的危害，学习汽车电源系统及安全防范措施，树立用电安全意识，加强用电安全保护，学会触电急救方法。安全用电应是汽车服务人员上岗培训的第一堂课。

项目描述

汽车装配车间、维修车间及生活中处处要用到电，汽车的电源如人体的血液一样重要。作为汽车服务人员，在保持高度警惕、防止意外触电事故发生的同时，应学会安全防范措施与触电急救方法。

工作或生活当中，若遇到有人触电昏迷(图3-1)或者汽车起火事故(图3-2)，紧急情况下，应该知道正确施救方法；会分析发生此类事故的原因，进而进行事先防范；知道保证驾乘人员安全的措施并懂得如何进行安全检测。

图3-1 触电急救

图3-2 汽车自燃

项目任务分解与实施

任务分解	知识点链接	学生技能培养	任务实施
任务 3.1	3.1 电流的危害 3.2 汽车电源系统 3.3 汽车用电安全要求	绝缘电阻的测量	见工作单任务 3.1
任务 3.2	3.4 触电急救	触电急救心肺复苏训练	见工作单任务 3.2

知识导航

知识点 3.1　电流的危害

3.1.1　电流对人体的危害

电流对人体的伤害有电击、电伤及电磁辐射三种。电击是指人体的某部位接触带电体，电流流过人体时使内脏器官组织受到损伤，从而受伤甚至造成死亡事故。电伤是指人体未直接接触带电体，但由于电的热效应、化学效应、机械效应等对人体造成的伤害，如电弧对人体的烧伤或熔丝熔断时的金属溅伤等外部的间接伤害。电磁辐射伤害是指人在高频磁场的作用下，出现头晕、乏力、记忆力衰退、失眠多梦等神经系统紊乱不适症状。

根据大量的触电事故及原因分析，电击对人体所引起的伤害程度与多方面因素相关。

1. 电流通过人体的时间长短

电流流过人体的时间越短，伤害越小；时间越长，则伤害越大。

2. 电流的大小

事实证明，不管是交流电还是直流电都对人体具有伤害。不同的人能承受的最大电流大小也有所区别。工频时，人体能承受的极限电流为 50 mA，具体如表 3.1-1 所示。

表 3.1-1　电流大小对人体的影响

名　称		成年男性	成年女性
感知电流	工频	1.1 mA	0.7 mA
	直流	5.2 mA	3.5 mA
	10^4 Hz 电流	12 mA	8 mA
摆脱电流	工频	16 mA	10.5 mA
	直流	76 mA	51 mA
	10^4 Hz 电流	75 mA	50 mA
致命电流	工频	30 mA~50 mA	
	直流	1300 mA(0.3 s)，500 mA(3 s)	
	10^4 Hz 电流	1100 mA(0.3 s)，500 mA(3 s)	

3. 人体自身电阻的大小

在相同电压作用下，人体的电阻越小，流过人体的电流会越大，电流对人体的伤害程度也越大。根据研究结果，当人体皮肤完好且角质外层干燥时，人体电阻大约为 10^4 Ω～10^5 Ω；当角质层破损时，则会下降到 800 Ω～1000 Ω。

若取人体内部电阻为 800 Ω，以流过 50 mA 的极限电流计算，根据欧姆定律，有

$$U=800\ \Omega\times 50\ mA=40\ V$$

即 40 V 的电压对人体就有生命危险。为了安全起见，将其降低 10%，取 36 V 为安全电压，这是用于小型电气设备或小容量电气线路的安全措施。我国规定安全电压等级有 42 V、36 V、24 V、12 V、6 V。凡手提照明灯、高度不足 2.5 米的一般照明灯，如果没有特殊安全结构或安全措施，应采用 42 V 或 36 V 安全电压；凡金属容器内、隧道内、矿井内等工作地点狭窄、行动不便、周围有大面积接地导体或潮湿环境，其安全电压应降至 12 V。

4. 电流的频率

电流频率不同，对人体的伤害程度也不同。25 Hz～300 Hz 的交流电流对人体伤害最严重。1 kHz 以上交流伤害程度明显减轻，但高压高频电也有电击致命的危险。

5. 电流流经身体部位与身体接触面积

实际上，流经身体的电流大小取决于电压大小与身体电阻，而身体电阻的大小又取决于电流流经身体的路径。表 3.1-2 表示人体在相同电压作用下不同部位的平均电阻。

表 3.1-2　人体不同部位的平均电阻

示意图					
当前路径	手—手	手—足	手—足	手—臀	手—胸
身体电阻/Ω	1000	750	1000	550	450
电压大小/V	200	200	200	200	200
电流大小/mA	200	267	200	364	444

3.1.2　电气起火

电气起火的危害非常大。电气火灾，不仅会对电气设备造成损坏，还将殃及财产与人员安全。电气火灾隐蔽性强，随机性大，燃烧迅速，补救困难，损失严重。

电气线路发生火灾，主要是由于线路的短路、过载或接触电阻过大等原因，产生电火花、电弧或引起电线、电缆过热，从而造成火灾。

发生短路的主要原因是电气设备绝缘损坏、电路年久失修、疏忽大意、操作失误及设备安装不合格等。

造成过载的原因是多方面的，如设计、安装时选型不正确；设备或导线随意更改安装，增加负荷；检修、维修不及时，使设备或导线长期处于带病运行状态。

发生接触电阻过大的主要原因是导线与导线、导线与电气设备连接点连接不牢。

另外低压线路漏电也会引起线路电气火灾,这往往是造成线路短路、过载火灾的隐患。

 思考与练习

1. 如图 3.1-1 所示,一水杯中装满水,放两个隔开的电极,用数字万用表的欧姆挡测量结果如图 3.1-1(b)所示。若将两电极间接 220 V 交流电,则水开始冒热气并沸腾,为什么?

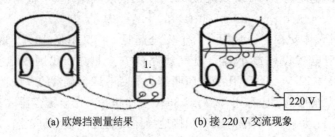

(a) 欧姆挡测量结果　　　　(b) 接 220 V 交流现象

图 3.1-1　实验现象

2. 讨论人体触电的伤害程度除与上述五个因素相关外,还与哪些因素相关?

3. 某同学用数字万用表测量到自己左手与右手的电阻为 150 kΩ,他能否用欧姆定律计算在 220 V 电压下流过他身体的电流大小?为什么?

4. 如何有效防止汽车电气起火?作为汽车维修服务人员应做到哪几点?

知识点 3.2　汽车电源系统

汽车电子化是现代汽车发展的重要标志,电源系统是现代汽车不可或缺的重要组成部分。

3.2.1　燃油汽车供电系统

图 3.2-1 为燃油汽车供电系统简图。该系统中有两个电源,均提供直流电。

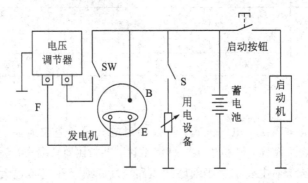

图 3.2-1　燃油汽车供电系统

第一个电源是三相交流发电机及电压调节装置,是主电源。发动机启动后,交流发电机产生三相交流电动势,经整流、电压调节装置后输出直流,一方面给用电设备提供电能,另一方面向蓄电池充电。汽油车发电机输出电压的额定值为 14 V,柴油车发电机输出电压的额定值为 28 V。第二个电源是蓄电池,为辅助性电源。蓄电池的额定工作电压有两种标配:一种是 12 V,汽油车采用;另一种是 24 V,通常是柴油车采用。

3.2.2 新能源汽车电源系统

新能源汽车一般有两组蓄电池，一组是高压动力电池组，其电压可高达数百伏，为主电源，主要提供驱动电机电能。另一组是 12 V 常规低压蓄电池，作为从电源，提供常规用电设备电能。图 3.2 - 2 为新能源汽车电源系统示意图，其动力电池组、逆变器、电动机工作电压高达数百伏。

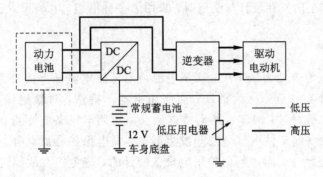

图 3.2 - 2   新能源汽车电源系统示意图

汽车工程的高压(High Voltage, HV)系统电压标准为：直流 60 V～1500 VDC(无谐波)，交流 30 V～1000 VAC(Root Mean Square, RMS 值)。所有高压用电部分传输线路均用鲜艳夺目的橙色，以起到安全警示作用；非专业人员不得对其进行维护与检修。

汽车工程与电气工程中的高压标准不一样。电气工程中，通常称小于 1 kV 的电压为低压，大于 1 kV 才称为高压。电力系统中，作为能量传输的工频 3 kV～30 kV 称为中压，60 kV～110 kV 为高压，220 kV～1150 kV 为超高压。

 思考与练习

1. 汽车工程中与电气工程中的高压与低压在标准上有什么不一样？为什么？

2. 查查资料，汽车中哪些用电设备使用直流，哪些用电设备使用交流？

知识点 3.3   汽车用电安全要求

GB T18384—2015《电动汽车安全要求》将电路电压分成 A、B 两个级别，如表 3.3 - 1 所示(单位为 V)。

表 3.3 - 1   电压级别

电压等级	最大工作电压	
	直流	交流/rms
A	$0<U\leqslant60$	$0<U\leqslant30$
B	$60<U\leqslant1500$	$30<U\leqslant1000$

燃油汽车的电源系统电压均在安全电压范围之内，为 A 级电压，电路不要求提供触电防护。而电动汽车或混合动力汽车均采用动力电池组，驱动电动机等高压电气系统，为 B 级电压。对于具有 B 级电压的汽车安全性能及防护，国家制定了更高更严格的标准，用电安全技术成为新能源汽车的关键性技术之一。

3.3.1　高压安全防护措施

汽车的高压安全防护在设计与制造时，采用了多种措施，以确保人员、用电器及整车的安全。

1. 漏电保护

在电动汽车或混合动力汽车中，高压电池组与低压电池是严格分开的。低压电池的负极与车身底盘连在一起，称为搭铁；而高压电池不搭铁，对地绝缘，如图 3.3-2 所示。电动汽车正常运行时，汽车上的动力电池及高压用电设备与车身保持绝缘。一旦因某种原因，用电设备同车体电气地之间发生漏电，漏电保护器就动作，迅速切断动力电池与负载之间的连接，从而达到保护用电设备的目的，避免扩大故障范围以及人员触电事故的发生。

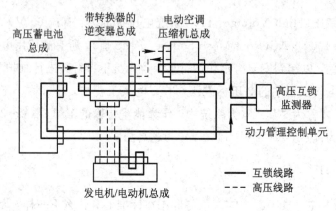

图 3.3-1　高压互锁回路

2. 高压互锁

高压互锁通过低压回路来监测高压系统的电器、导线、导线连接器及高压电气护盖等电气完整性。动力管理控制单元的高压互锁监测器向电压互锁回路发送一个 5 V 或 12 V 的信号电压，然后检测返回的信号电压；若检测不到返回信号，则表明高压互锁回路有开路现象，此时动力管理控制单元切断高压供电，如图 3.3-1 所示。

3. 绝缘电阻

绝缘电阻是电动汽车安全性能好坏的重要参数。我国制定的关于电动汽车的国家标准与国际标准一致，标准中规定电动汽车的绝缘状况以绝缘电阻来衡量。如图 3.3-2 所示，动力蓄电池的绝缘电阻定义为：如果动力蓄电池与地（车底盘）之间的某一点短路，最大（最坏情况下）漏电流所对应的电阻。

根据电动汽车国家标准，如果人或其他物体构成高压电路与地之间的外部电路，最坏的情况下，漏电流不允许超过 2 mA。该电流是人体没有任何感觉的阈值（IEC60479-1）。

标准中规定，高电压电路绝缘电阻的最小值为 $100\ \Omega/\mathrm{V}$。一般电源在车上的对地绝缘电阻都在 $\mathrm{M\Omega}$ 级。

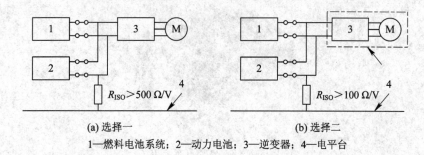

(a) 选择一　　　　　　　　　　　(b) 选择二

1—燃料电池系统；2—动力电池；3—逆变器；4—电平台

图 3.3 - 2　直流、交流电路传导连接 B 级电压绝缘要求

3.3.2　电动汽车人员触电防护

根据国家标准 GB T18384.3—2015《电动汽车安全要求》第 3 部分人员触电防护要求，任何 B 级电压电路都应提供触电防护，以防止车内与车外人员触电。

1. 基本防护

（1）防止人员与 B 级电压电路的带电部分直接接触。

（2）使用遮栏或外壳防止人员接触带电部分。

2. 电位均衡

电位均衡是指电气设备的外露可导电部分之间的电位差最小化。

在电位均衡通路中，任意两个可以被人同时碰触到的外露可导电部分之间的电阻应小于 $0.1\ \Omega$。

3. 绝缘

（1）基本绝缘：带电部件上对防触电起基本保护作用的绝缘。

（2）附加绝缘：为了在基本绝缘故障情况下防止触电，而在基本绝缘之外使用的独立绝缘。

（3）双重绝缘：同时具有基本绝缘与附加绝缘的绝缘。

（4）加强绝缘：提供相当于双重绝缘保护程度的带电部件上的绝缘结构。

4. 其他机械或电气方法。

机械防护方法有很多种，如 B 级电压部分密封、连接部分采用多层锁扣、手指无法触及带电部分等。电气方法有自动漏电检测、故障报警等方法。

思考与练习

1. 有一台故障电动汽车，因碰撞事故导致动力电池部分外露。试问：若此时有人不小心直接接触到动力电池的高压，会不会引起触电事故？为什么？

2. 为什么燃油汽车电源搭铁，而电动汽车的动力电池不可搭铁？

3. 有一台纯电动汽车因涉水发生故障，坐在车上的乘员有没有可能发生触电事故？

4. 如图 3.3-3 所示，若在给电动汽车充电时，汽车或充电桩地面有积水，试问是否有触电的潜在风险？

图 3.3-3　电动汽车充电

知识点 3.4　触 电 急 救

从事新能源汽车服务的技术人员应具备强烈的安全意识，触电急救是上岗前必备的基本技能。

3.4.1　触电急救原则

进行触电急救，应遵循迅速、就地、准确、坚持的原则，具体如下所述：

（1）迅速断电或脱离电源。发现有人触电，第一时间应迅速断电。如果电源开关离得较近，首先断开电源开关；若电源开关离得远，则在施救者采用绝缘措施的前提下设法让触电者脱离电源。

（2）就地抢救。在将触电者脱离电源后移到安全地方就地、及时抢救。

（3）准确。视触电者受伤害情况正确进行救治，根据触电者的意识、呼吸及脉搏情况而采用不同方法。

（4）坚持不放弃。触电者往往会因电流通过人体而出现意识模糊、呼吸停止、心脏停止跳动等现象。施救者不能因为这些现象的出现而放弃救治，应设法联系医疗部门并坚持救治直到医护人员到来。

3.4.2　触电急救方法

1. 人工呼吸

在触电者失去意识、呼吸停止但仍有心跳的情况下，应采用口对口人工呼吸。方法是：保持触电者的气道通畅，以吹气 2 秒放松 3 秒的速度，坚持直到正常呼吸为止，如图 3.4-1 所示。

(a) 头往后仰　　　　(b) 捏鼻张嘴　　　　(c) 紧贴吹气　　　　(d) 放松换气

图 3.4-1　人工呼吸

2. 胸外心脏按压

在触电者失去意识、有呼吸但心脏停止跳动时，应采用胸外心脏按压的方法进行急救。方法是以每分钟一百次的速度，掌根往下向脊背方向按压，将血液压出心脏，如图 3.4－2 所示。

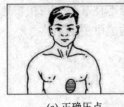 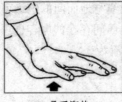 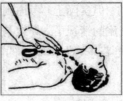 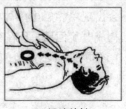

(a) 正确压点   (b) 叠手姿势   (c) 向下按压   (d) 迅速放松

图 3.4－2 胸外心脏按压

当触电者呼吸与心跳均停止时，则采用口对口人工呼吸与胸外心脏按压两种方法进行急救。以按压心脏 5 次、人工呼吸 1 次的频率坚持救治，直到呼吸与心跳恢复正常为止。

 思考与练习

1. 进行触电急救的原则是什么？
2. 进行人工呼吸时，应注意什么事项？
3. 进行胸外心脏按压时，应注意什么事项？

知识点 3.5 日常用电安全

在日常生产与生活中，我们用的都是三相交流电源。220 V、50 Hz 的交流市电较汽车电压的危险性要大得多，所以安全问题格外突出。

3.5.1 触电的类型

1. 单相触电

当人体直接碰触三相电源或带电体其中的一相时，电流通过人体到地构成一条回路，称单相触电。若为高压带电体，人体虽未直接接触，但由于超过安全距离，高压对人体放电造成单相接地而引起的触电，也属于单相触电。

单相触电分为中性点接地和中性点不接地两种，下面进行具体介绍。

1）电源中性点接地系统的单相触电

如图 3.5－1 所示，人体处于相电压之间，危险性很大。

在中性点接地的电路中，人体流过的电流为

$$I = \frac{U_{\mathrm{P}}}{R_0 + R_{\text{人}}} \tag{3.5-1}$$

式中：U_{P} 为相电压；R_0 为中性点接地电阻；$R_{\text{人}}$ 为人体电阻。

若相电压取值 220 V，人体电阻取值 1000 Ω，忽略中性点接地电阻（小于 4 Ω），则人体流过的电流为 220 mA，已远远超出了人体的承受力，会带来生命危险。这种情况往往是地面潮湿、人体与地面没有绝缘保护而造成的。若人体与地面的绝缘性较好,危险性可以大大减小。

2)电源中性点不接地的单相触电

如图 3.5-2 所示,乍一看来,中性点不接地时,人体与电源之间不能构成电流回路,是不会出现单相触电事故的。但实际上,考虑到导线与地面间的绝缘可能不良甚至有一相接地,已构成电流回路;且在交流的情况下,导线与地面间存在的电容也可构成电流的通路。

在中性点不接地的电路中,人体流过的电流为

$$I = \frac{U_L}{R_人 + R'}$$

式中:U_L 为线电压;R' 为对地绝缘电阻。

从上面分析可知,中性线接地系统较中性线不接地系统单相触电危险。

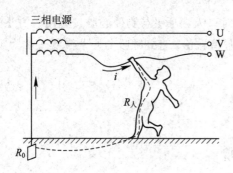

图 3.5-1 中性点接地的单相触电   图 3.5-2 中性点不接地的单相触电

2. 两相触电

当人体直接碰触三相电源的任意两相或者带电体的两相时,电流会从一相经人体回到另一相形成一条电流通路,这种触电称为两相触电。对于高压带电体,当人体接近不同两相电压时,电压经人体发生电弧放电也属于两相触电。两相触电是最危险的,这时身体承受的是线电压,如图 3.5-3 所示。

3. 跨步电压触电

若高压输电线路或电气设备发生故障,导致一相电压直接碰触地面,接地电流向大地扩散,在地面形成了以碰触点为中心的环形电场。当人体进入该电场时,两脚之间的电压就是跨步电压,如图 3.5-4 所示。

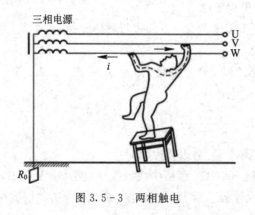

图 3.5-3 两相触电   图 3.5-4 跨步电压触电

3.5.2　安全用电技术措施

为确保电气设备安全及人身安全，要求电气设备都必须采取安全措施。按接地目的的不同，可将接地分为工作接地、保护接地和保护接零。

1. 工作接地

电力系统由于运行和安全的需要，常将中性点接地，如图 3.5-5 所示。这种接地方式称为工作接地。

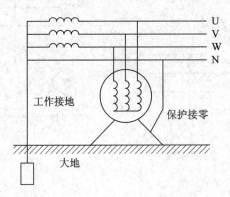

图 3.5-5　工作接地、保护接零

中性点接地具有下列优点：

1）可降低触电电压

在中性点接地系统中，若有单相触电发生，人体所承受的电压为相电压。而在中性点不接地的系统中，当一相接地而人体接触到另外两相之一时，人体所承受的电压是线电压，为相电压的 $\sqrt{3}$ 倍。

2）可迅速切断故障设备

在中性点接地系统中，一相接地后，接地电流很大（相当于单相短路），保护装置迅速动作，断开该相电源，从而保护电气设备及人身安全，避免故障升级扩大。而在中性点不接地的系统中，当一相接地时，接地电流很小（因为导线和地面间存在电容和绝缘电阻，也可构成电流的通路），不足以使保护装置动作而切断电源，接地故障不易发现，对人身安全构成威胁。

3）降低电气设备对地的绝缘水平

在中性点接地的系统中，对地电压为相电压，可降低电气设备和输电线的绝缘水平，节省投资。而在中性点不接地系统中，当一相接地时将使另外两相的对地电压升高到线电压。

而中性点不接地系统也有其好处：第一，一相接地往往是瞬时的，能自动消除，在中性点不接地的系统中，不会跳闸而发生停电事故；第二，一相接地故障可以允许短时存在，有利于寻找故障和维修。

2. 保护接地

保护接地就是将电气设备的金属外壳（正常情况下不带电）接地，宜用于中性点不接地的低压系统中，如图 3.5-6 为电动机保护接地。

当电动机的某一相绕组绝缘损坏而使外壳带电时，由于外壳接地线良好，其接地电阻小于 4 Ω。此时若有人身靠近接触到电动机外壳，则人体与接地电阻相当于并联，如图 3.5 - 7 所示。取人体电阻为 1000 Ω，则 4 Ω 可忽略不计（认为是短路），所以电流都从接地线直接到地，而不会流经人体，达到保护人身、避免触电事故发生的目的。

若无接地保护，当电动机一相绕组绝缘损坏而使外壳带电时，人体碰触外壳就相当于单相触电。这时流过人体的电流就取决于人体电阻 $R_人$ 与绝缘电阻 R'。当系统的绝缘性能下降时，就有触电的危险。

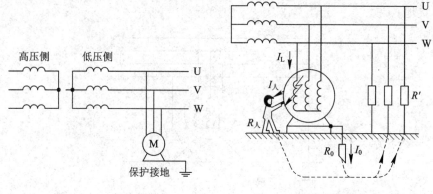

图 3.5 - 6　保护接地　　　　　　　图 3.5 - 7　保护接地工作原理

3. 保护接零

保护接零是将电气设备的金属外壳接到中性线上，宜用于中性点接地的低压系统中，如图 3.5 - 5 所示。

当电动机某一相绕组的绝缘损坏而与外壳相碰时，就形成了该相的单相短路；这一相中的保险丝将迅速熔断，断开该相的电源，从而使外壳不再带电。若在保险丝熔断之前，有人体碰触外壳，由于保护接零线的存在，此时相当于人体与接零线并联。由于人体电阻远大于接零线路的电阻，因此通过人体的电流十分微小，不至于发生触电事故。

若保护接零线没有接，一旦发生绝缘损坏而使外壳带电时，人体触碰到外壳就相当于单相触电。

应该指出的是，在同一系统中，不允许电气设备一部分保护接零，一部分保护接地，如图 3.5 - 8 所示。

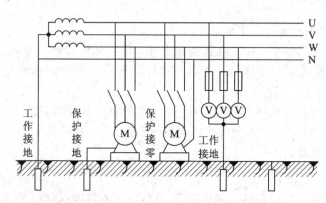

图 3.5 - 8　保护接地与保护接零

为什么中性线接地系统中不能采用保护接地？

(1) 一方面，一旦出现绝缘损坏情况，当电气设备容量较大时，保护装置不能可靠断开，从而得不到保护。

绝缘损坏时，其接地电流为

$$I_0 = \frac{U_P}{R_0 + R_r}$$

式中：U_P 为电源相电压；R_0 与 R_r 分别为保护接地与保护接零时的电阻。

若系统的相电压为 220 V，$R_0 = R_r = 4\ \Omega$，则接地电流为

$$I_0 = \frac{220}{4+4} = 27.5\ \text{A}$$

为了保证保护装置能可靠地动作，接地电流不应小于继电保护装置动作电流的 1.5 倍或保险丝额定电流的 3 倍。因此 27.5 A 的接地电流只能保证断开动作电流不超过 18.3 A 的继电保护装置或额定电流不超过 9.2 A 的保险丝。若电气设备容量较大，则保护继电器会因不能动作而失去保护作用。

(2) 另一方面，接地电流的存在将导致对地电压升高，电气设备外壳将长期带电而危及人身。

当绝缘损坏时，外壳对地电压为

$$U_e = \frac{U_P}{R_0 + R_r} R_0 \tag{3.5-2}$$

取 $U_P = 220$ V，R_0 与 R_r 等于 4 Ω，则对地电压 $U_e = 110$ V。该电压对人体是不安全的。

4. 重复接地

在中性线接地系统中，为了确保安全，将中性线相隔一定距离多处进行接地，称为重复接地，如图 3.5-9 所示。

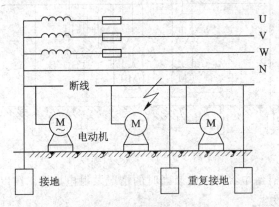

图 3.5-9 重复接地

由于多处重复接地，所有重复接地线都是并联的，因此降低了其接地电阻。若有绝缘损坏而使外壳带电，则大大降低了外壳对地电压，减小了危险程度。

图 3.5-9 中，若在断线处中性线断开，如无重复接地，则人体触及带电外壳相当于单相触电。

为确保安全，零线的干线必须连接牢固，不允许有开关、熔丝等。

5. 工作零线与保护零线

在三相四线制电力系统中，由于负载往往是不对称的，中性线上就有电流流过，因此中性线对地电压不为零。距电源越远，则电压越高。为了确保电气设备外壳对地电压为零，专设保护零线 PE，如图 3.5-10 所示。在正常工作时，工作零线中有电流，保护零线上不应有电流。

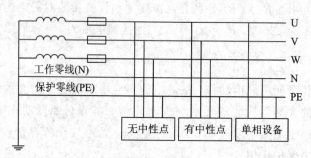

图 3.5-10　工作接零与保护接零

在图 3.5-10 中，若有保护零线，当绝缘损坏而使电气设备外壳带电时，则短路电流会经保护零线将熔断器熔断，切断电源，防止触电事故的发生。若无保护零线，一旦绝缘损坏而使外壳带电，则会发生触电事故。

 思考与练习

1. 图 3.5-11 中，有哪些错误之处？请更正。

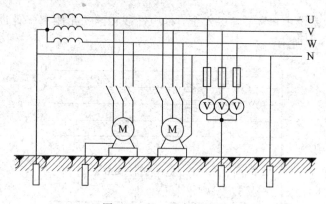

图 3.5-11　思考与练习

2. 生活中你有没有触电经历？谈谈当时的情况及触电原因。在以后的用电中，你应该怎样防止触电事故的发生？

项目 4　铁芯线圈元件检测与电路分析

　　电与磁之间有着密切的联系，几乎所有的电工电子设备都应用到电磁的基本原理。对电磁的分析不仅包含电路，同时还包括磁路。只有同时掌握电路与磁路的基本理论，才能对汽车电路进行全面的分析。

　　项目概况

　　汽车电路中铁芯线圈元件很多，如点火线圈、继电器、电磁阀、发电机、电动机、信号发生器、电磁传感器等。本项目以典型的汽车点火电路、启动电路等为例，从磁路基础出发，系统介绍了磁路及其基本物理量、基本定律，铁磁物质及其特性，铁芯线圈，为进一步理解与熟练掌握各种铁芯线圈元件的工作原理与检测方法提供理论依据，为电路的分析与故障排除提供思路。

　　项目描述

　　一台帕萨特小轿车，插上钥匙后仪表盘各指示工作正常，点火开关打至"START"，汽车不能启动，申请维修。

　　汽车无法启动的原因很多，点火系统、启动系统、燃油系统出现故障等都有可能导致汽车不能启动。若燃油充足，蓄电池电源正常，则故障原因基本锁定为点火系统（见图 4-1）

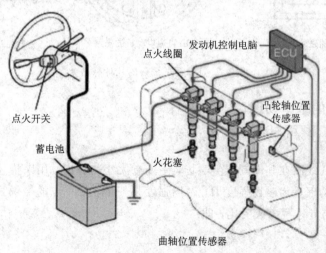

图 4-1　汽车点火系统示意图

或启动系统。发生故障的可能原因是：点火线圈出现故障；点火信号发生器出现故障；点火模块出现故障；燃油喷射电磁阀出现故障；启动继电器出现故障等。

项目任务分解与实施

任务分解	知识点链接	学生技能培养	任务实施
任务 4.1	4.1 磁路基础	电磁感应现象的观察与研究	见工作单任务 4.1
任务 4.2	4.2 铁芯线圈 4.3 汽车电磁元件与电路	变压器空载与负载运行检测	见工作单任务 4.2
任务 4.3	4.3 汽车电磁元件与电路	汽车常用电磁元件的认识与检测	见工作单任务 4.3

知识导航

知识点 4.1　磁路基础

4.1.1　磁路

磁力线通过的闭合路径称为磁路，这条路径主要由具有高导磁特性的铁芯构成。磁力线经过铁芯（即磁路的主要部分）、空气气隙（有时磁路没有空气气隙）而闭合。图 4.1-1 是变压器、电动机、电磁铁等设备的磁路。

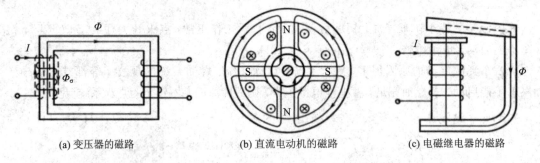

(a) 变压器的磁路　　　　　(b) 直流电动机的磁路　　　　　(c) 电磁继电器的磁路

图 4.1-1　常见设备的几种磁路

4.1.2　磁路中的基本物理量

1. 磁场强度 H

通电的导线或线圈在其周围产生磁场，磁场有大小与方向。用来描述磁场中某一点磁场强弱与方向的物理量为磁场强度 H，磁场强度是矢量。某一点的磁场强度与导体中流过的电流成正比，与导体距离成反比，即

$$H = \frac{I}{2\pi r}$$

磁场强度单位为安培每米（A/m），是为了分析与计算方便引入的概念。通过磁场强度

可以确定磁场与电流的关系,反映了磁场源的强弱。

2. 磁感应强度 B

带电导体在磁场中运动时,会受到力的作用。力的大小与导体中的电流强度、磁场强度及导体在磁场中的有效长度成正比,但不是直接等于 IHL。因此定义一个带电导体感受到的磁场的物理量,这个物理量叫磁感应强度 B。磁感应强度定义为:若垂直于匀强磁场的带电导体在磁场中受到的电磁力为 F,则匀强磁场的磁感应强度为

$$B = \frac{F}{IL} \tag{4.1-1}$$

式中,F 的单位为牛顿(N),电流的单位为安培(A),长度的单位为米(m),B 单位为特斯拉(T)。

磁感应强度 B 是表示磁场空间某点磁场强弱和方向的物理量,大小为该点所受电磁力与电流和导体长度乘积的比值,方向即为该点的磁场方向。磁感应强度是一个矢量。

3. 磁导率 μ

磁场强度 H 与磁感应强度 B 都是描述磁场强弱与方向的,一个描述电流产生的磁场,另一个是描述带电导体感受的磁场。两者之间的关系可用磁导率 μ 表示,即

$$\mu = \frac{B}{H} \tag{4.1-2}$$

式中,H 的单位为安/米(A/m),B 的单位为特斯拉(T),磁导率 μ 的单位为亨利/米(H/m)。

研究发现,磁导率并不是一个常数,它随磁场强度的变化而变化,如图 4.1-2 所示。磁导率在不同物质中相差很大,即在不同媒介中,相同电流产生的磁场,带电导体感受到的磁场力完全不一样。外加磁场相同时,磁导率大的物质,导体受到的力很大;磁导率小的物质,导体受力则很小。若磁导率为零,即使外加磁场很大,导体也不受力。磁导率描述了物质的导磁能力。实验显示,真空中的磁导率是一个常数,即

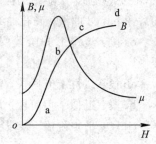

图 4.1-2 H 与 B、μ 关系曲线

$$\mu_0 = 4\pi \times 10^{-7} \text{H/m}$$

其他物质的磁导率都是相对真空磁导率而言的。

任意一种物质的磁导率 μ 和真空磁导率 μ_0 的比值,称为该物质的相对磁导率。两者之间的关系为

$$\mu_r = \frac{\mu}{\mu_0} \tag{4.1-3}$$

根据相对磁导率的不同,物质可分为三类:

(1)铁磁物质。当物质的磁导率 $\mu_r \gg 1$ 时,只需微弱的外加磁场即可获得很大的磁感应强度,如铁、镍、钴、钢、铸铁及一些合金。电机、变压器和电磁铁线圈中的铁芯都是用铁磁物质制成的,以增强磁场。

(2)顺磁物质。当物质的磁导率略大于 1 时,称为顺磁物质,如空气、氧、锡、铝、铅等物质。

(3)逆磁物质。当物质的磁导率小于 1 时,称为逆磁物质,如氢、铜、银、锌等物质。

顺磁物质与逆磁物质的相对磁导率 $\mu_r \approx 1$，对磁场影响不大，通常都将它们统称为非铁磁物质。

4. 磁通 Φ

不管是磁场强度还是磁感应强度，都仅仅反映了磁场中某一点的性质。在研究实际问题时，往往需要考虑一个面的磁场情况，为此引入一个新的物理量——磁通(Φ)。

磁感应强度 B 在面积 S 上的通量积分称为磁通，单位是韦伯(Wb)，数学表达式为

$$\Phi = \int_S \boldsymbol{B} \cdot \mathrm{d}\boldsymbol{S}$$

如果是均匀磁场，即磁场内各点磁感应强度的大小和方向均相同，且与面积 S 垂直，则该面积上的磁通为

$$\Phi = BS \quad \text{或} \quad B = \frac{\Phi}{S} \tag{4.1-4}$$

故又可称磁感应强度的数值为磁通密度。

4.1.3 铁磁材料及其特性

1. 磁化与磁化曲线

原来没有磁性，在外磁场作用下产生磁性的现象叫磁化。所有的铁磁材料都能被磁化。由于磁导率不是常数，不同铁磁材料的磁化特性是不同的。B 与 H 的关系是非线性关系，磁感应强度 B 随磁场强度 H 变化的规律可用 $B-H$ 曲线来描述，称为磁化曲线，如图 4.1-2 oabcd 曲线。磁化曲线可分成四个阶段：

oa 段：缓慢上升阶段。当 H 增强时，B 也跟着增加。由于 H 较小，B 的增强较为缓慢。

ab 段：线性上升阶段。随着 H 的继续增强，B 迅速增大。B 随 H 几乎呈线性增加。

bc 段：近似平坦阶段。H 继续增加，但 B 的增加趋于平缓，说明 B 已趋近于饱和。

cd 段：平坦阶段。线段已经平行，说明 B 已经饱和，不再随 H 的增强而增强。

2. 磁滞回线

若用交流电源对铁磁材料进行反复磁化，可测出铁磁材料的磁滞回线，如图 4.1-3 所示。

磁感应强度 B 随磁场强度 H 的增加沿曲线 oa 饱和后，使磁场强度 H 减小至零，磁感应强度 B 并不沿原路返回至零，而是沿另一条线 ab 减小至 b 点，说明外加磁场强度为零时，铁磁材料还保持着磁性，此时的磁感应强度称为剩磁，用 B_r 表示。要使剩磁为零，需加一个反向磁场。当反向电流逐渐增加，反向磁场强度 H 增强至 c 时，磁感应强度 B 沿 bc 下降至零，此时的反向磁场称为矫顽力，用 H_c 表示；当反向电流继续增加，H 增强至 $-H_m$ 时，磁感应强度 B 反向饱和，曲线沿 cd 变化至 d 点；反向电流逐渐变化回到零时，H 为零，则磁感应

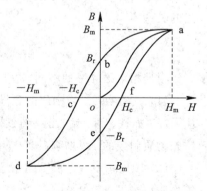

图 4.1-3　磁滞回线

强度 B 沿 de 到达 e 点，同样在铁磁材料中留下剩磁 $-B_r$；若要消除剩磁，需要加正向电流，加强正向磁场；反复改变电流的大小与方向，可得到近似闭合的 $B-H$ 曲线，称为磁滞回线。

3. 铁磁材料的特性

1）高导磁性

铁磁材料的磁导率很高，$\mu_r \gg 1$，最高数值可达几十万，能够被强烈磁化。

由于铁磁材料具有的高导磁性，在具有铁芯的线圈中通入很小的励磁电流便可产生足够大的磁通与磁感应强度，在实际应用中能达到节能省材的目的。优质的铁磁材料可使同容量的电机重量大大减轻，体积大大减小；使电磁铁或继电器在小电流下能获得足够大的吸力。

2）磁饱和性

铁磁材料被磁化后，其磁感应强度不再随外磁场 H 的增强而增加，此时磁感应强度已达到饱和。

3）磁滞性

由图 4.1-3 的磁滞回线可以看出，磁感应强度滞后于磁场强度变化，这种性质称为磁滞性。

4. 铁磁材料的分类

根据铁磁材料磁滞回线的不同，可以将铁磁材料分成三种类型，如图 4.1-4 所示。

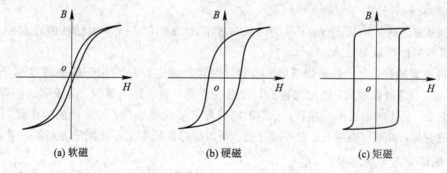

图 4.1-4　三种铁磁材料的磁滞回线

1）软磁材料

软磁材料的磁滞回线较为狭窄，整体比较"苗条"，剩磁与矫顽力都小。当外加强磁场撤去后，这类材料的磁性会迅速退去。要将其磁感应强度处理为零，所需反向磁场较小。一般变压器、电机、电磁铁、电器设备的铁芯就是用软磁材料做成的，常用的有铸铁、硅钢、坡莫合金、铁氧体等。

2）硬磁材料

硬磁材料的磁滞回线较宽，整体较为"肥胖"，矫顽力较大。这类材料一旦磁化后，磁性可得到长久保存而不消退。要将其磁感应强度进行退磁处理，需要较大的反向磁场。硬磁材料一般用来做永久磁铁，常用的有碳钢、铁镍铝合金等；还有近年迅速发展的稀土材料，如稀土钴、稀土钕铁硼等。

3) 矩磁材料

矩磁材料的磁滞回线接近于矩形，在较小的外磁场下就能被磁化并达到饱和，具有较大的剩磁与较小的矫顽力。这类铁磁材料的稳定性较好，常用来做计算机与控制系统的记忆元件、开关元件与逻辑元件。

4.1.4　磁路的基本定律

1. 磁路欧姆定律

如图 4.1-5 所示，绕于铁芯的线圈匝数为 N，铁芯构成的磁路的总长度为 L，截面积为 S。线圈通电流后产生磁场，绝大部分磁通沿铁芯构成回路，则磁通量 Φ 与磁动势 F、磁阻 R_{m} 的关系用数学公式表达为

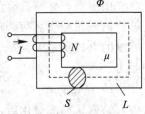

$$\Phi = \frac{F}{R_{\mathrm{m}}} \qquad (4.1-5)$$

图 4.1-5　磁路欧姆定律

磁路中的这一关系与电路中的欧姆定律在形式上相近，通常称为磁路欧姆定律。

式(4.1-5)中，F 称为磁动势(磁通势)，磁动势与线圈匝数 N 和线圈中所通过的电流 I 的乘积成正比，即

$$F = IN \qquad (4.1-6)$$

R_{m} 称为磁阻。磁阻的大小与磁路的材料和几何尺寸有关，其计算公式为

$$R_{\mathrm{m}} = \frac{L}{\mu S} \qquad (4.1-7)$$

式中，L 为磁路的平均长度(m)；S 为磁路的横截面面积(m^2)；μ 为该种磁路材料的磁导率；磁阻的单位为欧姆(Ω)。

值得注意的是，由于铁磁物质的非线性，磁路欧姆定律只可用于磁路的定性分析，即电流增加时，磁通会增加；磁阻增大时，磁通会下降。当电流为零时，由于剩磁的存在，磁通并不为零，且磁导率也不是常数，会随磁场强度的变化而变化，因此电流的变化同样会引起磁阻的变化，磁通与电流大小并不成正比。所以磁路欧姆定律不能用于磁路的定量计算。

2. 磁路安培环路定律

安培环路定律表述为：如图 4.1-6 所示，在稳恒磁场中，磁场强度矢量沿任何闭合路径的线积分，等于该闭合路径所包围的各个电流之代数和。这个结论称为安培环路定理，用公式可表示为

$$\oint_l \boldsymbol{H} \cdot \mathrm{d}l = \sum I$$

积分后可得出

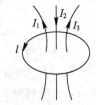

图 4.1-6　环路安培定律

$$Hl = IN \qquad (4.1-8)$$

式(4.1-8)反映了稳恒磁场的磁场强度和载流导线相互关联的性质。

式(4.1-8)是对无分支稳恒磁场而言的。如果磁路是由不同材料、不同长度、不同截面积的几段组成，即磁路由磁阻不同的几段串联而成，则式(4.1-8)可改写为

$$IN = H_1 l_1 + H_2 l_2 + H_3 l_3 + \cdots \qquad (4.1-9)$$

其中，$H_1 l_1$、$H_2 l_2$、$\cdots$也称为磁压降。

在制造与设计电机、电器等磁路时，通常用式(4.1-9)进行磁动势的定量计算。

4.1.5　电与磁的相互作用

1. 磁场对通电直导线的作用

如图 4.1-7 所示，在磁铁两极中悬挂一根与磁力线方向垂直的直导体。当导体中有电流流过时，导体就会在磁铁中移动。改变电流的流向，导体移动的方向也相应改变。由此可见，通电导体在磁场中受到磁场力的作用。通常把通电导体在磁场中所受到的作用力称为电磁力。

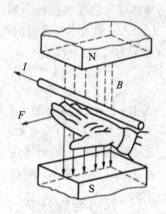

通电导体在磁场中受到的电磁力的方向遵循左手定则，电磁力 F 与导体在磁场中的有效长度 L、通电电流 I、磁感应强度的关系为

$$F = BIL\sin\alpha$$

其中 α 表示导体与磁力线的夹角。

图 4.1-7　左手定则

2. 磁场对通电线圈的作用

研究磁场对通电线圈的作用更有实际意义，直流电动机就是利用这一原理制成的。

如图 4.1-8 所示，在均匀磁场中放置一个可绕轴 oo′ 转动的通电矩形线圈 abcd。已知 ad＝bc＝L_1，ab＝cd＝L_2。由于 ab 边和 cd 边与磁力线平行，不能切割磁力线，因此所受电磁力为零，称为无效边。ad 边和 bc 边与磁力线垂直，绕轴转动时切割磁力线，所受电磁力最大，且 $F_1 = F_2 = BIL_1$。受电磁力作用的两个边称为有效边。

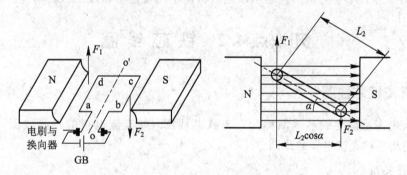

图 4.1-8　磁场对通电线圈的作用

根据左手定则可知，两条有效边的受力大小相等、方向相反且不在同一条直线上，因而形成一对力偶，使线圈绕中心轴转动。

通电线圈在磁场中的转矩等于力偶中的任意一个力与力偶臂的乘积，即

$$M = F_1 \times \frac{ab}{2} + F_2 \times \frac{ab}{2} = F_1 \times ab = BIS \qquad (4.1-10)$$

式中，M 为线圈中受到的电磁转矩，单位为 Nm；B 为均匀磁场的磁感应强度，单位为 T；I 为线圈中的电流，单位为 A；S 为线圈的面积，单位为 m^2。

若线圈转角为 α，则线圈的转矩为

$$M = BIS\cos\alpha \qquad (4.1-11)$$

3. 磁场对通电半导体元件的作用

如图 4.1-9 所示，当电流 I 通过放在磁场中的半导体基片（霍尔元件）且电流方向和磁场方向垂直时，在垂直于电流和磁通的半导体基片的横向侧面上即产生一个电压，这个电压称为霍尔电压 U_H。U_H 的大小与通过的电流 I 和磁感应强度 B 成正比，可用公式表示为

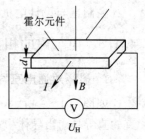

$$U_H = \frac{R_H}{d}IB$$

(4.1-12)　图 4.1-9　霍尔效应

式中：R_H 为霍尔系数；d 为半导体厚度；I 为电流；B 为磁感应强度。

由式(4.1-12)可知，当通过的电流为定值时，产生的霍尔电压与磁感应强度 B 成正比，即霍尔电压随磁感应强度的大小而变化。利用霍尔效应可以做成霍尔式传感器，在汽车上的应用有霍尔式位置传感器、霍尔式转速传感器及霍尔式电子点火器等。

 思考与练习

1. 你是如何理解磁场强度与磁感应强度的？在实际应用中，哪个概念会用得更多？为什么？
2. 由于 $B = \mu H$，因此磁感应强度与磁场强度成正比，请问该结论正确吗？为什么？
3. 为什么变压器、电机、电磁铁等线圈中的铁芯都用铁磁物质？
4. 变压器能将直流低压变成直流高压吗？为什么？
5. 什么叫霍尔效应？
6. 汽车 CD 光盘与磁带的录音原理一样吗？查资料了解。
7. 为什么变压器、电机的铁芯用软磁材料而不用硬磁材料或矩磁材料呢？请讨论。

知识点 4.2　铁芯线圈

4.2.1　直流铁芯线圈

用直流电来励磁的铁芯线圈称为直流铁芯线圈，如直流电机的励磁线圈、直流继电器、电磁铁及各种直流电器的线圈。

1. 电路关系

如图 4.2-1 是直流继电器简图，励磁线圈两端所加的电压为直流电压 U，直流电流产生的磁场是恒定不变的，所以在励磁线圈中没有感应电动势的出现。因此电路电压的平衡方程为

$$U = IR$$

当电压 U 一定时，电流 $I = U/R$ 只取决于线圈本身的电阻值。

2. 磁路关系

电压与线圈匝数都确定时，电流 I 不变，磁动势 IN 也就确定不变。根据磁路欧姆定律可知，磁阻越小，则产

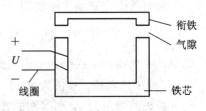

图 4.2-1　直流铁芯线圈

生的磁通越大；反之则越小。如图 4.2-1 所示，当衔铁未吸合前，磁阻最大，磁通最小；当衔铁吸合之后，磁阻最小，磁通最大。

3. 电磁吸力

电磁铁吸力的大小与气隙的截面积成正比，与气隙磁感应强度的平方成正比，其基本公式为

$$F_{吸} = \frac{10^7}{8\pi} B^2 S \text{ (N)} \tag{4.2-1}$$

若磁感应强度 B 的单位为特斯拉（T），铁芯的截面积单位为平方米（m^2），则电磁吸力的单位为牛顿（N）。

直流电磁铁（继电器）在衔铁吸合前电磁吸力最小，吸合后电磁吸力最大。

4. 功率损耗

在直流铁芯线圈电路中，由于直流产生的磁通不变，因此在铁芯上不会产生感应电动势，没有涡流产生，不损耗能量。铁芯可以用整块软钢材料做成，功率损耗只存在于线圈电路，即

$$P = I^2 R$$

4.2.2　交流铁芯线圈

用交流电来励磁的铁芯线圈称为交流铁芯线圈，如交流电机、变压器、交流继电器及各种交流电器的线圈。

1. 磁路关系

如图 4.2-2 所示，设线圈匝数为 N，外加正弦电压为 u，励磁电流为 i，则磁动势为 Ni。交流电流在线圈中产生的磁通绝大部分通过铁芯构成闭合回路。这部分磁通称为主磁通 Φ，也叫工作磁通。由于外加电压为正弦交流，所以产生的主磁通 Φ 也按正弦规律变化。根据电磁感应定律，这种交变的磁通在线圈内会产生反向电动势 e。另外有小部分磁通杂散在线圈周围空间，沿空气或其他非磁性材料闭合，称为漏磁通 Φ_σ。漏磁通同样会产生感应电动势 e_σ。因为空气或非磁性材料的磁导率 μ_0 远小于铁磁材料的磁导率 μ，所以漏磁通数值很小，它对线圈工作的影响可以近似忽略不计。线圈中的电磁关系可表示为

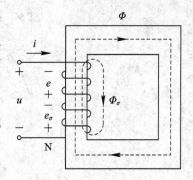

图 4.2-2　交流铁芯线圈

$$u \longrightarrow Ni \begin{cases} \Phi \longrightarrow e = -N\dfrac{\mathrm{d}\Phi}{\mathrm{d}t} \\[2mm] \Phi_\sigma \longrightarrow e_\sigma \end{cases}$$

2. 电路关系

交变的磁通产生了感应电动势，在线圈的两端有 e 与 e_σ 两个感应电动势存在，两个感应电动势是串联关系。另外，线圈本身存在着电阻，电流流过电阻产生电压降 iR。根据基尔霍夫回路电压定律，电路平衡方程为

$$u = -e - e_\sigma + iR$$

由于线圈电阻很小，其上的电压降 iR 很小，漏磁通数值也很小，因此可以将之忽略不计。则电压平衡方程变为

$$u = -e$$

设主磁通为

$$\Phi = \Phi_m \sin\omega t$$

感应电动势为

$$e = -N\frac{\mathrm{d}\Phi}{\mathrm{d}t} = 2\pi fN\Phi_m \sin(\omega t - 90°) = E_m\sin(\omega t - 90°)$$

式中，$E_m = 2\pi fN\Phi_m$，是主磁通感应电动势 e 的最大值，其有效值是

$$E = \frac{E_m}{\sqrt{2}} = \frac{2\pi fN\Phi_m}{\sqrt{2}} = 4.44 fN\Phi_m$$

$$U \approx E = 4.44 fN\Phi_m \qquad (4.2-2)$$

式(4.2-2)说明，在电源电压的有效值 U 和频率 f 保持不变时，只要线圈的匝数 N 保持定值，主磁通的最大值 Φ_m 就基本不变。这个性质也被称为恒磁通原理，它对于分析交流磁路和交流电机、交流电器的工作原理是很有用的。

3. 电磁吸力

线圈外加正弦交流电压 u 产生的磁通 Φ 也按正弦规律变化，电磁吸力在零与最大值之间脉动，如图 4.2-3 所示。可见电磁吸力在一个周期内两次达到最大值。

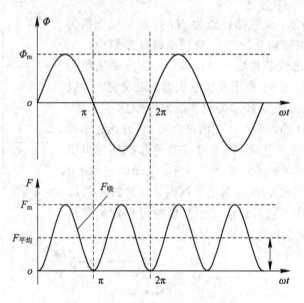

图 4.2-3　交流铁芯线圈电磁吸力

4. 功率损耗

在交流铁芯线圈中，功率损耗不仅有线圈电阻上的有功损耗 I^2R（称为铜损 ΔP_{Cu}），还有铁芯功率损耗（称为铁损 ΔP_{Fe}），其关系与成因可表示为

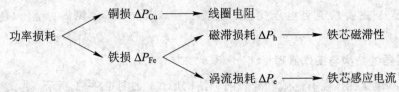

铁损 ΔP_{Fe} 是铁芯产生的功率损耗，它与铁磁材料的性质、线圈结构、交变磁场的频率及磁感应强度的大小都有关系。

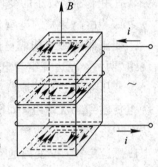

铁损包括磁滞损耗 ΔP_h 与涡流损耗 ΔP_e 两种。磁滞损耗 ΔP_h 是由铁磁材料的磁滞性所产生的，涡流损耗 ΔP_e 是由铁芯中的涡流产生的。如图 4.2-4 所示，由于磁通不断变化，导致铁芯中感应电动势与感应电流的产生，感应电流沿铁芯圆周方向转圈，形成了涡流。为了减小涡流，通常铁芯由非常薄且相互绝缘的硅钢片叠压而成，并使硅钢片与磁力线平行。在高频元件中，为了减小涡流，铁芯材料采用绝缘的颗粒压制而成。

图 4.2-4　涡流

 思考与练习

1. 有一交流铁芯线圈的绕组为 1000 匝，接于 220 V 交流电源上。如果将绕组线圈减少为 600 匝，试分析最大磁通 Φ_m、绕组电流 i 及电动势 E 的变化情况。

2. 有两个相同材料做成的铁芯，上面绕制的线圈的匝数 $N_1 = N_2$，各通以相同的电流 $I_1 = I_2$，磁路的平均长度相等 $l_1 = l_2$，但截面积 $S_1 > S_2$，试分析两者的磁感应强度 B_1、B_2 大小与磁通 Φ_1、Φ_2 大小。

3. 将一空心线圈先后接到直流电源与交流电源上，然后插入铁芯，再次先后接到直流电源与交流电源上。若直流电源电压与交流电源电压有效值相等，比较这四种情况下线圈上电流的大小。

4. 有一个交流励磁的闭合铁芯，如果将铁芯的平均长度增加一倍，试问铁芯中的最大磁通是否有变化？励磁电流有何变化？若是直流励磁的闭合铁芯，情况又是怎样的？

5. 简述直流磁路与交流磁路的不同之处。

6. 磁滞损耗与涡流损耗是由什么原因引起的？其大小与哪些因素有关？

7. 试比较磁路与电路的不同之处。

知识点 4.3　汽车电磁元件与电路

4.3.1　变压器

变压器(Transformer)是利用电磁感应原理来改变交流电压的装置，是电力系统和电子线路中应用最广泛的电磁设备之一。变压器的主要构件是线圈(初级线圈、次级线圈)

和铁芯(磁芯),主要功能有电压变换、电流变换、阻抗变换、隔离、稳压(磁饱和变压器)等。

1. 变压器的结构与工作原理

普通的双绕组变压器有芯式和壳式两种结构形式,如图 4.3-1 所示。芯式变压器的特点是绕组包围铁芯;壳式变压器的特点是部分绕组被铁芯包围,可以不要专门的变压器外壳,适用于容量较小的变压器。

铁芯由高导磁的硅钢片叠压而成,它是变压器的磁路。

变压器的绕组构成电路。绕组有原边绕组(初级或一次绕组)和副边绕组(次级或二次绕组)两种,原边绕组与电源相连,副边绕组与负载相连。

变压器铁芯上的原绕组和副绕组之间有磁耦合关系。变压器依靠磁耦合把能量从一次绕组传输到二次绕组,如图 4.3-2 所示。当匝数为 N_1 的原边绕组接上交流电压 u_1 时,原绕组中将产生交流电流 i_1,磁通势 i_1N_1 产生的交变磁通 Φ 大部分通过铁芯而闭合。根据电磁感应定律,交变磁通 Φ 将同时在原、副绕组中产生感应电动势 e_1 和 e_2。对负载而言,二次绕组中的感应电动势就相当于电源的电动势,该电动势加在负载回路上产生二次电流 i_2,磁通势 i_2N_2 产生的磁通也大部分通过铁芯而闭合。这样,铁芯中的主磁通 Φ 是一个由原、副绕组的磁通势共同产生的合磁通,e_1 和 e_2 也自然是由合磁通 Φ 产生的。另外,磁通势 i_1N_1 和 i_2N_2 还要产生漏磁通 Φ_{01} 和 Φ_{02},它们在各自的绕组中分别产生漏磁电动势 $e_{\sigma1}$ 和 $e_{\sigma1}$。

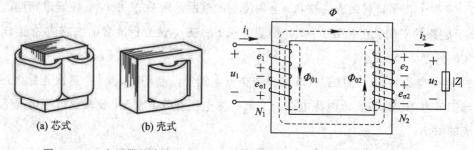

图 4.3-1 变压器的结构   图 4.3-2 变压器的负载运行

1) 电压变换

变压器原边绕组施加额定电压,副边绕组开路(不接负载)的情况,称为空载运行。

设变压器原绕组通过正弦变化的交流电,则产生的磁通也为正弦变化,由式(4.2-2)得出两个绕组的电压分别为(U_{20} 为空载时副边的电压)

$$U_1 \approx E_1 = 4.44fN\Phi_m$$
$$U_{20} \approx E_2 = 4.44fN_2\Phi_m$$

得

$$\frac{U_1}{U_{20}} = \frac{E_1}{E_2} = \frac{N_1}{N_2} = K \tag{4.3-1}$$

式中,K 称为变压器的变比,$K<1$ 为升压变压器,$K>1$ 则为降压变压器。

变压器铭牌上常注明原、副边的额定电压,如"220/20 V",这表明原绕组的额定电压 $U_{1N}=220$ V,副绕组的额定电压 $U_{2N}=20$ V。

2）电流变换

变压器是一个能量传输设备，忽略自身的损耗，则二次侧获得的功率等于一次侧从电网吸取的功率，即 $P_1 = P_2$。由 $P = UI\cos\phi$，得 $U_1 I_1 \approx U_2 I_2$，则原、副绕组电流的有效值的关系为

$$\frac{I_1}{I_2} \approx \frac{U_2}{U_1} = \frac{N_2}{N_1} = \frac{1}{K} \tag{4.3-2}$$

变压器原、副绕组的电流之比为变压器变比的倒数。由式(4.3-2)可知，当变比不变、负载增加时，I_2 和 $I_2 N_2$ 增加，I_1 和 $I_1 N_1$ 也要相应地增大，以抵偿副绕组的电流和磁通势对主磁通的影响，维持主磁通的最大值近似不变。

3）阻抗变换

当变压器的负载阻抗 Z 变化时，i_2 变化，i_1 也要随着变化，Z 对 i_1 的影响可以用一个接在原边的等效阻抗 Z' 来代替，如图 4.3-3 所示。因此，可得出阻抗 Z' 和负载阻抗 Z 的关系。

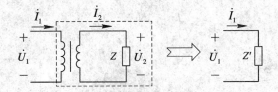

图 4.3-3　变压器的阻抗变换

由 $|Z| = \dfrac{U_2}{I_2}$，$|Z'| = \dfrac{U_1}{I_1}$，得

$$|Z'| = \frac{U_1}{I_1} = \frac{KU_2}{I_2/K} = K^2 \frac{U_2}{I_2} = K^2 |Z| \tag{4.3-3}$$

即变压器的等效负载阻抗模 $|Z'|$ 是负载阻抗模 $|Z|$ 的 K^2 倍。由式(4.3-3)可知，原边的等效阻抗值不仅与 Z 有关，还与变压器匝数比 K 有关，所以在实际中经常采用不同的匝数比把负载阻抗 Z 变换为所需的数值。这种变换方法称为阻抗匹配。

2. 变压器的同名端

1）同名端(同极性端)

所谓同名端就是当电流从两个线圈的同极性端流入(或流出)时，产生的磁通的方向相同；或者当磁通变化(增大或减小)时，在同极性端感应电动势的极性也相同。

2）判断同名端的意义

变压器的原边或副边有两个绕组时，若将两个绕组串联或并联，必须先知道两个绕组的同名端，否则将可能造成事故的发生。

3）变压器绕组同名端的判断

同名端一般用记号"·"或者"＊"标明在变压器上。

由于变压器通常是密闭的，因此没有标明记号时，绕组同名端和实际绕向均无法知道。为了判定变压器两个绕组的同名端，常采取交流法和直流法两种方法判别。下面主要介绍交流法。

用交流法测定绕组极性的电路原理图如图 4.3-4 所示，将副边两个绕组 1、2 和 3、4 的任意两端(如 2 和 3)连接在一起，在原边绕组(如 5、6)两端加一个比较低的便于测量的电压。用电压

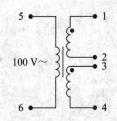

图 4.3-4　变压器同名端

表分别测量 1、4 两端的电压 U_{14} 和两绕组的电压 U_{12} 及 U_{34}，若 U_{14} 的数值是两绕组的电压之差，即 $U_{14} = U_{12} - U_{34}$，则 1 和 4 是同名端；若 U_{14} 是两绕组电压之和，即 $U_{14} = U_{12} + U_{34}$，则 1 和 3 是同名端。

3. 变压器的外特性

变压器原边电压 U_1 为定值，负载性质一定时，变压器副边电压 U_2 会随副边电流 I_2 的变化而变化，这就是变压器的外特性。变压器外特性曲线如图 4.3 - 5 所示。

4. 特殊变压器

1）自耦变压器

图 4.3 - 6 所示是一种自耦变压器，其二次绕组是一次绕组的一部分。一次、二次绕组电压与电流之比是

$$\frac{U_1}{U_{20}} = \frac{E_1}{E_2} = \frac{N_1}{N_2} = K$$

$$\frac{I_1}{I_2} \approx \frac{N_2}{N_1} = \frac{1}{K}$$

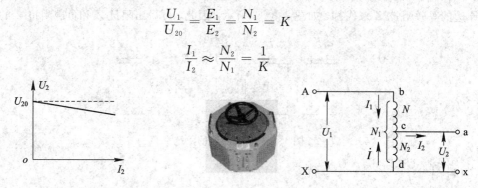

图 4.3 - 5　变压器外特性曲线　　　　图 4.3 - 6　自耦变压器

2）电流互感器

电流互感器是根据变压器的原理制成的，主要用来扩大测量交流电流的量程，也可用于隔离测量仪表与高压电路，保证人身安全与设备安全。

图 4.3 - 7 所示为电流互感器的接线图与符号。一次绕组的匝数少，串联在被测电路中；二次绕组的匝数较多，与电流表或其他仪表相连接。

钳形电流表是电流互感器的一种变形。它在测量交流大电流时，无需断开电源和线路即可直接测量运行中电气设备的工作电流，以便及时了解设备的工作状况，十分方便。如图 4.3 - 8 所示，测量时将钳口压开并将被测导线置于钳口中，这时该导线就是一次绕组，二次绕组在铁芯上并与电流表接通。

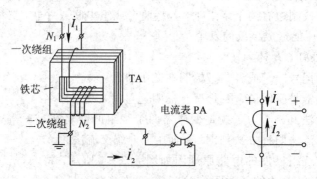

图 4.3 - 7　电流互感器接线与电路符号

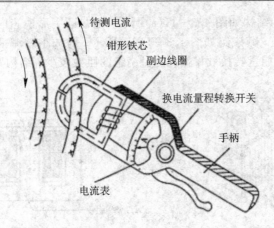

图 4.3-8 钳形电流表

4.3.2 汽车点火线圈与点火电路

1. 点火线圈的作用

用汽油做燃料的内燃机，发动机在压缩行程终了时，需及时用电火花点燃吸入气缸的可燃混合气，并保证可燃混合气充分地燃烧，实现从热能到机械能的顺利转变。电火花由高压尖端放电获得，这个高压通常要求 30 kV 左右。点火线圈的作用就是将蓄电池提供的 12 V 直流电压变成 30 kV 左右的高压。

2. 点火线圈的类型与结构

根据磁路与结构的不同，点火线圈可分为开磁路点火线圈和闭磁路点火线圈两种。

开磁路点火线圈多用于传统点火系统及普通电子点火系统，其结构如图 4.3-9 所示，由铁芯、初级(低压)绕组、次级(高压)绕组、胶木盖、绝缘瓷杯等组成。初级绕组绕在次级绕组的外部，匝数为 220 匝～330 匝，次级绕组匝数为 11 000 匝～23 000 匝。铁芯由硅钢片叠制而成，初级绕组和外壳之间有导磁用的钢片。当一次绕组有电流流过时，铁芯磁化，其磁路如图 4.3-10 所示。由于磁路的上、下部分都是从空气中通过的，铁芯未构成闭合磁路，故称为开磁路式。开磁路点火线圈能量转换效率低，体积大，现已逐渐淘汰。

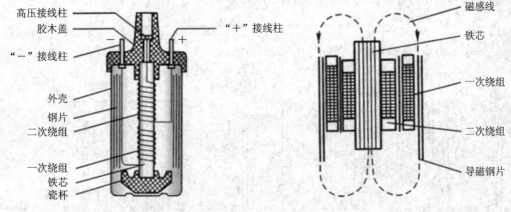

图 4.3-9 开磁路点火线圈　　　　图 4.3-10 开磁路式点火线圈的磁路

闭磁路式点火线圈体积小，可直接装在分电器盖上，不仅结构紧凑，而且省去了点火线圈与分电器之间的高压导线，并可使二次侧电容减小，在电子点火系统中广泛采用。

闭磁路点火线圈的结构如图 4.3－11(a)所示,在"日"字形铁芯内绕有初级绕组,在初级绕组外绕有次级绕组,其磁路如图 4.3－11(b)所示。为减小磁滞损耗,磁路中只有很小的气隙,故漏磁较少,能量转换效率高;同时绕组的匝数较少,结构紧凑,体积小。

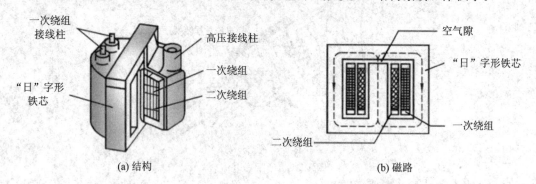

图 4.3－11　闭磁路点火线圈的结构和磁路

3. 点火线圈的万用表检测

用万用表测量点火线圈的初级绕组、次级绕组及附加电阻的电阻值时,结果应符合技术标准,否则说明有故障,应予以更换。

(1) 检查初级绕组电阻。用万用表电阻挡测量"＋""－"端子间的电阻,初级绕组匝数少,故电阻值较小,一般(冷态)为 $1.3\ \Omega\sim1.6\ \Omega$。

(2) 检查次级绕组电阻。用万用表电阻挡测量"＋"与中央高压端子间的电阻。次级绕组匝数多,故电阻值较大,一般(冷态)为 $10.7\ \mathrm{k}\Omega\sim14.5\ \mathrm{k}\Omega$。

(3) 检查附加电阻器的电阻。具有附加电阻的点火线圈可用万用表直接测量电阻器的电阻值,一般(冷态)为 $1.3\ \Omega\sim1.5\ \Omega$。

4. 点火电路

1) 传统点火系统

(1) 结构。

传统点火系统由电源(蓄电池和发电机)、点火开关 SW、点火线圈、分电器(断电器和配电器等)和火花塞等组成,如图 4.3－12 所示。

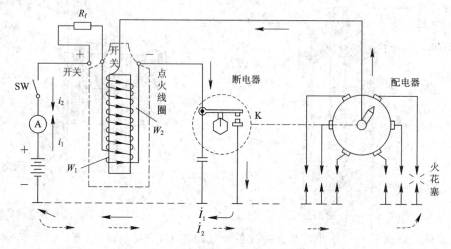

图 4.3－12　传统点火系统的工作原理示意图

① 电源：作用是给点火系统提供电能，电压为 12 V。

② 点火开关：作用是接通和切断点火系统的低压电路。

③ 点火线圈：作用是将 12 V 的低压电转变成为 30 kV 左右的高压电。

④ 分电器：作用是接通或断开点火线圈的初级电路，使点火线圈产生高压电，并按各缸的点火顺序，将高压电分送到火花塞。分电器主要由配电器和断电器组成，断电器的作用是接通或切断低压电路，使点火线圈产生高压电；配电器的作用是按发动机的点火顺序向各气缸火花塞分配高压电。

⑤ 电容器：与断电器并联，作用是当断电器触点断开时吸收初级线圈的自感电动势，减小断电器触点的火花，延长触点的使用寿命，并提高点火线圈的高压电。

⑥ 火花塞：作用是将点火线圈产生的高压电引入发动机气缸的燃烧室，并在其间隙中产生电火花，点燃可燃混合气。

在传统点火系统中，由蓄电池或发电机供给的 12 V 低电压经断电器和点火线圈转变为 15 kV～30 kV 的高压电，再经配电器分送到各缸火花塞，使电极间产生能量足够的电火花。

（2）电路。

① 低压电路。

发动机工作时，断电器连同凸轮一起在发动机凸轮轴的驱动下旋转，使断电器触点反复地开闭，接通与切断点火线圈初级绕组的电流。点火开关 SW 接通、断电器触点 K 闭合时，点火线圈初级绕组电流回路为：蓄电池正极→电流表→点火开关 SW→附加电阻 R_f→点火线圈初级绕组 W_1→断电器触点 K→搭铁（蓄电池负极）。

② 高压电路。

触点 K 断开时切断初级电路，绕组中的电流 i_1 迅速下降，铁芯中的磁场迅速减弱，磁场的变化导致次级绕组 W_2 中感应出高压电动势。由于次级绕组匝数多，绕组中感应电动势可达 15 kV～30 kV（次级高压），击穿火花塞间隙，产生电火花。次级电流回路为：点火线圈次级绕组 W_2→附加电阻 R_f→点火开关 SW→电流表→蓄电池正极→蓄电池负极（搭铁）→火花塞旁电极→火花塞中心电极→分高压线→配电器旁电极→分火头→中心高压线→点火线圈的次级绕组。

由以上分析可见，传统点火系统的工作过程可分为三个阶段：断电器触点闭合，初级电流增大；触点断开，初级电流迅速减小，次级绕组产生高压电；火花塞间隙被击穿，产生电火花，点燃气缸中的可燃混合气。

传统点火电路结构简单，成本低，应用较早。其缺点是工作可靠性差，点火状况受转速、触点技术影响较大，需经常维修、调整。

2）电子点火系统

电子点火系统又称为半导体点火系统或晶体管点火系统，它是在传统点火系统的基础上利用半导体元器件（三极管、场效应管、IGBT(Insulated Gate Bipolar Translator，绝缘栅双极型晶体管)管等）组成电子开关电路，代替传统点火系统中的断电器触点，接通与断开点火线圈的低压侧回路。电子开关接通与断开低压侧电路的时刻，由点火信号发生器根据各缸点火时刻产生的点火信号来控制，其电路原理如图 4.3 - 13 所示。

电子点火系统是第三代点火装置，具有次级电压上升速度更快，点火能量大，对火花塞积炭不敏感，高速可靠等优点。

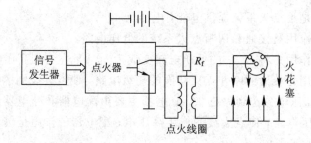

图 4.3-13　普通电子点火系统原理图

3）微机点火系统

电子技术的高速发展与超微计算机的突飞猛进，使微机控制的点火系统在汽车上广泛应用，这是现代科技发展的必然结果。微机控制的点火系统是在普通电子点火系统的基础上，利用电子控制单元（Electronic Control Unit，ECU）产生点火信号来控制点火开关的接通与断开。电子控制单元根据发动机各传感器输入的适时信息及内存的数据，进行运算、处理、判断，然后输出指令控制执行器（点火器）动作，实现对点火信号的精确控制，其原理图如图 4.3-14 所示。

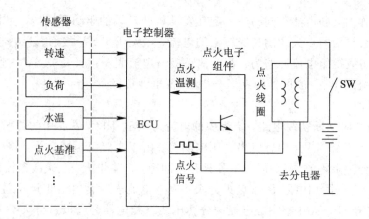

图 4.3-14　微机控制点火系统原理图

采用微机控制的点火系统可使发动机实际点火提前角接近理想点火提前角。在各种运行条件下，点火提前角可获得精确的控制，发动机运行更平稳，排放污染最低，油耗最小。

4.3.3　电磁铁

通电导体可产生磁场，磁场对衔铁有吸引力作用，根据这一现象，科学家们研制出了电磁铁。电磁铁是利用铁芯线圈通电后产生的吸引力使衔铁动作的。衔铁的动作可以使其他机械装置产生联动，从而完成某一个所执行的动作。当电源断开时，电磁铁的磁性随之消失，衔铁或其他部件即被释放。为了使电磁铁断电后立即消磁，往往采用消磁较快的软铁或硅钢材料来制作铁芯。

电磁铁电磁吸力的大小与电磁铁的磁性强弱成正比，因此改变流过线圈的电流强度或线圈的匝数可调整电磁吸力的大小。

1. 电磁铁的结构

电磁铁由线圈、铁芯及衔铁三部分组成。图 4.3-15 所示为电磁铁的几种结构。

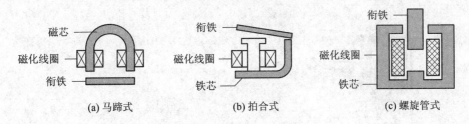

(a) 马蹄式　　　　　　　　(b) 拍合式　　　　　　　(c) 螺旋管式

图 4.3-15　电磁铁的几种结构形式

2. 电磁铁的类型

按励磁电流来分，电磁铁分为直流和交流两种。

直流电磁铁与交流电磁铁的结构基本相同。不同的是，直流电磁铁中的磁通是恒定的，铁芯没有损耗，是用整块软钢制成的；而交流电磁铁中的铁芯通常采用片状的硅钢片叠成，以减少损耗。

3. 电磁铁的应用

电磁铁在我们的日常生活中有着极其广泛的应用。在汽车上，许多控制部件或执行部件都是利用电磁铁的特点制成的。例如汽车上的各种电磁阀、继电器都属于直流铁芯线圈的范畴，都是靠线圈中通过的电流产生电磁力而工作的。不同的是，电磁铁是靠衔铁或铁芯(柱塞)的运动来带动机械传动机构完成某一执行动作的；电磁阀是靠铁芯(柱塞)的运动来带动某个流体管路中阀片(或阀球)的打开或闭合的；而继电器中的衔铁运动带动的是受控电路中触点的打开或闭合。

4.3.4　电磁阀

电磁阀(Electromagnetic Valve)是用来控制流体的自动化基础元件，属于执行器。电磁阀在工业控制系统中用来调整介质的方向、流量、速度和其他参数，并不限于液压与气动控制。同时，电磁阀可以配合不同的电路来实现预期的控制，控制的精度和灵活性都能够得到保证，如汽车的燃油喷射电磁阀、换挡电磁阀、锁止电磁针阀、调压电磁针阀等。

电磁阀就是利用电磁铁的功能，通过不同的设计将电磁铁安装在阀体上，通过机械传动方式来控制阀芯的传动方向，从而完成阀门的开关动作，实现自动化控制。

1. 电磁阀的结构与电路符号

电磁阀的一般结构与电路符号如图 4.3-16 所示。当电磁线圈通电时，电流流过线圈产生磁场，磁场吸引动铁芯及其组件移动，打开阀门。当电磁线圈断电时，铁芯失磁，在弹簧的压力下回位，阀门关闭。电磁阀有动合(常开)与动断(常闭)两种，其电路符号如图4.3-16(b)所示。

2. 汽车电磁阀的工作方式

电磁阀种类繁多，汽车上的电磁阀按其工作方式分为开关式电磁阀和脉冲式电磁阀两种。

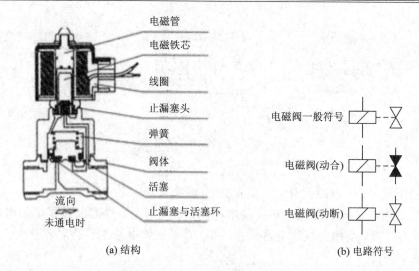

(a) 结构　　　　　　　　(b) 电路符号

图 4.3 - 16　电磁阀的结构与电路符号

1) 开关式电磁阀

开关式电磁阀常用于开启或关闭某一油路，如汽车变速器液压油路。开关式电磁阀只有全开与全关两种工作状态。以常开电磁阀为例，当电磁线圈不通电时，阀芯被油压推开，打开泄油口，电磁阀对控制油路泄压，油路压力为零。当电磁线圈通电时，阀芯在电磁线圈的磁力作用下移动，关闭泄油口，油路压力上升。

开关式电磁阀的工作电压是恒定不变的，可与电源电压直接相连，如图 4.3 - 17 所示。当电子控制单元送来的控制信号为高电位时，电子开关 V 导通，电流由蓄电池正极出发，经电磁线圈、电子开关 V 到地，构成一条回路，此时电磁线圈通电。当电子控制单元发送来的控制信号为低电位时，电子开关 V 断开，电磁线圈断电。

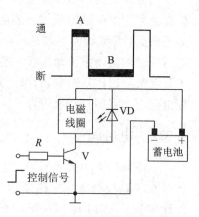

图 4.3 - 17　开关式电磁阀电路图

2) 脉冲式电磁阀

脉冲式电磁阀常用于控制油路中油的流量与油压的大小，其结构与开关式电磁阀基本相同。不同的是，脉冲式电磁阀的工作电信号不是恒定不变的，而是一个脉冲。电磁阀在脉冲电压的作用下，不断反复地开启与关闭泄油口，电子控制单元通过调整脉冲信号的占空比（或频率），改变电磁阀开启与关闭的时间比（或开启频率），从而达到控制油路压力的目的。占空比越大（或频率越高），油压越低；占空比越小（或频率越低），油压越高。

图 4.3 - 18 所示为电磁阀的控制信号。在一个周期内，脉宽与信号周期之比称为占空比，用公式可表示为

$$D = \frac{T_{\text{on}}}{T} = \frac{T_{\text{on}}}{T_{\text{on}} + T_{\text{off}}} \tag{4.3 - 4}$$

式中，T_{on} 为脉冲宽度，电子开关的导通时间（即电磁阀开启的时间）；T_{off} 为间歇时间，电子开关的关闭时间（即电磁阀关断的时间）。

脉冲电磁阀受脉冲信号控制,一般不与电源直接相连,如图 4.3 - 19 所示。

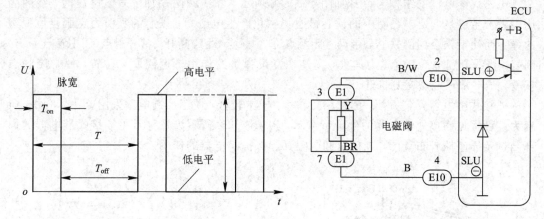

图 4.3 - 18　脉冲控制波形　　　　　　　　图 4.3 - 19　脉冲电磁阀电路

3. 电磁阀的检测

1) 电磁线圈的检测

选择万用表的电阻挡测量电磁线圈的电阻值时,结果应符合技术标准。当电阻值为零或无穷大时,说明线圈有短路或开路故障。

当电磁线圈通电后,用小螺丝刀放置于电磁线圈侧,应感觉到磁性。

2) 阀芯的检测

电磁阀不通电时,在非连接端侧按要求加压缩气体,应不漏气。电磁阀加额定电压,则电磁阀按要求打开。

4. 电磁阀的常见故障

(1) 电磁阀通电后不工作:首先可用小螺丝刀感觉是否有磁性,若有磁性,则进一步检查阀芯;若无磁性则检查电源是否连接,信号电压是否低于额定值,接口是否脱焊,线圈是否短路、断路。

(2) 电磁阀不能关断:首先检测阀芯是否能正常工作,再检测控制信号频率是否与电磁阀不匹配。

(3) 泄漏:泄漏一般由密封老化或安装松动引起。

4.3.5　继电器

继电器是具有隔离功能的自动开关元件,广泛应用于遥控、遥测、通讯、自动控制、机电一体化及电力电子设备中,是最重要的控制元件之一。

汽车上许多电器部件需要用开关进行控制。汽车电气系统电压较低,而具有一定功率的电器部件的工作电流较大,一般在几十安以上,这样大的电流如果直接用开关或按键进行通断控制,开关或按键的触点将因无法承受大电流的通过而烧蚀。继电器是一种用小电流控制大电流的开关器件。

1. 继电器的结构类型与电路符号

汽车控制电路继电器常用的有电磁式继电器和干簧式继电器,其中电磁式继电器又可分为接柱式继电器和插接式继电器两种。

　　电磁式继电器的结构与符号如图 4.3-20 所示。当线圈两端加上直流电压时，线圈的周围就产生磁场，处于线圈中的铁芯被磁场磁化产生电磁力；铁芯的吸引力克服复位弹簧的弹力而使衔铁吸向静铁芯，带动常闭触点(图中触点 3、5)断开，常开触点(图中触点 3、4)闭合；当线圈断电后，电磁力消失，衔铁在复位弹簧的作用下返回原来位置，使常闭触点恢复闭合，常开触点恢复打开。

　　插接式继电器安装方便，体积相对较小，成本较低，便于控制电路采用。图 4.3-21 所示为几种常见插接式继电器的外形示意图，图 4.3-22 所示为几种常见插接式继电器的内部结构及插座插脚布置图，二极管和电阻都起保护继电器的作用。

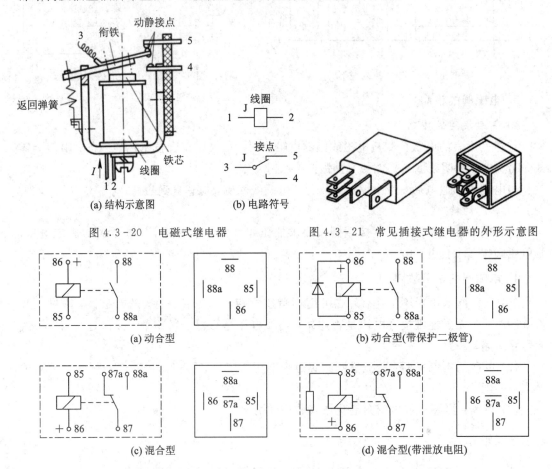

图 4.3-20　电磁式继电器　　　　　　图 4.3-21　常见插接式继电器的外形示意图

图 4.3-22　常见插接继电器的内部结构及插座插脚布置

2. 继电器的检测与故障

1) 继电器的检测

　　继电器的检测通常分为两个部分，一是励磁绕组的检测，二是触点的通断检测。图 4.3-22 所示为汽车电路中常用的插接继电器，85 与 86 之间为励磁绕组，88 与 88a(87 与 88a)为常开触点，87 与 87a 为常闭触点。

　　断电测量：选择万用表的电阻挡测量励磁绕组之间的电阻值时，结果应该符合技术要求(正常电阻值在一百至几百欧姆)，否则应予以更换。选择万用表的电阻挡或通断挡，测量常闭触点与常开触点，应为零（接近于零）或者无穷大；否则应予以更换。

通电测量：将继电器额定工作电压加到励磁绕组（正常可听到轻微的咔哒声，说明触点已动作），用万用表电阻挡或通断挡测量常闭触点与常开触点，应为无穷大与零（接近于零）；否则应予以更换。

2）继电器故障

继电器发生故障通常也体现在两个方面，一是感应机构励磁绕组开路或烧蚀，绕组接口接触不良或脱焊；二是执行机构触点接触不良、烧蚀、粘连。值得注意的是，当继电器所加电压低于额定电压时，也将导致触点不动作。

3. 继电器电路分析

1）喇叭继电器电路

用继电器控制的电喇叭电流较大（15 A～20 A），用按钮直接控制易烧蚀触点，故用小电流控制，见图 4.3 - 23。

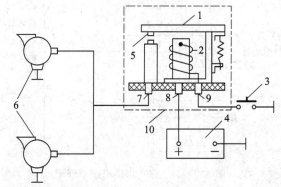

1—触点臂；2—线圈；3—按钮；4—蓄电池；5—触点；6—喇叭；
7—喇叭接柱(H)；8—电池接柱(B)；9—按钮接柱；10—喇叭继电器

图 4.3 - 23　继电器与电喇叭的连接

两喇叭并联后与喇叭继电器触点 5 串联，喇叭按钮 3 控制继电器线圈 2。当按下转向盘上的喇叭按钮 3 时，蓄电池便经喇叭继电器线圈 2 通过小电流（电流回路是蓄电池"＋"极→电池接柱 8→继电器线圈 2→按钮接柱 9→按钮 3→搭铁→蓄电池"－"极），使继电器铁芯产生电磁吸力，将继电器触点 5 闭合，接通喇叭电路（大电流回路是蓄电池"＋"极→电池接柱 8→继电器支架→衔铁 1→触点 5→喇叭接柱 7→喇叭 6→搭铁→蓄电池"－"极），喇叭发出声音。松开喇叭按钮 3 时，继电器线圈 2 断电，铁芯电磁吸力消失，触点 5 在弹簧弹力作用下张开，切断了喇叭电路，喇叭停止发声。可见，喇叭继电器的作用就是利用铁芯线圈的小电流控制触点的大电流，从而保护转向盘按钮触点。因此喇叭继电器损坏后，不能将喇叭按钮直接接入喇叭电路中，否则将烧毁按钮。

2）启动继电器电路

在采用电磁啮合式启动机的启动电路中，通常将启动开关与点火开关制成一体。由于通过启动机电磁开关（吸引线圈和保持线圈）的电流很大（大功率启动机电流可达 30 A～40 A），容易导致点火开关损坏。因此，在汽车点火开关和启动机电磁开关之间装有启动继电器，如图 4.3 - 24 所示。

（1）一次控制回路：点火启动开关 S 闭合时，电流经蓄电池正极→继电器线圈→接地，形成闭合回路，继电器动作，使活动触点与固定触点吸合。

（2）二次控制回路：电流经蓄电池正极→启动继电器接线柱 A→衔铁→活动触点→固定触点→启动机电磁开关接线柱 C→保持线圈→启动机→接地，给启动机一个小电流，使发动机柔性啮合启动。

同时，电流经启动机电磁开关接线柱 C→吸引线圈→接地，使活动接触盘与固定触点吸合。

（3）主回路：电流经蓄电池正极→启动继电器接线柱 A→启动机电磁开关 B 点→连通M 点→启动机→接地，形成闭合回路，启动机启动。

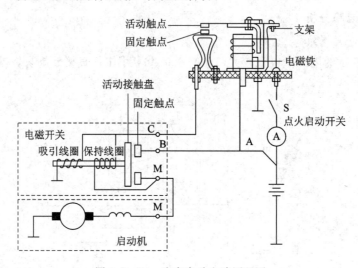

图 4.3 - 24　汽车启动电路原理图

3）倒车警报器电路

为了在倒车时警告车后的行人和车辆，有的汽车尾部装有倒车警报器，它和倒车灯一起由安装在变速器盖上的倒车灯开关控制。倒车警报器电路如图 4.3 - 25 所示。

倒车警报器的工作原理：当变速杆挂入倒挡位置时，接通倒车灯开关 2，倒车灯 3 被点亮，喇叭 5 也同时发声（通过喇叭 5 的电流由倒车灯开关 2→继电器触点→喇叭→搭铁）；喇叭发出响声时，电磁线圈 L_1 和 L_2 中均有电流通过，流经线圈 L_2 的电流经电容器 6 构成回路，电容器被充电；电

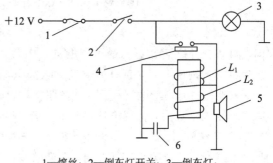

1—熔丝；2—倒车灯开关；3—倒车灯；
4—继电器触点；5—喇叭；6—电容器

图 4.3 - 25　倒车警报器电路

容充电的一瞬间相当于短路，则流入线圈 L_1 和 L_2 的电流大小相等，方向相反，产生的电磁力相互抵消，两电磁线圈产生的合电磁力很弱，触点 4 仍然闭合；随着电容器的充电，电容器的两端电压逐渐升高，流入线圈 L_2 的电流减小；当线圈 L_1 产生的电磁力大于线圈 L_2 产生的电磁力并达到一定值时，可使触点吸开，从而断开喇叭电路，使喇叭停止发声；当触点断开后，电容器经线圈 L_2 和线圈 L_1 放电，使两线圈产生的电磁力相同，触点仍然断开；当电容器放电使其两端的电压下降到一定值时，线圈的电磁力大大减弱，触点又重

新闭合，喇叭又通电发声；于是电容器又开始充电，以后重复上述过程。触点反复断开、闭合，倒车警报器就发出断续的响声，从而起到警告的作用。

除以上几种应用外，继电器在汽车上的应用相当广泛，分析应用电路时要抓住继电器用小电流控制大电流这个主要特征。

4.3.6 磁感应式传感器

1. 磁感应式传感器的工作原理

磁感应式传感器是利用电磁感应原理工作的，一般由信号转子与铁芯线圈构成，如图 4.3-26 所示。在信号转子转动时，通过铁芯线圈的磁通发生变化，线圈内感应电动势的方向发生交变变化，线圈两端输出交变信号（正脉冲或负脉冲信号）。

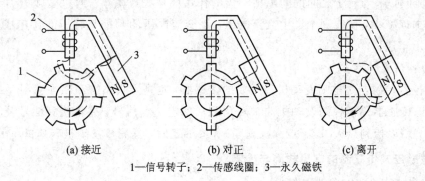

(a) 接近　　　　　　　(b) 对正　　　　　　　(c) 离开

1—信号转子；2—传感线圈；3—永久磁铁

图 4.3-26 磁感应式传感器工作原理

磁通路径：永久磁铁 N 极→铁芯与转子间的气隙→转子凸齿→转子凸齿与磁头间的气隙→磁头→导磁板→永久磁铁 S 极。

根据磁路欧姆定律，当磁通势一定的情况下，磁通与磁阻成反比。在信号转子旋转时，磁路中的气隙就会周期性地发生变化，磁路的磁阻和穿过信号线圈磁头的磁通量随之发生周期性变化。由电磁感应原理可知，铁芯线圈中就会感应产生交变电动势。

通过对信号转子旋转的 3 个不同状态的分析，得到传感线圈中磁通和感应电动势的波形变化如图 4.3-27 所示。

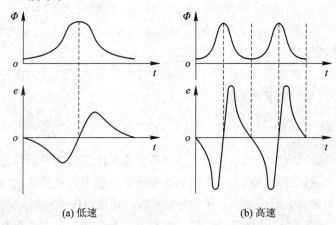

(a) 低速　　　　　　　　　　　(b) 高速

图 4.3-27 传感线圈中磁通和感应电动势的波形

（1）当信号转子凸齿逐渐靠近铁芯时，凸齿与铁芯之间的空气隙逐渐减小，主磁路的总磁阻逐渐减小，通过传感线圈的磁通量 Φ 逐渐增大，磁通变化率 $\mathrm{d}\Phi/\mathrm{d}t>0$。

（2）当信号转子凸轮与铁芯中心线正好对正时，凸齿与铁芯之间的空气隙最小，主磁路的总磁阻最小，通过传感线圈的磁通量 Φ 最大，但磁通变化率 $\mathrm{d}\Phi/\mathrm{d}t=0$。

（3）信号转子凸齿逐渐离开铁芯，凸齿与铁芯之间的空气隙逐渐增大，主磁路的总磁阻逐渐增大，通过传感线圈的磁通量 Φ 逐渐减小，磁通变化率 $\mathrm{d}\Phi/\mathrm{d}t<0$。

2. 磁感应式传感器在汽车上的应用

1）车速传感器

将磁感应式传感器装在变速器输出轴上，与轴作为一个整体旋转。当变速器输出轴旋转时，磁轭（前端）与转子之间的间隙由于齿的作用而增大或减小。通过磁轭磁力线的数目也相应增加或减小，使线圈中产生交流电压。该交流电压的频率与转子的转速成正比，因此可以指示车速。

2）曲轴位置传感器

曲轴位置传感器是电喷发动机最重要的传感器，也是点火系统和燃油喷射系统共用的传感器。该传感器用于检测发动机曲轴转角和活塞上止点信号，并将检测信号及时送至发动机电脑，用以控制点火时刻（点火提前角）和喷油正时，是测量发动机转速的信号源。

3. 磁感应式传感器的常见故障与检测

1）磁感应式传感器的常见故障

磁感应式传感器的常见故障有：信号发生器的感应线圈断路、短路；转子轴磨损、松动；感应线圈与导磁铁芯组件发生移动，转子与磁头之间的气隙不当，导致信号减弱或无信号产生；正时转子轮齿间有脏物，输出信号异形、不准确等。

2）磁感应式传感器的检测

电阻检测：用万用表的电阻挡测量传感器线圈的电阻值，电阻值应符合技术标准。如电阻值不在规定的范围内，应以更换。

信号检测：用万用表的交流电压挡检测传感器的输出信号，正常值应随信号盘转速的升高而升高。若输出信号不变，则传感器无信号输出，说明传感器故障。

示波器检测：当信号盘转速低时，输出波形幅值小，输出波形随信号盘转速的加快而幅值增大，且越快波形越密集。

间隙检测：测量正时转子与感应线圈凸起部分的空气间隙，其间隙应符合技术标准。若间隙不符合要求，则须调整或更换。

 思考与练习

1. 若交流电磁铁出现卡滞无法吸合，将导致什么情况的出现？如果是直流电磁铁呢？

2. 直流电磁铁的铁芯用硅钢片叠压可否？交流电磁铁可否用整块硅钢做成，为什么？

3. 有一直流电磁铁，不小心铁芯从中断裂，请问还可以继续用吗？

4. 查资料，了解汽车各控制系统中用了哪些电磁阀，其工作方式是怎样的？

5. 查资料，了解什么是电动阀，电动阀与电磁阀有何区别？

6. 若有一个电磁阀不工作，请简述你的检修思路及具体做法。

7. 简述开关型电磁阀与脉冲电磁阀有何区别，在检测时应注意什么？

8. 继电器实质是一个什么元件？在电路中使用继电器的目的是什么？

9. 在汽车电路里，除书上所讲之外，还有哪些地方用到了继电器？

10. 汽车雾灯使用继电器进行控制，为什么顶灯、行李厢灯等不用继电器控制？

11. 在带泄放电阻的继电器中，电阻的作用是什么？如何检测该继电器线圈的好坏？如何判断常断与常闭开关触点？

12. 分析桑塔纳 2000 雾灯控制电路的工作过程。

13. 对于有继电器控制的电路，如何去正确进行分析？当负载不工作时，一定是负载回路有故障吗？

14. 目前汽车上的传感器众多，查一查资料有哪些传感器是电磁感应式？

15. 电磁感应式传感器有何优缺点？

16. 用万用表如何检测出电磁感应式传感器的好坏？

17. 车速传感器若安装不当，对正常工作有什么影响？

18. 请简述点火线圈的工作原理。

19. 如何用万用表检测点火线圈低压绕组与高压绕组是否有断路、短路、搭铁故障？

20. 请分析在图 4.3-13 中，点火器电子开关元件断开与接通时的低压与高压回路。

21. 简述传统触点式点火系统、电子点火系统、微机控制点火系统各自的优缺点。

22. 一点火线圈，经万用表测量后发现各电阻值符合技术标准，但在进行外观检查时，发现外壳有破损的现象。试问：点火线圈是否可以继续使用？

23. 点火线圈实质上就是一个变压器，对吗？为什么？

24. 有一点火线圈，一次绕组为 220 匝，二次绕组为 11 000 匝，要将 12 V 直流变成所需高压，能否用公式 $\dfrac{U_1}{U_2}=\dfrac{N_1}{N_2}$ 计算高压值？

25. 比较点火线圈与变压器工作形式有什么不一样。

项目 5　汽车电机的检测与控制

情境导入

　　电机(俗称马达)将电能转换为机械能,在电路中用字母"M"(旧标准用"D")表示。它的主要作用是产生驱动转矩,作为各种机械的动力源。在车辆系统中,电机可以处理能量源所提供的能量并向驱动桥传递功率和转矩。当车辆制动时,电机还能提供一个反方向的将车轮的机械能向电能转化的功率流过程。

项目概况

　　电机作为电路中重要的执行机构,汽车中采用较多。本项目从基本电机现象入手,依据电磁理论,归纳了电机的基本工作原理及基本结构。在总的原理与结构框架下,逐一介绍了直流电动机、三相交流电动机及控制电机的结构特点、工作特性及调速、反转等控制,并对常用的电路进行了分析,为工作中选择、检测电动机提供理论依据,为电路分析与故障排除打下基础。

项目描述

　　汽车维修厂家要维修一台启动困难的燃油汽车,怀疑启动机(见图 5-1)出故障而拆下进行检测,检测内容如下:

1. 解体前检测

(1)传动机构检测;(2)启动继电器检测;(3)电磁开关检测。

2. 解体后检测

(1)磁场绕组检测;(2)电枢检测;(3)电刷与电刷架的检测。

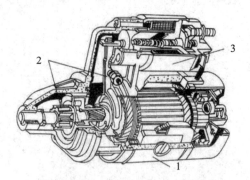

1—直流电动机;2—传动机构;3—操纵装置

图 5-1　汽车启动机

项目任务分解与实施

任务分解	知识点链接	学生技能培养	任务实施
任务 5.1	5.2 直流电动机	汽车启动机的拆装与检测	见工作单任务 5.1
任务 5.2	5.3 三相交流电动机	三相异步电动机的检测与启动	见工作单任务 5.2
任务 5.3	5.3 三相交流电动机	三相异步电动机的正反转控制	见工作单任务 5.3
任务 5.4	5.4 控制电机	车用小型电动机的检测	见工作单任务 5.4

知识导航

知识点 5.1　电 机 概 述

5.1.1　基本电机现象

电机在电动机模式下将电能转换为机械能，在发电机模式下将机械能转换为电能。通过控制算法上的适当改变，一台电机既可以作为电动机又可以作为发电机。解释以上发生机电能量转换的现象是：

（1）带电导体在磁场所中受到电磁力的作用；

（2）导体作切割磁力线运动时，就会在导体中产生感应电动势。

如图 5.1-1 所示，若线圈在外力的作用下沿中心轴旋转，则线圈切割磁力线产生感应电动势，为发电机。若线圈通以电流，则线圈在磁场中受到力的作用而旋转，为电动机。基于以上原理，电机都有两大基本部分——固定不动的定子与旋转的转子。

电动机转矩产生利用了两种基本电磁理论：利用"安培力原理"，通电导体在磁场所中受到力的作用；应用"磁

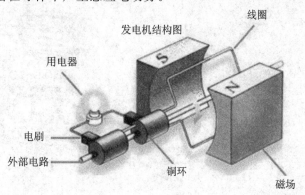

图 5.1-1　发电机原理

阻最小原理"，磁通总要沿着磁阻最小的路径闭合。直流、交流和永磁电机是基于"安培力原理"工作的，开关磁阻电机与同步磁阻电机是基于"磁阻最小原理"工作的。

5.1.2　汽车电动机的种类

电机根据能量的转换形式分为两大类，即发电机与电动机。电动机的分类根据其电源及使用的具体要求，有很多种。应用于汽车上的电动机，有三相交流电动机、直流电动机与控制电动机三种，如图 5.1-2 所示。

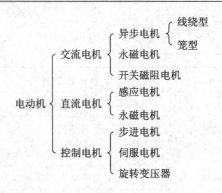

图 5.1-2　汽车电动机分类

知识点 5.2　直流电动机

燃油汽车上的电动机均为直流电动机，如启动机、刮水电动机、车窗电动机、门锁电动机等。新能源汽车的常规蓄电池与燃油汽车一样，常规用电器所用到的电动机都是直流电动机。

5.2.1　电磁式直流电动机

燃油汽车的启动机主要部件就是直流电动机。

1. 直流电动机的结构

如图 5.2-1 所示为直流电动机的结构。直流电动机由定子(磁极)、转子(电枢)、电刷等部分组成。定子与转子之间有空隙，称为气隙。

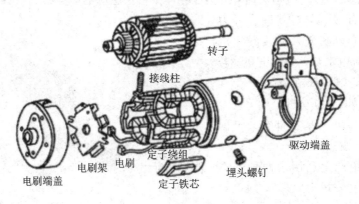

图 5.2-1　启动用直流电动机结构

1) 机壳

启动机机壳的一端有 4 个检查窗口，中部只有一个电流输入接线柱，并在内部与励磁绕组的一端相连。端盖分前、后两个，前端盖由钢板压制而成，后端盖由灰铸铁浇制而成，呈缺口杯状。它们的中心均压装着青铜石墨轴承套或铁基含油轴承套，外围有 2 个或 4 个组装螺孔。电刷装在前端盖内，后端盖上有拨叉座，盖口有凸缘和安装螺孔，还有拧紧中间轴承板的螺钉孔。

2) 定子总成

为了区别于发电机的定子，直流电动机的定子称为磁极。磁极由极靴(定子铁芯)与磁场绕组(定子绕组)组成。磁场绕组绕在极靴上,如图 5.2-2 所示。磁场绕组固定到启动机外壳里面,如图 5.2-3 所示。用铸钢制造的极靴和启动机外壳连接在一起,可增加磁场绕组的磁场强度,如图 5.2-4 所示。

磁场绕组与电枢绕组的接法有串联接法与复式接法两种,如图 5.2-5 所示。复式接法可以在绕组铜条截面尺寸相同的情况下增大启动电流,从而增大转矩。

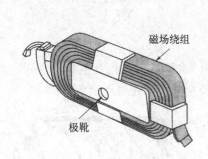

图 5.2-2 磁场绕组

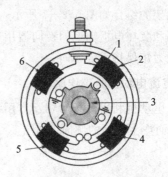

1、4、5、6—磁场绕组;2—外壳;3—电枢

图 5.2-3 磁场绕组与机壳的组装

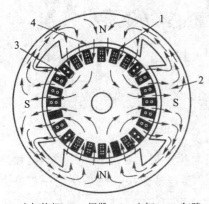

1—电枢绕组;2—极靴;3—电枢;4—气隙

图 5.2-4 磁场绕组形成的磁场

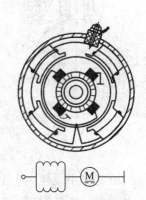

(a) 四个绕组相互串联   (b) 两个绕组并联后再串联

1—接线柱;2—磁场绕组;3—绝缘电刷;4—搭铁电刷;5—换向器

图 5.2-5 磁场绕组的连接方式

3) 转子总成

直流电动机的转子又称为电枢。电枢由若干薄的、外圆带槽的硅钢片叠成的铁芯和电枢绕组组成。铁芯的叠片结构可以减小涡流电流。电枢绕组安装在叠片外径边缘的槽内,绕组线圈接在换向器铜片上,电枢安装在电枢轴上。图 5.2-6 所示为电枢总成。

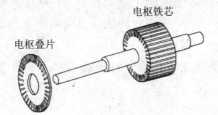

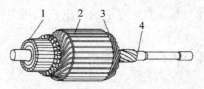

1—换向器;2—铁芯;3—绕组;4—电枢轴

图 5.2-6 电枢总成

4）换向器及电刷

换向器由许多换向片组成，换向片的内侧制成燕尾形，嵌装在轴套上，其外圆车成圆形。换向片与换向片之间均用云母绝缘。电刷架一般为框式结构，其中正极刷架与端盖绝缘安装，负极刷架直接搭铁。刷架上装有弹性较好的盘形弹簧。电刷由铜粉与石墨粉压制而成，呈棕红色，装在端盖上的电刷架中，通过电刷弹簧保持与换向片之间的适当压力。电刷与刷架的组合如图 5.2-7 所示。

电刷和装在电枢轴上的换向器用来连接磁场绕组和电枢绕组的电路，并使电枢轴上产生的电磁力矩保持固定方向。

2. 直流电动机的工作原理

直流电动机利用磁场的相互作用将电能转化成机械能，在磁场内通电导线受到磁场力的作用，而产生移动的倾向。如图 5.2-8 所示为直流电动机工作原理示意图。

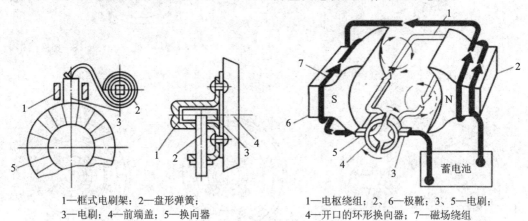

1—框式电刷架；2—盘形弹簧；
3—电刷；4—前端盖；5—换向器

图 5.2-7　电刷与电刷架

1—电枢绕组；2、6—极靴；3、5—电刷；
4—开口的环形换向器；7—磁场绕组

图 5.2-8　直流电动机原理图

在磁场中放置一个线圈，线圈的两点分别与两片换向片连接，两只电刷分别与两片换向片接触，并与蓄电池的正极或负极接通。电流方向为：蓄电池正极→磁场绕组→正电刷→换向片→电枢绕组→负电刷→蓄电池负极。按照电枢绕组中的电流方向，由左手定则可以确定电枢左边受向上的作用力，右边受向下的作用力，整个电枢线圈受到顺时针方向的转矩作用而转动。当电枢转过半周后，换向片与正、负电刷接触位置正好换位，电枢绕组因受转矩作用仍按顺时针方向转动。这样在电源连续对电动机供电时，其线圈就不停地按同一方向转动。

从以上分析可以知道，由于换向器和电刷的作用，电源的直流电流在电枢绕组中转换成交流，保持了磁场与电流的方向不变，从而使得电枢能一直旋转下去，通过转轴便可带动其他工作机械。实际电动机的电枢采用多匝线圈，换向片的数量也随线圈绕组匝数的增多而增多。

在直流电动机运转过程中，电磁转矩与反向电动势是同时出现的两个非常重要的物理量。

1）反向电动势

当直流电动机转动时，电枢绕组切割磁力线，在绕组中产生感应电动势。该电动势的方向与电枢电流的方向相反，因而称为反向电动势。根据电磁感应定律，若电枢绕组一根导线的平均反向电动势为 $e_a = B_a L v$，则电刷间总的反向电动势 E_a 可表示为

$$E_a = C_e \Phi n \qquad\qquad (5.2-1)$$

式中，C_e 是与电动机结构有关的常数，称为电动势常数；磁通 Φ 的单位为 Wb；电动机转速 n 的单位为 r/min，反向电动势的单位为 V。

由式(5.2-1)可知，直流电机的感应电动势与电机结构、气隙磁通和电机转速有关，改变转速和磁通均可改变电枢电动势的大小。

根据基尔霍夫定律，在串励电动机稳定运行时，电枢绕组两端的电压满足方程：

$$U = E_a + I_a R_a + I_a R_f \qquad\qquad (5.2-2)$$

式中，U 为加于电枢绕组两端的电压；R_f 为励磁绕组等效电阻；R_a 为电枢电阻。

2) 直流电动机的电磁转矩

当电枢绕组中有电枢电流流过时，若一根导体在磁场中所受电磁力为 $F_a = B_a L i_a$，则总的电磁转矩表示为

$$T = C_T \Phi I_a \qquad\qquad (5.2-3)$$

式中，C_T 是与电动机结构有关的常数，称为转矩常数。

由式(5.2-3)可知，电动机电磁转矩 T 与每极主磁通 Φ 和电枢电流 I_a 的乘积成正比。电磁转矩的方向由 Φ 与 I_a 的方向决定。改变 Φ 或者 I_a 的方向，电动机转向也就改变。

3) 直流电动机转矩的自动调节过程

由式 $E_a = C_e \Phi n$ 和 $U = E_a + I_a R_a + I_a R_f$ 可知，在直流电动机刚接通电源的瞬间，电枢转速 n 为零，电枢反向电动势 E_a 也为零。此时，电枢绕组中的电流达到最大值，即 $I_{amax} = U/(R_a + R_f)$；由式 $T = C_T \Phi I_a$ 可知，电枢绕组将相应产生最大电磁转矩 T_{max}。若此时的电磁转矩大于电动机的阻力矩 T_C，电枢开始加速转动。随着电枢转速的上升，E_a 增大，I_a 下降，电磁转矩 T 也就随之下降。当 T 下降至与 T_C 相平衡($T = T_C$)时，电枢就以此转速运转。

如果直流电动机在工作过程中负载发生变化，就会出现如下的变化：

工作负载增大时，$T < T_C \to n\downarrow \to E_a\downarrow \to I_a\uparrow \to T\uparrow \to T = T_C$，达到新的平衡；

工作负载减小时，$T > T_C \to n\uparrow \to E_a\uparrow \to I_a\downarrow \to T\downarrow \to T = T_C$，达到新的平衡。

可见，当负载变化时，电动机能通过转速、电流和转矩的自动变化来满足负载的需要，使之能在新的转速下稳定工作。因此直流电动机具有自动调节转矩的功能。

3. 直流电动机的励磁方式

直流电动机的主磁场由励磁绕组中的励磁电流产生，根据不同的励磁方式，可分为他励电动机、并励电动机、串励电动机和复励电动机。直流电动机的性能与它的励磁方式有密切的关系，励磁方式不同，电动机的运行特性有很大差异。

(1) 他励电动机。励磁绕组与电枢绕组由不同的直流电源供电，如图 5.2-9 所示。图中变阻器 R_f 用来调节励磁电流的大小，励磁电流 I_f 仅取决于他励电源的电动势和励磁电路的总电阻，而不受电枢端电压的影响。

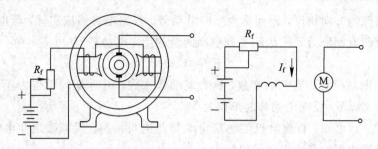

图 5.2－9　他励直流电动机

（2）并励电动机。这种电动机的励磁绕组和电枢绕组相并联，如图 5.2－10 所示。并励电动机的励磁电流 I_f 不仅与励磁回路的电阻有关，而且还受电枢端电压的影响。由于励磁绕组承受着电枢两端的全部电压，其值较高，为了减小励磁绕组的铜损耗，励磁绕组必须具有较大的电阻，因此励磁绕组匝数较多，导线较细。

（3）串励电动机。这种电动机的励磁绕组和电枢绕组相串联，如图 5.2－11 所示，通过励磁绕组的电流 I_f 就是电枢电流 I_a。为了减小励磁绕组的电压降和铜损耗，励磁绕组应具有较小的电阻，因此励磁绕组一般匝数较少，导线较粗。

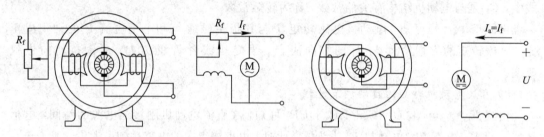

图 5.2－10　并励直流电动机　　　　　　　图 5.2－11　串励直流电动机

（4）复励电动机。这种电动机的励磁绕组分成两部分，一部分与电枢绕组并联，称为并励绕组；另一部分与电枢绕组串联，称为串励绕组。当两部分励磁绕组产生的磁通方向相同时，称为复励电动机；方向相反时则称为差复励电动机，如图 5.2－12 所示。

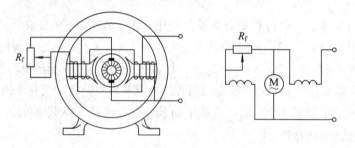

图 5.2－12　复励直流电动机

4. 直流电动机的机械特性

电动机拖动机械负载旋转，对于机械负载来说，最重要的是驱动它的转矩和转速，即电动机的电磁转矩 T 和转速 n。直流电动机的机械特性是指在电枢电压 U、电枢回路电阻 R_a、励磁回路电阻 R_f 为恒值的条件下，电动机转速 n 与电磁转矩 T 的关系曲线 $n = f(T)$。由于转速和转矩都是机械量，因此把它称为机械特性。电动机的机械特性对分析电力拖动系统的启动、调速、制动等运行性能是十分重要的。

1) 他励或并励电动机的机械特性

图 5.2 - 13 是他励直流电动机的电路原理图，他励直流电动机的机械特性方程式，可由他励直流电动机的基本方程式导出。

由式 $E_a = C_e \Phi n$ 和 $U = E_a + I_a R_a$ 可推导出转速为

$$n = \frac{U - I_a R_a}{C_e \Phi} \qquad (5.2 - 4)$$

由 $T = C_T \Phi I_a$ 可导出他励直流电动机的机械特性方程式为

$$n = \frac{U}{C_e \Phi} - \frac{R_a}{C_e C_T \Phi^2} T \qquad (5.2 - 5)$$

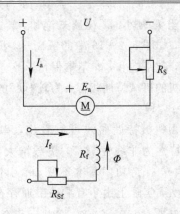

图 5.2 - 13　他励直流电动机的电路原理图

当 $U =$ 常数、$R_a =$ 常数、$\Phi =$ 常数时，他励直流电动机的机械特性如图 5.2 - 14 所示，是一条向下倾斜的直线，这说明加大电动机的负载，会使转速下降。特性曲线与纵轴的交点 $T = 0$ 时的转速 n_0，称为理想空载转速，用公式可表示为

$$n_0 = \frac{U}{C_e \Phi} \qquad (5.2 - 6)$$

由式(5.2 - 5)可得，转速将随转矩的增加而近似线性地下降，但因电枢电阻 R_a 很小，转速下降程度微小。从空载到满载，转速的降低仅为额定转速的 $5\% \sim 10\%$。因此，他励与并励电动机具有硬机械特性。

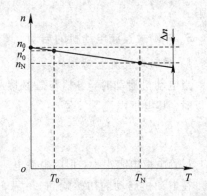

图 5.2 - 14　他励直流电动机的机械特性

必须注意的是，并励或他励电动机运转时，切不可断开励磁绕组。否则，励磁电流为零，磁极上仅有微弱的剩磁，反电动势很小，电动机的电流和转速都将急剧增大，以致超过安全限度，发生"飞车"现象。并励或他励电动机运转时一般要设置失磁保护，当电动机的励磁消失时，能自动跳闸，切断电源，使电动机停止运转。

2) 串励电动机的机械特性

图 5.2 - 15 是串励直流电动机的电路原理图。因为串励电动机的励磁绕组与电枢电路串联，所以电枢电流 I_a 即为励磁电流 I_f，电枢电流 I_a（即负载）的变化将引起主磁通 Φ 变化。

当磁路未饱和时，可认为磁通 Φ 与电枢电流 I_a 成正比，即 $\Phi = K I_a$（K 为比例常数），则电磁转矩为

$$T = C_T \Phi I_a = C_T K I_a^2 \qquad (5.2 - 7)$$

由式 $E_a = C_e \Phi n$ 和 $U = E_a + I_a R_a + I_a R_f$ 可得

$$n = \frac{U - I_a R_a - I_a R_f}{C_e \Phi} \qquad (5.2 - 8)$$

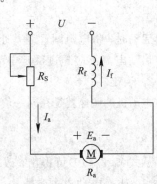

图 5.2 - 15　串励直流电动机电路原理

由式(5.2 - 7)和式(5.2 - 8)可看出，转速 n 随 I_a、Φ 和 T 的增加而下降。

　　当 I_a 较小时，磁路未饱和，转速 n 随转矩 T 的增大急剧下降，如图 5.2-16 中的 AB 段，机械特性较"软"；当 I_a 较大时，磁路饱和，Φ 基本保持不变，此时机械特性与他励直流电动机的机械特性相似，为较"硬"的直线特性，如图 5.2-16 中的 BC 段。

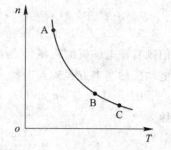

图 5.2-16　串励直流电动机的机械特性

　　由机械特性曲线可以看出，串励式直流电动机的特点是：特性为非线性"软"，负载增大（减小）时，转速自动减小（增大），保持功率基本不变，牵引性能好。理想空载转速为无穷大，实际上由于有剩磁磁通存在，n_0 一般可达 n_N（n_N 为满载转速）的（5～6）倍，空载运行会出现"飞车"现象。因此，串励电动机不允许空载或轻载运行，或用皮带传动。由于 T 与 I_a 的平方成正比，因此串励电动机的启动转矩大，过载能力强。

5. 并励式直流电动机的启动、调速

1）并励式直流电动机的启动

当电动机启动时，电枢与磁极接通电源，转速从零开始上升到稳定值。电动机在稳定运行时，其电枢电流为

$$I_a = \frac{U - E}{R_a} \qquad (5.2-9)$$

尽管电枢电阻很小，但因电源电压与反向电动势很接近，所以稳定运行时电流并不大。

在电动机启动的初始瞬间，由于转速为零，反向电动势也为零，因此式（2.5-9）变成

$$I_a = \frac{U}{R_a}$$

这时，电枢电阻 R_a 很小，启动电流很大，一般可达到额定电流的（10～20）倍。电动机的转矩正比于电枢电流，它的启动转矩也很大，这是不允许的，因为会产生机械冲击，使传动机构受到损坏。因此，电动机在启动时有必要限制其启动电流，方法就是在电枢电路中串接一个启动电阻 R_{at}。串联启动电阻后，其电枢启动电流变为

$$I_a = \frac{U}{R_a + R_{at}}$$

启动时，将电阻调置最大处。启动后，启动电阻随电动机的转数增高而逐步切除。一般规定启动电流不应超过额定电流的（1.5～2.5）倍。

2）调速

电动机的调速就是在同一负载下获得不同的转速，以满足生产要求。根据转速公式，可得

$$n = \frac{U - I_a R_a}{C_e \Phi} \qquad (5.2-10)$$

从式（5.2-10）可得出，改变转速有三种方法：

（1）改变电动机主磁通 Φ。

保持主磁极电源电压 U 为额定值，调节电路中 R_f 的电阻值，改变励磁电流以改变磁通。在一定负载下，Φ 越小，则转速 n 越高。

其调速过程：当电压 U 保持不变时，减小磁通 Φ，由于机械惯性，转速不会立即改

变，于是反向电动势减小，电枢电流 I_a 随之增加，因此转矩 T 增加。若阻转矩不变，则电磁转矩 T 大于阻转矩 T_C（阻转矩是与电磁转矩相反的转矩，主要是机械负载转矩，还包括空载损耗转矩），转速上升。转速升高则反向电动势随之增高，电枢电流 I_a 与电磁转矩 T 跟着减小，直到 $T=T_C$ 达到新的平衡，此时的转速高于原转速。

这种调速方法的优点是：调速平滑，可得到无级变速；调速经济，控制方便；机械特性较好，稳定性较好；对专门生产的调磁电动机，其调速范围较宽。

（2）改变电压 U。

保持电动机的励磁电流不变，降低电枢电压 U。由转速公式可知，转速降低。在一定负载下，U 越低，则转速越低。

其调速过程是：当磁通 Φ 保持不变时，减小电枢电压，由于转速不会立即改变，反向电动势也不会立即改变，于是电枢电流 I_a 减小，转矩也随之减小。若阻转矩不变，此时电磁转矩 T 小于阻转矩 T_C，则转速下降。转速下降，反向电动势跟着下降，电枢电流与转矩随之增加，直到 $T=T_C$ 达到新的平衡为止，此时转速较原转速降低了。

这种调速方法的优点是：机械特性较硬，稳定性好；调速幅度大；可均匀调节电枢电压，获得平滑无级调速。

（3）改变电枢回路电阻 R。

在电动机电枢回路外串接电阻进行调速，设备简单，操作方便。但是只能有级调速，调速平滑性差，机械特性较软；在调速电阻上消耗大量电能。改变电阻调速缺点很多，目前很少采用。

6. 汽车启动机的检测

1）转子总成的检测

（1）电枢绕组搭铁的检查。用数字万用表的电阻 $R \times 200$ M 挡检测，见图 5.2-17，用一根表笔接触电枢，另一根表笔依次接触换向器铜片，万用表电阻应为无穷大，否则说明电枢绕组与电枢轴之间绝缘不良，有搭铁之处。用万用表电阻 $R \times 200$ MΩ 挡检查换向器和电枢铁芯之间是否导通，见图 5.2-18。如有导通现象，说明电枢绕组搭铁，应更换电枢。

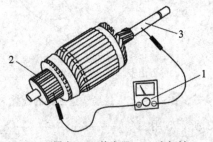

1—万用表；2—换向器；3—电枢轴

图 5.2-17　检测电枢轴与电枢绕组之间的绝缘电阻　　图 5.2-18　电枢绕组搭铁的检查

（2）电枢绕组短路的检查。如图 5.2-19 所示，把电枢放在电枢检验器上，接通电源，将薄钢片放在电枢上方的线槽上，并转动电枢，薄钢片应不振动。若薄钢片振动，表明电枢绕组短路。相邻两换向片间短路时，钢片会在四个槽中振动。当同一个槽中上下两层导线短路时，钢片在所有的槽中都振动。

（3）电枢绕组断路的检查。目测电枢绕组的导线是否甩出或脱焊，然后用电阻 $R \times 200\ \Omega$ 挡位进行检测，将两个测试棒分别接触换向器相邻的铜片，如图 5.2-20 所示。测量每相邻两换向片间是否相通，如万用表指针指示"0"，说明电枢绕组无断路故障；若万用表显示溢出标志"1"，说明此处有断路故障，应更换电枢。

对于磁场绕组的断路、短路、搭铁故障都应对其检修或更换。

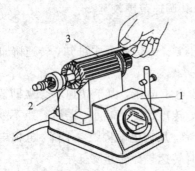 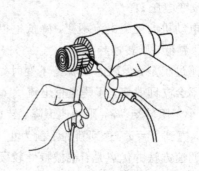

1—短路检测仪；2—电枢；3—薄钢片

图 5.2-19　电枢绕组短路的检查　　　图 5.2-20　电枢绕组断路

2）定子绕组的检测

（1）磁场绕组搭铁的检查。如图 5.2-21 所示，用万用表测量启动机接线柱和外壳间的电阻，阻值应为无穷大，否则为搭铁故障。

（2）磁场绕组断路的检查。如图 5.2-22 所示，用万用表测量启动机接线柱和电刷间的电阻，阻值应很小，若为无穷大则为断路。

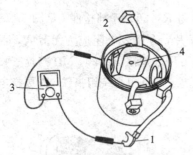 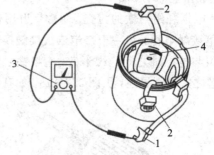

1—磁场绕组的正极端；2—定子壳体；　　　1—磁场绕组的正极端；2—电刷；
3—万用表；4—磁场绕组　　　　　　　　3—万用表；4—磁场绕组

图 5.2-21　磁场绕组搭铁的检查　　　图 5.2-22　磁场绕组断路的检查

（3）磁场绕组短路的检查。如图 5.2-23 所示，用蓄电池 2 V 直流电源正极接启动机接线柱，负极接绝缘电刷，将螺钉旋具放在每个磁极上，检查磁极对螺钉旋具的吸力，应相同。若某磁极吸力弱，则为匝间短路。磁场绕组有严重搭铁、短路或断路时，应更换新品。

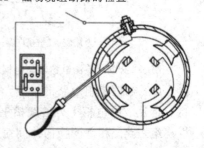

3）启动机启动无力的故障诊断与排除

启动机启动无力的故障原因有：蓄电池储电不足或有

图 5.2-23　磁场绕组短路的检查

短路故障致使供电能力降低；启动机主回路接触电阻增大（原因包括蓄电池正、负极柱上的电缆紧固不良，启动机电磁开关触点与导电盘烧蚀，电刷与换向器接触不良或换向器烧蚀等），使启动机工作电流减小；启动机磁场绕组或电枢绕组匝间短路使启动机输出功率降低；启动机装配过紧或有"扫膛"现象；发动机转动阻力矩过大。

故障诊断与排除：检查蓄电池容量（用高率放电计检查），若容量不足，可用容量充足的蓄电池辅助供电的方法加以排除。检查蓄电池桩头接柱及启动电磁开关主触头接柱的松动情况，若松动，加以紧固。若怀疑是启动机内部故障，可用同型号无故障的启动机替换加以排除。确认是启动机内部故障时，应进一步拆检启动机。

5.2.2 永磁式直流电动机及常用电路

在小型直流电动机中用永久磁铁（铁氧体或铁硼等）作为主磁极的，称为永磁式直流电动机。永磁式直流电动机可视为他励电动机的一种，在汽车上应用广泛。由于取消了磁场线圈，因此具有结构简单、体积小、质量小、噪声小等特点。如轿车配用的电动风扇、电动后视镜、电动刮水器、电动车窗、中控门锁、电动座椅、电动天线等均采用永磁式直流电动机。

1. 汽车刮水电动机及调速电路

如图 5.2-24 所示为刮水器永磁电动机的结构示意简图。刮水器可以清除风挡玻璃上的雨水、雪或灰尘。目前汽车上广泛采用的电动刮水器的主要动力部件就是刮水电动机。

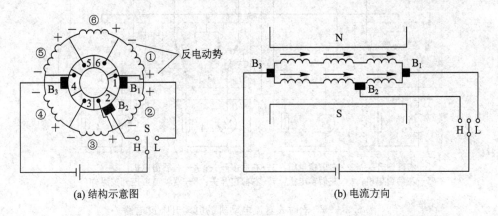

(a) 结构示意图 　　　　　　　　　(b) 电流方向

图 5.2-24 永磁电动机的变速工作原理

刮水电动机为了满足刮水要求，需实现高、中、低速挡位工作。下面以三刷式直流电动机为例分析其变速工作原理。

电枢绕组有相同的六组，两个三组串联后再并联。直流电动机工作时，在电枢内的所有线圈中同时产生反向电动势。若每组线圈都产生相等的反向电动势 $E_a = C_e \Phi n$，则总反向电动势为 $3C_e\Phi n$，电流方向如图 5.2-24(b) 所示。

当开关 S 拨到低速挡 L 时，B_1、B_3 两个电刷之间的总反向电动势为 $3C_e\Phi n$，根据电动机的电压平衡式 $U = R_\Sigma I_S + E_a = R_\Sigma I_S + 3C_e\Phi n$，可得

$$n = \frac{U - I_S R_\Sigma}{3C_e\Phi}$$

当开关 S 拨到高速挡 H 时，B_2、B_3 两个电刷间的总反向电动势为 $2C_e\Phi n$，其中两个线

圈的电流方向相反，电动势相互抵消，根据电动机的电压平衡式 $U = I_\text{S}R_\Sigma + E_\text{R} = I_\text{S}R_\Sigma + 2C_\text{e}\Phi n$ 可得

$$n = \frac{U - I_\text{S}R_\Sigma}{2C_\text{e}\Phi}$$

由此可知，调整反向电动势的大小，可使电枢的转速改变。这样永磁刮水电动机就得到了高、低速不同的转速，使得刮水器具有高、低速工作挡位。

2. 电动车窗升降电路

电动车窗升降系统的电动机采用永磁式直流电动机。永磁电动机通过改变电枢电流的方向来改变电动机的旋转方向，使车窗玻璃上升或下降。电动机本身不搭铁，通过控制开关搭铁。图 5.2-25 所示为控制搭铁式的永磁式直流电动机的电动升降窗电路图。

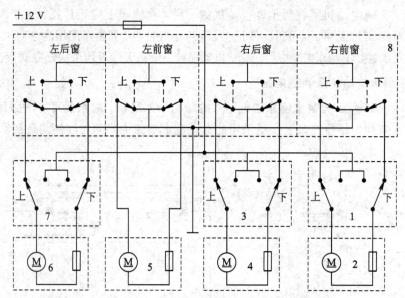

1—右前窗开关；2—右前窗电机；3—右后窗开关；4—右后窗电机；
5—左前窗电机；6—左后窗电机；7—右前窗开关；8—驾驶员主控开关组件

图 5.2-25　永磁式直流电动机的电动升降窗电路

现以左后窗为例说明其工作原理：

当主控开关中的左后窗开关拨到上时，电流方向为：蓄电池正极→点火开关→电路断电器→主控开关中左后窗上触点→左后窗分控开关上触点→电动机→左后窗分控开关下触点→主控开关中左后窗下触点→搭铁。电动机旋转，带动左后窗玻璃上升。

当主控开关中的左后窗开关拨到下时，电流方向为：蓄电池正极→点火开关→电路断电器→主控开关中左后窗下触点→左后窗分控开关下触点电动机→左后窗分控开关上触点→主控开关中左后窗上触点→搭铁。电动机旋转，带动左后窗玻璃下降。

上述过程中，流过电动机电枢的电流方向相反，所以电动机旋转方向相反，带动玻璃上升或下降。与此类似的双向永磁电动机也被利用到电动座椅、电动天窗等系统的触动电路中，在开关控制下，带动部件实现两个方向的运动。

3. 中央电动门锁电路

中央控制门锁系统具有钥匙联动锁门和开门功能，通过右前或左前门上的钥匙可以同时关闭或打开所有门锁。电动锁一般采用永磁式直流电动机，由门锁开关控制组合继电器，通过组合继电器改变电动机的电流方向，使电动机的连接杆上下运动，控制锁块的关闭或打开。图 5.2-26 所示为采用继电器控制门锁的电路。

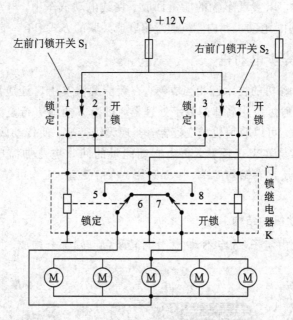

图 5.2-26 继电器控制门锁的电路示意图

下面以锁车为例，说明其工作过程：当门锁主开关转到锁定位置时，触点 1 闭合，门锁继电器中的锁定线圈有电流通过，触点 5 闭合。这时，全车门锁电动机的电流方向为：蓄电池正极→断路器→门锁继电器触点 5→全车门锁电动机→门锁继电器触点 7→搭铁，电动机旋转拉动连接杆，将车门锁上。开锁过程请读者自行分析。

 思考与练习

1. 启动用直流电动机属于哪种类型？为什么用齿轮传动而不用皮带传动？

2. 试分析并励式或他励式直流电动机在启动过程中，能否断开励磁电路？如果断开会发生什么后果？

3. 要实现并励式直流电动机反转，有哪几种方法？

4. 对于串励式直流电动机，当改变电枢电流方向时，能否实现反转？为什么？

5. 永磁直流电动机是怎样实现调速与反转的？

6. 他励电动机在下列条件下，其转速、电枢电流及电动势是否改变？

(1) 励磁电流和负载转矩不变，电枢电压降低；

(2) 电枢电压和负载转矩不变，励磁电流减小；

(3) 电枢电压和励磁电流不变，负载转矩减小；

(4) 电枢电压、励磁电流和负载转矩不变，与电枢串联一个适当阻值的电阻。

知识点 5.3　三相交流电动机

电动机驱动系统是新能源汽车的核心技术之一。它的主要任务是在驾驶员的控制下，高效率地将动力电池提供的电能转化为车轮的动能，以驱动车辆运行；或者将车轮上的动能反馈到动力电池中，以实现车辆的能量回收。在纯电动汽车中，电动机是唯一的动力单元；在混合动力汽车中，电动机和内燃机通过串联或并联的方式组合一起为车辆提供动力。

5.3.1　三相交流异步电动机

三相交流异步电动机的技术已相当成熟，在新能源汽车上广泛应用。它的控制较直流电动机复杂得多，但通过应用高速的数字处理器，可以方便地进行复杂计算。交流异步电动机采用变频调速时，可以取消机械变速器，实现无级变速，使传动效率大为提高。另外，交流异步电动机很容易实现正反转，再生制动能量的回收也更加简单。当采用笼型转子时，交流异步电动机还具有结构简单、坚固耐用、价格便宜、工作可靠、效率高与免维护等优点。

1. 三相异步电动机的结构

三相异步电动机由定子（固定不动）部分与转子（旋转）部分构成。如图 5.3-1 所示。

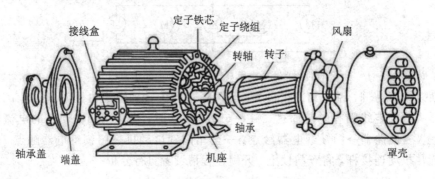

图 5.3-1　三相异步电动机结构图

定子的作用是产生旋转磁场，由定子铁芯与定子绕组构成。定子铁芯装在圆筒形机座内，机座用铸铁或铸钢制成，铁芯由相互绝缘的硅钢片叠成。铁芯的内侧冲有槽，以安放对称三相绕组。对称三相绕组（几何尺寸、匝数、材料都相同）$U_1 U_2$、$V_1 V_2$、$W_1 W_2$ 按互差 120° 安放在铁芯槽中，如图 5.3-2 所示。

图 5.3-2　定子绕组与铁芯

转子由转子轴、转子铁芯与转子绕组构成。三相异步电动机的转子根据结构不同分为笼型与绕线型两种。转子铁芯是圆柱形，也用硅钢片叠成，表面冲有槽；铁芯装在转轴上，轴上加机械负载。

笼型转子的绕组接成鼠笼状，如图 5.2-3 所示。在转子铁芯的槽中放有铜条，两端用端环连接。或者在槽中浇铸铝液，铸成一鼠笼形。笼型异步电动机的"鼠笼"是它的构造特点。

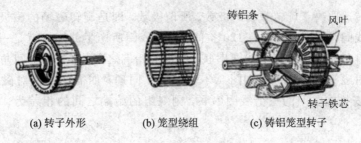

(a) 转子外形　　　(b) 笼型绕组　　　(c) 铸铝笼型转子

图 5.3 - 3　笼型转子

2. 转动原理

1) 旋转磁场的产生

三相异步电动机的三相定子绕组接成星形。接入三相交流电压，绕组中便产生三相对称电流，即

$$i_U = I_m \sin\omega t$$
$$i_V = I_m \sin(\omega t - 120°)$$
$$i_W = I_m \sin(\omega t + 120°)$$

取绕组始端至末端的方向作为电流的参考正方向，则在电流的正半周时，其值为正，电流从始端流向末端；在负半周时，其值为负，电流由末端流向始端。

如图 5.3 - 4 所示，当 $\omega = 30°$ 时，U_U 为正，电流从 U_1 流进，U_2 流出；U_V 为负，电流从 V_1 流出，V_2 流进；U_W 为正，电流从 W_1 流进，W_2 流出，其合成磁场自上而下向右偏转 30°。同理合成 90°、150°、210°、270° 及 330° 的磁场。可以看出，当定子绕组中通入三相电流后，它们共同产生的合成磁场随电流的变化而在空间不断地旋转，旋转磁场因此而产生。这个旋转磁场与磁极在空间旋转所起的作用是一样的。

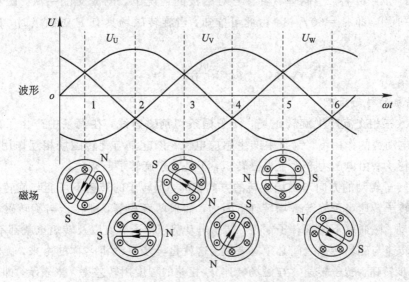

图 5.3 - 4　三相交流波形与旋转磁场

2) 旋转磁场的转向与转速

由图 5.3 - 4 可知，旋转磁场的方向与三相电流的相序有关。当相序为 U→V→W 时，顺时针旋转。只要将三相电流连接的三根相线任意两根对调位置，则旋转磁场反转。

电动机的转速取决于旋转磁场的极数。所谓极数，即是旋转磁场的磁极对数。若每相绕组只有一个线圈，每相线圈互差 120°空间角，则线圈所产生的磁极就是一对，即 $P=1$。如定子绕组安排每相绕组有两个线圈串联，绕组的始端之间相差 60°空间角，则产生的旋转磁场具有两对磁极，即 $P=2$，如图 5.3-5 所示。同理，如需产生三对磁极，则每相绕组必须有均匀安排在空间的三个线圈串联，则绕组的始端之间的相差为 40°(120°/P)空间角。

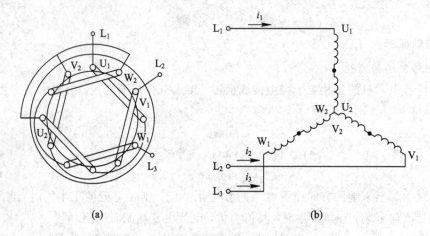

(a)   (b)

图 5.3-5 产生两对磁极的定子绕组

电动机的转速与旋转磁场的转速有关，而旋转磁场的转速取决于磁极对数。在图 5.3-4 中，当电流交变一次时，磁场也恰好在空间旋转一周。设电流的频率为 f_1，则旋转磁场每分钟的转速为 $n_0=60f_1$(r/mim)。若有两对磁极，则当电流交变一次时，旋转磁场仅旋转了半周，即 $n_0=60f_1/2$。同理，在有三对磁极的情况下，电流交变一次，磁场在空间仅旋转了 1/3 周，即 $n_0=60f_1/3$。由此可推知，当旋转磁场具有 P 对磁极时，磁场的转速为

$$n_0 = \frac{60f_1}{P} \tag{5.3-1}$$

3）电动机的转动原理

定子通入三相交流产生旋转磁场，转子铜条切割磁力线，在铜条中产生了感应电动势；在感应电动势的作用下，铜条中产生感应电流；该电流与旋转磁场相互作用，使转子铜条受到电磁力；由电磁力产生了电磁转矩，于是转子旋转了起来。

电动机转子转动的方向与磁场旋转的方向相同，但转子的转速不可能与旋转磁场的转速相等，即转子转速小于旋转磁场转速。因为，如果两者相等，则转子与旋转磁场之间就没有相对运动，磁通就不切割转子铜条，转子电动势、转子电流以及转矩也就都不存在了。因此，转子转速与磁场转速之间必须有差别。这就是异步电动机名称的由来，旋转磁场转速常称为同步转速。转子转速 n 与磁场转速 n_0 相差的程度用转差率 s 来表示，即

$$s = \frac{n_0 - n}{n_0} \tag{5.3-2}$$

转差率是异步电动机的一个重要物理量。三相异步电动机的额定转速与同步转速相近，转差率很小，通常在额定负载时转差率约为 1%～9%。当 $n=0$ 时，转差率最大，$s=1$。

3. 三相异步电动机的转矩与机械特性

电磁转矩 T 是三相异步电动机最重要的物理量之一，机械特性是它的主要特性，对电动机进行分析也离不开它。

1）三相异步电动机的转矩

三相异步电动机的转矩是由旋转磁场的每极磁通与转子电流相互作用而产生的。但因转子电路是电感性的，转子电流比转子电动势滞后，所以要引入 $\cos\varphi_2$，于是可得出

$$T = K_\mathrm{T}\Phi I_2\cos\varphi_2 \qquad (5.3-3)$$

式中，K_T 是一常数，它与电动机的结构有关。

由式(5.3-3)可见，转矩除与磁通 Φ 成正比外，还与转子电流 I_2 成正比。由于 I_2 和 $\cos\varphi_2$ 跟转差率 s 有关，所以转矩 T 也与 s 有关。因此可得到转矩的另一个表示式为

$$T = K_\mathrm{T}\frac{sR_2U_1^2}{R_2^2+(sX_{20})^2} \qquad (5.3-4)$$

式中，U_1 为定子绕组的相电压；R_2 为转子电路每相的电阻；X_{20} 为电动机启动时转子尚未转起来时的转子感抗。

由式(5.3-4)可见，转矩 T 还与定子每相电压 U_1 的平方成比例，因此电源电压的变动对转矩的影响很大。此外，转矩 T 还受转子电阻 R_2 的影响。

2）机械特性曲线

在一定的电源电压 U_1 和转子电阻 R_2 之下，转矩与转差率的关系曲线 $T=f(s)$ 或转速与转矩的关系曲线，称为电动机的机械特性曲线，如图 5.3-6 所示。

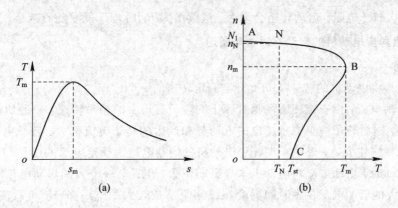

图 5.3-6　三相异步电动机的机械特性曲线

研究机械特性的目的是为了分析电动机的运行性能。在特性曲线图上，有以下三个转矩：

（1）额定转矩 T_N。

额定转矩是电动机在额定负载时的转矩。匀速转动时，电动机的转矩 T 必须与阻转矩 T_C 相平衡，即 $T=T_\mathrm{C}$。阻转矩主要是机械负载转矩 T_2（忽略很小的空载损耗转矩），由此可得

$$T \approx T_2 = \frac{P_2}{2\pi n/60} \qquad (5.3-5)$$

式中，P_2 是电动机轴上输出的机械功率。

转矩的单位是牛·米(N·m)，功率的单位是瓦(W)，转速的单位是转每分(r/min)。功率若用千瓦为单位，则可得出

$$T = 9550 \frac{P_2}{n} \tag{5.3-6}$$

通常三相异步电动机都工作在特性曲线的 AB 段。当负载转矩增大时，在最初瞬间，电动势的转矩 $T < T_C$，它的转速 n 开始下降。随着转速的下降，电动机转矩增加。当转矩增加到 $T = T_C$ 时，电动机在新的稳定状态下运行，这时转速较前为低。但是 AB 段较为平坦，当负载在空载与额定值之间变化时，电动机的转速变化不大。这种特性称为硬的机械特性。

（2）最大转矩 T_{max}。

转矩有一个最大值，称为最大转矩或临界转矩，对应最大转矩的转差率为 s_m。最大转矩为

$$T_{max} = K_T \frac{U_1^2}{2X_{20}} \tag{5.3-7}$$

由式（5.3-7）可见，最大转矩与电源电压的平方成正比，而与转子电阻 R_2 无关。

当负载转矩超过最大转矩时，电动机就带不动负载了，发生所谓"闷车"现象。闷车后，电动机的电流马上升高六七倍，电动机严重过热，以致烧坏。电动机的最大过载也可以接近最大转矩。如果过载时间较短，电动机不至于立即过热，是容许的。因此，最大转矩也表示电动机短时容许过载能力。在选用电动机时，最大转矩必须大于最大负载转矩。

（3）启动转矩 T_{st}。

电动机刚启动（$n = 0$，$s = 1$）时的转矩称为启动转矩，用公式可表示为

$$T_{st} = K_T \frac{R_2 U_1^2}{R_2^2 + X_{20}^2} \tag{5.3-8}$$

可见，启动转矩与电源电压 U_1 的平方及 R_2 有关。电源电压 U_1 降低，启动转矩会减小。适当增大转子电阻，启动转矩会增大。继续增大 R_2 时，T_{st} 就要随着减小。

4. 三相异步电动机的启动、制动与调速

1）启动

启动就是将电动机的转速从 0 上升至额定转速的一个过程。

关于启动电流，由于旋转磁场相对静止的转子有很大的相对转速，磁通切割转子铜条的速度很快，这时转子绕组中感应出的电动势和产生的转子电流都大。转子电流增大，定子电流必然相应增大，一般中小型笼型电动机的启动电流为额定电流的（5~7）倍。电动机不是频繁启动时，启动电流对电动机本身影响不大。但是，一个大的启动电流对线路是有影响的，过大的启动电流在短时间内会在线路上造成较大的电压降，使负载端电压下降，影响邻近负载的正常工作。

在刚启动时，虽然转子电流较大，但转子的功率因数很低，启动转矩实际上并不大，它与额定转矩之比值约为 1.0~2.3。如果启动转矩过小，就不能在满载下启动，需设法提高。但启动转矩如果过大，会使传动机构受到冲击而损坏，又应设法减小。

由上所述，异步电动机启动时的启动电流较大。为了减小启动电流或改变启动转矩，必须适当调整启动方法。

（1）直接启动。直接启动即利用闸刀开关或接触器将电动机直接接到具有额定电压的电源上。这种启动方式适合于小功率电动机（10 kW 以下）。由于小功率电动机启动电流本身并不大，对邻近负载影响小。能否直接启动，一般可按经验公式 $\dfrac{T_{st}}{I_N} \leqslant \dfrac{3}{4} + \dfrac{\text{电源总容量(kV·A)}}{4 \times \text{启动电动机功率(kW)}}$

来判定。

（2）降压启动。过大的启动电流会在线路上造成较大的电压降，影响供电线路上其他设备的正常工作。此外，当启动频繁时，过大的启动电流会使电动机过热，影响使用寿命。当电动机直接启动引起的线路压降较大时，就必须采用降压启动。降压启动是指启动时降低加在电动机定子绕组上的电压，待启动结束后再恢复额定值运行。三相异步电动机的降压启动常用串电阻降压启动、星三角降压启动和自耦变压器降压启动等方法。

2）制动

三相异步电动机切断电源后，由于转子的惯性，转子不会立即停转。这在有些场合是不允许的。为了缩短工时，提高生产效率，同时为了安全起见，需要对电动机进行制动，使电动机迅速停转，这时转子所受到的转矩称为制动转矩。

常用的制动方法有：

（1）能耗制动。图 5.3 - 7 是能耗制动的原理图。当电动机断电后，立即向定子绕组中通入直流电，产生一个固定的不旋转的磁场。由于转子仍以惯性转速运转，转子铜条与固定磁场间有相对运动并产生感应电流。这时，转子电流与固定磁场之间相互作用产生的转矩方向与电动机惯性转动的方向相反，起到制动作用。能耗制动的特点是制动平稳准确，耗能小，但需配备直流电源。

（2）反接制动。图 5.3 - 8 是反接制动原理图。当电动机须停转时，将三根电源线中的任意两根对调位置使旋转磁场反向，此时产生一个与转子惯性旋转方向相反的电磁转矩，使电动机迅速减速。当转速接近零时必须立即切断电源，否则电动机将会反转。反接制动的特点是设备简单，制动效果较好，但能量消耗大。

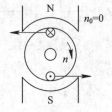
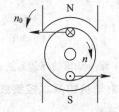

图 5.3 - 7　能耗制动原理　　　　　　图 5.3 - 8　反接制动原理

（3）发电反馈制动。当转子的转速超过旋转磁场转速时，这时转矩也是制动的。汽车下坡时，由于重力与加速度的作用，电动机转速会超过旋转磁场转速。实际上电动机已转入发电机运行，将位能转换为电能而反馈到电池，这称为发电反馈制动。

3）调速

在讨论三相异步电动机的调速时，首先看电动机转速公式

$$n = (1-s)n_0 = (1-s)\frac{60f_1}{P}$$

从公式中可以看出，改变电动机的转速有三种方法：一是改变电源频率，二是改变转差率，三是改变磁极对数。

目前，由于变频技术的迅速发展，采用变频方式改变转速被广泛应用。如何改变转差率，其实只要在绕线转子的电路中串联一个调速电阻即可。电阻增大，则转差率升高，转速下降；反之转速增高。它的缺点是能量损耗大。改变磁极对数，则需改变定子绕组接法，

这种调速方式不能实现无级连续可调，只能实现有级可调。

5. 三相异步电动机定子绕组的接法

三相异步电动机的定子有 U_1U_2、V_1V_2、W_1W_2 三相对称绕组，将 U_1、V_1、W_1 定义为首端，U_2、V_2、W_2 定义为尾端，接线盒中就有六个引线端子。这六个引线端子在接到电源之前，必须连接正确。连接方法有两种，一种为星形连接（也称为 Y 形接法），如图 5.3 – 9(a) 所示，将三个尾端连成一点，从三个首端各引出一条线接三相电源的三根相线；另一种为三角形连接（也称为△接法），如图 5.3 – 9(b)，将三个绕组的首尾相连，引出三根线接三相电源的三根相线。

三相电动机定子绕组的首、尾端可用如下方法判断：首先用万用表确定每相绕组的两个引线端子，然后假设三个绕组的一端为首端相连，另一端为尾端也相连；在这两点之间接一个毫安表，如图 5.3 – 10 所示。转动转子，观察毫安表的偏转情况，若毫安表无电流，则上述假设正确；若毫安表有电流，则说明假设不对。再假设一次，直到毫安表电流等于 0 为止。

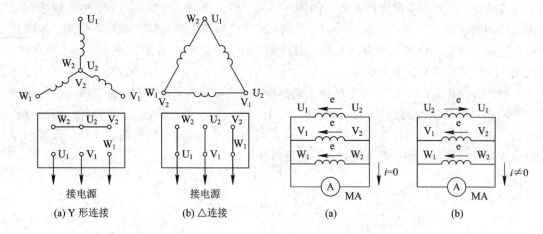

图 5.3 – 9　定子绕组的连接方法　　　　图 5.3 – 10　定子绕组首尾端判断

6. 三相异步电动机的基本控制线路

1）点动控制电路

所谓点动控制，就是按下启动按钮时电动机转动，松开按钮时电动机停转。如图 5.3 – 11 所示的电路就可以实现这种控制，主电路由三相转换开关 QK、熔断器 FU_1、接触器 KM 的主触点、电动机 M 构成，控制回路由 FU_2 熔断器、启动按钮 SB、接触器 KM 的线圈构成。电路工作过程为：

（1）合上电源开关 QK，引入三相电源。

（2）按下启动按钮 SB，电流由 W 相→经 FU_1 熔断器→ FU_2 熔断器→KM 线圈→回到 V 相。

（3）KM 线圈通电的结果使交流继电器 KM 的常开主触点闭合。

（4）三相电源→三相转换开关 Q→熔断器 FU_1→接触器 KM 的主触点→电动机 M 启动。

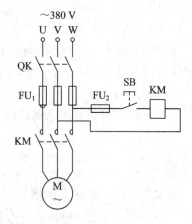

图 5.3 – 11　点动控制电路

2）自锁控制电路

点动控制在大部分控制电路中是不能满足实际要求的。在实际工作中，往往需要在松开启动按钮时，电动机仍然能够自己运行。此时可依靠接触器自身的辅助常开触点保持接触器线圈继续通电。这种依靠接触器自身辅助触点保持线圈通电的电路，称为自锁控制电路，辅助常开触点称为自锁触点。

如图 5.3－12 所示为电动机自锁控制电路，主电路中 FR 为热继电器元件。

按下启动按钮的同时，与启动按钮并联的 KM 常开触点也闭合。当松开 SB$_2$ 时，KM 线圈通过其自身常开辅助触点继续保持通电状态，从而保证了电动机连续运转。当需要电动机停止运转时，可按下停止按钮 SB$_1$，切断 KM 线圈电源，KM 常开主触点与辅助触点均断开，切断电动机电源和控制电路，电动机停止运转。

如果既需要点动，也需要连续运行（也称为长动）时，可以对自锁触点进行控制。例如，与自锁触点串联一个开关 S，控制电路如图 5.3－13 所示。当 S 闭合时，自锁触点 KM 起作用，可以对电动机实现长动控制；当 S 断开时，自锁触点 KM 不起作用，只能对电动机进行点动控制。

图 5.3－14 中，启动、停止、点动各用一个按钮。按点动按钮时，其常开触点先断开，常闭触点后闭合，电动机启动；松开按钮时，其常闭触点先断开，常开触点后闭合，电动机停转。

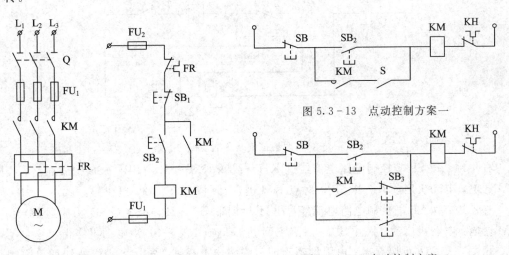

图 5.3－12　电动机自锁控制电路

图 5.3－13　点动控制方案一

图 5.3－14　点动控制方案二

3）联锁控制电路

在生产中，常见到多台电动机拖动一套设备的情况。为了满足各种生产工艺的要求，几台电动机的启、停等动作常常有顺序上和时间上的约束。图 5.3－15 所示的主电路有 M$_1$ 和 M$_2$ 两台电动机，启动时，只有 M$_1$ 先启动，M$_2$ 才能启动；停止时，只有 M$_2$ 先停，M$_1$ 才能停。

启动的操作为：先按下 SB$_2$，KM$_1$ 通电并自锁，使 M$_1$ 启动并运行。这时再按下 SB$_4$，KM$_2$ 通电并自锁，使 M$_2$ 启动并运行。如果在按下 SB$_2$ 之前按下 SB$_4$，由于 KM$_1$ 和 KM$_2$ 的常开触点都没闭合，KM$_2$ 是不会通电的。

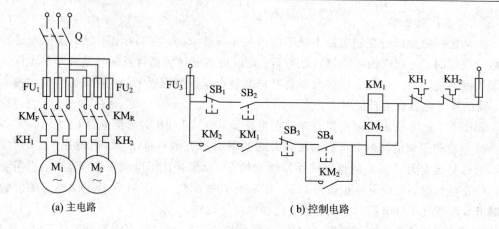

(a) 主电路　　　　　　　　　　(b) 控制电路

图 5.3 - 15　两台电动机联锁控制

4）多地控制电路

所谓多地控制，就是在多处设置控制按钮，均能对同一台电动机实施启、停控制。图 5.3 - 16 是在两地控制一台电动机的电路图，其接线原则是：两个启动按钮需并联，两个停止按钮需串联。

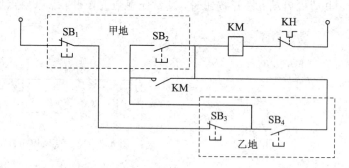

图 5.3 - 16　两地控制一台电动机的电路

在甲地：按 SB_2，控制电路电流经过 KH→线圈 KM→SB_2→SB_3→SB_1 构成通路，线圈 KM 通电，电动机启动。松开 SB_2，触点 KM 进行自锁；按下 SB_1，电机停。

在乙地：按 SB_4，控制电路电流经过 KH→线圈 KM→SB_4→SB_3→SB_1 构成通路，线圈 KM 通电，电动机启动。松开 SB_4，触点 KM 进行自锁；按下 SB_3，电动机停止。

由图 5.3 - 16 可以看出，由甲地到乙地只需引出 3 根线，再接上一组按钮即可实现异地控制。

5）正反转控制电路

在实际工作中，生产机械常常需要运动部件可以正、反两个方向地运动，这就要求电动机能够实现可逆运行。由电动机原理可知，三相交流电动机可通过改变定子绕组的相序来改变电动机的旋转方向。因此，借助于接触器来实现三相电源相序的改变，即可实现电动机的可逆运行。

图 5.3 - 17 为三相异步电动机可逆运行控制电路，其中图 5.3 - 17(a) 为主电路。图中 SB_1 为停止按钮，SB_2 为正转启动按钮，SB_3 为反转启动按钮，KM_1 为正转接触器，KM_2 为反转接触器。

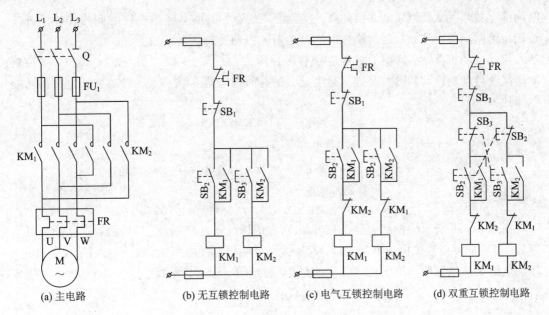

图 5.3 - 17　三相异步电动机可逆运行控制电路

（1）无互锁控制电路。

图 5.3 - 17(b)所示为三相异步电动机无互锁控制电路。按下 SB_2，正转接触器 KM_1 线圈通电并自锁，主触点闭合，接通正序电源，电动机正转；按下停止按钮 SB_1，KM_1 线圈断电，电动机停止；再按下 SB_3，反转接触器 KM_2 线圈通电并自锁，主触点闭合，电动机定子绕组电源相序与正转时相序相反，电动机反转运行。

此电路最大的缺陷在于：若 KM_1、KM_2 同时通电动作，将造成电源两相短路。即在工作中如果先按下 SB_1，再按下 SB_2 就会出现这一事故现象，因此这种电路不能采用。

（2）电气互锁控制电路。

图 5.3 - 17(c)是在图 5.3 - 17(b)的基础上扩展而成的。将 KM_1、KM_2 常闭辅助触点分别串接在对方线圈电路中，形成相互制约的控制，称为互锁。按下 SB_2 的常开触点时，KM_1 的线圈瞬时通电，其串接在 KM_2 线圈电路中的 KM_1 的常闭辅助触点断开，锁住 KM_2 的线圈不能通电，反之亦然。该电路要使电动机由正向到反向或由反向到正向时必须先按下停止按钮，然后再反向启动。这种利用两个接触器（或继电器）的常闭辅助触点互相控制、形成相互制约的控制，称为电气互锁。

（3）双重互锁控制电路。

对于需频繁实现可逆运行的电动机，可采用如图 5.3 - 17(d)所示的控制电路。它是在图 5.3 - 17(c)电路的基础上，将正向启动按钮 SB_2 和反向启动按钮 SB_3 的常闭触点串接在对方常开触点电路中，利用按钮常开、常闭触点的机械连接，在电路中形成相互制约的控制，这种接法称为机械互锁。这种具有电气、机械双重互锁的控制电路是常用的、可靠的电动机可逆运行控制电路，它既可以实现正向→停止→反向→停止的控制，又可以实现正向→反向→停止的控制。

6）时间控制线路

在自控系统中，有时需要按时间间隔要求接通或断开被控制的电路，这些控制要由时间继电器来完成。例如电动机的 Y-△ 启动，先是 Y 连接，经过一段时间待转速上升接近额定值时完成△连接。这就要用时间继电器来控制。

鼠笼电动机 Y-△ 启动的控制电路有多种形式，图 5.3-18 是其中的一种。为了控制 Y 形接法启动的时间，图中设置了通电延时的时间继电器 KT。Y-△ 启动控制电路的功能可简述如下：

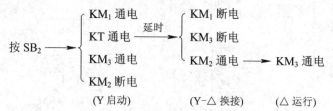

图 5.3-18 所示的控制电路是在 KM_3 断电的情况下进行 Y-△ 换接的，这样做有两个好处：其一，可以避免由于 KM_1 和 KM_2 换接时可能引起的电源短路。其二，在 KM_1 断电，即主电路脱离电源的情况下进行 Y-△ 换接，触点间不会产生电弧。

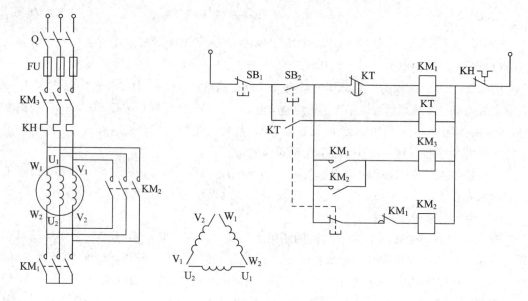

图 5.3-18　三相鼠笼电动机 Y-△ 启动的控制电路

5.3.2　永磁同步电动机

三相异步电动机的竞争对手是永磁同步电动机。永磁同步电动机的转子磁场由永久磁体产生，并且转子磁场及转子与定子旋转磁场"同步"旋转。永磁同步电动机除具备结构简单、运行可靠、功率密度大、调速性能好等优点外，还具有噪声低、体积小、转动惯量小、脉动转矩小、控制精度高等特点。目前，电动汽车与混合动力汽车都装配了永磁同步电动机。有些混合动力车型的电动机集成在发动机和变速箱之间，这种技术结构的混动系统大多使用的是永磁同步电动机。

1. 永磁同步电动机的结构

如图 5.3-19 所示为汽车装配的永磁同步电机，由转子、定子、端盖等部分构成。

　　定子由定子铁芯与定子绕组构成。其结构与三相异步电动机的定子结构基本相同，定子铁芯采用叠片结构，以减小电动机运行时的损耗。

　　转子由转子轴、转子铁芯与永磁体构成。转子铁芯可以做成整体，也可以用叠片制成。

　　根据永磁体在转子内部位置的不同，永磁同步电机可分为凸装式、嵌入式和内埋式三种，如图 5.3 - 20 所示。

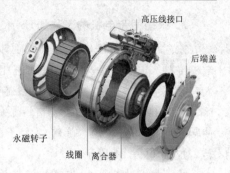

图 5.3 - 19　永磁同步电机结构

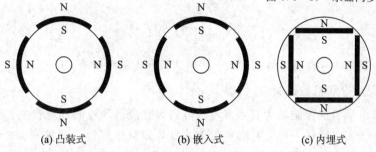

(a) 凸装式　　　　(b) 嵌入式　　　　(c) 内埋式

图 5.3 - 20　永磁同步电机转子结构

　　凸装式又称面贴式，制造工艺简单、成本低，但对永磁体保护较差，一般多为矩形波永磁同步电动机采用（根据磁通在气隙内的分布形式可分为正弦波式和矩形波式两种）。内埋式结构工艺简单，启动性好，但漏磁较大，需采取隔磁措施，转子强度差。嵌入式由于永磁体嵌入转子内部而得到很好的保护，外表面与定子铁芯内侧之间有铁磁材料制成的极靴，极靴中放有铜条笼或铸铝笼，产生阻尼与启动转矩，其稳态、动态性能好。其转子磁路的不对称性产生的磁阻转矩也有助于提高电动机的功率密度和过载能力，易于"弱磁"扩速，使电动机在恒功率运行时具有较宽的调速范围。

　　永磁体给电动机提供永久的励磁，而气隙磁通密度主要受磁性材料的限制。为了增加气隙磁通密度，需采用磁能密度高的磁性材料。目前用于电动机的永磁体主要有铝镍钴、陶瓷（铁氧体）、稀土永磁材料（钐钴、钕铁硼）。

　　永磁体的性能在永磁同步电动机中起重要作用。在选用稀土永磁材料时，磁极对数的多少直接影响电动机的性能。表 5.3 - 1 为 4 极与 8 极磁极电动机的损耗与功率。从表 5.3 - 1 中可以看出，当磁极对数增加时，铁耗的增加比铜耗的减少要小，故总损耗减小，效率增高。而且随着磁极对数的增加，铁轭的重量下降，有效地减小了电动机的尺寸和质量。

表 5.3 - 1　4 极与 8 极电机损耗与效率对比

物　理　量	4 极	8 极	物　理　量	4 极	8 极
摩擦及风阻损耗/W	14.1649	16.8876	总损耗/W	105.992	92.3752
铁耗/W	14.4256	21.7241	输出功率/W	600.25	600.025
电枢铜耗/W	63.4198	40.7446	输入功率/W	706.243	692.4
晶体管损耗/W	13.277	12.6073	效率	84.9921%	86.6587%
二极管损耗/W	0.704 802	0.411 627			

2. 永磁同步电机的工作原理

永磁同步电机的转子为永久磁体，且产生的磁极是固定不变的。定子绕组与异步电动机相同。当定子绕组中通入三相正弦交流电时，会产生一个旋转磁场，根据同性相斥、异性相吸的原理，该磁场与转子的永磁磁场相互作用，使转子产生电磁转矩，旋转的定子磁场拖动转子同步旋转，如图 5.3 - 21 所示。

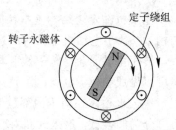

图 5.3 - 21　永磁同步电机的工作原理示意图

由于同步电动机的转速与旋转磁场同步，因此，电动机的转速可表示为

$$n = n_0 = \frac{60f}{P}$$

可知，对于磁极对数确定的电动机，其转速只与电源频率有关。

3. 永磁同步电动机的控制

永磁同步电动机的控制较为复杂。为了得到与直流电动机同样优良的控制特性，永磁同步电动机与异步电动机一样，有多种控制方法，如恒压频比开环控制、矢量控制、直接转矩控制、自适应控制、滑模变结构控制、模糊控制、神经网络控制等。

5.3.3　开关磁阻式电动机

开关磁阻式电动机是一种很具发展潜力的电动机，在同样具备结构简单、坚固耐用、工作可靠、效率高等优势外，它的调速系统可控参数和经济指标比上述电动机都要好；功率密度也更高，这意味着电动机重量更轻且功率大；当电流达到额定电流的 15％ 时即可实现 100％ 的启动转矩；另外，更小的体积也使得电动机的整车设计更为灵活，可以将更大的空间贡献给车内。重要的是，这种电动机的成本也不高。

1. 开关磁阻式电动机的结构

图 5.3 - 22 所示为开关磁阻式电动机的结构，电动机由双凸极的定子和转子组成。

转子由转子轴与转子凸极构成，转子凸极由普通的硅钢片叠压而成，转子上既无绕组又无永磁体。

定子由定子铁芯、定子凸极与定子绕组构成。定子的凸极由普通的硅钢片叠压而成，定子凸极上有集中绕组，把沿径向相对的两个绕组串联成一个两级磁极，称为"一相"。开关磁

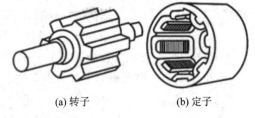

(a) 转子　　　　(b) 定子

图 5.3 - 22　开关磁阻式电动机的结构

阻电动机有多种不同的相数结构。定子上有 4 个凸极的为两相，6 个凸极的为三相，8 个凸极的为四相，依此类推。相数多，有利于减小转矩脉动，但结构复杂，主开关器件多，成本高。

转子的凸极与定子的凸极数并不一样，定子与转子根据极数的多少有多种不同搭配，目前应用较多的是三相 6/4 极结构、四相 8/6 极结构、6 相 12/8 极结构，如图 5.3 - 23 所示。

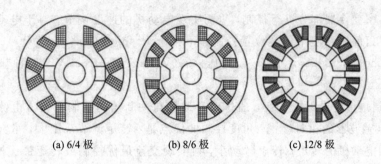

(a) 6/4 极　　　　　(b) 8/6 极　　　　　(c) 12/8 极

图 5.3-23　不同相数的开关磁阻电动机结构

2. 开关磁阻式电动机的工作原理

开关磁阻式电动机的转矩是磁阻性质，电动机的运行原理遵循"磁阻最小原理"，磁通总要沿着磁阻最小的路径闭合；而具有一定形状的铁芯在移动到最小磁阻位置时，必使自己的主轴线与磁场的轴线重合，因此磁场扭曲而产生切向磁拉力。

图 5.3-24 中，当控制开关 S_1、S_2 闭合时，A 相绕组通电，定子 A—A′ 极励磁，所产生的磁通可使转子朝轴线 a—a′ 与定子轴线 A—A′ 重合的位置转动，并使 A 相励磁绕组的电感最大，从而产生磁阻性质的电磁转矩。若以图 5.3-24 中定、转子所处的相对位置作为起始位置，依次给 A→B→C→D 相绕组通电，转子即会逆着励磁顺序以逆时针方向连续旋转；反之，若依次给 A→D→C→B 相通电，则电动机即会沿顺时针方向转动。可见，开关磁阻式电动机的转向与相绕组的电流方向无关，而仅取决于相绕组通电的顺序。另外，从图 5.3-24 中可以看出，当主开关器件 S_1、S_2 导通时，A 相绕组从直流电源 U 吸收电能；而当 S_1、S_2 关断时，绕组电流经续流二极管 VD_1、VD_2 继续流通，并回馈给电源 U。因此，开关磁阻式电动机传动的共性特点是具有再生作用，系统效率高。

开关磁阻式电动机的运行特性可分为恒转矩区、恒功率区、串励特性区三个区，如图 5.3-25 所示，一般运行在恒转矩区和恒功率区。在这两个区域内，电动机的实际运行特性可控。通过控制条件，可以实现开关磁阻式电动机在实线以下的任意实际运行特性。

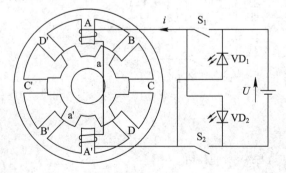

图 5.3-24　开关磁阻电动机工作原理

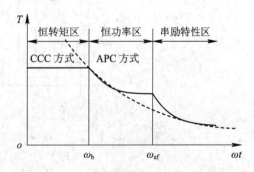

图 5.3-25　开关磁阻电动机的运行特性

3. 开关磁阻式电动机的控制

开关磁阻式电动机不同于常规感应式电动机，由于其自身结构的特殊性，可以通过控制电动机自身的参数来实现；也可以用适用于其他电动机的控制理论，如 PID 控制、模糊控制等，对功率变换器部分进行控制，进而实现电动机的速度调节。对于电动机的自身参数进行控制，目前主要使用角度位置控制(Angular Position Control，APC)、电流斩波控制(Current Chopper Control，CCC)、电压控制(Voltage Control，VC)三种基本方式。

1) APC 控制

APC 控制是指电压保持不变，通过对开通角与关断角的控制来改变电流波形及电流波形与绕组电感波形的相对位置。角度控制的优点是：转矩调节范围大，可允许多相同时通电，以增加电动机的转矩；转矩脉动小，可实现交流最优控制或转矩最优控制。但角度控制不适应于低速工况，一般在高速运行时应用。

2) 电流斩波控制

在电流斩波控制中，保持电动机的开通角与关断角不变，通过控制斩波电流的大小来调节电流的峰值，从而起到调节电动机转矩和转速的目的。电流斩波控制适用于低速和制动工况，可限制电流峰值的增长，起到良好的调节作用，而且转矩也较平衡，转矩脉动也明显减小。

3) 电压控制

电压控制法是在主开关的控制信号中加入 PWM(Pulse Width Modulation，脉宽调制)信号，通过调节占空比来调节绕组端电压的大小，从而改变相电流值。

 思考与练习

1. 笼型转子三相异步电动机串联电阻降压启动控制电路如图 5.3 - 26 所示。启动时，在定子绕组电路中串联接入降压电阻 R，减小启动电流。待转速增加到一定值时，再将 R 短接，使电动机在额定电压下运行。试说明该电路的工作原理。

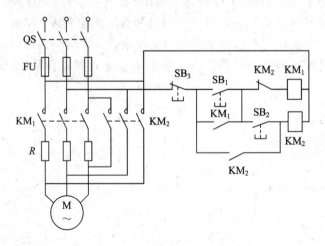

图 5.3 - 26　思考与练习 1 电路图

2. 笼型转子三相异步电动机 Y-△降压启动控制电路如图 5.3 - 27 所示，SB_2 是复合按钮。

(1) 说明其工作原理；

(2) 说明辅助动断触点 KM_Y 和 $KM_\triangle$ 的作用；

(3) 该控制电路采取了哪些保护措施？

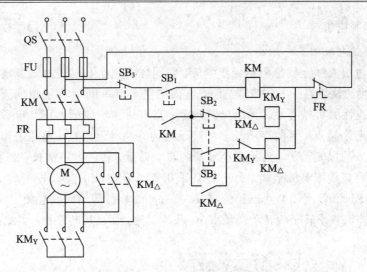

图 5.3 - 27　思考与练习 2 电路图

3. 三相异步电动机的定子绕组作 Y 形连接时,为什么接到三相电源上没有零线?

4. 当三相异步电动机下放重物时,会不会因重力加速度急剧下降而造成危险?

5. 有些三相异步电动机有 380/220 V 两种额定电压,定子绕组可以接成 Y 形也可以接成△,试问应在什么情况下采用哪种连接方式? 电动机的额定值(功率、相电压、线电压、相电流、线电流、转速)有无改变?

6. 在检修三相异步电动机时,若将转子抽掉,在定子绕组上加三相额定电压,会导致什么后果?

7. 三相异步电动机在正常运行时,如果转子突然被卡住而不能转动,试问这时电动机的电流有何变化? 对电动机有什么影响?

8. 为什么开关磁阻式电动机的定子凸极与转子凸极数不一样? 若凸极数一样,有什么现象?

知识点 5.4　控 制 电 机

前面所讲的直流电动机与交流电动机都是作为动力来使用的,其主要任务是将电能转换为机械能,以进行能量的转换。而控制电机的主要任务是传递控制信号,能量的转换是次要的。控制电机主要应用在精确的转速、位置控制上,在控制系统中作为"执行机构",分为伺服电机、步进电机、力矩电机、开关磁阻式电机、直流无刷电机等几类。本节只讲述伺服电机与步进电机。

5.4.1　伺服电机

伺服电机广泛应用于各种控制系统中,它能将输入的电压信号转换为电机轴上的机械输出量,拖动被控制元件,从而达到控制目的。一般要求伺服电机的转速要受所加电压信号的控制,转速能够随着所加电压信号的变化而连续变化;转矩能通过控制器输出的电流进行控制;电机的反应要快,体积要小,控制功率要小。伺服电机主要应用在各种运动控制系统中,尤其是随动系统。

1. 交流伺服电机

1）交流伺服电机的基本结构

交流伺服电机实际上就是两相异步电机，它同样由定子与转子构成。定子上装有两个绕组，一个是励磁绕组，一个是控制绕组，它们在空间相差 90°。为了使伺服电机具有较宽的调速范围、线性的机械特性，无"自转"现象，具有快速响应的性能，转子具有电阻大和转动惯量小这两个特点。目前应用较多的转子结构有两种形式：一种是采用高电阻率的导电材料做成导条的鼠笼转子。为了减小转子的转动惯量，转子做得细长，如图 5.4-1 所示为鼠笼型转子交流伺服电机结构。另一种是采用铝合金制成的空心杯形转子，杯壁很薄，仅 0.2 mm～0.3 mm。为了减小磁路的磁阻，要在空心杯形转子内放置固定的内定子，如图 5.4-2 所示。空心杯形转子的转动惯量很小，反应迅速，而且运转平稳，因此被广泛采用。

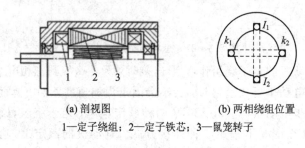

(a) 剖视图　　　　　　　　　(b) 两相绕组位置

1—定子绕组；2—定子铁芯；3—鼠笼转子

图 5.4-1　鼠笼型交流伺服电机结构

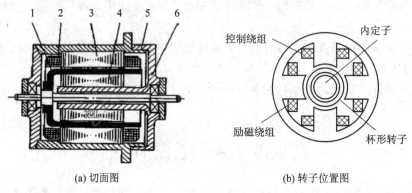

(a) 切面图　　　　　　　　　(b) 转子位置图

1—转子；2—定子绕组；3—外定子；4—内定子；5—机壳；6—端盖

图 5.4-2　空心杯形转子交流伺服电机结构图

2）工作原理

如图 5.4-3 所示是交流伺服电机采用电容分相的接线图。励磁绕组 1 与电容 C 串联后接到交流电源 $\dot{U}$ 上，其电压为 $\dot{U}_1$。与电容串联的目的是分相产生两相旋转磁场，适当选择电容 C 的数值，使励磁电流 $\dot{I}_1$ 超前电压 $\dot{U}$，让励磁电压 $\dot{U}_1$ 与电源电压 $\dot{U}$ 之间有 90° 或接近 90° 的相位差。控制绕组 2 接在电子放大器的输出端，控制电压 $\dot{U}_2$ 即为放大器的输出电压。控制电压 $\dot{U}_2$ 与电源电压 $\dot{U}$ 相位相同或相反。因此，$\dot{U}_1$、$\dot{U}_2$ 的相位差为 90°，两个绕组中的电流 $\dot{I}_1$、$\dot{I}_2$ 相位差也为 90°。在空间间隔 90° 的两个绕组中分别通入在相位上相差 90° 的两个电源，则产生两相旋转磁场，转子在旋转磁场的作用下便转动起来。

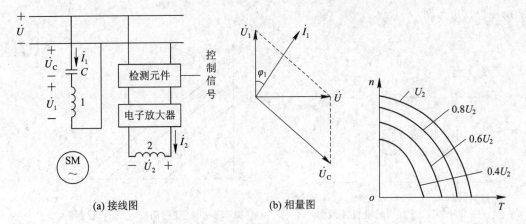

(a) 接线图　　　　　　　　　　(b) 相量图

图 5.4-3　交流伺服电机的接线图与相量图　　　图 5.4-4　交流伺服电机的机械特性

3）控制方法

交流伺服电机不仅具有受控于控制信号启动与停转的伺服性，而且其转速变化也可控。控制转速的方法有以下三种：

（1）幅值控制法。保持控制电压与励磁电压的相位差不变，改变控制电压的大小来改变电动机的转速。电压高，转速快；电压低，转速慢。控制电压反相，则旋转磁场与转子都反向；当控制电压为零时，电动机立即停转。如图 5.4-4 为交流伺服电动机的机械特性曲线。由图 5.4-4 可以看出，负载转矩一定时，控制电压越高，转速越快。在一定控制电压下，负载增加，转速下降很快，呈"软"的机械特性。

（2）相位控制法。保持控制电压与励磁电压的额定电压值不变，通过改变它们的相位差来改变电动机的转速。用移相器改变控制电压 $\dot{U}_2$ 的相位，使 $\dot{U}_1$、$\dot{U}_2$ 的相位差在 $0°\sim90°$ 之间变化。角度越大，转速越高；当角度为零时，电机停转。

（3）幅相控制法。在图 5.4-3 所示电路中，当改变控制电压 $\dot{U}_2$ 大小时，经过转子电路的耦合，励磁绕组中电流 $\dot{I}_1$ 和电容电压 $\dot{U}_C$ 会发生相应变化。因 $\dot{U}_1+\dot{U}_C=\dot{U}$，故 $\dot{U}_1$ 的大小与相位也随之变化。这样既改变了控制电压的大小，又改变了相位，实现了幅相控制。当控制电压为零时，电机停转。

2. 直流伺服电机

直流伺服电机的结构与一般直流电机的结构一样，只是做得细长一些，目的是减小转动惯量。它的励磁绕组与电枢绕组分别由两个独立的电源供电。励磁绕组所加的电压一定，建立起的磁通也不变。将控制电压加到电枢绕组上，从而控制电机的转速与转向。如图 5.4-5 所示是直流伺服电机的接线图。

直流伺服电机用永久磁铁做主磁极时，称为永磁式直流伺服电机，它的体积更小、更轻。当前多采用稀土钴或稀土钕铁硼等做永磁材料，永磁体很薄但可提供足够的磁感应强度，且抗去磁能力强，电机不会因振动、冲击、多次拆装而退磁，磁稳定性好。

直流伺服电机的机械特性和他励式电机一样，其转速可用式（5.2-5）表示。

如图 5.4-6 为直流伺服电机的机械特性。由图 5.4-6 可知，在一定的负载转矩下，电枢电压增大，电动机转速升高；反之降低。当电枢电压为 0 时，电机停转。且从理想空载转速 n_0 到堵转转矩 T_d 都与电枢电压 U_2 成正比，其斜率与电枢电压 U_2 无关。改变电枢电压的极性，电机反转。

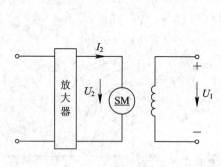

图 5.4-5　直流伺服电机接线图

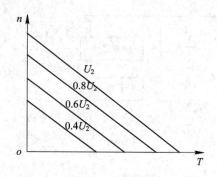

图 5.4-6　直流伺服电机的机械特性

3. 伺服电机在汽车上的应用

伺服电机是自动控制系统中重要的执行元件。目前汽车自动空调主要选用直流伺服电机，如图 5.4-7 是自动空调控制系统图。其基本工作过程是：传感器采集车内车外温度、太阳光照射、蒸发器温度、冷却水温度、空调压缩机锁止等信息，汽车空调 ECU 对各传感器信号和功能选择键输入的指令进行计算、分析比较后，发出指令控制电机旋转，电机通过齿轮减速机构带动摇臂做不同角度的运动，使空调风门做不同的闭合，达到调节空调风门风向的目的。

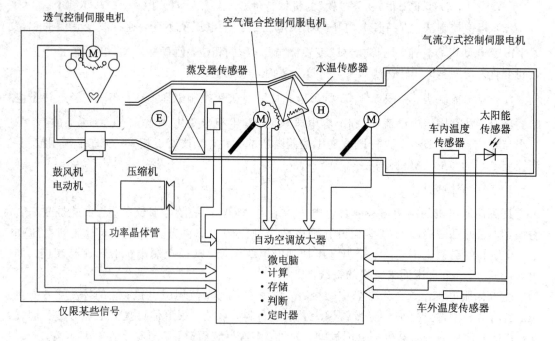

图 5.4-7　自动空调控制结构图

由于伺服电机受电压信号控制，所以汽车 ECU 发出的指令需经数/模转换后，由放大器将信号放大获得足够大的功率后，才能驱动伺服电机工作。图 5.4-8 为汽车自动空调空气混合控制伺服电机的接线图。

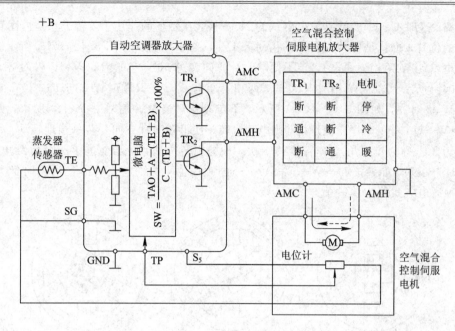

图 5.4-8 空气混合控制伺服电机接线图

5.4.2 步进电机

所谓步进电机,就是一种将电脉冲转化为角位移的执行机构。通俗一点讲:当步进驱动器接收到一个脉冲信号,它就驱动步进电机按设定的方向转动一个固定的角度。我们可以通过控制脉冲的个数来控制电机的角位移量,从而达到精确定位的目的。同时还可以通过控制脉冲频率来控制电机转动的速度和加速度,达到调速的目的。目前,比较常用的步进电机包括反应式步进电机(VR)、永磁式步进电机(PM)、混合式步进电机(HB)和单相式步进电机等。

1. 反应式步进电机

1)基本结构

如图 5.4-9 所示是反应式步进电机的结构示意图。同样,它由定子与转子两大部分构成。它的定子具有均匀分布的 6 个磁极,磁极上绕有绕组,两个相对的磁极组成一相。转子由转子铁芯与永磁体构成,转子上具有均匀分布的凸齿。

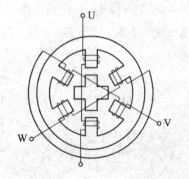

图 5.4-9 反应式步进电机结构

2)工作原理

假定定子具有均匀分布的 6 个磁极,转子具有均匀分布的 4 个齿,根据完成一个磁场周期所需的脉冲数,可分为单三拍、六拍及双三拍三种工作方式。

(1)单三拍。

设 U 相首先通电(V、W 两相不通电),产生 U−U′ 轴线方向的磁通,并通过转子形成闭合回路。这时 U、U′极就成为电磁铁的 N、S 极。在磁场的作用下，转子总是力图转到磁阻最小的位置，也就是要转到转子的齿对齐 U、U′极的位置，如图 5.4 - 10(a)所示。接着 V 相通电(U、W 两相不通电)，转子便顺时针方向转过 30°，它的齿和 V、V′极对齐，如图 5.4 - 10(b)所示。随后 W 相通电(U、V 两相不通电)，转子又顺时针方向转过 30°，它的齿和 W、W′极对齐，如图 5.4 - 10(c)所示。不难理解，当脉冲信号一个一个发来，如果按 U→V→W→U……的顺序轮流通电，则电动机转子便沿顺时针方向一步一步地转动。每一步的转角为 30°(称为步距角)。电流换接 3 次，磁场旋转一周，转子前进了一个齿距角(转子 4 个齿时为 90°)。如果按 U→W→V→U……的顺序通电，则电机转子便沿逆时针方向转动。这种通电方式称为单三拍方式。

(a) U 相通电　　　　(b) V 相通电　　　　(c) W 相通电

图 5.4 - 10　单三拍通电方式时转子的位置

(2) 六拍。

设 U 相首先通电，转子齿和定子 U、U′极对齐，如图 5.4 - 11(a)所示；然后在 U 相继续通电的情况下 V 相通电，这时定子 V、V′极对转子齿 2、4 有磁拉力，使转子顺时针方向转动，但是 U、U′极继续拉住齿 1、3。因此，转子会转到两个磁拉力平衡时为止，这时转子的位置如图 5.4 - 11(b)所示，即转子从图 5.4 - 11(a)所示的位置顺时针方向转过了 15°。接着 U 相断电，V 相继续通电，这时转子齿 2、4 和定子 V、V′极对齐，如图 5.4 - 12(c)所示，转子从图 5.4 - 11(b)所示的位置又转过了 15°；而后 W 相通电，V 相仍然继续通电，这时转子又转过了 15°，其位置如图 5.4 - 11(d)所示。这样，如果按 U→U、V→V→V、W→W→W、U→U→……的顺序轮流通电，则转子便顺时针方向一步一步地转动，步距角为 15°，电流换接 6 次，磁场旋转一周，转子前进了一个齿距角；如果按 U→U、W→W→W、V→V→V、U→U→……的顺序通电，则电机转子逆时针方向转动。这种通电方式称为六拍方式。

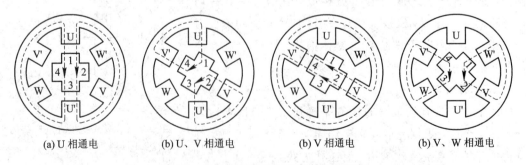

(a) U 相通电　　　(b) U、V 相通电　　　(b) V 相通电　　　(b) V、W 相通电

图 5.4 - 11　六拍通电方式时转子的位置

(3) 双三拍。

如果每次都是两相通电，即按 U、V→V、W→W、U→U、V→……的顺序通电，则称

为双三拍方式。从图 5.4－11(b) 和图 5.4－11(d) 可见，其步距角也是 30°。

由上述可知，采用单三拍方式和双三拍方式时，转子走三步前进一个齿距角，每走一步前进三分之一齿距角；采用六拍方式时，转子走六步前进一个齿距角，每走一步前进六分之一齿距角。因此步距角 θ 的计算公式为

$$\theta = \frac{360°}{Z_r m} \tag{5.4－1}$$

式中：Z_r 为转子齿数；m 为运行拍数。

实际上，一般步进电机的步距角不是 30° 或 15°，而常见的是 3° 或 1.5°。由式 (5.4－12) 可知，转子上不只 4 个齿 (齿距角 360°/4＝90°)，而有 40 个齿 (齿距角为 9°)。为了使转子齿和定子齿对齐，两者的齿宽和齿距必须相等。因此，定子上除了 6 个极以外，在每个极面上还有 5 个和转子齿一样的小齿，如图 5.4－12 所示。

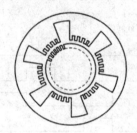

图 5.4－12　三相反应式步进电动机结构

2. 永磁转子式步进电机

1) 基本结构与工作原理

永磁转子式步进电机的转子是一个具有 N 极和 S 极的永久磁铁，定子有两相独立的绕组，如图 5.4－13(a) 所示。从 $V_1－V$ 向绕组输入一个电脉冲信号时，绕组产生一个磁场，在磁力同性相斥、异性相吸的原理作用下，转子 S 极在右，N 极在左。

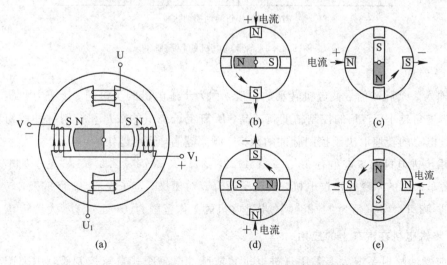

图 5.4－13　永磁转子式步进电机的基本结构与步进原理

当 $V_1－V$ 输入的脉冲信号消失后，再从 $U－U_1$ 向绕组输入另一个脉冲信号时，绕组产生一个磁场，N 极在上，S 极在下，如图 5.4－13(b) 所示；转子沿逆时针方向转动 90°，如图 5.4－13(c) 所示。

当 U—U₁ 输入的脉冲信号消失后，再从 V—V₁ 向绕组输入另一个脉冲信号时，绕组产生磁场，N 极在左，S 极在右，如图 5.4－13(c)；转子沿逆时针方向转动 90°，如图 5.4－13(d)所示。

当 V—V₁ 输入的脉冲信号消失后，再从 U₁—U 向绕组输入另一个脉冲信号时，绕组产生磁场，N 极在下，S 极在上，如图 5.4－13(d)所示；转子沿逆时针方向转动 90°，如图 5.4－13(e)所示。

如果依次按 V₁→V、U→U₁、V→V₁、U₁→U 的顺序向绕组输入 4 个脉冲信号，如图 5.4－14(a)所示，电机就会沿逆时针方向转动一圈。同理，如果依次按 V₁→V、U₁→U、V→V₁、U→U₁ 的顺序向绕组输入 4 个脉冲信号，如图 5.2－14(b)所示，电机就会沿顺时针方向转动一圈。

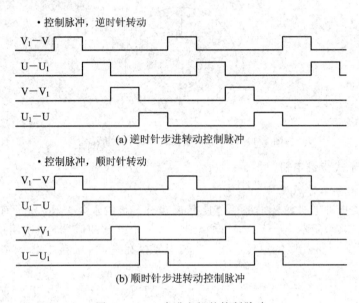

图 5.4－14　步进电机的控制脉冲

2）步进角

每输入一个脉冲信号使电机转动的角度，称为步进电机的步进角。步进电机定子爪极越多，步进角越小，转角的控制精度就越高，所需定子绕组的数量和控制脉冲的组数就越多。步进电机的转速取决于控制脉冲的频率，频率越高，转速越快。

常用步进电机的步进角有 30°、15°、11.25°、7.5°、3.75°、2.5°、1.8°等。如丰田皇冠 3.0 型轿车采用的永磁式步进电机，其转子设有 8 对磁极，定子设有 32 个爪极，转子转动一圈前进 32 步，步进角为 11.25°，该步进电机的工作范围为(0～125)步(大约转动 4 圈)。

3. 步进电机在汽车上的应用

目前燃油喷射系统大多采用步进电机式或脉冲电磁阀式怠速控制阀，用来调节发动机怠速时的进气量。现在广泛应用的是节气门直动式怠速控制，其核心部分就是步进电机。

步进电机和普通电机的区别主要就在于其脉冲驱动的形式。正是这个特点，步进电机可以和现代的数字控制技术相结合。但步进电机在控制精度、速度变化范围、低速性能方面都不如传统闭环控制的直流伺服电机，主要应用在精度要求不是特别高的场合。由于步进电机具有结构简单、可靠性高和成本低的特点，因此广泛应用在生产实践的各个领域。步进电机不需要 A/D 转换，能够直接将数字脉冲信号转化成为角位移，一直被认为是最理想的执行元件。

5.4.3　旋转变压器

旋转变压器简称"旋变"，又称为解算器或分解器。旋转变压器是一种电磁式传感器，是用来测量旋转物体转轴角和角速度的小型交流电动机，是目前伺服领域使用最广泛的测量元件，具有耐冲击、耐高温、耐油污、寿命长等优点。其缺点是输出为调制的模拟信号，输出信号解算较复杂。

1. 旋转变压器的结构

旋转变压器的结构和两相绕线式异步电机的结构相似，由定子与转子组成。

定子绕组作为变压器的原边，有两个绕组。两个绕组在轴线上相互成 90°且匝数、型号完全相同，一个接受励磁电压 U_K；另一个 U_S 是辅助绕组，起补偿作用。转子绕组作为变压器的副边，通过电磁耦合得到感应电压。转子绕组也有两个，在空间互成 90°且结构完全相同，一个正弦输出绕组 U_A，另一个余弦输出绕组 U_B。如图 5.4-15 所示。

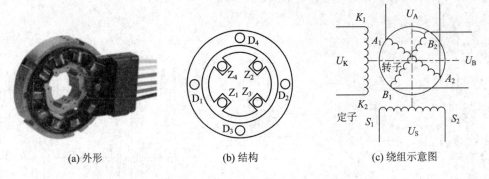

(a) 外形　　　　　　　(b) 结构　　　　　　　(c) 绕组示意图

图 5.4-15　旋转变压器结构图

旋转变压器一般有两极绕组和四极绕组两种结构形式。两极绕组旋转变压器的定子和转子各有一对磁极；四极绕组则各有两对磁极，主要用于高精度的检测系统。除此之外，还有多极式旋转变压器，用于高精度绝对式检测系统。

2. 旋转变压器的工作原理

旋转变压器的工作原理与普通变压器相似，区别在于普通变压器的原、副边绕组是相对固定的，输出电压与输入电压之比是常数。而旋转变压器的原、副边绕组则随转子的角位移发生相对位置的改变，因而其输出电压的大小随转子角位移发生变化，输出绕组的电压幅值与转子转角成正弦、余弦函数关系或保持某一比例关系，或在某一转角范围内与转角呈线性关系。

按输出电压与转子转角间的函数关系，旋转变压器主要有：① 正余弦旋转变压器，其输出电压与转子转角的函数关系成正弦或余弦函数关系；② 线性旋转变压器，其输出电压与转子转角成线性函数关系；③ 比例式旋转变压器，其输出电压与转角成比例关系。

下面我们以正余弦旋转变压器为例分析其工作原理。旋转变压器在结构上保证了其定子和转子(旋转一周)之间的空气间隙内的磁通分布符合正弦规律。因此，当激磁电压加到定子绕组时，通过电磁耦合，转子绕组便产生感应电势。图5.4-16为两极旋转变压器的电气工作原理图。

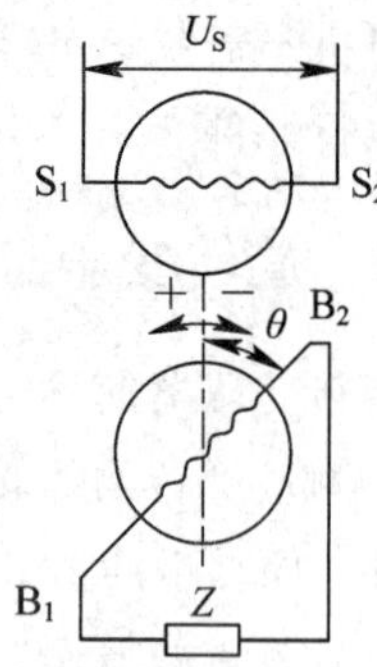

设加在励磁绕组 S_1、S_2 中的励磁电压为

$$U_S = U_m \sin\omega t$$

则转子绕组中的感应电压为

$$U_B = KU_S \sin\theta = KU_m \sin\theta \sin\omega t \qquad (5.4-2)$$

图5.4-16 两极旋转变压器

式中，K 为变压器的变比；θ 为转子的转角；U_m 是励磁电压的最大值。

若定子固定不动，转子随旋转体一起旋转，则 θ 代表了旋转体转过的角度。由式(5.4-2)可知，转子绕组中的感应电势 U_B 是角速度 ω 随时间 t 变化的交变电压信号，其幅值 $KU_m \sin\theta$ 随转子和定子的相对角位移 θ 以正弦规律变化。因此，只要测量出转子绕组中的感应电势的幅值，便可间接地得到转子相对于定子的位置，即 θ 角的大小。图5.4-17为单转速旋转变压器的励磁电压与正、余弦输出波形。

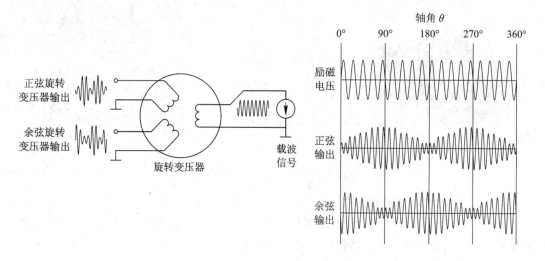

图5.4-17 旋转变压器的励磁与输出电压波形

3. 旋转变压器在汽车上的应用

旋转变压器应用发展很快，传统应用于要求可靠性高的军用、航空航天领域，现在工业、交通及民用领域也得到广泛应用。电动汽车中所用的位置、速度传感器都用旋转变压器，如节能高效的永磁交流电动机的位置传感器就采用的是旋转变压器，电动助力方向盘电机的位置速度传感器也采用的是旋转变压器。

思考与练习

1. 对于交流伺服电机，当只给励磁绕组通入励磁电流时，会产生什么样的磁场（旋转磁场、恒定磁场、脉动磁场）？

2. 伺服电机输入的是什么信号（脉冲信号、电压信号、速度信号）？

3. 伺服电机在自动控制系统中用作什么元件（放大元件、执行元件、检测元件）？

4. 交流伺服电机的转速与哪些因素有关？

5. 什么是交流伺服电机的"自转"现象？如何克服自转现象？

6. 直流伺服电机有没有"自转"现象？为什么？

7. 某三相反应式步进电机，采用单三拍工作方式供电，若转子有 40 个磁极，则步距角为多少？

8. 某三相反应式步进电机，采用六拍工作方式供电，则其通电顺序是怎样的？

9. 步进电机是将电脉冲控制信号转换成角位移或直线位移的执行元件，这种说法对吗？

10. 步进电机是否每接收一个电脉冲就转动一个齿？

11. 步进电机的转速与哪些因素有关？

12. 一台三相磁阻式步进电机，其齿距角为 1.5°，若采用三相单三相拍供电，试求转子有多少个齿。

13. 一台三相步进电机，采用三相单六拍工作方式，转子齿数为 40，电源频率为 2 kHz，求齿距角与转速。

项目6　常用半导体器件的认识与检测

情境导入

　　1947 年 12 月 23 日，第一块晶体管在贝尔实验室诞生，从此人类步入了飞速发展的电子时代。近几十年来，随着电子技术的迅速发展，汽车工业同步进入电子化，汽车性能得到了质的飞跃。现在的汽车上都是动辄数百个电子元件，数以捆计的汽车线路控制着汽车多个部件的协调工作。这些电子元件与控制电路的基本单元就是半导体器件。

项目概况

　　PN 结是半导体器件的基本结构。本项目从基本的半导体与 PN 结特性开始，详细介绍了在汽车电路中常用到的二极管、三极管、场效应管、IGBT 管及其他常用半导体器件的结构、作用、工作原理及检测方法。

项目描述

　　汽车中的照明灯、报警灯普遍采用低能耗的二极管，无触点的半导体开关器件（见图 6-1）取代了传统的机械开关，但一些高压大电流功率元件的故障率也相对较高。在电路检修过程中，能够正确认识与区分半导体器件、正确地检测与判断相关元件的好坏与工作情况，是汽车维修人员最起码的基本功。

图 6-1　常用半导体器件

任务分解	知识点链接	学生技能培养	任务实施
任务 6.1	6.1 半导体与 PN 结 6.2 晶体二极管	二极管的认识与检测	见工作单任务 6.1
任务 6.2	6.3 晶体三极管	三极管的认识与检测	见工作单任务 6.2
任务 6.3	6.4 场效应管	场效应管的认识与检测	见工作单任务 6.3
任务 6.4	6.5 晶闸管	晶闸管的认识与检测	见工作单任务 6.4
任务 6.5	6.6 绝缘栅双极型晶体管	绝缘栅双极型晶体管的认识与检测	见工作单任务 6.5

知识导航

知识点 6.1　半导体与 PN 结

电子技术能发展到今天的先进水平，首先要归功于半导体材料的发现及半导体制造技术的日益完善。

6.1.1　半导体

1. 半导体的概念

在自然界中，根据物质导电能力的不同，有绝缘体、导体与半导体之分。导体的导电能力很强，而绝缘体几乎不导电或导电能力很弱。所谓半导体，顾名思义，就是导电能力介于导体与绝缘体之间，它既不像导体那样容易导电，也不像绝缘体那样不导电。

自然界中，作为半导体的材料很多，目前用来制造半导体器件的材料主要是硅(Si)和锗(Ge)，它们都是 4 价元素，如图 6.1-1 所示为硅与锗的原子结构。

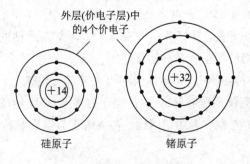

图 6.1-1　硅与锗的原子结构

2. 半导体的导电机理

要理解半导体的导电机理，首先须了解半导体材料的原子结构。

用作半导体器件材料的硅或锗必须经过高纯度提纯。提纯后几乎不含任何杂质的半导体，称为本征半导体。提纯后的锗或硅形成的单晶体，所有原子基本上整齐排列，其立体图如图 6.1-2 所示，每个原子都处在正四面体的中心，而其他 4 个原子位于四面体的顶点。半导体一般都具有这种晶体结构，故半导体又称为晶体。

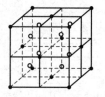

图 6.1-2　晶体中原子的排列

在晶体结构中，每一个原子与相邻的 4 个原子结合，每一个原子的一个价电子与另一个原子的价电子组成一个电子对，这对价电子是每两个相邻原子共有的，这就是所谓的共价键结构。在共价键结构中，晶体的导电性能与原子最外层的价电子数及其所处的能级有关，最外层具有 8 个价电子的晶体处于较为稳定的状态。锗和硅的最外层价电子都是 4 个，如图 6.1-3 所示。在热力学温度零度下，价电子因无外界能量的激发完全被共价键束缚而无法参与导电，故呈绝缘体的特性。

硅和锗最外层的 4 个价电子显然没有 8 个价电子束缚得那么紧。在获得一定能量（温度升高或受光照）后，即可挣脱原子核的束缚，成为自由电子。在电子挣脱共价键的束缚成为自由电子后，共价键中就留下一个空位，称为空穴。本征半导体中的自由电子（带负电）与空穴（带正电）总是成对出现，又不断复合。在一定温度下，电子空穴对的产生与复合达到动态平衡后，便维持一定的数目，如图 6.1-4 所示。

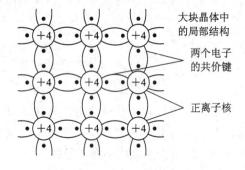

图 6.1-3　硅晶体的共价键结构　　　　图 6.1-4　自由电子与空穴的形成

在外电场的作用下，有空穴的原子可以吸引相邻原子中的价电子，填补这个空穴。同时，在失去一个价电子的相邻原子的共价键中出现另一个空穴，它也可以由相邻原子中的价电子来递补。如此继续下去，就好像空穴在运动。而空穴运动的方向与价电子运动的方向相反，因此空穴运动相当于正电荷的运动。

当半导体两端加上外电压时，半导体中将出现两部分电流，一是自由电子定向运动所形成的电子电流，二是仍被原子核束缚的价电子递补空穴所形成的空穴电流。在半导体中，同时存在着电子导电与空穴导电。因此，自由电子与空穴都称为载流子。

3. 半导体的特性

半导体具有热敏性。本征半导体电子空穴对的浓度是很小的，仅为硅原子密度的 $1/10^{12}$，因此纯净半导体有很大的电阻率。随温度的上升，价电子受到热激发，电子空穴对浓度上升，半导体电阻率会减小。温度越高，电子空穴对浓度越大，半导体的导电性能就越好。据计算，在常温附近，大约温度每升高 10℃，硅材料的价电子或空穴浓度将增加一倍，因而温度对电阻率有较大的影响。利用半导体的这个特性可制成热敏元件，如汽车中的温度传感器、电饭煲的热敏元件等。

半导体具有光敏性，在受到光照时，其导电性能会显著增强。利用此特性可以制成光敏元件，如光敏电阻、光电二极管、光电三极管等。半导体光敏元件广泛应用于精密测量、光通信、计算技术、摄像、遥感、制导、机器人、质量检查、安全报警以及其他测量和控制装置中。

半导体具有掺杂性。在本征半导体中掺入一定的微量元素作为杂质，可改变半导体的导电类型，并且其导电能力也会显著增加。这类半导体称为杂质半导体。只有经过精确掺杂控制的半导体材料才可以制造出不同用途的半导体器件。

4. P 型与 N 型半导体

根据杂质半导体导电类型的不同，可将其分为 N 型半导体与 P 型半导体两大类。

在本征半导体中采用高温扩散等特殊工艺，掺入微量的五价磷元素，就形成了 N 型半导体。磷原子的最外层有五个价电子。由于掺入的磷原子比硅原子少得多，因此整个晶体的结构基本不变，只是某些位置上的硅原子被磷原子取代。磷原子参与共价键只需四个价电子，多余的第五个价电子很容易挣脱磷原子核的束缚而成为自由电子，如图 6.1-5 所示。因此半导体中的自由电子数量大量增加，远远超过了本征半导体激发下的电子空穴对，自由电子成为这种半导体的主要导电方式。在这里，自由电子为多数载流子，简称多子。空穴为少数载流子，简称少子。

若在本征半导体中用同样的方法掺入微量三价硼元素，就形成 P 型半导体。硼原子的最外层价电子是三个，如图 6.1-6 所示。硼原子在取代硅原子参与共价键时只有三个价电子，故在构成共价键时因缺少一个价电子而产生一个空位，因此半导体中就形成了大量空穴，空穴成为这种半导体的主要导电方式。这里，空穴为多子，自由电子为少子。

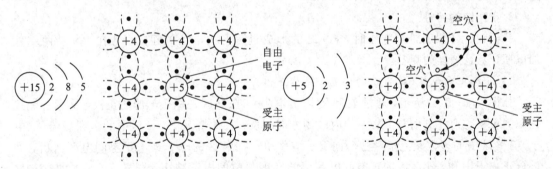

图 6.1-5　五价磷原子与 N 型半导体形成示意图　　图 6.1-6　三价硼原子与 P 型半导体形成示意图

由以上可知，掺杂半导体中的多子浓度主要取决于杂质浓度，与温度几乎没有关系；而少子的浓度则主要与本征激发有关，它的大小与温度有十分密切的关系。

值得注意的是，无论是 N 型半导体还是 P 型半导体，虽然都有一个载流子为多数，但整个晶体仍然保持电中性。

6.1.2　PN 结及 PN 结的特性

1. PN 结的形成

如果在 N 型（或 P 型）半导体的基片上，采用特殊的工艺，掺入三价（或五价）元素作为补偿杂质，使之形成 P 型（或 N 型）区，则在 P 区与 N 区之间的交界面附近，将形成一个很薄的空间电荷区，称为 PN 结，如图 6.1-7 所示。

PN 结是如何形成的呢？首先，由于 P 型与 N 型半导体之间存在着浓度差（N 型区自由电子为多子，空穴则为少子；P 型区空穴为多子，自由电子为少子），在其交界处，N 区内的自由电子向 P 区扩散，N 区一侧因失去电子而留下不能移动的正离子。同样，P 区内的空穴就要向 N 区扩散，结果导致交界附近的 P 区侧因失去空穴而留下不能移动的负离子，扩散到对方的载流子便成为异型半导体中的少子而与该区内的多子相复合。这样，在两种半导体的交界面附近就逐渐显露出由正、负离子电荷所组成的空间电荷区。由于交界面的 P 区一侧呈现出负电荷，N 区一侧呈现出正电荷，因此出现了由 N 区指向 P 区的内建电场，简称为内电场，如图 6.1-7 与图 6.1-8 所示。

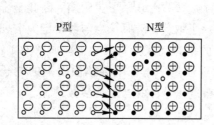

图 6.1-7　P 区与 N 区交界面

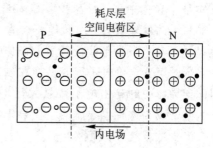

图 6.1-8　PN 结的形成

内电场的建立一方面会阻碍多子的继续扩散，另一方面会使靠近 PN 结的少子漂移到对方。当扩散与飘移达到动态平衡时，空间电荷区的宽度和内电场相对稳定下来，此时流过 PN 结的净电流为零。

2. PN 结的特性

我们讨论了没有外加电压时，PN 结的形成过程与内电场的建立。若在 PN 结两端外加电压，又是怎样的呢？

1）外加正向电压（称为正向偏置，简称正偏）

如图 6.1-9(a)所示，通过电阻 R（限流电阻），在 P 区一侧接电源的正极，N 区一侧接正源的负极，则外电场与 PN 结的内电场方向相反。在此情况下，N 区中的多数载流子（电子）与 P 区中的多数载流子（空穴）向 PN 结移动。当 N 区的电子进入正空间电荷区后，和部分正离子中和，使区内的正空间电荷层的厚度与空间电荷减小。同样，P 区中的空穴进

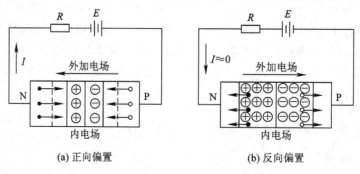

(a) 正向偏置　　　　　　　　　　　(b) 反向偏置

图 6.1-9　PN 结的单向导电性

入负空间电荷区，中和部分负离子，使负空间电荷层的厚度和空间电荷量减小。结果是，PN 结的宽度变窄，内电场减弱，有利于多子的扩散运动。当外加电压增加到一定值以后，扩散电流大大增加，只要外加正向电压有微小的变化，便能使扩散电流发生显著变化。此时，即外电场抵消内电场，有电流从 P 区流向 N 区，称为正偏导通。

2）外加反向电压（称为反向偏置，称反偏）

如图 6.1-9(b)所示，当 P 区一侧接电源负极，N 区一侧接电源正极，此时外电场与内电场方向一致，多数载流子将离开 PN 结而导致空间电荷区变宽。这时多子的扩散运动将受阻，电流不能由 P 区流向 N 区，此时扩散电流为零，称为反向截止。

但内电场的增强可加速少子的漂移运动，形成由 N 区流向 P 区的反向电流。由于少子的浓度由热激发引起，非常小，因此反向电流也非常小，通常可以忽略不计。当温度一定时，少子浓度也一定，反向电流不随外加电压而变化，该反向电流也称为反向饱和电流。

由此可见，PN 结具有单向导电性，即正偏导通，反偏截止。

PN 结是各种半导体器件的基本结构。

 思考与练习

1. 在常温下，本征半导体是否导电？为什么？

2. 电子导电与空穴导电有什么区别？

3. 杂质半导体中的多数载流子与少数载流子是如何产生的？为什么杂质半导体中的少子浓度要比本征半导体中的载流子浓度小？

4. N 型半导体中自由电子多于空穴，是否 N 型半导体带正电？而 P 型半导体中空穴多于自由电子，是否 P 型半导体带正电？

5. 当 PN 结外加正向电压小于内电场时，PN 结是否会正向导通？

6. PN 结的反向饱和电流是如何形成的？它与什么因素有关？

知识点 6.2　晶 体 二 极 管

二极管是最常用的电子器件之一，在电路中可以用作整流、开关、限幅、续流、检波、钳位、保护、变容、显示、稳压元件等。

6.2.1　二极管的基本结构

1. 二极管的结构与电路符号

如图 6.2-1 所示，从 PN 结 P 区引一个电极出来，称为正极或阳极；从 N 区引一个电极出来，称为负极或阴极。将其进行封装，就成为一个二极管。

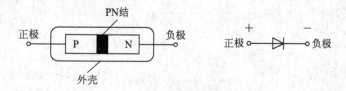

图 6.2-1　二极管的基本结构与电路符号

二极管实质上就是一个 PN 结。电路符号的三角箭头代表正偏导通时电流方向。

2. 二极管的类型

按二极管 PN 结结面积的不同，二极管有点接触型、面接触型与平面型三种，如图 6.2 - 2 所示。

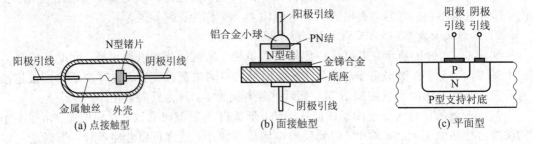

图 6.2 - 2　二极管的类型

点接触型二极管一般为锗管，它的 PN 结结面积很小，因此不能通过大电流。但其高频性能好，故一般用于高频和小功率电路，可用作数字电路中的开关元件。

面接触型的二极管一般为硅管，它的 PN 结结面积大，可通过较大的电流。但其工作频率较低，整流二极管就是面接触型二极管。

平面型二极管可用作大功率整流管与数字电路中的开关管。

6.2.2　二极管的伏安特性

二极管既然是一个 PN 结，当然具有 PN 结的基本特性——单向导电性。描绘二极管两端电压与流过二极管电流的关系曲线称为二极管的伏安特性曲线，如图 6.2 - 3 所示。图 6.2 - 4 为测量二极管正向特性与反向特性的电路图。由实验可知，当外加正向电压很低时，正向电流几乎为零。但当正向电压超过一定值后，正向电流增长很快。出现正向电流所对应的正向电压称为死区电压或门槛电压，其大小与材料及环境温度有关。通常，硅管的死区电压约 0.5 V，锗管的死区电压约 0.1 V。二极管一旦导通，其正向压降维持一个较小的值，硅管在 0.6 V～0.8 V 之间，锗管约为 0.2 V～0.3 V。

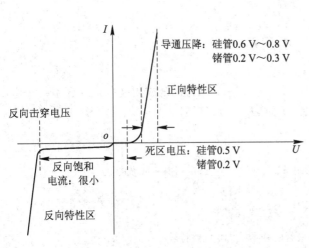

图 6.2 - 3　二极管的伏安特性曲线

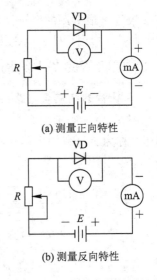

图 6.2 - 4　二极管伏安特性测量电路

当二极管加上反向电压时，有很小的反向电流。在一定温度下，当电压不超过一定值时，反向电流的大小基本恒定，与反向电压高低无关，此为二极管的反向饱和电流（反向漏电流）。但反向电流会随温度的上升而迅速增加。该反向饱和电流越小，说明二极管的单向导电性能越好。当外加反向电压增高到某一数值时，反向电流会突然增大，二极管失去单向导电性，这种情况称为反向击穿。二极管被击穿后，一般情况下就会损坏，不能恢复其原来特性。击穿时加在二极管两端的反向电压称为反向击穿电压 $U_{(BR)}$。

【**例 6.2.1**】　在图 6.2 - 5 中，输入端的电位 $V_A = 3$ V，$V_B = 0$ V，求输出端 F 的电位 V_F。

【**解**】　设二极管正向导通压降为 0.7 V，则有

$V_B = 0$ V，二极管 VD_2 优先导通，V_F 被钳定在 0.7 V。

$V_A = 3$ V，二极管 VD_1 反偏截止。

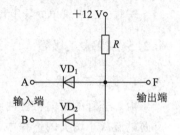

图 6.2 - 5　例 6.2.1 电路

6.2.3　二极管的主要参数

1. 最大整流电流 I_{om}

由二极管伏安特性曲线可知，二极管一旦导通，外加电压微小的变化都将导致正向电流急剧增加。当正向电流超过一定值时，将导致 PN 结过热而损坏。所以当二极管长时间工作时，允许流过二极管的最大正向平均电流称为二极管的最大整流电流。这是在选择二极管时的一个重要参数。

2. 反向工作峰值电压 U_{RWM}

加在二极管两端的反向电压超过一定值时，二极管会被反向击穿，反向电流急增而导致二极管损坏。通常将击穿电压的一半或三分之二作为二极管的反向工作峰值电压，它是保证二极管不被击穿而给出的。这是在选择二极管时的另一个重要参数。

3. 反向电流 I_{RM}

反向电流是指二极管加反向工作峰值电压时的反向电流值。反向电流大，说明二极管的单向导电性差；反之，反向电流越小，二极管的单向导电性越好。

6.2.4　二极管的命名与测量

1. 常见二极管的外形封装

二极管有很多种，常见二极管的外形封装如图 6.2 - 6 所示。

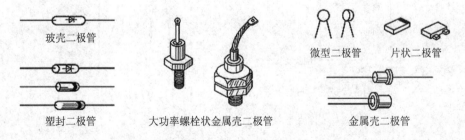

图 6.2 - 6　常见二极管的外形

2. 二极管的测量

数字万用表有专用"二极管"挡。选择专用"二极管挡"，将数字万用表红表笔插入 VΩ 孔，黑表笔插入 COM 孔；用两表笔任意搭接二极管两引脚，如果一次显示为溢出标志"1"，另一次有数据显示（600 左右为硅管，300 左右为锗管，单位为 mV），则单向导电性正常，二极管性能良好；如果两次都显示溢出标志"1"，说明二极管已断开；如果两次都显示较小的数字（或此时万用表发出嘀嘀声），说明二极管已击穿。

若测出二极管单向导电性正常，显示数字的那一支红表笔所接为正，黑表笔所接为负。

6.2.5　特殊二极管

1. 稳压二极管

由二极管的反向特性曲线可知，当二极管反向击穿后，二极管的反向电流急剧增加。反向电流从小增大的过程中，其两端的电压只有很微小的变化（基本保持不变）。若能限制反向电流的大小（如串联限流电阻），使二极管反向击穿后不烧毁，则可以利用这一特点进行稳压。稳压二极管就是利用这一特点制成的。如图 6.2-7 所示为常见稳压二极管的外形与电路符号。

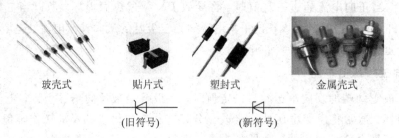

玻壳式　　　贴片式　　　塑封式　　　金属壳式

（旧符号）　　　　　（新符号）

图 6.2-7　常见稳压二极管外形与电路符号

图 6.2-8 为稳压二极管的伏安特性曲线，跟普通二极管相似，不同点在于稳压二极管的反向特性曲线比较陡。

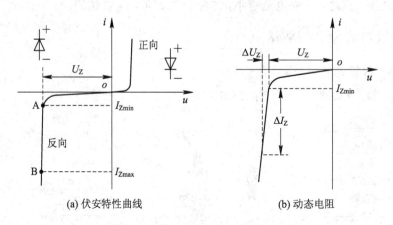

(a) 伏安特性曲线　　　　　　　(b) 动态电阻

图 6.2-8　稳压二极管特性曲线

稳压二极管工作在反向击穿区。从反向特性曲线可以看出，当外加反向电压小于反向击穿电压时，反向电流很小，可视为反向截止。当外加反向电压增加到反向击穿电压的大小时，反向电流急剧增大，稳压二极管反向击穿。此后，电流虽然在较大范围内变化，但稳压二极管两端的电压变化很小。经过特殊处理的稳压二极管反向击穿后不会损坏。当反向电压撤除后，稳压二极管又恢复正常，并且这种现象的重复性很好。

衡量稳压二极管的稳压效果用动态电阻表示，它是反向击穿特性 AB 段斜率的倒数，用 r_Z 表示，即

$$r_Z = \frac{\Delta U_Z}{\Delta I_Z}$$

稳压二极管的动态电阻越小，说明稳压二极管的稳压特性越好。r_Z 通常数值在几欧到几十欧之间，且随反向电流的增大而减小。

在设计选用稳压二极管时，还需考虑稳定电压 U_Z、最大稳定电流 I_{ZM}、电压温度系数以及最大耗散功率 P_{ZM} 等主要参数。

稳定电压是稳压二极管反向击穿时管子两端的电压。由于工艺原因，稳压值具有一定的分散性，即同一型号稳压管的稳定电压可允许在一定的范围波动。如 2CW14 的稳定电压值在 6 V～6.5 V 之间。

最大耗散功率是指管子不致发生热击穿的最大功率损耗，$P_{ZM} = U_Z I_{ZM}$。根据实际情况，可确定最大稳定电流 I_{ZM}。

稳压二极管的稳压值受温度变化的影响。一般来说，低于 6 V 的稳压二极管电压温度系数是负的，高于 6 V 的稳压二极管电压温度系数是正的。6 V 左右的管子受温度影响较小。

【例 6.2.2】　在图 6.2-9 中，稳压二极管的最大耗散功率是 1 W，稳定电压为 10 V，最小维持电流是 2 mA，求 R 限流电阻的取值范围。

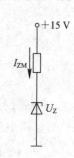

图 6.2-9　例 6.2-2 电路

【解】　(1) 二极管的最大稳定电流为

$$I_{ZM} = \frac{P_{CM}}{U_Z} = \frac{1}{10} = 0.1 \text{ A}$$

(2) 限流电阻的取值范围为

$$0.1 \text{ A} > \frac{15 \text{ V} - 10 \text{ V}}{R} > 2 \text{ mA}$$

$$50 \ \Omega < R < 2.5 \text{ k}\Omega$$

2. 发光二极管

发光二极管(Light Emitting Diode)简称 LED，是一种能够将电能转化为可见光的半导体器件。LED 具有节能、环保、寿命长、体积小等特点，广泛应用于指示、显示、装饰、背光源、普通照明和城市夜景等领域。根据使用功能的不同，可以将其划分为信息显示、信号灯、车用灯具、液晶屏背光源、通用照明五大类。

发光二极管实质上也是一个 PN 结，其结构、电路符号与伏安特性如图 6.2-10 所示。发光二极管简单工作原理是：PN 结的 N 侧和 P 侧的电荷载流子分别为电子和空穴，如果加一个正向偏压，复合区中的空穴就穿过 PN 结进入 N 型区，复合区中的电子也会越过 PN 结进入 P 型区。在 PN 结的附近，多余的载流子会发生复合，在复合过程中会发光，即光子。不同的半导体材料发出的光的颜色是不一样的，用砷化镓(G_aA_s)时，复合区发出的光是红色的；用磷化镓(G_aP)时，则发出绿色的光。

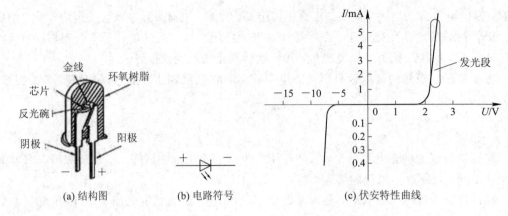

(a) 结构图　　　　　(b) 电路符号　　　　　(c) 伏安特性曲线

图 6.2-10　发光二极管

发光二极管同样具有单向导电性，其伏安特性曲线与普通二极管相似。不同的是其导通压降较普通二极管略高(1 V～3 V)，如图 6.2-10(c)所示。

发光二极管在使用时必须正向偏置，还应串接限流电阻，不能超过极限工作电流，如图 6.2-11(a)所示。通常在实际应用电路中有两种接法，如图 6.2-11(b)所示。

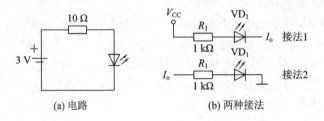

(a) 电路　　　　　　(b) 两种接法

图 6.2-11　发光二极管实际连接电路

发光二极管发光亮度高，清晰度高，导通电压低(1.5 V～3 V)，反应快，因而广泛使用。在汽车电路中主要应用在仪表板上，作为指示信号灯或报警信号灯。

发光二极管的测量与普通二极管相同。用数字万用表二极管挡测量，二极管正向导通时，会发光(稍暗)，且读数在 1200 mV～3000 mV 之间。

3. 感光二极管

感光二极管又叫光电二极管(Photodiode)，它是一种能将光信号变成电信号的半导体器件。光电二极管的核心部分是一个具有光敏特性的 PN 结，对光的变化非常敏感，光强不同，其导通电流不同。它同样具有单向导电性，其电路符号与伏安特性曲线如图 6.2-12 所示。和普通二极管相比，感光二极管在结构上不同的是，为了便于接受入射光照，PN 结面积尽量做得大一些，电极面积尽量小些，而且 PN 结的结深很浅，一般小于 1 μm。

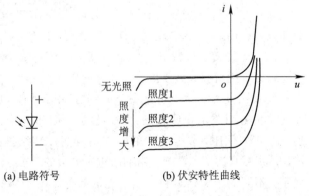

(a) 电路符号　　　　　　(b) 伏安特性曲线

图 6.2-12　感光二极管的电路符号与伏安特性曲线

光电二极管在反向电压作用下工作。没有光照时，反向电流很小（一般小于 $0.1~\mu A$），称为暗电流。当有光照时，携带能量的光子进入 PN 结后，把能量传给共价键上的束缚电子，使部分电子挣脱共价键，从而产生电子-空穴对，称为光生载流子。它们在反向电压作用下参加漂移运动，使反向电流明显变大。光的强度越大，反向电流也越大，这种特性称为"光电导"。光电二极管在一般照度的光线照射下所产生的电流叫光电流。如果在外电路上接上负载，负载上就获得了电信号，而且这个电信号随着光的变化而变化。光电二极管的工作原理及实际连接电路如图 6.2-13 所示。

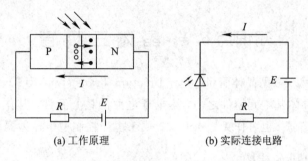

(a) 工作原理　　　　　　(b) 实际连接电路

图 6.2-13　光电二极管的工作原理及实际连接电路

利用光电二极管制成光电传感器，可以把非电信号转变为电信号，以便控制其他电子器件。用于汽车自动空调系统的日照强度传感器就是一个光电二极管。在汽车灯光自动控制器中，光电二极管用来检测车辆周围的亮、暗程度。光电二极管大部分应用场合与稳压管类似，是反向工作，负极接高电位，正极接低电位；但在有些场合采用正向工作。

*4. 电力二极管

前面所述的二极管一般都工作在低电压、小电流状态，其耗散功率很小。电力二极管工作于高电压、大电流状态，有较大的耗散功率。它的基本结构和工作原理与小功率二极管是一样的，都以半导体 PN 结为基础，具有正向导通、反向截止的功能。电力二极管实际上就是一个面积较大的 PN 结，其主要类型有普通二极管、快恢复二极管、肖特基二极管。

普通二极管又称整流二极管，多用于开关频率不高（1 kHz 以下）的整流电路中。

快恢复二极管（Fast Recovery Diode）简称 FRD，是一种具有开关特性好、反向恢复时间短（5 μs 以下）的半导体二极管，主要用于开关电源、PWM 脉宽调制器、变频器等电子电路中，作为高频整流二极管、续流二极管或阻尼二极管使用。因基区很薄，反向恢复电荷很小，所以快恢复二极管的反向恢复时间较短，正向压降较低，反向击穿电压（耐压值）较高。

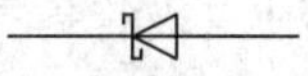

以金属和半导体接触形成势垒为基础的二极管称为肖特基势垒二极管（Schottky Barrier Diode，SBD），简称为肖特基二极管（其符号见图 6.2-4）。肖特基二极管的优点在于：反向恢复时间很短（10 ns～40 ns），正向恢复过程中也不会有明显的电压过冲；在反向耐压较低的情况下其正向压降也很小，明显低于快恢复二极管。因此，其开关损耗和正向导通损耗都比快恢复二极管还要小，效率高。肖特基二极管的弱点在于：当反向耐压提高时，其正向压降也会高得不能满足要求，因此多用于 200 V 以下的低压场合；反向漏电流较大且对温度敏感，因此反向稳态损耗不能忽略，而且必须更严格地限制其工作温度。

图 6.2-14　肖特基二极管

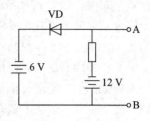

图 6.2-15　思考与练习 3

思考与练习

1. 将 1.5 V 的电池直接正向连接一只二极管,会出现什么问题? 试根据伏安特性曲线分析二极管与限流电阻相串联的必要性。

2. 为什么说稳压二极管的动态电阻越小,其稳压效果越好?

3. 如图 6.2-15 所示,设二极管 VD 为理想二极管,求 AB 端的输出电压。

知识点 6.3　晶 体 三 极 管

晶体三极管也称双极型晶体管(Bipolar Junction Transistor,BJT)、半导体三极管,简称三极管。它是半导体基本元器件之一,是电子电路的核心元件,其作用是将微弱信号放大成幅值较大的电信号;也可作无触点开关,属于电流控制型半导体器件。

6.3.1　三极管的基本结构

三极管由三层半导体、两个 PN 结构成。按其结构,三极管又可分为 PNP 型与 NPN 型两种,其基本结构与电路符号如图 6.3-1 所示。

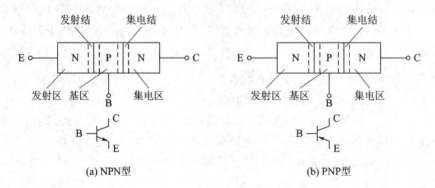

(a) NPN型　　　　　　　　(b) PNP型

图 6.3-1　三极管结构示意图与电路符号

三层半导体分别称为基区、发射区与集电区。从三层半导体引出三个电极,分别称为基 B(Base)极、发射极 E(Emitter)与集电极 C(Collector)。两个 PN 结分别称为发射结与集电结。

要使三极管具有放大作用,在制造三极管时,其结构都有严格的要求。基区起到传递载流子的作用,要求足够薄且掺杂浓度低。发射区起到发射载流子的作用,其掺杂浓度高。集电区起到收集载流子的作用,要求其面积大。

6.3.2　三极管的电流放大原理

为了更好地理解三极管的放大作用及其放大本质,我们通过一个实验来了解。图 6.3-2 所示为三极管电流放大实验电路。

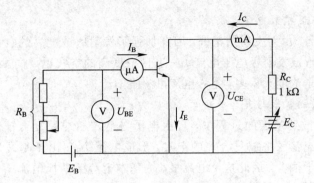

图 6.3 - 2 三极管电流放大实验电路

1. 实验数据与结论

以某 NPN 管为例，要使三极管有电流放大作用，还需满足外加电压条件：发射结正偏，集电结反偏。发射结通过 E_B 加正向电压，以保证发射区的多数载流子(电子)及基区的多数载流子(空穴)很容易越过发射结互相向对方扩散。为了使集电结反偏，集电极通过一个更高的电源 E_C 供电，使 $U_C > U_B$。发射极作为电路的公共端，故该放大电路称为共射放大电路。

调整 R_B，电流 I_B、I_C 及 I_E 均会发生变化，测得数据如表 6.3 - 1 所示。

表 6.3 - 1 三极管各极电流 mA

I_B	0	0.02	0.04	0.06	0.08	0.10
I_C	<0.001	0.60	1.50	2.30	3.10	3.95
I_E	<0.001	0.62	1.54	2.36	3.18	4.05

分析表 6.3 - 1 中的数据，可得到如下结论：

(1) 对于每一列数据，有 $I_E = I_B + I_C$，该结果符合基尔霍夫电流定律。

(2) I_C 比 I_B 大得多，且 I_B 变化微小，I_C 变化较大。比较集电极电流的变化量 ΔI_C 与基极电流的变化量 ΔI_B，可知基极电流变化 0.02 mA 可引起集电极电流变化 0.8 mA，两者相差 40 倍。所以说，基极电流微小的变化即可引起集电极电流的较大变化，且在一定范围内保持其倍数一定，这就是三极管电流放大的本质。电流放大倍数为

$$\beta = \frac{\Delta I_C}{\Delta I_B} \qquad (6.3 - 1)$$

(3) I_C 与 I_B 的比值分别是 35、36.5、38.3、38.65、39.5，约等于 β，用 $\bar{\beta}$ 表示为

$$\bar{\beta} = \frac{I_C}{I_B} \qquad (6.3 - 2)$$

$\bar{\beta}$ 称为直流放大倍数。由于 $\beta \approx \bar{\beta}$，因此在进行理论分析时，我们视作 $\beta = \bar{\beta}$。

(4) 当基极电流 $I_B = 0$ 时，集电极 I_C 与发射极 I_E 也近似为零。

2. 三极管载流子的运动情况

下面可以用载流子在三极管内部的运动来解释上述结论，以及对三极管基本结构的要求与电极命名的由来。

1）发射区向基区扩散电子

以 NPN 管为例，由于发射结正偏，因此加强了发射区浓度高的自由电子向浓度低的基区的扩散运动，形成发射极电子电流 I_E；基区浓度高的空穴也要向发射区扩散，形成空穴电流。因自由电子浓度大得多，空穴电流可忽略不计。

2）电子在基区的扩散与复合

在自由电子扩散到基区的过程中，自由电子与空穴相遇而复合掉。因基区接电源正极，相当于不断补充基区中被复合掉的空穴，形成电流 I_{BE}。由于基区足够薄且掺杂浓度低，被复合掉的电子很少，因此这个电流很小，基本上等于基极电流 I_B。因而自由电子绝大多数继续向集电结方向扩散。

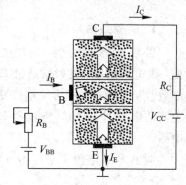

自由电子扩散中途被复合掉的电子越少，扩散到集电结的电子就越多，这有利于强化三极管的放大作用。因此，只有基区足够薄且掺杂很小，才可大大减小电子与基区空穴的复合机会，使绝大多数自由电子能扩散到集电结边缘。

3）集电区收集从发射区扩散过来的电子

由于集电结反偏，可阻拦集电区的自由电子向基区扩散；但可将发射区扩散到基区并达到集电区边缘的自由电子拉入集电区，从而形成电流 I_{CE}。I_{CE} 基本上就等于集电极电流 I_C，其载流子运动如图 6.3-3 所示。

图 6.3-3　三极管中的电流

6.3.3　三极管的特性曲线

三极管的特性曲线是描绘各极电压与电流之间关系的曲线，它反映了三极管的性能，同时也是分析放大电路的重要依据。特性曲线可以用晶体管特性测试仪直观地显示出来，也可以用实验电路进行测绘。

在如图 6.3-2 所示的共射放大电路中，电路中有两个回路：一个是三极管基极、发射极与基极电源 E_B、基极电阻 R_B 构成的输入回路；另一个是集电极、发射极与电源 E_C、集电极电阻 R_C 构成的输出回路。

1. 输入特性曲线

输入特性曲线是指当集-射极电压 U_{CE} 为一常数时，输入电路中基极电流 I_B 与基-射极电压 U_{BE} 之间的关系曲线。以硅管为例，当 $U_{CE} > 1$ V 时，集电结已反偏，足可将扩散至集电结边缘的电子拉入集电区。此后，U_{CE} 对 I_B 的影响不明显。

在输入回路中，发射结本身上就是一个 PN 结，所以其特性曲线与二极管相似，如图 6.3-4(a) 所示。从特性曲线可以看出，只有当外加电压大于死区电压时，三极管基极才有电流 I_B。正常情况下，硅管的发射结电压为 0.6 V～0.7 V，锗管的电压为 0.2 V～0.3 V。一旦发射结导通，U_{BE} 电压微小的增加都会引起基极电流的迅速上升，而且几乎呈线性变化。在实际电路中，正是利用该线性段进行工作的。若微弱的电信号从基极输入，只要发射结导通，则输入电压微弱的变化都将引起基极电流的线性变化。

2. 输出特性曲线

输出特性曲线指当基极电流 I_B 为常数时，输出电路中集电极电流 I_C 与集射极电压

U_{CE} 之间的关系曲线，如图 6.3 - 4(b)所示。通常将三极管的输出特性曲线分为截止区、放大区、饱和区三个区。

1）截止区

$I_B = 0$ 以下的区域称为截止区。

截止区有以下特征：

各极电流关系：当 U_{BE} 小于死区电压时，由前面分析可知基极电流 $I_B = 0$，$I_C = I_E \approx 0$。

两个 PN 结状态：此时发射结反偏，集电结反偏。

各极电位关系：$V_B < V_E$，$V_B < V_C$。

各电压关系：$U_{BE} = E_B$，$U_{CE} \approx E_C$。

三极管处于截止状态时，相当集电极与发射极之间的开关处于断开状态。

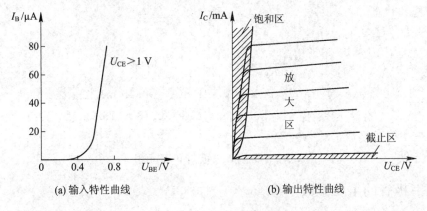

(a) 输入特性曲线　　　　　　　　(b) 输出特性曲线

图 6.3 - 4　三极管的特性曲线

2）放大区

输出特性近似水平部分是放大区。在放大区，曲线接近于平行且距离也接近相等。所以放大区也称线性区，因为 I_C 与 I_B 成正比关系。

三极管工作在放大状态时，有以下特征：

电流关系：$I_B > 0$，$I_C = \beta I_B$，$I_E = I_C + I_B$。

两个 PN 结状态：发射结正偏，集电结反偏。

各电位关系：$V_C > V_B > V_E$。

电压关系：$U_{BE} = 0.6 \text{ V} \sim 0.7 \text{ V}$（硅管），$U_{CE} = E_C - I_C R_C$。

3）饱和区

当基极电流过大，导致 $U_{CE} = E_C - I_C R_C$ 过小，$U_{CE} < U_{BE}$ 时，三极管进入饱和区。此时的特征是：

电流关系：$I_B > 0$，$I_C \neq \beta I_B$。

两个 PN 结状态：发射结正偏，集电结正偏。

各电位关系：$V_B > V_E$，$V_B > V_C$。

各电压关系：$U_{BE} = 0.6 \text{ V} \sim 0.7 \text{ V}$（硅管），$U_{CE} < 0.3 \text{ V}$（随饱和程度减小，忽略时视为零）。

三极管处于饱和区时，集电极电流 I_C 已达到最大（忽略 U_{CE} 饱和压降，则 $I_{CM} = E_C / R_C$），此时集射极间相当于一个闭合的开关。

【**例 6.3.1**】　在如图 6.3-5 所示电路中，已知三极管为硅管，$\beta = 40$。当输入端电压分别为 3 V、1 V、-1 V 时，三极管处于何种工作状态？

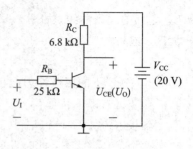

图 6.3-5　例 6.3.1 电路

【**解**】　(1) 当 $U_I = 3$ V 时，其基极电流为

$$I_B = \frac{U_I - U_{BE}}{R_B} = \frac{3 - 0.7}{25 \text{ k}\Omega} = 0.092 \text{ mA}$$

三极管饱和时，集电极最大电流为

$$I_{CM} = \frac{V_{CC}}{R_C} = \frac{20}{6.8} = 2.94 \text{ mA}$$

则基极电流 $I_B = \dfrac{I_C}{\beta} = \dfrac{2.94}{40} \approx 0.074$ mA 时已进入饱和。现基极电流 $0.092 > 0.074$ mA，三极管处于深度饱和状态。

(2) 当 $U_I = 1$ V 时，有

$$I_B = \frac{U_I - U_{BE}}{R_B} = \frac{1 - 0.7}{25 \text{ k}\Omega} = 0.012 \text{ mA}$$

$$I_C = \beta I_B = 40 \times 0.012 \text{ mA} = 0.48 \text{ mA}$$

$$U_{CE} = V_{CC} - I_C R_C = 20 - 6.8 \times 0.48 \approx 16.75 \text{ V}$$

因此三极管处在放大状态。

(3) 当 $U_I = -1$ V 时，因发射结反偏，三极管可靠截止。

6.3.4　三极管的主要参数

三极管的主要参数是在设计电路、选择三极管的重要依据，主要有以下几个：

1. 电流放大倍数 $\bar{\beta}$、β

由于三极管的特性曲线是非线性的，因此只有在特性曲线近似水平部分，I_C 才随 I_B 呈正比变化，电流放大倍数才可以认为是恒定的。

2. 集电极最大允许电流 I_{CM}

集电极电流 I_C 超过一定值时，其 β 值就要下降。当下降为正常值的三分之二时所对应的电流称为集电极最大允许电流 I_{CM}。I_C 超过最大允许值时不一定会损坏，但以牺牲电流放大倍数为代价。

3. 集电极最大允许耗散功率 P_{CM}

集电极电流流经集电结时会产生热量，从而引起三极管参数发生变化。当三极管因受热而引起的参数变化不超过允许值时，集电极所消耗的最大功率为

$$P_{CM} = I_C U_{CE}$$

4. 集射极反向击穿电压 $U_{(BR)CEO}$

集电极反向击穿电压是指基极开路时，集电极与发射极之间的最大允许电压。该电压在高温下将会降低。

另外还有两个重要参数是集-基极反向截止电流 I_{CBO} 与集-射极反向截止电流 I_{CEO}。这两个值均受温度影响，其值越小越好。

6.3.5　三极管的外形与分类

图 6.3-6 为常见三极管的封装外形，通常有塑料封装与金属封装两种。三极管有多种分类法，按材料分有硅管与锗管，按结构分有 NPN 型与 PNP 型，按功能分有开关管、功率管、达林顿管、光敏管，按功率分有小功率管、中功率管与大功率管，按工作频率分有低频管、高频管与超高频管，按结构工艺分有合金管与平面管，按安装方式分有直插管与贴片管。

图 6.3-6　常见三极管的封装

由于篇幅有限，三极管内容不再赘述，有兴趣的同学可自己查阅相关资料。

6.3.6　三极管的测量

三极管的测量包括好坏判断、管脚判断、管型与材料判断、放大能力测量等，可选用数字万用表的专用二极管挡进行测量，也可用指针式万用表的电阻挡测量。下面我们以数字万用表为例，选择二极管挡进行测量。

1. 好坏判断

根据三极管的基本结构，三极管由两个 PN 结构成，正常情况下，只有当 PN 结正偏时有示数。具体方法是：用红黑表笔任意搭接三极管的三个引脚，应有 6 次不同组合的测量，若其中两次导通有示数，四次截止无示数，则三极管是好的；否则说明损坏。

2. 管脚、管型、材料判断

在上面两次有示数的测量中，若红（黑）表接一只管脚、黑（红）表笔接另两只管脚导通，则红（黑）表笔所接为基极且该管为 NPN（PNP）管。

记下两次所测量的数据，比较大小。数据显示大的一次另一只脚为发射极，小的一次另一只脚为集电极。若数据在 500 mV～800 mV 之间，三极管为硅管；若数据在 200 mV～400 mV 之间，三极管为锗管。

3. 放大能力测量

数字万用表有专用 h_{FE} 挡，用来测量三极管的电流放大倍数 β。将挡位拨到该挡，找到数字万用表面板上标有 E、B、C、E 及 PNP 或 NPN 标志的 8 个小孔。将三极管的三只管脚插入对应的小孔中，正常显示 100～300 的数据，即为 β 值。若数据太小，可能是放大能力不够或 C、E 极插接错误；若无数据显示，则可能是接触不良导致或三极管已损坏。

6.3.7　常用的特殊三极管

1. 光电三极管

光电三极管又称光敏三极管，像光电二极管一样是一种能将光信号变成电信号的半导体器件。与光电二极管不同的是，光电三极管具有电流放大作用，因而比光电二极管灵敏度高，输出电流大。如图 6.3－7 为常见光电三极管的外形。

图 6.3－7　光电三极管外形

普通三极管是用基极电流 I_B 的大小来控制集电极电流的，而光电三极管是用入射光的强弱来控制集电极电流的。因而两者的输出特性曲线相似，只是用光源来代替 I_B，如图 6.3－8(a)所示。

光电三极管正常运用时，集电极加正电压。因此，集电结为反偏置，发射结为正偏置，集电结为光电结。当光照到集电结上时，集电结即产生光电流 I_P 向基区注入，同时在集电极电路即产生一个被放大的电流 $I_C＝I_E＝(1＋\beta)I_P$，β 为电流放大倍数。因此，光电晶体管的电流放大作用与普通晶体管在上偏流电路中接一个光电二极管的作用是完全相同的。其等效电路及电路符号分别如图 6.3－8(b)和图 6.3－8(c)所示。

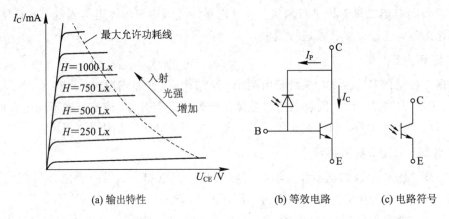

(a) 输出特性　　　　　　(b) 等效电路　　　　(c) 电路符号

图 6.3－8　光电三极管

光电三极管的光电特性不如光电二极管好，在较强的光照下，光电流与照度不成线性关系。所以光电晶体管多用来作光电开关元件或光电逻辑元件。

2. 达林顿管

达林顿管又称复合管，由两个或多个三极管按一定的规则相连接，以组成一个新的等效三极管。该等效三极管的电流放大倍数约为各三极管电流放大倍数之积，因此达林顿管的特点是电流放大倍数很大，一般用于高灵敏度放大电路、功率放大电路或功率开关电路中。

1) 达林顿管的组成原则

(1) 在正确的外加电压作用下，两个三极管都必须工作在放大区；

(2) 第一个三极管的集电极电流或发射极电流作为第二个三极管的基极电流，方向必须一致；

（3）等效三极管等于第一只三极管的原型。

2）达林顿管的接法

达林顿管有四种接法，如图 6.3-9 所示，分别为 NPN+NPN 等效为 NPN 管，NPN+PNP 等效为 NPN 管，PNP+PNP 等效为 PNP 管，PNP+NPN 等效为 PNP 管。

设第一只三极管的电流放大倍数为 β_1，第二只三极管的电流放大倍数为 β_2，则等效三极管总的电流放大倍数为

$$\beta = \frac{I_C}{I_{B1}} = \frac{I_{C1} + I_{C2}}{I_{B1}} = \beta_1 + \frac{(I_{B1} + \beta_1 I_{B1})\beta_2}{I_{B1}} = \beta_1 + \beta_2 + \beta_1\beta_2 \approx \beta_1\beta_2$$

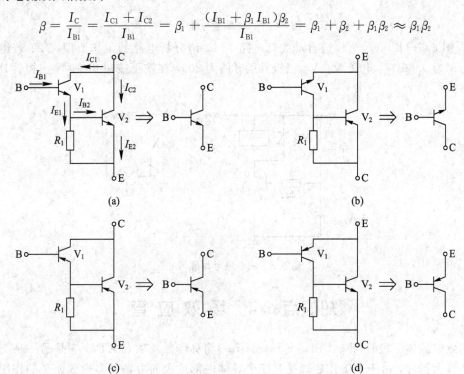

图 6.3-9 达林顿管的四种接法

 思考与练习

1. PNP 管与 NPN 管的区别在哪？电路符号发射极箭头的方向指的是什么方向？

2. 三极管三个电极命名的依据是什么？三层半导体有什么特点？

3. 三极管具有电流放大作用时，为什么必须使发射结正偏、集电结反偏？

4. 三极管的集电极与发射极同为 P 型半导体或 N 型半导体，它们可以调换使用吗？为什么？

5. 依照三极管的结构，将两个二极管接成如图 6.3-10 所示的形式，并提供相应的外部电压，能否具有跟三极管一样的放大作用呢？为什么？

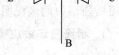

图 6.3-10 思考与练习 5

6. 如图 6.3-11 所示，判断三个电路中三极管各处在何种工作状态。

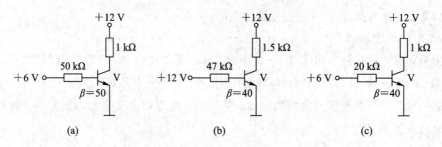

图 6.3 - 11　思考与练习 6

7. 图 6.3 - 12 所示为楼道自动关灯电路。(1) 请分析电路的工作原理；(2) 若继电器线圈功率为 0.36 W，电压为 6 V，三极管的 β 值为 200，在按下按钮开关时，三极管处于何种状态？

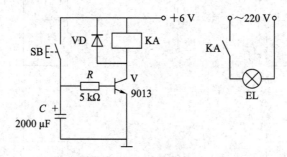

图 6.3 - 12　思考与练习 6

知识点 6.4　场 效 应 管

场效应晶体三极管(Field Effect Transistor)简称场效应管(FET)，它是另一种类型的半导体放大器件，由于其工作原理是基于半导体内部或表面电场对多数载流子的作用而得名。因只多数载流子参与导电，也称为单极型晶体管。它属于电压控制型半导体器件，具有输入电阻高(10^8 Ω～10^{15} Ω)、噪声小、功耗低、动态范围大、易于集成、没有二次击穿现象、安全工作区域宽等优点。

场效应管有两种类型，一种为结型场效应管(JFET)，另一种为绝缘栅场效应管(MOS FET)。在这里只介绍绝缘栅场效应管。

6.4.1　绝缘栅场效应管

绝缘栅场效应管有 N 沟道与 P 沟道，每一类又有增强型与耗尽型之分。以下将以 N 沟道增强型为例来说明其结构与工作原理。

1. 绝缘栅场效应管的基本结构

图 6.4 - 1(a)所示为 N 沟道增强型绝缘栅场效应管的基本结构示意图。用一块掺杂浓度较低的 P 型半导体作为衬底，然后在上面的左右两边掺杂浓度很高的 N⁺ 区；在 P 型硅表面生成一层很薄的二氧化硅绝缘层，并在二氧化硅的表面各自喷上一层金属铝，分别作为栅极 G、源极 S 与漏极 D。由于栅极、源极与漏极是绝缘的，故称为绝缘栅场效应管。电路符号如 6.4 - 1(b)所示。

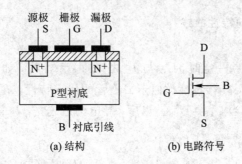

图 6.4-1 N沟道增强型绝缘栅场效应管

2. 绝缘栅场效应管的工作原理

图 6.4-2 所示为绝缘栅场效应管正常工作时外接电源连接,衬底与源极相连,U_{GS} 与 U_{DS} 均为正。源极与漏极两个 N 型区中间是 P 型衬底,相当于两个 PN 结面对面串联。

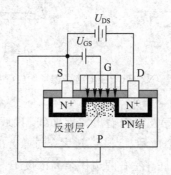

图 6.4-2 N沟道增强型场效应管工作原理

(1) $U_{GS} = 0$ 时,无论 U_{DS} 为正还为负,总有一个 PN 结反偏,漏极与源极之间不可能形成导电沟道,因此 $I_D = 0$。

(2) 当 $U_{GS} > 0$ 时,二氧化硅中会产生一个垂直于半导体表面、由栅极指向 P 型衬底的电场。这个电场排斥空穴、吸引电子,使靠近二氧化硅一侧的 P 型半导体材料中形成 N 型层,称为反型层。当栅源电压进一步增加,反型层中的电子越来越多,会在源极与漏极间形成 N 型导电沟道。U_{GS} 越大,导电沟道越厚,沟道电阻越小。

(3) 栅源形成导电沟道后,若 $U_{DS} > 0$,便产生漏极电流 I_D。在漏源电压 U_{DS} 的作用下,开始产生漏极电流 I_D,此时的栅源电压称为开启电压 V_T($U_{GS(th)}$)。由于这类场效应管在 $U_{GS} = 0$ 时 $I_D = 0$,只有在 $U_{GS} > V_T$ 时才出现漏极电流 I_D,故称为增强型场效应管。对于耗尽型场效应管,需预先在二氧化硅绝缘层中掺入大量正离子,则在 $U_{GS} = 0$ 时,这些正离子可在反型层中感应出较多的电子。由于导电沟道就已形成,只要接 U_{DS} 就可以形成漏极电流 I_D。当 $U_{GS} < 0$ 时,导电沟道减弱,I_D 减小;当 U_{GS} 反向增加到一定值时,导电沟道消失,$I_D = 0$。这种以调整 U_{GS} 负电压而消耗导电沟道的形式控制 I_D 的大小称为耗尽型。

(4) $U_{GS} > 0$ 且 U_{DS} 增加到一定值($U_{DS} = U_{GS} - U_{GS(th)}$)后,靠近漏极的沟道形成夹断区,称为预夹断。$U_{DS}$ 继续增加,夹断区向源极延伸,I_D 将呈现恒流特性。

3. 绝缘栅场效应管的特性曲线

1）转移特性曲线

转移特性曲线是指 U_{DS} 一定时，U_{GS} 与 I_D 之间的关系曲线，如图 6.4-3（a）所示。

由图 6.4-3（a）可知，转移特性类似于二极管的伏安特性。在 $U_{GS} < U_{GS(th)}$ 以前，导电沟道尚未建立，I_D 为零。当 $U_{GS} > U_{GS(th)}$ 以后，导电沟道建立，I_D 随 U_{GS} 的升高而几乎呈线性增大。

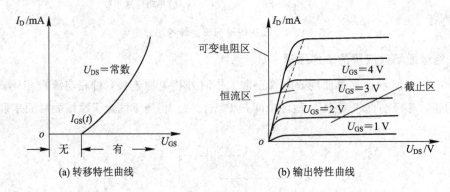

图 6.4-3　N 沟道增强型绝缘栅场效应管特性曲线

2）输出特性曲线

场效应管输出特性曲线与三极管的输出特性曲线相似，分为可变电阻区、放大区（恒流区）、截止区，如图 6.4-3（b）所示。当 U_{DS} 过大，同样会出现击穿。

若将 P 型衬底改为 N 型衬底，左右两边掺杂高浓度 P^+ 区，就为 P 沟道绝缘栅场效应管。综上所述，MOS 场效应管有 N 沟道增强型、P 沟道增强型、N 沟道耗尽型、P 沟道耗尽型四种类型，其电路符号如图 6.4-4 所示。

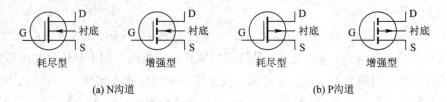

图 6.4-4　绝缘栅场效应管电路符号

4. 场效应管的特点与应用

（1）场效应管较三极管制造工艺简单，体积仅为三极管的 15%，特别适合大规模集成电路。

（2）栅极电流几乎为零，直流输入电阻很大，最高可达 10^{15} Ω，是一种电压控制型放大器件。

（3）由于只有多子参与导电，因此属于单极型电子器件，热稳定性好，在特性曲线中可以找到一个几乎不受温度影响的工作点。因少了杂散载流子导电，所以有较低的噪声，还有较好的抗辐射性。

（4）源极与漏极结构对称，两者可以互换使用。（若衬底与源极制造连在一起，则不能互换。）

利用场效应管的可变电阻区，场效应管可用作可变电阻或阻抗转换；利用其放大区，可用作电压放大器；利用其放大区与截止区，可作为开关；利用放大区的恒流特性，可作为恒流源。

5. 场效应管的测量

场效应管的管脚排列是确定不变的，所以无需进行管脚的判断，只需将场效应管有字的一面朝自己，从左至右管脚分别为栅极（G）、漏极（D）、源极（S），如图 6.4－5 所示。用万用表判断场效应管是否有导通与关断能力，可判断其好坏。现以 N 沟道增强型场效应管为例，选用数字万用表的二极管挡进行测量。

测量之前，首先将三个管脚进行短接放电（每次重新测量前都进行一次），然后按以下步骤进行：

第一步，红黑表笔任意搭接 D 与 S，表笔对调再测一次，两次均不通，说明未建立沟道。

第二步，红表笔接 G，黑表笔接 S，目的是给 GS 一个正向电压，以建立导电沟道。

第三步，黑表笔不动，松开红表笔，接 D，则 DS 间导通，有数据显示。加 U_{GS} 则有 I_D 产生。

第四步，黑表笔接 G，红表笔接 S，给 GS 一个反向电压。

第五步，红表笔接 D，黑表笔接 S，不通，说明反向关断。

若是 P 沟道型场效应管，则红黑表笔对调。若符合上述测量，则场效应管状况良好。

为防止场效应管击穿，现在制造的场效应管很多都在源极与漏极间接了一只保护二极管，如图 6.4－6 所示，因此在第一步测量时，有一次有显示数据。若红表笔接 D、黑表笔接 S，有 500 mV 左右的数据显示，则为 P 沟道管；若红表笔接 S、黑表笔接 D，有数据显示，则为 N 沟道。其他步骤相同。

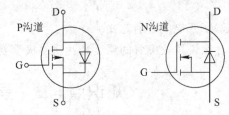

图 6.4－5　场效应管引脚排列　　图 6.4－6　绝缘栅场效应管内部二极管连接

6.4.2　功率场效应管

以上分析的场效应管与晶体三极管一样，工作电压与电流都较小，属于小功率管。但VMOS 功率场效应管（全称为 V 型槽 MOS 场效应管）的面世使场效应管进入了大电流、高电压的应用场合，它不仅具有 MOS 管的所有优点，还具有耐压高、工作电流大、输出功率高、跨导线性好、开关速度快等优点，因此在电压放大器（可达数千倍）、功率放大器、开关电源与逆变器中得到了广泛应用。

图 6.4－7 为 VMOS 场效应管的结构与电路符号。用一块高掺杂的 N^+ 型硅片作为衬底，外延生长 N^- 型高阻层，两者共同组成漏级。在 N^- 型区内，扩散 P 型沟道体区，漏区与 P 型沟道体区的交界面就是漏区 PN 结。在 P 型沟道区内，又扩散 N^+ 型源区。跟 N 沟道增强型绝缘栅场效应管一样，当 $U_{GS} > U_{GS(th)}$ 时，在二氧化硅绝缘层下的 P 型沟道体区表层产生反型层，产生漏极电流 I_D。由于漏极是从芯片的背面引出的，所以 I_D 不是沿水平流

动，而是自重掺杂区（源极）出发，经 P 沟道流入轻掺杂 N^- 漂移区，最后垂直向下到达漏区。因为流通截面积大，故能通过大电流。金属栅极采用 V 型槽结构，栅极与芯片之间仍有二氧化硅绝缘层，所以它仍属于绝缘栅型场效应管。

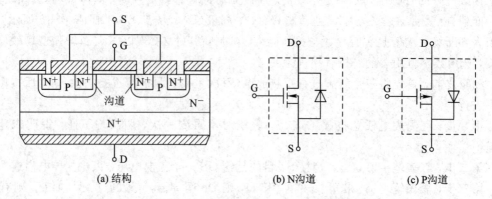

(a) 结构　　　　　　　　　(b) N沟道　　　　　　(c) P沟道

图 6.4 - 7　　VMOS 场效应管的结构与电路符号

 思考与练习

1. 请自行分析画出四种绝缘栅场效应管的转移特性曲线与输出特性曲线。
2. 请简述普通绝缘栅场效应管与 VMOS 场效应管的异同之处。
3. 场效应管与晶体三极管相比，有哪些优点？
4. 在汽车电路中，有哪些电路采用了场效应管，应用了哪些特点？
5. 为什么 N 沟道增强型绝缘栅场效应管在加 $U_{GS}>0$，$U_{DS}>0$ 后，靠近漏极的导电沟道较窄？
6. 试解释开启电压的意义。
7. 为什么说场效应管的温度特性比三极管要好？

知识点 6.5　晶　闸　管

晶闸管（Thyristor）是晶体闸流管的简称，也被简称为可控硅，是一种半导体开关元件，能在高电压、大电流条件下工作。可控硅和其他半导体器件一样，其有体积小、效率高、稳定性好、工作可靠等优点。它的出现，使半导体技术从弱电领域进入了强电领域，且其工作过程可以控制、被广泛应用于可控整流、交流调压、无触点电子开关、逆变及变频等电子电路中。

6.5.1　晶闸管的基本结构

晶闸管是一个四层三端器件，有三个 PN 结，结构简图及电路符号如图 6.5 - 1 所示。

引出的三个电极分别称为阳极（A）、控制极（G）、阴极（K）。

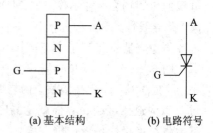

(a) 基本结构　　　(b) 电路符号

图 6.5 - 1　晶闸管结构与电路符号

6.5.2　晶闸管的工作原理

晶闸管为半控型电力电子器件,具有导通与截止两种工作方式。如图6.5-2所示是晶闸管导通实验电路。

图6.5-2(a)中,S断开,控制极电压为零。晶闸管阳极接直流电源的正端,阴极经灯泡接电源的负端,此时晶闸管承受正向电压,灯不亮,说明晶闸管不导通。S闭合,控制极电压为正,晶闸管的阳极和阴极间加正向电压,这时灯亮,说明晶闸管导通。S闭合后又断开,晶闸管导通后,去掉控制极上的电压,灯仍然亮。这表明晶闸管导通后,控制极就失去作用,这时去掉或重复供给控制电压,都不会影响晶闸管的继续导通。所以,阳极与阴极间加正向电压时,只要用一个短时存在的正向脉冲在控制极上触发一下,晶闸管就可以导通了。

图6.5-2(b)中,S断开或闭合,晶闸管的阳极和阴极间加反向电压,无论控制极加不加电压,灯都不亮,晶闸管截止。如果控制极加反向电压,晶闸管阳极回路无论加正向电压还是加反向电压,晶闸管都不导通。

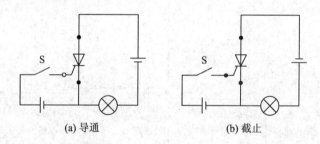

(a) 导通　　　　　　　　　(b) 截止

图6.5-2　晶闸管的导通和阻断

从以上现象可知,晶闸管导通必须具备两个条件:一是阳极与阴极之间加正向电压,二是控制极与阴极之间加正向电压。

为了更好地说明晶闸管的工作原理,可以把晶闸管看成是由PNP与NPN型两个晶体管连接而成。如图6.5-3所示,$U_{AK}>0$,$U_{GK}>0$时,V_1导通,V_2导通,V_1进一步导通,形成正反馈,晶闸管迅速导通;晶闸管导通后,去掉U_{GK},依靠正反馈,晶闸管仍维持导通状态,如图6.5-4所示。

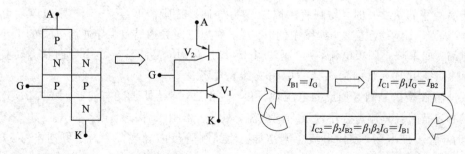

图6.5-3　晶闸管结构等效图　　　　　图6.5-4　正反馈过程示意

由此可知,晶闸管截止的条件是:

(1) 晶闸管开始工作时,U_{AK}加反向电压,或不加触发信号(即$U_{AK}=0$);

（2）晶闸管正向导通后，令其截止，必须减小 U_{AK}，或加大回路电阻，使晶闸管中电流的正反馈效应不能维持。

因此，可得出如下结论：

（1）晶闸管具有单向导电性（正向导通条件：A、K 间加正向电压，G、K 间加触发信号）；

（2）晶闸管一旦导通，控制极失去作用。若使其关断，必须降低 U_{AK} 或加大回路电阻，把阳极电流减小到维持电流以下。

6.5.3　晶闸管的伏安特性与主要参数

1. 伏安特性

晶闸管的伏安特性是描绘阳极与阴极间电压 U_{AK} 和阳极间电流 I_A 及控制电流 I_G 的关系曲线，如图 6.5-5 所示。正向特性分为阻断状态（断态）与导通状态（通态）两种工作状态。

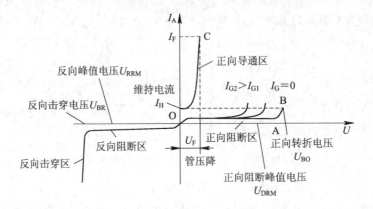

图 6.5-5　晶闸管伏安特性曲线

当晶闸管（可控硅）$U_{AK}>0$、$U_{GK}=0$ 时，晶闸管的第一个 PN 结与第三个 PN 结处于正向偏置，第二 PN 结处于反向偏置，晶闸管只能通过很小的正向漏电流，称为正向阻断状态，如图中 OA 段。当阳极电压继续增加到图中的 U_{BO} 值时，第二 PN 结被反向击穿，阳极电流急剧上升，特性曲线突然跳变至 B 点，晶闸管进入导通状态，这是一种非正常状态。正常工作时，U_{AK} 应小于 U_{BO}，以防晶闸管失去可控作用。U_{BO} 称正向转折电压。

当晶闸管的 $I_G>0$ 时，晶闸管由阻断变为导通，其所需 $U_{AK}<U_{BO}$。导通以后电流很大，而管压降只有 1 V 左右，如图中的 BC 段，称为正向导通特性。导通后，I_A 的大小取决于外电路。如果减小阳极电流，则当阳极电流小于 I_H 时，晶闸管突然由导通状态转变为阻断，特性曲线由 B 点跳回到 A 点。I_H 称为维持电流。

反向特性是指晶闸管加反向电压时，第一、第三 PN 结处于反向偏置，第二 PN 结处于正向偏置，晶闸管只流过很小的反向漏电流，处于反向阻断状态。当反向电压超过图中的 U_{BR} 值时，管子被击穿，反向电流急剧增加，使晶闸管反向导通，称为不可逆击穿。U_{BR} 称为反向击穿电压。

2. 主要参数

晶闸管的参数是设计电路选择晶闸管的重要依据。

（1）正向重复峰值电压 U_{DRM}：晶闸管控制极开路且正向阻断情况下，允许重复加在晶闸管两端的正向峰值电压。一般取 $U_{RDM}=80\%U_{BO}$，普通晶闸管 U_{DRM} 为 100 V～3000 V。

（2）反向重复峰值电压：控制极开路时，允许重复作用在晶闸管元件上的反向峰值电压。一般取 $U_{RRM}=80\%U_{BR}$，普通晶闸管 U_{RRM} 为 100 V～3000 V。

（3）通态平均电压 U_F：在规定的条件下，通过正弦半波平均电流时，晶闸管阳、阴极间的电压平均值，一般为 1 V 左右。

（4）控制极触发电压 U_G 和控制极触发电流 I_G：室温下，阳极电压为直流 6 V 时，使晶闸管完全导通所必需的最小控制极直流电压、电流。一般 U_G 为 1 V～5 V，I_G 为几十到几百毫安。

（5）维持电流 I_H：在规定的环境和控制极断路时，晶闸管维持导通状态所必需的最小电流，一般为几十到一百多毫安。

（6）通态平均电流 I_{TAV}：环境温度为 40℃时，在规定的冷却状态下，稳定结温不超过额定结温时允许流过的最大工频正弦半波电流的平均值。普通晶闸管 I_{TAV} 为 1 A～1000 A。

6.5.4　晶闸管的测量与分类

1. 晶闸管的测量

普通晶闸管的测量方法较简单。根据其结构，选用数字万用表的二极管挡，用红黑表笔任意搭接晶闸管的两只引脚，可测量六次，其中只有一次有数字显示，此时红表笔所接为可控硅的控制极 G，黑表笔所接为阴极 K，另外一只脚为阳极 A。

2. 晶闸管的分类

晶闸管的分类方法有多种。按关断、导通及控制方法可分为普通晶闸管、门极可关断晶闸管、双向晶闸管、逆导晶闸管、BTG 晶闸管、温控晶闸管和光控晶闸管等；按引脚和极性分为二极晶闸管、三极晶闸管和四极晶闸管；按封装形式可分为金属封装晶闸管、塑封晶闸管和陶瓷封装晶闸管；按电流容量可分为大功率晶闸管、中功率晶闸管和小功率晶闸管；按关断速度分类可分为普通晶闸管和高频（快速）晶闸管。图 6.5-6 为常见晶闸管外形。

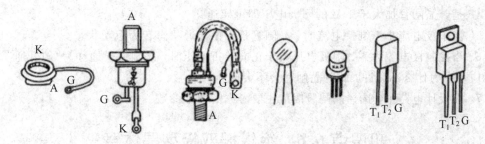

图 6.5-6　常见晶闸管

普通晶闸管（Silicon Controlled Rectifier，SCR）靠门极正脉冲触发之后，撤掉信号亦能维持通态。欲使其关断，必须切断电源，或施以反向电压强迫其关断。门极可关断晶闸管（Gate Turn-off Thyristor，GTO）克服了普通晶闸管的缺陷，既保留了普通晶闸管耐压高、电流大等优点，又具有自关断能力，是理想的高压、大电流开关器件。图 6.5－7 为可关断晶闸管的电路符号。可关断晶闸管的结构及等效电路和普通晶闸管相同，触发导通原理也相同，但二者的关断原理及关断方式截然不同。这是因为普通晶闸管在导通之后处于深度饱和状态，而 GTO 在导通后只能达到临界饱和，故 GTO 门极上加负向触发信号即可关断。大功率可关断晶闸管已广泛用于斩波调速、变频调速、逆变电源等领域。

双向晶闸管具有正、反向都能控制导通的特性。图 6.5－8 是双向晶闸管的基本结构与电路符号。双向晶闸管是一个三端五层、四个 PN 结的半导体器件，相当于两个晶闸管反向并联；引出的三个电极分别为控制极 G、主电极 T_1 与 T_2。双向晶闸管的重要特性是：它的主电极 T_1、T_2 无论接的是正向还是反向电压，控制极 G 的触发信号无论是正脉冲还是负脉冲，它都能被触发导通。当 T_1 电位高于 T_2 电位时，控制极 G 加正向脉冲，晶闸管正向导通，电流从 T_1 流向 T_2；当 T_1 的电位低于 T_2 时，控制极 G 加负向脉冲，晶闸管反向导通，电流从 T_2 流向 T_1；主电极间电压不似单向晶闸管是直流，而是交流形式，所以在无触点交流开关电路中经常使用。

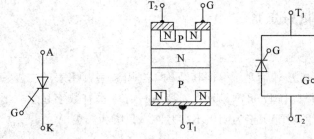

图 6.5－7　可关断晶闸管　　　　图 6.5－8　双向晶闸管的基本结构与电路符号

 思考与练习

1. 查资料，自行学习逆导晶闸管、BTG 晶闸管、温控晶闸管与光控晶闸管的结构与工作原理，并列表与普通晶闸管、门极可关断晶闸管、双向晶闸管相比较。

2. 晶闸管的导通条件是什么？如何让使晶闸管关断？

3. 晶闸管能作放大元件使用吗？在实际电路中，晶闸管作什么元件使用？

4. 是否晶闸管加大于 1 V 的阳极电压即可导通？

5. 当阳极电流小于维持电流时，晶闸管是否由导通状态转为阻断状态？

6. 当控制极电流为零、阳极电压大于正向转折电压时，晶闸管导通称为"硬开通"，在实际应用中为什么不允许？此时晶闸管会不会损坏？

7. 在设计电路中，选择晶闸管时应主要考虑哪两个参数？

知识点 6.6　绝缘栅双极型晶体管

绝缘栅双极型晶体管(Insulated Gate Bipolar Transistor)缩写为 IGBT，是由晶体三极管(BJT)和绝缘栅型场效应管(MOSFET)组成的复合全控型电压驱动式功率半导体器件，兼有 MOSFET 的高输入阻抗和功率三极管(GTR)的低导通压降两方面的优点。功率三极管饱和压降低，载流密度大，但驱动电流较大；MOSFET 驱动功率很小，开关速度快，但导通压降大，载流密度小。IGBT 管综合了以上两种器件的优点，驱动功率小而饱和压降低，非常适合应用于直流电压为 600 V 及以上的变流系统，如交流电机、变频器、开关电源、牵引传动等领域。

6.6.1 IGBT 管的基本结构

图 6.6-1 为 IGBT 管的结构与电路符号。

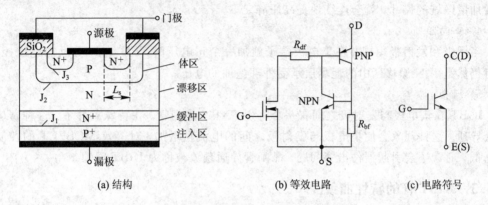

(a) 结构　　　　　　(b) 等效电路　　　　　　(c) 电路符号

图 6.6-1 IGBT 管的结构、等效电路及电路符号

IGBT 管由一个 N 沟道的绝缘栅场效应管和功率三极管组成，实际是以 GTR 为主导，以 MOSFET 为驱动元件的复合管。

如图 6.6-1(a)所示，N^+ 区称为源区，引出的电极称为源极 S(即发射极 E)；P^+ 区称为漏区，引出的电极称为漏极(即集电极 C)。二氧化硅绝缘层引出的电极称为栅极(即门极 G)。沟道在紧靠栅区边界形成。在 D(C)、S(E) 两极之间的 P 型区(包括 P^+ 和 P^- 区)称为亚沟道区。而在漏区另一侧的 P^+ 区称为漏注入区，它是 IGBT 特有的功能区，与漏区和亚沟道区一起形成 PNP 双极晶体管，起发射极的作用，向漏极注入空穴，进行导电调制，以降低器件的通态压降。漏注入区上的电极称为漏极 D(即集电极 C)。

IGBT 管是在功率 MOSFET 上增加了 P^+ 基片和一个 N^+ 缓冲层，在 P^+ 与 N^+ 之间创建了一个 PN 结 J_1，等效为一个 MOSFET 驱动两个晶体三极管，如图 6.6-1(b)所示。在实际电路应用中，IGBT 管没有电压放大功能，它只做一个开关来使用，非通即断，其导通与关断由栅源电压控制。

6.6.2 IGBT 管的基本工作原理

1) 导通

当 $U_{GE} > 0$、$U_{CE} > 0$ 时，门极正电压使其下面的 P 基区内形成一个 N 沟道，该沟道连通了源区与漂移区，出现一个电子流。如果这个电子流产生的电压在 0.6 V 范围内，PN 结 J_1 将正向偏压，把空穴注入 N^- 区内，并启动第二个电荷流，为 PNP 管提供基极电流。最后的结果是，在半导体层次内临时出现两种不同的电流：一个是电子流(MOSFET 电流)，一个是空穴电流(三极管)。U_{GE} 大于开启电压 $U_{GE(th)}$ 时，MOSFET 内形成沟道，为晶体管提供基极电流，IGBT 导通。此时从 P^+ 区注入 N^- 区的空穴对 N^- 区进行电导调制，减小

N⁻区的电阻 R_{dr}（基区扩展电阻），使通态压降减小。

2）关断

栅射极间施加反压电压或不加信号时，MOSFET 内的沟道消失，晶体管的基极电流被切断，IGBT 关断。

3）反向阻断

当集电极被施加一个反向电压时，J₁ 就会受到反向偏压控制，耗尽层则会向 N⁻区扩展，则 IGBT 管反向阻断。若过多地降低该层面的厚度，将无法取得一个有效的阻断能力；若增加该区域的尺寸，就会连续地提高压降。

4）正向阻断

当栅极和发射极短接并在集电极端子施加一个正电压时，PN 结 J₃ 受反向电压控制，此时仍然是由 N 漂移区中的耗尽层承受外部施加的电压。

5）闩锁

IGBT 在集电极与发射极之间有一个寄生 PNPN 晶闸管。在特殊条件下，这种寄生器件会导通。这种现象会使集电极与发射极之间的电流量增加，对等效 MOSFET 的控制能力降低，通常还会引起器件击穿问题。晶闸管导通现象被称为 IGBT 闩锁。

6.6.3 IGBT 管的特性曲线

IGBT 的特性包括静态特性与动态特性。

静态特性主要有伏安特性、转移特性与开关特性，如图 6.6-2 所示。

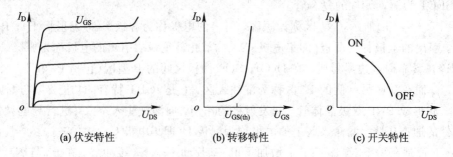

(a) 伏安特性　　　　(b) 转移特性　　　　(c) 开关特性

图 6.6-2　IGBT 管的静态特性曲线

伏安特性是指当 U_{GS} 为参变量时，漏极电流 I_D 与漏源电压 U_{DS} 之间的关系曲线。它与晶体三极管的输出特性曲线相似，同样有饱和区、放大区（有源区）、截止区（正向阻断区）与击穿区，如图 6.6-2(a)所示。

转移特性是指输出漏极电流 I_D 与栅源电压 U_{GS} 之间的关系曲线。它与 MOS 的转移特性相同，在 U_{GS} 低于开启电压 $U_{GS(th)}$ 时，IGBT 管处于关断状态；IGBT 导通后，很大范围内 I_D 随 U_{GS} 呈线性增大。

开关特性指的是漏极电流 I_D 与漏源电压 U_{DS} 之间的关系，如图 6.6-2(c)所示。

动态特性如图 6.6-3 所示。图 6.6-3(a)为 IGBT 管导通时各电压与电流的波形图，$t_{d(ON)}$ 为开通延迟时间，t_{ri} 为电流上升时间，漏源电压的下降时间由 t_{fe1} 与 t_{fe2} 组成。在 IGBT 管导通过程中，大部分时间为 MOSFET 运行，只有在 U_{DS} 下降过程后期，PNP 管由放大区进入饱和区，增加了一段延迟时间。

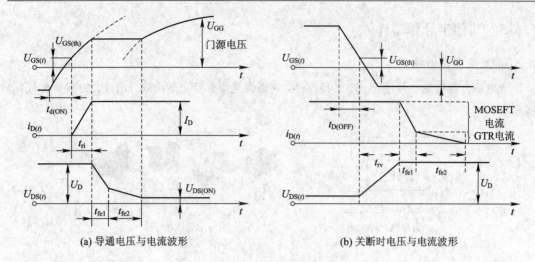

(a) 导通电压与电流波形　　　　　(b) 关断时电压与电流波形

图 6.6-3　IGBT 管的动态特性

图 6.6-3(b)为关断时电压与电流波形。在 IGBT 管关断过程中，漏极电流的波形变为两段，因为 MOSFET 关断后，PNP 管存储的电荷难以迅速消除，造成了漏极电流有较长的尾部电流。$t_{d(OFF)}$ 为关断延迟时间，t_{rv} 为电压 U_{DS} 的上升时间。

6.6.4　IGBT 管的测量

IGBT 管的测量可用指针式万用表的 1 kΩ 电阻挡进行，也可用数字万用表的二极管挡。现以指针式万用表为例说明 IGBT 管的测量方法。

与场效应管一样，IGBT 管的管脚排列是有序的。以正面(有字)面对自己，管脚朝下，从左至右分别为门极(G)、漏极 D(C)、源极 S(E)。

在测量之前，将 IGBT 管三只引脚进行短接放电，以防影响测量结果。

第一步，以红(黑)表笔任意搭接漏极 D 与源极 S，对调表笔再测一次，应为无穷大。

第二步，以红(黑)表笔任意搭接门极 G 与漏极 D，对调表笔再测一次，应为无穷大。

第三步，先将红表笔搭接 G，黑表笔搭接 S，后以红表笔搭接 S，黑表笔搭接 G，应为无穷大。

第四步，接上测量，红表笔不动(接 S)，黑表笔搭接 D，此时有电阻值显示。

经过以上步骤测量说明 IGBT 管已导通。

第五步，将红表笔接 G，黑表笔接 S。

第六步，再次将红表笔接 S，黑表表笔接 D，此时电阻值为无穷大。

说明 IGBT 管已关断。

经以上测量说明 IGBT 管有导通与关断能力，正常。

用数字万用表测量 IGBT 管的方法与测 MOS 管方法一样。

有的 IGBT 管内含阻尼二极管，如图 6.6-4 所示，请读者根据其连接方法自行总结测量方法。

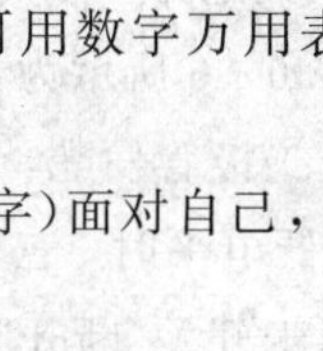

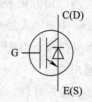

图 6.6-4　含阻尼二极管的 IGBT 管

6.6.5 其他半导体器件

1. 光电耦合器件

光电耦合器件是一种电-光-电转换器件，它由发光源和受光器两部分组成，如图 6.6-5(a)所示。

(a) 电路符号   (b) 常见外形封装

图 6.6-5   光电耦合器件

把发光源与受光器组装在同一密闭的壳体内，发光源为输入端，受光器为输出端；在输入端加上电信号，发光源发光，受光器在光照后立生光电流，由输出端引出，这样就实现了以光为介质的电信号传输。

光耦合器件具有体积小、抗干扰能力强、无触点、输入/输出在电气上完全隔离、工作温度范围宽、使用寿命长等优点，因而在电子设备上得到了广泛应用。例如由光电耦合器件组成的开关电路，可方便地实现控制电路与开关电路之间很好的隔离。

如图 6.6-6 所示为光耦合器件组成的开关电路。当输入端 U_1 为高电位时，三极管 V_1 导通，发光二极管发光，光电三极管导通，C、E 间的电阻很小，相当于开关"闭合"；当输入端 U_1 为低电平时，三极管 V_1 截止，发光二极管截止，光电三极管截止，C、E 间的电阻很大，相当于开关"断开"。

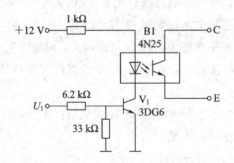

图 6.6-6   光耦合开关电路

光耦合器件用万用表可以判断其引脚及好坏，方法为：

第一步，确定输入端与输出端。用数字万用表的二极管挡测量任意两引脚，若有数字显示，则表明这两个引脚为输入端且红表笔接的是阳极，黑表笔所接是阴极，余下两引脚为受光器输出端。

第二步，确定好坏。如上所述，红表笔接阳极，黑表笔接阴极。用另一只万用表的二极管挡测量输出端，若用红表笔接 C 端、黑表笔接 E 端时，万用表有数据显示；反之用红表笔接 E 端，黑表笔接 C 端，显示标志"1"，则该光电耦合器件状况良好。

2. 霍尔元件

霍尔元件是应用霍尔效应的半导体。如图6.6-7为霍尔元件的封装及电路符号。

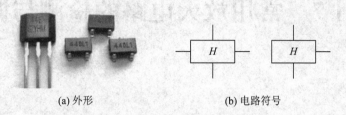

(a) 外形   (b) 电路符号

图6.6-7 霍尔的外形与电路符号

利用霍尔效应可制成霍尔式传感器，通过它能将许多非电、非磁的物理量如力矩、压力、位置、速度、转数、转速等，转变成电量来进行检测和控制。霍尔式传感器在汽车电路中有广泛的应用，如霍尔式曲轴位置传感器、凸轮轴位置传感器、轮速传感器、电子点火器等。霍尔元件具有许多优点，如结构牢固、体积小、重量轻，使用寿命长、安装方便、功耗小、频率高、耐震动，不怕灰尘、油污、水汽及盐雾的污染与腐蚀。

传统的霍尔式传感器是三线制，分别为电源线、信号线与搭铁线。现在二线制的霍尔式传感器(电源线、信号线)得到了广泛使用。

 思考与练习

1. 用数字万用表的二极管挡测量IGBT管，正常情况下，请说明测量步骤与测量结果。若内部含有阻尼二极管，情况又如何？

2. MOSFET有电压放大功能，BJT有电压放大功能，为什么IGBT管没有电压放大功能？

3. IGBT管属于什么类型的驱动器件？

4. IGBT管与MOSFET管相比有什么优点？

5. IGBT管在电路中作什么使用？

6. 如图6.6-8所示为用光电耦合器构成的晶闸管开关电路，试分析电路的工作原理。

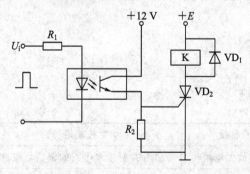

图6.6-8 晶闸管开关电路

7. 写出下列简称半导体器件的全称：

(1) GTR：   (2) BJT：

(3) LED：   (4) GTO：

(5) JFET：   (6) MOSFET：

(7) IGBT：   (8) VMOS：

项目 7　常用放大电路的检测与调试

情境导入

汽车工业由机械领域进入自动控制领域，经过几十年的发展，现在正逐渐由自动控制向人工智能发展。自动控制或人工智能的实现都在车辆上安装了大量先进传感器、控制器、执行器。这些传感器获取的信号往往是很微弱的，需要对微弱的电信号进行放大处理，才能获得一定的输出功率，驱动执行器执行动作。此外，GPS 接收到的信号、收音机的音频信号、雷达信号也都需要将接收到的微弱信号进行放大，以推动执行器工作。所以放大电路的应用十分广泛，是电子电路中最普遍最基本的电路单元。

项目概况

本项目以实际音响电路的安装与调试为主线，遵循由简到难、由少到多、层层递进及知识系统性原则，以单管放大电路为基础，逐步升级到多级放大电路、差动放大电路、功率放大电路、集成运算放大电路。通过串联所学知识，完成一个综合实际项目。

项目描述

应车主要求，将汽车现有音响系统改装为动感环绕立体声、超重低音炮（见图 7-1），请完成相关工作：

（1）根据原车安装音响系统配置，给出改装方案；

（2）列出配置清单；

（3）完成安装与调试；

（4）效果试听。

项目任务分解与实施

任务分解	知识点链接	学生技能培养	任务实施
任务 7.1	7.1 基本放大电路	单管共射放大电路的调试与测量	见工作单任务 7.1
任务 7.2	7.3 功率放大电路	功率放大电路的调试与测量	见工作单任务 7.2
任务 7.3	7.4 集成运算放大器	集成运算放大器的应用与测量	见工作单任务 7.3

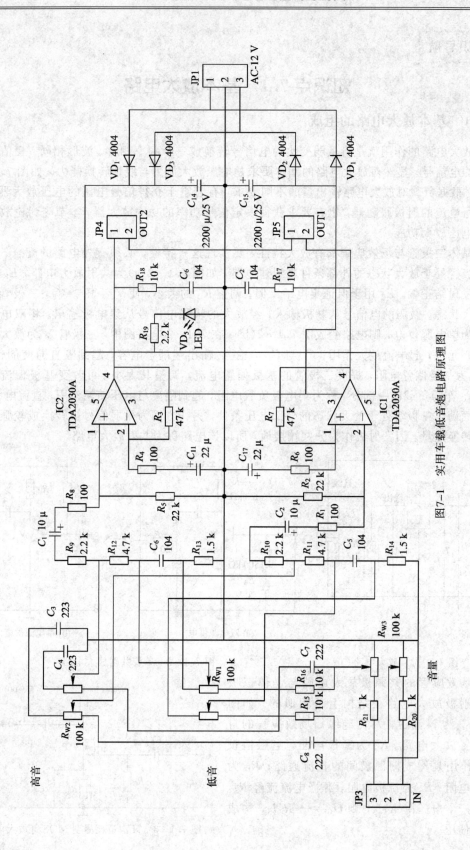

图7-1 实用车载低音炮电路原理图

知识导航

知识点 7.1　基本放大电路

7.1.1　基本放大电路的组成

放大电路的作用就是将微弱变化的电信号转换成一个频率相等、波形相同、幅值变化较大的电信号。显然对放大电路的基本要求是电压放大能力与线性转换能力，如图 7.1-1 所示。根据负载对放大电路输出量的不同要求，有着重于获得信号电压的电压放大器，获得信号电流的射极跟随器，也有要求获得一定信号功率的功率放大器。本节先讨论放大电路的电压放大功能。

晶体三极管与场效应管都有放大特性。要实现这一特性，必须有外电路的配合。可根据三极管处于放大状态的外部条件来组建电路，如图 7.1-2(a) 为共射放大电路，E_B 用于保证发射结正偏，E_C 用于保证集电结反偏。调整 R_C 的大小，使 $V_C > V_B > V_E$，三极管就处于放大状态。微弱的电信号从基极输入，经放大的较强电信号从集电极输出。将双电源供电变为单电源供电，则电路变成图 7.1-2(b)。在 7.1-2 电路图中，三极管 V 为放大电路的核心元件，起电流放大作用；C_1 与 C_2 为输入/输出端耦合电容，起到隔直通交的作用；R_B 称为基极偏置电阻，提供三极管的基极偏置电流，调整其大小，可改变基极偏流的大小；R_C 作为负载的一部分，称为集电极负载电阻，起到隔离与电压转换作用；直流电源 E_C 一方面满足三极管处于放大状态的外部电压条件，另一方面为微弱信号被转换成较强信号提供转换能量。因发射极作为公共端接地，所以该电路称为共射放大电路。

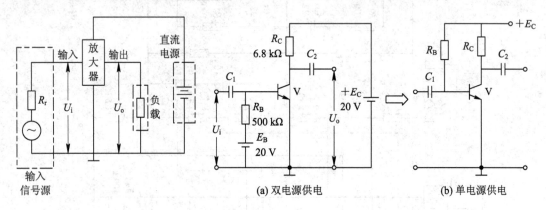

图 7.1-1　放大电路　　　　　　　图 7.1-2　单管共射放大电路

（a）双电源供电　　　　　（b）单电源供电

场效应管的共源极放大电路与晶体三极管共射极放大电路在结构上是相似的。如图 7.1-3 为 N 沟道耗尽型绝缘栅场效应管的自给偏置放大电路。R_G 为栅极电阻，电阻值较大，作用是构成栅源极间的直流通路；R_D 为漏极电阻；R_S 为源极电阻，源极电流流经 R_S，其上产生电压降 $R_S I_S$，则 $U_{GS} = -R_S I_S$，构成自给偏压。

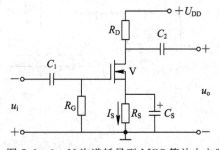

图 7.1-3　N 沟道耗尽型 MOS 管放大电路

注意：对于 N 沟道增强型绝缘栅场效应管，由于正常工作时 U_{GS} 为正，因此无法采用自偏压电路。

7.1.2　共射放大电路静态工作点的选择

在图 7.1-2 所示电路中，若无输入电压信号 $(U_i=0)$，三极管由直流电源提供外部工作电压使其处于放大状态，则基极电流 I_B、集电极电流 I_C 与集射极电压 U_{CE} 只含直流成分，由图 7.1-2(b) 可求出：

$$I_{BQ} = \frac{E_C - U_{BE}}{R_B} \tag{7.1-1}$$

$$I_{CQ} = \beta I_{BQ} \tag{7.1-2}$$

$$U_{CEQ} = E_C - I_{CQ}R_C \tag{7.1-3}$$

这三个量在晶体三极管的输出特性曲线上确定一个点，称为静态工作点，用 Q 表示，如图 7.1-4 所示。静态工作点的选择对放大电路很重要，宜选择在放大区的正中央比较合适，即 $U_{CEQ}=\frac{1}{2}E_C$。由静态值计算可知，只需调整基极偏置电阻 R_B，即可改变静态工作点在放大区的位置。

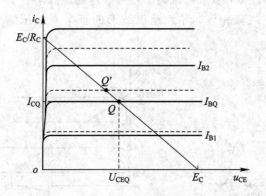

图 7.1-4　静态工作点 Q

静态工作点选择合适，从基极输入的微弱信号叠加在静态工作点之上，不管是正峰值还是负峰值都处在三极管的线性放大区间，信号能得到不失真的放大，如图 7.1-5 所示。

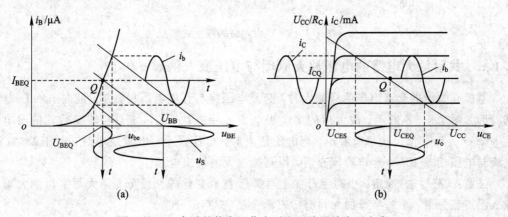

图 7.1-5　合适的静态工作点对电压波形放大不失真

若静态工作点选择过高，基极电流过大，被放大后的集电极电流也较大。当电压波形在正峰值时，进入饱和区，导致输出波形的负半周被压缩，从而引起饱和失真，如图 7.1－6 所示。

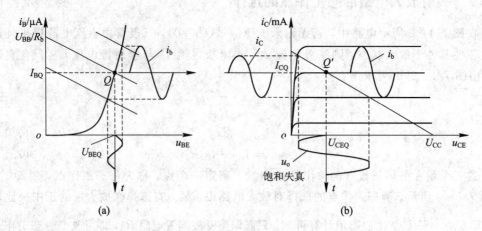

图 7.1－6　放大电路的饱和失真

若静态工作点选择过低，基极电流偏小，当输入电压波形在负峰值时，由于电压过小无法使三极管导通而进入截止区，导致输出波形的正半周被压缩，出现截止失真，如图 7.1－7 所示。

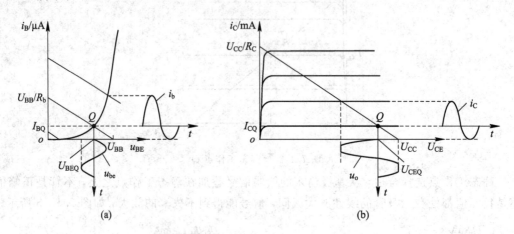

图 7.1－7　放大电路的截止失真

7.1.3　共射放大电路的电压放大原理与电压放大倍数

基极有微弱的交流电压信号输入时，交流电压将与直流电压相叠加，此时 $i_B = I_B + i_b$，其波形如图 7.1－8 所示。放大后的集电极电流 $i_C = \beta(I_B + i_b)$，经 R_C 转换后其输出电压 $u_{CE} = E_C - i_C R_C$。从公式可以看出，当电流最大时，电压最小；电流最小时，电压最大，即电流与电压相差 180°。经电容隔直后，得到被放大的输出电压。

注意：《符号法》规定，小写字母加小写脚标表示变化的交流分量，大写字母加大写脚标表示直流分量，小写字母加大写脚标表示全量（交直流分量）。

放大电路的电压放大倍数为

$$A_V = -\frac{u_o}{u_i} = -\frac{r_o i_C}{r_i i_b} = -\beta\frac{r_o}{r_i} = -\beta\frac{R_C /\!/ R_L}{R_B /\!/ r_{be}} \approx -\beta\frac{R'_L}{r_{be}} \qquad (7.1-4)$$

式中，负号表示输出电压与输入电压相位相反，根据经验，取

$$r_{be} = 300\ \Omega + (1+\beta)\frac{26\ mV}{I_E\ mA} \qquad (7.1-5)$$

从式(7.1-4)可知，放大器的电压放大倍数不但与负载 R_L 的大小有关，还与 β 值和 r_{be} 有关，而 r_{be} 与静态工作电流 I_E 有关，所以静态工作点也可影响电压放大倍数。

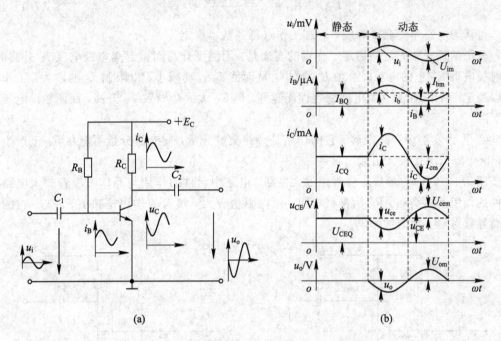

图 7.1-8　电压放大原理

7.1.4　共射放大电路静态工作点的稳定

前面已讲过，放大电路必须选择合适的静态工作点，以保证对信号不失真地放大。但某些原因(如温度的变化)将使三极管的 β 值、发射结电压 U_{BE} 等都发生变化，导致集电极电流 I_C 发生变化，影响静态工作点的稳定。为了稳定静态工作点，常采用如图 7.1-9 所示的分压式偏置放大电路。

图 7.1-9(a)中 R_{B1} 与 R_{B2} 分别称为上偏置电阻与下偏置电阻，其作用是分压稳定基极电位 V_{BQ}。由图 7.1-9(a)可知，电流 $I_1 = I_2 + I_{BQ}$，若使 $I_2 \gg I_{BQ}$，则

$$I_1 \approx I_2 \approx \frac{E_C}{R_{B1} + R_{B2}} \qquad (7.1-6)$$

基极电位为

$$V_{BQ} = \frac{R_{B2}}{R_{B1} + R_{B2}}E_C \qquad (7.1-7)$$

可认为不受温度影响。

R_E 为发射极电阻，引入发射极电阻后，其发射极电位上升为

$$V_{EQ} = I_{EQ}R_E \qquad (7.1-8)$$

又

$$U_{BEQ} = V_{BQ} - V_{EQ} \qquad (7.1-9)$$

则

$$I_{CQ} \approx I_{EQ} = \frac{V_{BQ} - U_{BE}}{R_E} \qquad (7.1-10)$$

当 $V_{BQ} \gg U_{BE}$ 时，有

$$I_{CQ} \approx I_{EQ} = \frac{V_{BQ} - U_{BE}}{R_E} \approx \frac{V_{BQ}}{R_E} \qquad (7.1-11)$$

可认为电路不受温度影响，静态工作点得到基本稳定。

分压偏置式放大电路稳定工作点的实质是：因温度升高而引起集电极电流 I_C 升高时，发射极电阻 R_E 上的电压降会使 U_{BE} 减小，从而使 I_B 自动减小，以限制 I_C 的增大，工作点得以稳定。所以 R_E 越大，电路稳定性能越好。但 R_E 太大会导致 V_E 升高，而使输出电压幅值下降。

C_E 称为发射极旁路电容。它的作用是旁路交流分量，使交流分量不能在 R_E 上产生压降，以免降低电压放大倍数。

图 7.1-9(b) 为场效应管常用放大电路，电路中元件的作用与晶体三极管放大电路中元件的作用基本类似。R_G 为栅极电阻，该电阻值较大，接入的作用是减小 R_{G1} 与 R_{G2} 的接入而导致对输入电阻的影响。

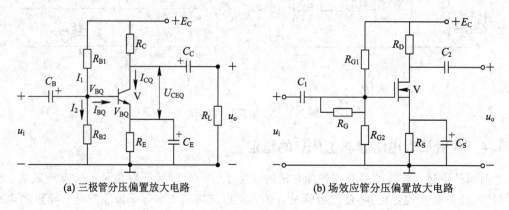

(a) 三极管分压偏置放大电路　　　　　(b) 场效应管分压偏置放大电路

图 7.1-9　分压偏置式放大电路

7.1.5　放大电路中的负反馈

上节讲过，为了稳定静态工作点，电路中引入了发射极电阻 R_E，该电阻的引入实质上就是一个负反馈。那什么是负反馈？对放大电路有何影响呢？

1. 反馈的概念

在放大电路中，从输出端取出一部分或全部已被放大的信号再返回到输入端叫做反馈。用于反向传输信号的电路称为反馈电路或反馈网络，具有反馈环节的放大电路称为反馈放大电路，如图 7.1-10 所示。

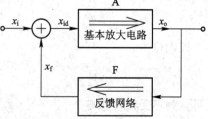

图 7.1-10　反馈放大电路方框图

图 7.1 – 10 中，x_o 表示输出信号，x_f 表示反馈信号，x_i 表示输入信号，而 x_{id} 表示引入反馈后的净输入信号。净输入信号是输入信号与反馈信号两者之叠加，即

$$x_{id} = x_i \pm x_f \tag{7.1-12}$$

当净输入信号等于输入信号与反馈信号之和时，净输入信号增强，称之为正反馈；当净输入信号等于输入信号与反馈信号之差时，净输入信号减弱，则称之为负反馈。

2. 反馈的类型

根据反馈信号是交流还是直流，反馈可分为交流反馈与直流反馈；根据净输入信号加强还是减弱来分，反馈可分为正反馈与负反馈；根据输出端反馈信号的取样不同，反馈可分为电压反馈与电流反馈；根据输入端反馈信号与原信号的连接方式，反馈可分为并联反馈与串联反馈。

如图 7.1 – 9 所示电路中，R_E 为反馈元件，因两端并联了电容 C_E，只有直流流过，交流被旁路，属于直流反馈；集电极电流的增加导致 U_{BE} 下降，基极电流下降，净输入信号减弱，属于负反馈；I_C 流过 R_E，在 R_E 端取样的是电流信号，属于电流反馈；反馈回的信号与原输入信号相串联，为串联反馈，所以 R_E 为电流串联直流负反馈。

若同时考虑反馈网络的输入回路与输出回路，则负反馈有电压串联负反馈、电压并联负反馈、电流串联负反馈、电流并联负反馈四种类型。

3. 负反馈对放大电路性能的影响

从负反馈的概念来看，引入负反馈后，放大电路的净输入信号减弱了，因此输出信号也减小了，但却使放大电路的多项性能得到改善。也就是说，放大电路引入负反馈后以牺牲放大倍数为代价来换取多项性能指标的改善。具体来说，有以下性能得到了改善：

1）提高了放大倍数的稳定性

在图 7.1 – 10 中，未引入负反馈时，$x_i = x_{id}$，此时放大电路的电压放大倍数称为开环放大倍数，用公式可表示为

$$A_V = \frac{x_o}{x_i} = \frac{x_o}{x_{id}} \tag{7.1-13}$$

引入负反馈之后，$x_{id} = x_i - x_f$，此时放大电路的电压放大倍数称为闭环放大倍数，用公式可表示为

$$A_{Vf} = \frac{x_o}{x_i + x_f} \tag{7.1-14}$$

令 $\dfrac{x_f}{x_o} = F$ 为反馈系数，则式 (7.1 – 14) 经整理后得到

$$A_{Vf} = \frac{x_o}{x_i + x_f} = \frac{1}{\dfrac{x_i}{x_o} + \dfrac{x_f}{x_o}} = \frac{1}{\dfrac{1}{A_V} + F} = \frac{A_V}{1 + A_V F} \tag{7.1-15}$$

当 $A_V F \gg 1$ 时，称为深度负反馈。引入深度负反馈后，闭环放大倍数为

$$A_{Vf} \approx \frac{1}{F} \tag{7.1-16}$$

由式 (7.1 – 16) 可看出，放大电路的电压放大倍数只取决于反馈网络的反馈系数，与基本放大器几乎无关，所以放大倍数比较稳定。

2）减小了非线性失真

放大电路虽然设置了合适的静态工作点，但当输入信号幅值过大时，输出信号可能同时产生截止失真与饱和失真（称为双向失真）。该失真由三极管非线性导致，称为非线性失真。引入负反馈之后，将使净输入信号减弱，放大器电压放大倍数下降，输出信号幅值减小，非线性失真得到改善。

3）展宽了通频带

放大电路往往不是放大单一频率的正弦波，而是放大诸如声音、图像等具有一定通频带的非正弦信号。如声音的频率为 20 Hz～20 000 Hz，一个电视频道所占的频率带宽为 8 MHz。而放大电路中往往有电容或电感元件，这些元件对不同频率的阻抗是不一样的，所以放大电路对不同频率信号放大的倍数是不相同的。对于频率较低的低频段信号，由于容抗大，导致输入信号减弱，故放大电路的放大倍数下降；对于频率较高的高频段信号，由于输出电容减小，放大倍数也下降。只有在中频段可认为电容不影响交流信号的传送，如图 7.1-11 所示。

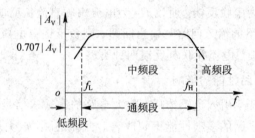

图 7.1-11　放大电路的通频带

当放大倍数下降为 $1/\sqrt{2}A_V$ 时所对应的频率宽度称为通频带。由于引入负反馈，放大电路的电压放大倍数下降，对应的通频带仍为 $0.707\ A_V$，通频带展宽了。

4）改变了输入/输出电阻

对于输出端而言，电压负反馈能降低放大电路的输出电阻，使放大器带负载能力增强；电流反馈能增大放大器的输出电阻。

对于放大器的输入端而言，并联反馈降低了输入电阻，而串联反馈增大了输入电阻。

 思考与练习

1. 基本放大电路有三种，分别是共射极放大电路、共集电极放大电路、共基极放大电路，请自学后两种放大电路，掌握电路的构建、各极的电压电流波形并比较其特点。

2. 共射极放大电路可将电流放大 β 倍，它是如何实现电压放大的？

3. 当静态工作点选择合适、输入信号过大时，请仿照静态工作点偏高或偏低的分析方法，分析输出信号波形会出现怎样的情况。

4. 当放大电路的负载增大时，其电压放大倍数会如何变化？

5. 为什么放大电路要引入负反馈？

6. 什么是通频带？想一想，通频带与电压放大倍数有什么关系？在一个实际的放大电路中，是否通频带越宽越好呢？

7. 为什么对低频段与高频段的信号，放大电路的电压放大倍数都会下降？

8. 当放大电路的放大倍数不稳定时，对输出波形有什么影响？

知识点 7.2 多级放大与差动放大电路

7.2.1 多级放大电路

在实际电路中，单极电压放大电路往往不能满足各项指标的需求，如较高的电压放大倍数、很高的输入电阻、非常低的输出电阻等。这时可以将几个单级放大电路按实际需求连接起来，构成多级放大电路。如图 7.2-1 所示为多级放大电路的结构示意图。

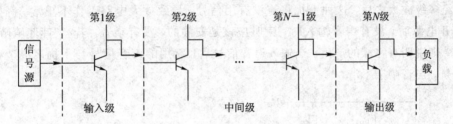

图 7.2-1 多级放大电路结构示意图

通常将多级放大电路分成输入级、中间级与输出级。

输入级作为多级放大电路的第一级，其要求与信号源的性质有关。当输入信号源为高内阻电压源时（如压电式传感器），要求输入级必须有很高的输入电阻，以减小信号在内阻上的损耗。

中间级的主要任务是进行电压放大，它由一级或几级放大电路组成。

输出级在大多数情况下，要求能得到足够大的功率，且需满足输出电阻小、带负载能力强的要求。

1. 多级放大电路的放大倍数

设第一级的电压放大倍数为 A_{V1}，第二级电压放大倍数为 A_{V2}，依此类推，最后一级电压放大倍数为 A_{VN}，则总的电压放大倍数为

$$A_V = A_{V_1} \cdot A_{V_2} \cdots A_{VN} \qquad (7.2-1)$$

放大倍数也可用增益(G)表示，单位为分贝(dB)。增益与放大倍数的关系是

$$G = 20 \lg A_V$$

2. 多级放大器的级间耦合

1）阻容耦合

对于多级放大电路的耦合来说，最简单的办法是用电容器来完成，称为阻容耦合。该耦合方式最大的优点是级与级之间相互用电容隔离，静态工作点不会相互影响。但对于自动控制系统中缓慢变化的信号或直流信号，阻容耦合就不适用了。

2）变压器耦合

通过变压器也可以实现级间耦合。这种耦合最大的优点是能够进行阻抗、电压与电流

的变换。由于变压器的体积大、重量重、成本高，无法利用大规模集成电路集成，也不能满足自动控制系统中的缓慢信号或直流放大，故限制了其发展。

3）直接耦合

级间耦合直接用导线相连，称为直接耦合，如图7.2-2所示。直接耦合既能满足缓慢信号或直流放大，又有利于大规模集成电路。直接耦合因前后级直接通过导线相连，因此存在前后级间静态工作点相互影响的问题，但另外一个更大的问题是"零点漂移"，简称"零漂"。

所谓零点漂移，是指当放大电路的输入信号为零时，输出端有不规则的缓慢变化的信号输出，如图7.2-3所示，这在放大电路中是不允许的。当放大电路输入信号后，这种漂移随信号共同存在，两者一起放大，干扰有用信号。尤其在多级放大电路中，第一级产生零漂，经多级放大之后，这种干扰将淹没有用信号，导致放大电路工作不正常。例如优质音响打开电源后，没有声音输入时，喇叭应该是安静的，没有杂音。若有"咔咔喳喳"的干扰声响，则说明有零漂的产生。当输入声音信号后，有用的声音信号与干扰声混杂在一起无法分辨，声音嘈杂不清。

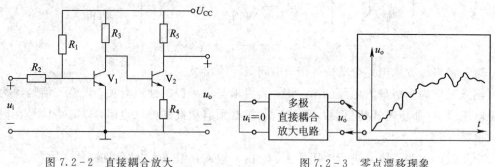

图7.2-2 直接耦合放大　　　　图7.2-3 零点漂移现象

3. 多级放大电路的应用

几乎所有的放大电路都采用多级放大。图7.2-4是汽车手执式搭铁探测器，是为了在不拆解汽车导线的情况下，快速查出搭铁故障所发生的部位而制作的。

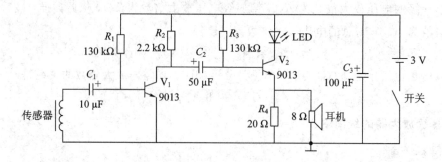

图7.2-4 汽车电气线路搭铁探测器电路

电路采用两级放大，第一级是以V_1为核心的共射放大电路，主要用于放大电压；第二极信号从基极输入，从发射极取出，只对电流有$(1+\beta)$倍的放大，主要用于放大电流。级间采用阻容耦合形式。

合上电源开关，根据偏置电阻的大小可判断V_1与V_2都处在放大状态，V_2的集电极 LED 灯亮。当线圈扫描到导线搭铁处时,因在搭铁点会产生较大的短路电流,短路点会向周围发出高次谐波信号,这个信号被由线圈和铁芯构成的传感器接收到。很微弱的信号经过三极管 V_1 放大后,在 V_1 的集电极就会得到放大了的交变信号;再送入 V_2 进行电流放大,使接在 V_2 发射极的耳机获得足够大的功率发出声响。传感器越接近故障点,接收到的信号越强,放大后耳机发出的声响越强。根据耳机的声音变化,就能快速找到故障点。

7.2.2　差动(分)放大电路

采用直接耦合多级放大器会产生零漂问题,零漂问题是必须抑制的。它是如何引起的? 原因很多,其中温度的变化对晶体管参数的影响最为严重,因而零漂也称为温漂。为了抑制零漂,差动(分)放大电路是最有效的电路结构,因此要求较高的多级直接耦合放大器的第一级广泛采用这种电路。

1. 差动放大电路的结构

图 7.2－5(a)为差动放大电路。在理想情况下,电路中所有对应元件的参数都是对称的,它们的静态工作点也相同。信号电压 u_{i1} 与 u_{i2} 从两管的基极输入,输出电压 u_o 取自两管的集电极之间。

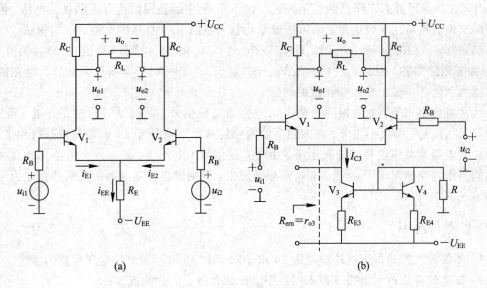

(a)　　　　　　　　　　　　　(b)

图 7.2－5　差动放大电路

2. 差动放大电路抑制零漂的工作原理

(1) 当输入信号 $u_{i1} = u_{i2} = 0$ 时,由于电路对称,有 $I_{C1} = I_{C2}$,$V_{C1} = V_{C2}$,则输出电压

$$u_o = V_{C1} - V_{C2} = 0$$

(2) 当温度升高时,两管的集电极电流都增大,集电极电位都下降。由于元件参数对称,其变化也是对称的,即

$$\Delta I_{C1} = \Delta I_{C2}, \quad \Delta V_{C1} = \Delta V_{C2}$$

$$u_o = V_{C1} + \Delta V_{C1} - (V_{C2} + \Delta V_{C2}) = 0$$

只要电路参数完全对称,即使两个三极管都产生了零漂,对输出电压也没有影响。差

动电路对零漂具有抑制作用，这就是差动放大电路的突出优点。

实际上，电路参数要做到完全对称是很难的，这种单靠电路的对称性、用求取输出信号的差值来抵消零点漂移的作用是有限的，并且这种电路并没有减小每个管子的零漂。为此，我们在电路中引入了发射极电阻 R_E 与负电源$-U_{EE}$。

R_E 的主要作用是限制每个管子的零漂范围，进一步缩小零漂，稳定静态工作点，其抑制零漂的过程如图 7.2-6 所示。

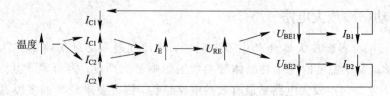

图 7.2-6　零漂的抑制过程

显然 R_E 的值越大，零漂抑制效果越好，但过大会影响静态工作点与电压放大倍数，因此引入负电源来补偿其两端的直流压降，从而获得合适的静态工作点。

恒流源具有直流电阻小、交流电阻大的特性。用恒流源代替 R_E 既可尽可能获得最大的电阻抑制零漂，同时又可以不要求太高的负电源电压。由于三极管的工作电流保持了恒定，因此也确保了静态工作点的稳定。图 7.2-5(b)为电流镜像恒流源差动放大电路。恒流源中的三极管也可用场效应管。采用三极管代替大电阻 R_E，是集成电路的一贯做法。

（3）当输入信号 $u_{i1}=-u_{i2}$ 时，设 $u_{i1}>0$，$u_{i2}<0$，则 ΔV_{C1} 降低（负值），ΔV_{C2} 上升（正值）。由于电路对称，因此 $u_o=V_{C1}+\Delta V_{C1}-(V_{C2}+\Delta V_{C2})=2\Delta V_C$，可见差动放大电路的输出电压为两管各自输出电压变化量的两倍。

通常将大小相等、方向相同的两个信号称为共模信号。共模信号往往是干扰、噪声、温漂等无用信号；将大小相等、方向相反的两个信号称为差模信号，差模信号是有用信号。差动放大电路对共模信号有抑制作用，而对差模信号不起作用。差动放大电路抑制共模信号的能力用共模抑制比 K_{CMR} 来表征。理想情况下，双端输出差动电路的共模抑制比为无穷大(∞)。

 思考与练习

1. 多级放大器的每级电压增益为 10 dB、20 dB、30 dB，则总的电压增益为多少？

2. 试比较多级放大电路三种不同类型级间耦合各自的优缺点。

3. 什么是零点漂移？若某传感器电路中的放大器产生零点漂移，会有什么后果的产生？举例说明。

4. 为什么说，差动放大电路中 R_E 越大，抑制零漂的效果越好？

5. 在多级放大器中，采用差动放大电路应作为输入级、中间级还是输出级，为什么？

知识点 7.3　功率放大电路

多级放大电路的输出级一般都是功率放大电路，用以获得足够大的功率驱动负载工作，比如扬声器、电动机、继电器等。电压放大电路与功率放大电路都是利用三极管的放大作用将信号放大的。所不同的是，电压放大电路的主要目的是获得足够大的电压幅值，它工作在小信号状态；而功率放大电路的主要目的是获得足够大的功率，它工作在大信号状态。两者对放大电路的要求有各自的侧重点。

7.3.1　对功率放大电路的要求

1. 在不失真的前提下尽可能获得最大的功率

经多级电压放大之后，至功率放大时电压幅值已经很大了，太大有可能产生非线性失真，所以要求功率放大电路既不失真，同时又尽量获得最大的功率输出。

2. 效率要高

不管电压放大还是功率放大，其本质都是能量的转换。高效利用能源，就要求提高效率。所谓效率就是负载得到的交流信号功率与电源供给的直流功率之比值。

3. 功率管要安全

为了获得较大的输出功率，往往三极管都工作在极限状态，这就必须考虑晶体三极管的极限参数，还应限制其结温，以保证三极管安全工作。为此，大功率管一般都必须有良好的散热措施，否则功率管容易损坏。

7.3.2　功率放大电路的种类

根据三极管静态工作点设置的不同，功率放大器分为甲类功率放大电路、乙类功率放大电路、甲乙类功率放大电路三种。

1. 甲类功率放大电路

甲类功率放大电路的静态工作点设置在放大区的中间部位，其电路结构与电压放大电路相同（见图 7.1-9）。当基极有输入信号时，三极管在一个信号周期内均导通，优点是无交越失真与开关失真。理想情况下最高效率仅为 $50\%\left(P_{\text{omax}}=\dfrac{1}{2}E_{\text{C}}I_{\text{CQ}},\ P_{\text{E}}\approx E_{\text{C}}I_{\text{CQ}}\right)$，实际效率往往远低于这个值，仅适合低频小功率放大电路。

2. 乙类功率放大电路

甲类功率放大电路效率低的原因主要是静态工作电流 I_{CQ} 太大。为了提高功率放大电路的效率，使放大电路在静态时不消耗能量，可将基极偏流 I_{BQ} 设为零。如此一来，只有基极输入信号为正半周时，三极管才会导通，造成严重的非线性失真。为了获得完整的波形，必须采用两个三极管轮流工作，一个 NPN 管正半周导通，另一个 PNP 管负半周导通，构成互补对称推挽电路。由于公共发射极上的静态电位为零，不必用耦合电容，所以又称 OCL 电路，如图 7.3-1(a)所示。这种功率放大电路的效率可高达 $77.5\%\left(P_{\text{omax}}=\dfrac{U_{\text{om}}}{\sqrt{2}}\cdot\right.$ $\left.\dfrac{I_{\text{om}}}{\sqrt{2}}\approx\dfrac{1}{2}\dfrac{E_{\text{C}}^2}{R_{\text{L}}},\ P_{\text{E}}=\dfrac{1}{\pi}\dfrac{E_{\text{C}}^2}{R_{\text{L}}}\right)$。由于静态工作电流 $I_{\text{CQ}}=0$，当信号低于三极管发射结导通电压时，三极管截止，只有在大于导通电压时才会处于放大状态。在输出信号交界处会产生非线性失真，这种失真称为交越失真，如图 7.3-1(b)所示。

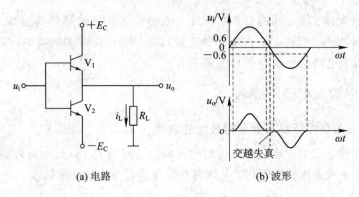

(a) 电路　　　　　　　　(b) 波形

图 7.3-1　乙类功放电路与交越失真波形

3. 甲乙类功率放大电路

乙类功率放大电路虽然提高了效率，但波形产生了交越失真。为了消除交越失真，可将三极管的静态工作点从零上移至微导通状态。只要有输入信号，三极管就会对其进行放大，而不会进入截止状态。如图 7.3-2 所示，在 V_1 与 V_2 的基极串入两只二极管，为两管提供一定的正向偏置电压，使 V_1、V_2 静态时处于微导通状态。两管处在甲乙类工作状态，各输出大于半个周期的电流。只要偏置调整合适，两管相互补偿，就可消除交越失真。甲乙类功放电路的最高效率仍为 77.5%，又无交越失真，因此得到了广泛使用。

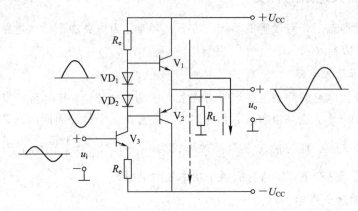

图 7.3-2　甲乙类功率放大器

7.3.3　实用功率放大电路

1. 实用 OCL 电路

图 7.3-3 为一款简单又实用的 OCL 电路。V_4、V_6、V_5、V_7、R_6、R_7、R_8 组成互补推挽功率放大电路，其中 V_4 与 V_6 组成复合管，V_5 与 V_7 组成复合管，目的是实现两管电流放大倍数的对称性与高电流放大倍数。R_7 与 R_8 为负反馈电阻，作用是稳定工作点与减小失真。R_6 为分流电阻，以减小复合管的穿透电流。R_5、R_{W3}、VD_1、VD_2 为复合管提供合适的基极偏置电压，以消除交越失真。调整 R_{W3}，使复合管在静态时处于微导通状态，二极管 VD_1、VD_2 具有温度补偿作用。三极管 V_3 为推动级，主要目的是放大电压。C_4 用于消除可能产生的自激补偿电容。C_3 与 R_4 组成自举升压电压，以提高 V_4、V_6 的供电电压，消除输

出波形峰值不对称的情况。R_{w2}、R_3、C_2 组成交流负反馈，目的是调整放大增益与改善非线性失真。R_{w2} 具有直流负反馈作用，调整 R_{w2} 可使推挽管公共发射极电位为零。V_1、V_2 是差动放大器，采用单端输入与单端输出的方式。R_2 为零漂抑制电阻。与扬声器并联的 R_9 与 C_5 是补偿电路，补偿因扬声器感性负载产生的相移，保护扬声器不被瞬间大信号动态电流损坏。

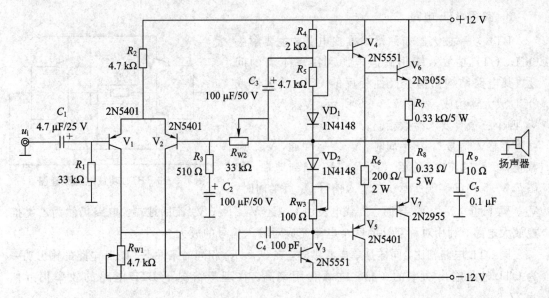

图 7.3-3　实用 OCL 电路

2. 实用 OTL 功率放大电路

上述 OCL 电路由双电源供电，若采用单电源供电，当 NPN 管截止时，PNP 管如何获得工作电压呢？这时需要一只较大的电容储存电能，为 PNP 管供电。如图 7.3-4 为单电源供电的 OTL 功率放大电路。实际上电路与 OCL 大同小异。OTL 与 OCL 的不同之处一是单电源供电，二是在公共发射极增加了一只大电容 C。静态时公共发射极的电位为 $\frac{1}{2}U_{CC}$。

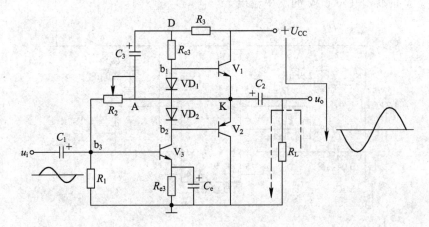

图 7.3-4　OTL 功率放大电路

当 V_3 的集电极信号为正半周时，V_2 截止，V_1 管导通，集电极电流 I_{C1} 经电容 C 流向负载 R_L，同时向电容 C 充电，在负载两端得到正半周电压波形；当 V_3 集电极信号为负半周时，V_1 截止，V_2 导通，此时电容 C 作为电源向 V_2 释放电能，集电极电流 I_{C2} 由电容 C 正极经 V_2 流过负载回到电容负端构成回路，在负载 R_L 两端获得负半周电压波形。V_1 与 V_2 轮流导通，在负载两端获得完整的电压波形。

3. 实用 BTL 电路

BTL 功率放大器亦称桥式推挽电路，主要解决 OCL、OTL 功放效率很高但电源利用率不高的问题。其电路结构由两个极性相反的 OTL 放大器或 OCL 放大器构成，如图 7.3 - 5 所示，V_1、V_2、V_3、V_4 四个三极管要求参数相同。

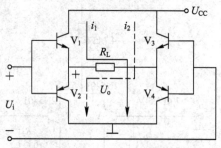

图 7.3 - 5　BTL 功放电路原理图

在输入信号 U_i 正半周时，V_1、V_4 导通，V_2、V_3 截止，负载电流由 U_{CC} 经 V_1、R_L、V_4 回到地端，如图 7.3 - 5 中的实线所示。在输入信号 U_i 负半周时，V_1、V_4 截止，V_2、V_3 导通，负载电流由 U_{CC} 经 V_3、R_L、V_2 流回地端。电路仍然为乙类推挽放大电路，利用对称互补的两个电路完成对输入信号的放大。

同 OTL 电路相比，同样是单电源供电，在 U_{CC}、R_L 相同的条件下，BTL 电路的输出功率为 OTL 电路输出功率的 4 倍，电源利用率高。在理想情况下 BTL 电路的效率仍近似为 77.5%。

7.3.4　集成功率放大电路

随着集成工艺越来越完善，现在的功放电路大多数都采用集成电路，形成系列的集成功率放大器件。

例如 TDA2822 为双列直插式 8 引脚集成块，是一个双路音频放大集成电路，其主要特点是效率高，管耗低(静态工作电流约 6 mA)，工作电压范围宽(1.7 V ~ 15 V)。图 7.3 - 6 是一个 TDA2822 实用音频放大电路。该电路外围元件少，制作简单且音质好，最低工作电压在 1.7 V 时仍有 100 mW 的功率输出。

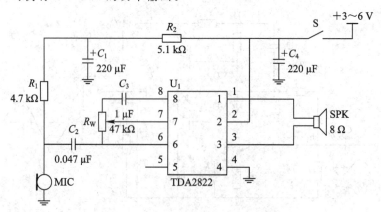

图 7.3 - 6　TDA2822 集成音频功放电路

　　电路采用单电源供电，且有两个输出端，为 BTL 功放类型；话筒将声音信号转成电信号之后，经耦合电容 C_2 从 7 脚与 6 脚送入集成电路内部进行放大；7 脚为交流负反馈端，调整 W 电位器可改变音量大小；放大了的信号由 1 脚与 2 脚输出，以推动喇叭发声；集成块 2 脚为电源端，采用 3 V～6 V 直流电源供电；R_1C_1、R_2C_4 是电源退耦电路，滤除直流电源中的高频分量；4 脚为公共地端，5 脚为空脚。

　　电路接成 BTL 输出电路，对于改善音质、降低失真大有好处，同时输出功率也增加了 4 倍。采用 3 V 供电时，其输出功率为 350 mW。

 思考与练习

　　1. 试比较三种功率放大电路的电路形式、静态工作点设置、三极管导通角度以及电路特点。

　　2. BTL 电路结构由两个极性相反的 OTL 放大电路或 OCL 放大电路构成，问能否采用两个型号、参数完全相同的集成功率放大器构成一个 BTL 电路？

　　3. 图 7.3-7 为 LA 系列与 AN 系列集成功放典型电路，试分析其电路类型与外围元件的作用。

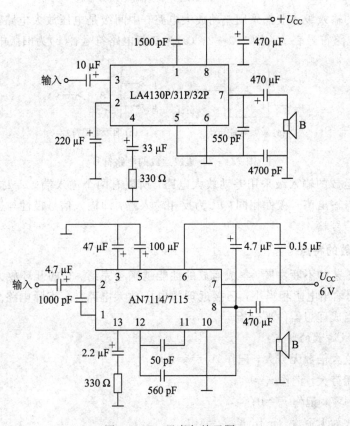

图 7.3-7　思考与练习题 3

知识点 7.4 集成运算放大器

7.4.1 集成运放的电路结构与特点

1. 集成运放的电路结构

将采用直接耦合方式的多级放大电路的所有元件都集成在一小块半导体芯片里，就构成了集成运算放大器，简称集成运放。其电路方框如图 7.4-1 所示。

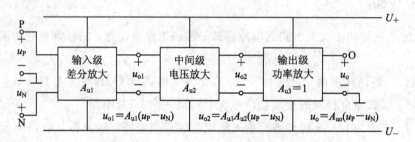

图 7.4-1 集成运算放大器电路方框图

集成运放的输入级一般都采用差动放大电路，中间级是电压放大电路，而输出级为功率放大电路。电路符号表示为图 7.4-2，(a)为新版电路符号，(b)为旧版电路符号。

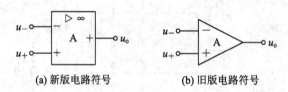

(a) 新版电路符号　　　　(b) 旧版电路符号

图 7.4-2 集成运放的电路符号

因为集成运放的输入级采用差动放大电路，所以有两个输入端。u_+ 称为同相输入端，输入信号极性与输出信号极性相同；u_- 为反相输入端，即输入信号极性与输出信号极性相反；$u_\circ$ 为输出信号端。

2. 集成运放的特点

随着集成工艺的不断发展，集成运放的性能越来越完善。它的开环放大倍数与输入电阻都非常大，而输出电阻相当小，已接近理想电压放大电路。在实际电路分析中，可将集成运算放大器当成理想器件来分析。

1）理想集成运放的特点

开环电压放大倍数无穷大，记作 $A_V = \infty$；

输入电阻无穷大，记作 $r_i = \infty$；

输出电阻为零，记作 $r_\circ = 0$；

共模抑制比为无穷大，记作 $K_{CMR} = \infty$。

2）集成运放的电压传输特性

集成运放的电压传输特性如图 7.4-3 所示。理想情况下，由于集成运放的电压放大倍数为无穷大，只要输入信号不等于零，输出级就会进入饱和状态。$u_+ > u_-$ 时，输出电压为 $u_o = +U_{oM}$；$u_+ < u_-$ 时，$u_o = -U_{oM}$，如图 7.4-3 中实线所示。而在实际电路中，电压放大倍数不可能达到无穷大，在输入信号很微弱时，集成运放仍会工作在线性放大状态，只有输入信号上升到一个较小的值后才会进入饱和状态，如图 7.4-3 中虚线所示。实际上集成运放只有两种工作状态，一种是饱和状态，另一种是线性放大状态。

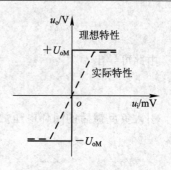

图 7.4-3　集成运放的电压传输特性

　　3）线性放大时的分析依据

　　当集成运算放大器处于线性放大状态时，输入电压与输出电压之关系为

$$u_o = A_V(u_+ - u_-) \tag{7.4-1}$$

　　因集成运算放大器的开环放大倍数相当高，即使毫伏级以下的输入信号都足以使放大器进入饱和状态，所以实际应用中的集中运算放大器都引入了深度负反馈，才能使其工作于线性放大状态。

　　分析集成运算放大器工作于线性状态时的依据通常有以下两条：

　　（1）"虚短"。由于集成运放的开环电压放大倍数趋于无穷大，而输出电压则是一个有限的数值，因此根据式（7.4-1）可知

$$u_+ - u_- = \frac{u_o}{A_V} \approx 0$$

则有

$$u_+ \approx u_- \tag{7.4-2}$$

　　同相端与反相端近似短接，称为"虚短"。当信号从反相端输入、而同相端接地时，则 $u_+ = 0$，$u_- = 0$，反相端也称为"虚地"。

　　（2）"虚断"。由于集成运放的输入电阻趋近于无穷大，故可认为两个输入端的输入电流为零，$i_+ = \frac{u_+}{r_i} \approx 0$，$i_- = \frac{u_-}{r_i} \approx 0$，则 $i_+ = i_- = 0$，两输入端近似断开。

7.4.2　集成运放的信号运算电路

　　集成运算放大器之所以称之为运算放大器，是因为它可以完成比例放大、加法、减法、积分、微分以及乘除等运算。

1. 反相比例运算放大器

　　输入信号从反相端输入，同相输入端通过电阻接地，引入深度负反馈后，放大器工作于线性放大状态的，便是反相比例运算放大器，如图 7.4-4 所示。图 7.4-4 中 R_1 为输入电阻，R_F 为负反馈电阻，R_2 为平衡电阻，其值为 $R_2 = R_1 // R_F$。

　　因放大器工作于线性放大状态，所以用"虚短"与"虚断"两条依据进行分析：

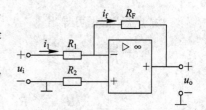

图 7.4-4　反相比例运放电路

　　由 $u_+ = u_- \approx 0$，$i_i = i_F + i_+ \approx i_F$ 可得

$$\frac{u_i - u_-}{R_1} = -\frac{u_o - u_-}{R_F}$$

由此可导出

$$u_o = -\frac{R_F}{R_1} u_i \qquad (7.4-3)$$

引入负反馈后的闭环电压放大倍数为

$$A_{VF} = -\frac{R_F}{R_1} \qquad (7.4-4)$$

式中，负号表示输出信号与输入信号反相。

式(7.4-4)表明，输出电压与输入电压呈比例运算关系。只要电阻足够精确，其电压放大倍数取决于电阻之比值，而与放大器本身的放大倍数无关，保证了集成运放放大倍数的稳定性与精确度。

2. 同相比例运算放大器

如图7.4-5所示为同相比例运算放大器，与反相比例运算放大器唯一不同之处就是输入信号从同相输入端进，而反相输入端通过电阻 R_1 接地。

由

$$u_+ \approx u_- = u_i$$

及

$$i_1 \approx i_F$$

可知

$$i_1 = \frac{0 - u_+}{R_1} = -\frac{u_i}{R_1}, \quad i_F = \frac{-u_o - u_i}{R_F}$$

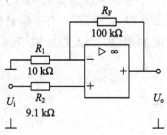

由此导出

$$u_o = \left(1 + \frac{R_F}{R_1}\right) u_i \qquad (7.4-5)$$

图7.4-5　同相比例运放电路

则电压放大倍数为

$$A_{VF} = 1 + \frac{R_F}{R_1} \qquad (7.4-6)$$

3. 加法运算

如图7.4-6所示，在反相端输入若干个信号就构成反相加法运算器。

由"虚断"依据可知

$$i_F = i_{i1} + i_{i2} + i_{i3}$$

由"虚短"依据可导出

$$i_{i1} = \frac{u_{i1}}{R_1}, \quad i_{i2} = \frac{u_{i2}}{R_2}, \quad i_{i3} = \frac{u_{i3}}{R_3}, \quad i_F = -\frac{u_o}{R_F}$$

则

$$u_o = -\left(\frac{R_F}{R_1} u_{i1} + \frac{R_F}{R_2} u_{i2} + \frac{R_F}{R_3} u_{i3}\right) \quad (7.4-7)$$

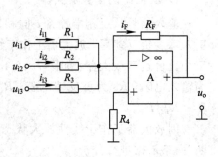

若使 $R_1 = R_2 = R_3 = R_F$，则式(7.4-7)可变为

$$u_o = -(u_{i1} + u_{i2} + u_{i3})$$

图7.4-6　加法器

4. 减法运算

当同相端与反相端同时输入信号时，就构成了差分输入。如图 7.4 - 7 所示，设 $R_1 = R_2$，$R_P = R_F$。

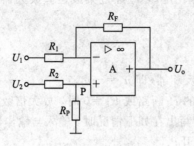

图 7.4 - 7　减法器

由图 7.4 - 7 可知

$$u_+ = \frac{R_F}{R_1 + R_F} u_2$$

则

$$\frac{u_1 - u_+}{R_1} = \frac{u_+ - u_o}{R_F}$$

经整理后得

$$u_o = \frac{R_F}{R_1}(u_2 - u_1) \tag{7.4-8}$$

若使

$$R_F = R_1$$

则

$$u_o = u_2 - u_1$$

7.4.3　集成运算放大器在汽车电子电路中的应用

在汽车电喷发动机中，用来测量进气量的进气压力传感器就是由压敏电阻和集成运放制成的。这种传感器被美国通用汽车公司、日本丰田汽车公司等广泛采用，国产桑塔纳 2000 GSI 型轿车也采用了该传感器。图 7.4 - 8 为压敏电阻式进气压力传感器的结构示意

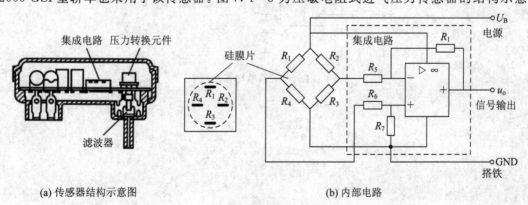

(a) 传感器结构示意图　　　　　　　　　　(b) 内部电路

图 7.4 - 8　进气压力传感器结构与内部电路

图和工作原理图,其中 R_1、R_2、R_3、R_4 组成惠斯通电桥。当 $R_1 R_3 = R_2 R_4$ 时,电桥平衡,电路输出电压 $u_o = 0$。电桥的一个臂设为压敏电阻,当压敏电阻的阻值没有变化,即 $\Delta R = 0$ 时,电桥平衡,无电压输出;当压敏电阻值发生变化时,电桥就失去平衡,变化量变成了电信号而产生输出电压 u_o,输出电压 u_o 经过集成运算放大器进行放大后送给发动机控制单元。

 思考与练习

1. 如何用集成运放实现反相器(即 $u_o = -u_i$)?

2. 同相比例运算放大器的 R_1 断路或 $R_F = 0$ 时,放大倍数为多少?可实现什么功能?

3. 如图 7.4 - 9 所示,请写出在如下情况时,输入与输出信号之间的关系:

(1) S_1 与 S_3 闭合,S_2 断开;

(2) S_1、S_3 断开,S_2 闭合;

(3) S_1、S_2 闭合,S_3 断开。

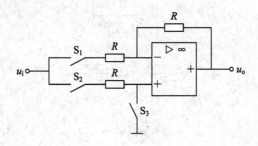

图 7.4 - 9 思考与练习题 3

4. 已知图 7.4 - 10 电路中 $R_F = 10 R_1$,$U_i = 10\ \text{mV}$,求:

(1) $U_{o1} = ?$

(2) $U_{o2} = ?$

(3) $R_2 = ?$

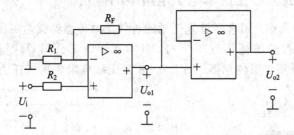

图 7.4 - 10 思考与练习题 4

项目 8　汽车电源的变换与处理

燃油汽车由三相交流发电机产生的三相交流电动势，需转换成直流后才能供用电设备使用，并向蓄电池充电，这个转换过程称为整流。纯电动汽车或混动汽车中的驱动电机由三相交流电源供电，而汽车蓄电池只能提供直流，需将直流转换成三相交流才行，该转换过程称为逆变。三相交流电动机为了实现调速，通常将固定频率的交流电源变换为频率可调的交流电源，称为变频。纯电动车或混合动力汽车高压动力电池向常规 12 V 电池充电时，需将直流高压转换为直流低压，称为 DC‐DC 变换。

项目概况

燃油汽车的电源系统是将三相正弦交流变成稳定直流的过程，过程主要包含二极管整流及稳压。为拓展知识面，本书增加了同步整流电路及开关稳压电源等内容，为新能源汽车电源系统中的逆变、变频、DC‐DC 变换与智能可变电压系统的学习打下基础。

项目描述

对于燃油汽车来说，当充电指示报警灯亮时，在排除线路开路与发电机故障的情况下，需对三相整流与电压调节器进行检测与故障判断。三相整流电路的作用是将三相交流变换成直流，而电压调节器是将直流输出电压限制在规定的范围。检测与判断过程如下：

（1）对三相整流电路进行检测，判断整流器是否存在故障。

（2）模拟出一个晶体管电压调节器，如图 8-1 所示。

（3）按要求，应将晶体管的电压限制在 11.5 V～14.5 V 之间。

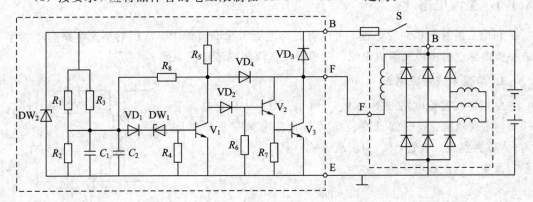

图 8-1　JFT06 晶体管电压调节器的电路原理

（4）完成电压调节器的调试与安装。

（5）验证其电压稳定效果。

项目任务分解与实施

任务分解	知识点链接	学生技能培养	任务实施
任务 8.1	8.1 整流电直流稳压电源	二极管整流、滤波、稳压电路的测量	见工作单任务 8.1
任务 8.2	8.1 整流电直流稳压电源	三极管串联稳压电路的调试	见工作单任务 8.2
任务 8.3	8.1 整流电直流稳压电源	汽车晶体管模拟调压电路的调试	见工作单任务 8.3
任务 8.4	8.1 整流电直流稳压电源	晶闸管调压电路的测量与调试	见工作单任务 8.4

知识导航

知识点 8.1　直流稳压电源

所有的电子产品均使用直流电，供电都是 50 Hz 正弦交流。要将正弦交流电变成稳定而平滑的直流，须经过降压、整流、滤波和稳压等四个环节。如图 8.1-1 所示，市电经变压器降压后，利用二极管的单向导电性，将交流电压变成单向脉动电压；再经滤波器将脉动的交流成分滤除，使波形变得比较平滑；滤波后得到的直流电压，最后经稳压电路稳定，输出大小与方向均不随时间变化、且在一定范围内不受输入电压和负载变动影响的恒定直流。

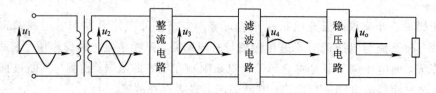

图 8.1-1　交流变换成直流的过程

8.1.1　整流电路

利用二极管的单向导电性，可以将交流电变为脉动直流电。常用的整流电路有单相半波整流电路、单相桥式整流电路、三相桥式整流和同步整流电路。

1. 单相半波整流电路

单相半波整流电路如图 8.1-2 所示。图中，T 为电源变压器，用来降压，同时保证交流电源与直流电源有良好的隔离；VD 为整流二极管，R_L 为负载等效电阻。

设变压器次级电压为

$$u_2 = \sqrt{2}\sin\omega t$$

正半周到来时，变压器次边"上＋下－"，二极管正偏导

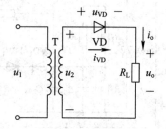

图 8.1-2　单相半波整流电路

通，有电流从"＋"端经 VD 和负载 R_L 回到"－"端构成回路。忽略二极管的正向压降(设二极管为理想二极管)，负载两端的电压为 $u_o = u_2$，在负载两端获得正半周波形。

负半周到来时，变压器次边"上－下＋"，二极管反偏截止，相当于断开，负载上无电流流过，此时输出电压为 $u_o = 0$，半波整流电路的工作波形如图 8.1-3 所示。

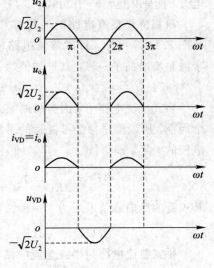

由图 8.1-3 可见，在负载上可以得到单方向的脉动电压。正弦交流电经二极管后，只有半个周期能够通过二极管向负载提供电流，这种电路称为半波整流电路。

半波整流电路输出电压的平均值为

$$U_o = \frac{1}{2\pi} \int_0^\pi \sqrt{2}U\sin\omega t\, d(\omega t) = \frac{\sqrt{2}U_2}{\pi} = 0.45U_2 \qquad (8.1-1)$$

流过二极管的平均电流 I_D 为

$$I_D = I_o = \frac{U_o}{R_L} = 0.45\frac{U_2}{R_L} \qquad (8.1-2)$$

图 8.1-3　半波整流电路的工作波形

二极管承受的反向峰值电压 U_{RM} 为

$$U_{RM} = \sqrt{2}U_2 \qquad (8.1-3)$$

半波整流电路结构简单，使用元件少，但整流效率低，输出电压脉动大。因此，它只适用于对效率要求不高的场合。

2. 单相桥式整流电路

为了克服单相半波整流电路的缺点，实际中常常采用图 8.1-4 所示的单相桥式整流电路。图 8.1-4(a)中，$VD_1 \sim VD_4$ 四个整流二极管接成电桥形式，因此称为桥式整流。其工作过程为：

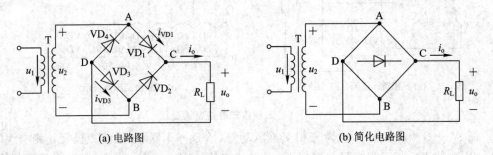

　　　　(a) 电路图　　　　　　　　　　　　　　　(b) 简化电路图

图 8.1-4　单相桥式整流电路

变压器次级电压正半周到来时，其极性为"上＋下－"，二极管 VD_1 与 VD_3 正偏导通，二极管 VD_2 与 VD_4 反偏截止，电流通路是

$$+ \rightarrow A \rightarrow VD_1 \rightarrow C \rightarrow R_L \rightarrow D \rightarrow VD_3 \rightarrow B \rightarrow -$$

其电流方向是由上至下，在负载上获得正半周电压波形。

变压器次级电压负半周到来时，其极性为"上－下＋"，此时二极管 VD_2 与 VD_4 正偏

导通，VD_1 与 VD_3 反偏截止，电流通路是

$+ \rightarrow B \rightarrow VD_2 \rightarrow C \rightarrow R_L \rightarrow D \rightarrow VD_4 \rightarrow A \rightarrow -$

电流方向是由上至下，在负载上获得负半周电压波形。

单相桥式整流电路的波形如图 8.1-5 所示。由图 8.1-5 可知，桥式整流电路输出电压较单相半波整流增加了一倍，其平均值为

$$U_o = 2 \times 0.45 U_2 = 0.9 U_2 \qquad (8.1-4)$$

桥式整流电路中，因为每两只二极管只导通半个周期，所以流过每个二极管的平均电流仅为负载电流的一半，即

$$I_D = \frac{1}{2} I_o = \frac{U_o}{2R_L} = 0.45 \frac{U_2}{R_L} \qquad (8.1-5)$$

其承受的反向峰值电压为

$$U_{RM} = \sqrt{2} U_2$$

桥式整流电路与半波整流电路相比较，具有输出直流电压高、脉动较小、二极管承受的最大反向电压较低等特点，在直流稳压电源中得到广泛利用。

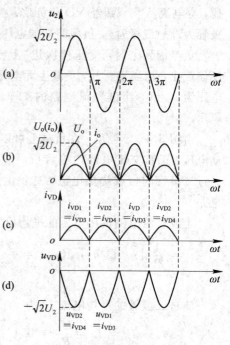

图 8.1-5 桥式整流电路的工作波形

3. 三相桥式整流电路

如图 8.1-6 所示为汽车三相交流发电机中的三相桥式整流电路。

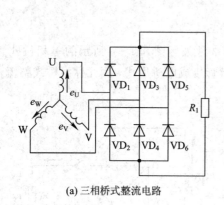

(a) 三相桥式整流电路

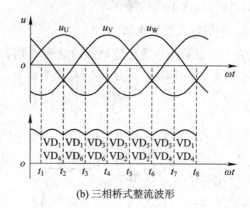

(b) 三相桥式整流波形

图 8.1-6 三相桥式电路整流过程

图 8.1-6 中 e_U、e_V、e_W 为三相交流电动势，$VD_1 \sim VD_6$ 为整流二极管。其中 VD_1、VD_3、VD_5 的正极与三相绕组首端相接，称为正极管；VD_2、VD_4、VD_6 的负极与三相绕组首端相连，称为负极管。六个二极管轮流导通，每次导通两只二极管。在同一导通时间内，电位最高的一相绕组相连的正极管导通，电位最低的一相绕组相连的负极管导通，其整流过程如下：

（1）$t=0$ 时，$u_U=0$，u_V 为负值，u_W 为正值，二极管 VD_5、VD_4 获得正向电压而导通。电流从 u_W 相出发，经 $VD_5 \rightarrow$ 负载 $R_L \rightarrow VD_4 \rightarrow u_V$ 相构成回路。因为二极管内阻很小，忽略二极管管压降，u_W、u_V 之间的电压都加在负载上，所以负载上获得 V、W 之间的线电压。

（2）在 $t_1 \sim t_2$ 时间内，u_U 相电压最高，u_V 相电压最低，所以 VD_1、VD_4 处于正向电压下而导通，负载上获得 U、V 之间的线电压。

（3）在 $t_2 \sim t_3$ 时间内，u_U 相电压最高，u_W 相电压最低，所以 VD_1、VD_6 处于正向电压下而导通，负载上获得 U、W 之间的线电压。

（4）在 $t_3 \sim t_4$ 时间内，u_V 相电压最高，u_W 相电压最低，所以 VD_3、VD_6 处于正向电压下而导通，负载上获得 V、W 之间的线电压。

这样反复循环，6 只二极管轮流导通，在负载端便得到一个较平稳的直流电压，电压波形如图 8.1-6（b）所示。由图 8.1-6（b）可知，三相桥式整流后，电压脉动较小，负载获得的平均电压为

$$U_\text{o} = 2.34U \qquad\qquad (8.1-6)$$

其中 U 为三相发电机的相电压。

负载电流的平均值为

$$I_\text{o} = \frac{U_\text{o}}{R_\text{L}} = 2.34\frac{U}{R_\text{L}} \qquad\qquad (8.1-7)$$

在一个周期内，每个三极管的导通时间为三分之一（导通角为 120°），因此流过每个管的平均电流为

$$I_\text{D} = \frac{1}{3}I_\text{o} = 0.78\frac{U}{R_\text{L}} \qquad\qquad (8.1-8)$$

每只二极管所承受的最高反向电压为线电压的幅值，即

$$U_\text{DM} = \sqrt{3} \times \sqrt{2}U = 2.45U \qquad\qquad (8.1-9)$$

有些汽车交流发电机为了提高发电功率和电压调节精度，采用的整流方式有 8 管电路、9 管电路和 11 管电路等几种。

8 管整流电路在原 6 管整流电路的基础上增加了两个中性点整流二极管。当交流发电机输出电流时，其中性点电压含有交流成分，且幅值会随发电机的转速而变化。若将此中性电压进行整流利用，可将发电机的发电功率提高 10%～15%。如图 8.1-7 所示，将 1 只正极管接在中性点和正极之间，1 只负极管接在中性点和负极之间，可对中性点交流电压进行全波整流，由此构成 8 管整流电路。

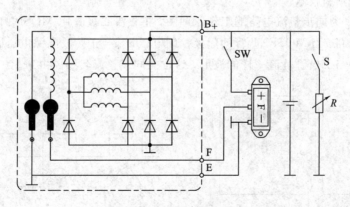

图 8.1-7 8 管整流电路

9 管整流电路是在常规的 6 只二极管基础上，增加了 3 只小功率励磁二极管，其中原

6 只大功率整流二极管组成三相全波桥式整流电路，对外负载供电；3 只小功率管二极管与原 3 只大功率负极管也组成三相全波桥式整流电路，专门为发电机磁场供电，所以称 3 只小功率管为励磁二极管，这样就形成两个分立的电源输出端。如图 8.1-8 所示，3 只励磁二极管除用于供给磁场电流外，还可以控制其充电指示灯，其过程为：接通点火开关之初，发电机无输出电压，充电指示灯被串联在磁场电路中，充电指示灯点亮；当汽车启动时，发电机输出端 B_+ 与 D_+ 等电位，使充电指示灯熄灭。

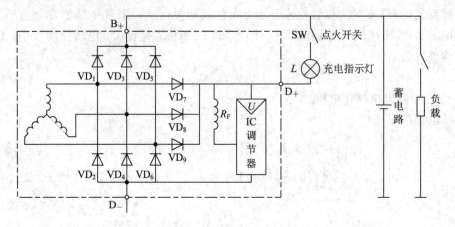

图 8.1-8　9 管整流电路

11 管整流电路由 6 管三相桥式整流、3 个励磁二极管与 2 个中性点整流二极管组成。兼顾了 8 管与 9 管整流电路的优点。

4*. 同步整流电路

在电子电路中，低电压工作有利于降低电路整体功率消耗。但工作电压越低，电流越大。在低电压、大电流的输出情况下，二极管整流已不能满足实现低电压、大电流开关电源高效率及小体积的需要。因为整流二极管的导通压降较高且存在死区电压，使得输出端整流管的损耗尤为突出，这将导致整流损耗增大，电源效率降低。

同步整流电路是采用通态电阻极低的专用功率 MOSFET 管来取代整流二极管，以降低整流损耗的一项新技术。

如图 8.1-9 为同步整流电路的工作原理图，将整流二极管用 MOSFET 管取代，即可变成同步整流电路。当 MOSFET 管的门极控制电压 U_{GS} 与正弦波电源电压同步变化时，在负载上即可获得与二极管整流一样的波形，这也是同步整流名称的由来。

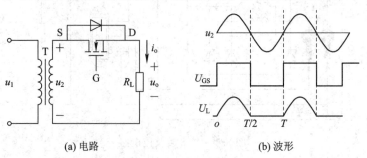

(a) 电路　　　　　　　　　(b) 波形

图 8.1-9　同步整流电路

　　由于 MOSFET 管导通受门极电压控制，且在漏极与源极之间有一个寄生二极管，因此必须有一个符合一定时序关系的门极驱动电压去控制它，使其像二极管一样导通与截止。因此门极驱动电路的设计成为首要解决的问题，MOSFET 管导通过早或关断过晚，都可能造成短路；而导通过晚或关断过早又可能导致寄生二极管导通，增大整流损耗。在实际电路中，常将整流 MOSFET 管的漏极 D 与源极 S 反接，即电流只能由源极流向漏极，此时寄生二极管是正向的；有时可让该二极管先导通，以便过渡到 MOSFET 管进入整流状态。但寄生二极管的正向压降大，通常并联肖特基二极管来降低其损耗，同时也不希望它导通时间过长。

8.1.2　滤波电路

　　交流电压经整流后，得到的是一个脉动的直流电。这种直流电因电压波动较大，往往不能满足电路中设备的需要，需要将脉动成分滤去，使波形变得更平滑，这称为滤波。

1. 电容滤波电路

1）半波整流电容滤波电路

　　如图 8.1-10 中，与负载并联的大电容器就是一个最简单的滤波器，其原理是电容器两端电压不能突变。

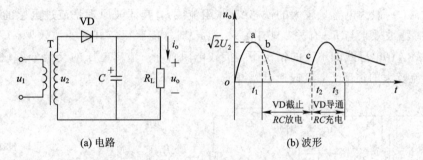

|(a) 电路|(b) 波形|

图 8.1-10　电容滤波电路及电压波形

　　设电容两端的电压为 u_C，二极管两端电压为 u_D，则有 $u_D = u_2 - u_C$。只有当 $u_2 > u_C$ 时，二极管才会正向导通；当 $u_2 < u_C$ 时，二极管反向截止。因此，当输入电压正半周到来且二极管导通时，电源向负载供电的同时给电容 C 充电，并很快充到峰值。当输入电压下降至 $u_2 < u_C$ 时，二极管截止，电容放电作为电源使用。电压波形如图 8.1-10(b) 所示。

　　可见加滤波电容后，二极管的导通角减小。导通角的大小取决于电容与电阻之间的时间常数。时间常数 RC 越大，则输出波形越平滑，一般要求

$$RC \geqslant (3 \sim 5)\frac{T}{2} \tag{8.1-10}$$

　　当时间常数 RC 远远大于输入交流电压的周期时，负载上的直流电压近似等于输入电压的峰值。所以经电容滤波之后，R_L 两端的平均电压升高，一般取

$$U_o = U_2 \tag{8.1-11}$$

　　电容的滤波效果与电容容量和负载大小都有关系。从理论上讲，电容容量越大，滤波效果越好；负载越大（即 R_L 越小），滤波效果越差。

2）桥式整流电容滤波电路

如图 8.1-11 所示为桥式整流电容滤波电路及负载获得的电压波形。

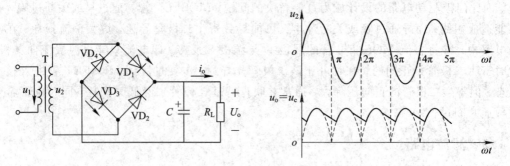

图 8.1-11　桥式整流电容滤波电路及电压波形

桥式整流电路经电容滤波后，其波形更加平滑，R_L 两端的平均电压升高，一般取

$$U_o = 1.2U_2 \tag{8.1-12}$$

电容滤波一般要求输出电压较高、负载电流较小并且变化不大的场合。

2. 电感滤波电路

如图 8.1-12 所示为电感滤波电路及负载获得的电压波形。图中与负载 R_L 串联的 L 为滤波电感，一般为电感量较大的铁芯线圈（阻流圈），其滤波原理是流过电感的电流不能跃变。电感滤波效果与 R_L 有关，只有在 $R_L \ll \omega L$ 时才能获得较好的滤波效果。L 愈大，滤波效果愈好。在电感线圈不变的情况下，负载电阻愈小，输出电压的交流分量愈小。所以在负载电流较大的情况下，应选择电感滤波。

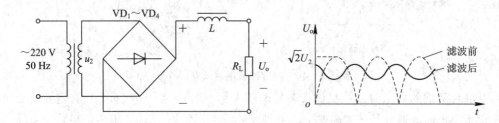

图 8.1-12　电感滤波电路与电压波形

8.1.3　稳压电路

经过整流与滤波后的电压，虽然方向不变，但还是有脉动的成分在，且会随着电网电压的波动或负载的变化而变化，不能算是严格意义上的稳定直流。在很多电子设备和电路中需要一种当电网电压变化或负载发生变化时，输出电压仍能基本保持不变的电源，这时需在滤波电路后再加一级稳压电路来保证电压的恒定不变。

1. 二极管稳压电路

利用稳压二极管进行稳压的电路是最简单的稳压电路，如图 8.1-13 所示。稳压管 VZ 与限流电阻 R 组成稳压电路，并与负载 R_L 并联。稳压电路的输入电压为整流滤波电路的输出电压，输出电压 U_o 则是稳压管的稳定电压 U_Z，即

$$U_o = U_Z = U_I - U_R \tag{8.1-13}$$

其稳压过程如下：

假设负载不变、电网波动使输入电压增大，导致输出电压升高时，有

$$u_i \uparrow \rightarrow U_o \uparrow \rightarrow U_Z \uparrow \rightarrow I_Z \uparrow \rightarrow I_R \uparrow = I_o + I_Z$$
$$U_o \downarrow = U_i - U_R \leftarrow U_R \uparrow$$

从上述过程可看出，输入电压的升高将使限流电阻上的电压 U_R 跟着升高，从而保持负载端电压基本不变。

假设输入电压不变，负载电流增大导致输出电压下降时，有

$$I_o \uparrow \rightarrow U_o \downarrow \rightarrow U_Z \downarrow \rightarrow = I_Z \downarrow \rightarrow I_R \downarrow = I_Z + I_o$$
$$U_o \uparrow = U_i - U_R \leftarrow U_R \downarrow$$

通过调整限流电阻 R 上的压降从而使输出电压 U_o 基本保持不变。

限流电阻 R 很重要，一方面用它限制稳压二极管的反向电流，防止烧毁；另一方面还参与电压调整，达到稳压目的。选择二极管时，一般取

$$U_Z = U_o$$
$$I_{ZM} = (1.5 \sim 3) I_{OM}$$
$$U_i = (2 \sim 3) U_o \tag{8.1-14}$$

稳压二极管稳压电路较简单，其输出电压取决于稳压二极管的稳定电压，不可调整，且稳压范围小，适合对电压要求不高的场合。

在汽车的仪表电路和一部分电子控制电路中，经常利用稳压管来获取所需电压。如图 8.1-14 所示，是利用稳压管为汽车仪表提供稳定电源的电路。

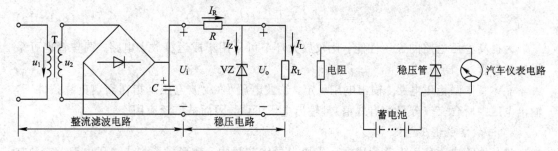

图 8.1-13　稳压二极管并联稳压电路　　　　图 8.1-14　汽车仪表简化稳压电路

2. 三极管串联稳压电路

电压不稳定有时会产生测量和计算的误差，引起控制装置的工作不稳定，甚至根本无法工作，尤其是精密电子测量仪器、自动控制、计算装置及晶闸管的触发电路都要求有很高稳定度的直流电源。此时，简单稳压二极管稳压电路已满足不了要求，在要求稍高的场合需要三极管串联稳压电路。

1）晶体管串联稳压电路

图 8.1-15 是有更高稳定度的晶体管串联稳压电路，它由调整元件、比较放大器、取样电路、基准电压电路等组成。因起调整作用的三极管与负载 R_L 相串联，故称为串联稳压电路。

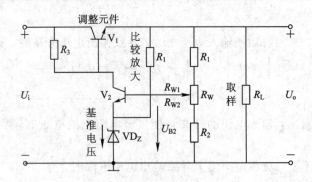

图 8.1-15　晶体管串联稳压电路

三极管 V_1 为调整元件，工作于放大状态，通过调整基极电位改变集射极电压 U_{CE}；稳压管 D_z 与 R_4 提供比较基准电压；三极管 V_2、R_3 构成比较放大器，工作于放大状态；电阻 R_1、R_2 电位器 R_w 为取样电路；R_L 为负载电阻。

稳压电路是一个具有电压串联负反馈的闭环系统，其稳压过程为：当电网电压波动或负载变动，引起输出直流电压发生变化时，取样电路取输出电压的一部分送入比较放大器，并与基准电压进行比较，产生的误差信号经放大后送至调整管的基极，使调整管改变其管压降，以补偿输出电压的变化，从而达到稳定输出电压的目的。

假设输入电压 U_i 升高而引起输出电压 U_o 升高时，有

$$U_i \uparrow \rightarrow U_o \uparrow \rightarrow U_{(R_2 + R_{w2})} \uparrow \rightarrow U_{B2} \uparrow \rightarrow I_{B2} \uparrow \rightarrow I_{C2} \uparrow$$
$$U_o \downarrow \leftarrow U_{CE1} \uparrow \leftarrow U_{B1} = U_{C2} \downarrow$$

调节 R_w 可以改变输出电压 U_o 的大小，U_o 的调节范围为

$$U_o = \frac{R_1 + R_w + R_2}{R_2 + R_{w2}}(U_Z + U_{BE2}) \tag{8.1-15}$$

为提高稳压电路的稳压性能，比较放大环节可采用集成运算放大电路，调整管也可采用达林顿管。

晶体管串联稳压电路，输出电压稳定，纹波电压小(纹波电压是指在额定负载条件下，输出电压中所含交流分量的有效值)且输出电压可调，因而被广泛应用。

2）三端集成稳压电源

将晶体管串联稳压电路集成在一小块半导体芯片中，就形成了集成稳压电源，它具有体积小、可靠性高、使用灵活、价格低廉等优点。最简单的集成稳压电源只有输入、输出和公共引出端，如图 8.1-16 为三端集成稳压电路的封装。

TO-220
1—输入，INPUT
2—地，GND
3—输出，OUTPUT

图 8.1-16　三端集成稳压电源外形

W7800 与 W7900 系列是常用的三端集成稳压器，W7800 输出正电压，W7900 输出负电压。末位两位表示输出的稳定电压值，如 7805 表示输出＋5 V 直流稳定电压。

3. 开关稳压电源

晶体管串联稳压电路三极管工作于线性放大状态，管耗与变压器使电源效率大为降低。若使调整管工作于开关状态，可使管耗降到最小。由此研制出了开关稳压电源，它克服了晶体管串联稳压电路效率低的缺点，具有整个电源体积小、效率高、稳压性能好、稳压范围大等优点。

开关型稳压电源的形式很多，根据电源的供给不同可分为并联型与串联型。现以并联型为例分析其结构与工作原理。

图 8.1-17 为并联型开关稳压电源的方框图，由开关调整管、储能电路、取样比较电路、基准电路、脉冲调宽与脉冲发生电路组成。储能电路包括储能电感、续流二极管、储能电容。

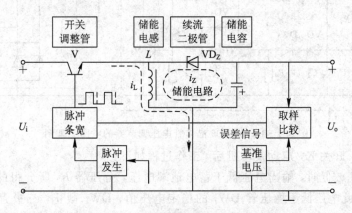

图 8.1-17 并联型开关稳压电源方框图

开关稳压电源的工作原理：由取样电路取出部分输出电压与基准电压相比较，得出输出电压变化的误差信号；该误差信号控制脉冲发生器产生脉冲的宽度，使脉冲宽度随输出电压的变化量发生改变，调整管在脉冲的控制下改变饱和导通时间与截止时间；通过调整三极管周期性的开关作用，将输入端的能量注入储能电路，由储能电路滤波后送至负载。调整管饱和导通时间越长，注入储能电路能量越多，输出电压越高；反之，输出电压越低。

储能电路的工作原理：经整流滤波后的直流电压作为开关稳压电源的输入电压。当调整管饱和导通时，输入电压 U_i 经调整管 V 加到储能电感 L 两端，流过电感的电流 i_L 增大，电感将电能转换为磁能存储；调整管饱和导通的时间越长，i_L 越大，存储磁能越多。此时由于电感的自感作用，产生上正下负的自感电动势，续流二极管 V_{DZ} 反偏截止。当调整管截止时，切断外电源能量输入，电感上的感应电动势发生跃变，极性变为上负下正，续流二极管正偏导通，电感 L 释放能量，向负载供电，同时向电容充电。当调整管再次导通时，续流二极管截止，此时由储能电容释放能量向负载供电。储能电感与储能电容同时还具备滤波作用，使输出电压的波形更平滑。

若将储能电感与续流二极管的位置互换，则储能电感与负载相串联，成为串联型开关稳压电源，其工作原理与并联型开关稳压电源相同。

这种稳压控制方式是改变脉冲信号的占空比 D，即改变调整管基极脉冲的宽度，故称为脉冲宽度调制型（PWM）。

4. 晶体管汽车电压调整电路

汽车交流发电机由发动机带动发电，其输出电压的高低与发动机运转速度直接相关。发动机运转速度快，发电机输出电压高；反之则低。这样导致的结果是在不同的车速下，发电机输出的电压不同，造成输出电压的不稳定。为了使发电机的输出电压在一定波动范围内，必须对发电机的输出电压进行调节，如图 8.1－18 为 JFT106 型晶体管电压调节器的电路原理图。

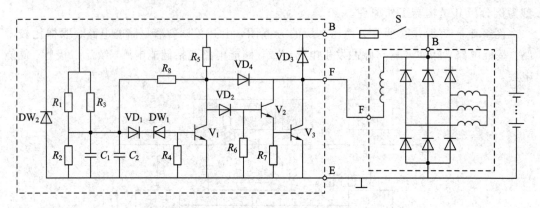

图 8.1－18　JFT06 晶体管电压调节器的电路原理图

当闭合点火开关 K，启动发动机后，工作过程如下：

发电机转速较低时，输出电压低于蓄电池端电压，分压器 R_2 所分得的电压加在稳压管 DW_1 两端；此电压低于稳压管 DW_1 的稳定电压值，DW_1 截止，三极管 V_1 截止，V_2、V_3 导通。这时蓄电池经大功率三极管 V_3 提供励磁电流，其励磁电路为：蓄电池正极→发电机 B 接柱→发电机磁场接柱 F→调节器磁场接柱 F→大功率三极管 V_3→搭铁→蓄电池负极"－"，发电机处于他励（由蓄电池提供励磁电流）状态。

当发电机转速逐渐升高，发电机端电压高于蓄电池端电压时，由于此时转速尚低，输出电压未达到调节电压值，V_1 仍然截止，V_2、V_3 仍然导通，励磁电路为：发电机输出端 B→发电机磁场接柱 F→调节器磁场接柱 F→大功率三极管 V_3→搭铁→发电机负极"－"，发电机由他励转为自励（由发电机本身提供励磁电流）状态。

当发电机转速继续升高到使输出电压达到调节值时，分压器 R_2 所分得的电压加在稳压管 DW_1 两端，使 DW_1 反向击穿而导通，晶体管 V_1 因 R_4 的正向偏置而导通，使 V_2、V_3 截止，断开了励磁电路，发电机输出电压便下降。当发电机端电压下降到调节值以下时，稳压管 DW_1 两端的反向电压又低于稳定电压值，使 V_1 又截止，V_2、V_3 又导通，又一次接通了励磁电路，发电机端电压又上升。如此反复，通过晶体管 V_3 的导通与截止，将发电机的输出电压恒定在调节值上。

 思考与练习

1. 在图 8.1－4 所示的单相桥式电路中，若：（1）VD_1 开路，输出电压有何变化？（2）VD_1 反接，输出电压有何变化？有何后果产生？（3）VD_1 击穿，输电压有何变化，有何现象产生？

2. 如图 8.1 - 19 所示为二极管全波整流电路，设变压器次级电压 $e_{2a} = e_{2b} = \sqrt{2}\sin\omega t$。试分析：(1) 整流过程；(2) 负载上获得的波形；(3) 输出电压 U_o 的平均值。

3. 请列表比较单相整流、单相全波整流、单相桥式整流与三相桥式整流电路的电路形式、负载波形、负载平均电压、负载平均电流、二极管电流及二极管最高反向电压。

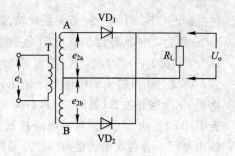

图 8.1 - 19　全波整流电路

4. 在图 8.1 - 11 所示电路中，当 VD_1 开路时，其输出电压会不会降低一半？输出电压如何变化？

5. 汽车发电机输出电压经整流、电压调节后给负载供电，没有滤波环节，为什么？

6. 分析图 8.1 - 18 中各元器件的作用。

7. 如图 8.1 - 20 为某稳压电源电路，(1) 请标出输出电压的极性；(2) 请标出滤波电容的极性；(3) 如果稳压二极管反接，会有什么后果？(4) 若电阻 $R = 0$，又将如何？

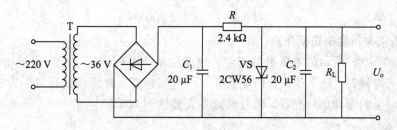

图 8.1 - 20　二极管稳压电源

8. 图 8.1 - 21 为二倍压整流电路，$U_o = 2\sqrt{2}U$，试分析其工作原理，并标出电压极性。

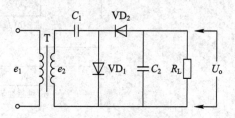

图 8.1 - 21　二倍压整流

知识点 8.2　逆 变 电 路

由于电动汽车和可再生能源技术的兴起，逆变电路(逆变器)在现代技术世界中发挥了突出的作用。逆变电路是整流电路的逆过程，是将直流电(DC)转化为交流电(AC)的装置，主要由逆变桥、逻辑控制电路及滤波电路构成。

8.2.1　电压型单相桥式逆变电路

1. 单相桥式逆变电路的工作原理

如图 8.2 - 1(a)所示，E 为直流电源，要在负载 R_L 上获得方向变化的交流电压，可通

过控制 S_1、S_3 与 S_2、S_4 开关的轮流闭合与导通。如图 8.2 - 1(b)所示，在 $0 \sim t_1$ 时段，S_1 与 S_4 闭合，电源 E 经负载电阻 R_L 构成回路，电流从左流向右，负载上获得的输出电压 $U_o = E$；在 $t_1 \sim t_2$ 时段，S_2 与 S_3 闭合时，电源 E 经负载电阻 R_L 构成回路，电流从右流向左，负载上获得的输出电压 $U_o = -E$；依此循环，在负载上得到一个方向变化的交流电压。将 $S_1 \sim S_4$ 用开关管（晶闸管 GTO、三极管 GTR、场效应管 MOSFET、绝缘栅双极型晶体管 IGBT）替代，用控制逻辑电路控制开关管的导通时间，则可将直流电压变成交流电压，输出电压中含各次谐波信号。若需得到正弦波，可加接滤波电路获得。

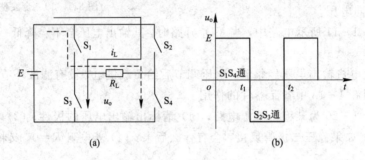

图 8.2 - 1　逆变电路原理

2. 电压型单相全桥逆变电路

如图 8.2 - 2(a)所示为电压型单相全桥逆变电路，开关管 V_1 与 V_4 组成一对桥臂，V_2 与 V_3 组成一对桥臂，每个开关管两端反并了一只二极管，为续流二极管。V_1、V_4 的驱动信号与 V_2、V_3 的驱动信号互补，两对桥臂各交替导通 $180°$。

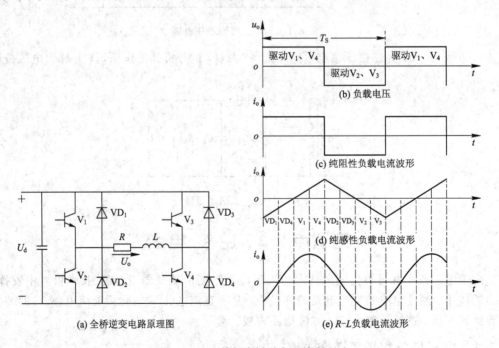

图 8.2 - 2　单相全桥逆变电路原理

1) 纯电阻负载

当控制信号使 V_1 与 V_4、V_2 与 V_3 轮流导通时，在负载上获得的输出电压为一个矩形波电压信号。因电阻负载电压与电流同相，负载电流也为一个矩形波，VD$_1$～VD$_4$ 不起作用，如图 8.2 - 2(b)、8.2 - 2(c)所示。输出电压的有效值为

$$U_\text{o} = \sqrt{\frac{1}{T_\text{s}} \int_0^{T_\text{s}/2} U d^2 \mathrm{d}t} = U_\text{d} \qquad (8.2-1)$$

2) 电感负载

在 $\frac{T_\text{s}}{4} \leqslant t < \frac{T_\text{s}}{2}$ 期间，开关管 V$_1$ 与 V$_4$ 导通，负载电流由 0 按指数规律上升。

在 $\frac{T_\text{s}}{2} \leqslant t < \frac{3T_\text{s}}{4}$ 期间，开关管由 V$_1$、V$_4$ 切换到 V$_2$、V$_3$ 导通。由于电感中的电流不能突变，电流方向尚未改变，此时，V$_1$～V$_4$ 均不导通，VD$_2$、VD$_3$ 导通，起续流作用，将电感性能量由负载反馈回电源。

在 $\frac{3T_\text{s}}{4} \leqslant t < T_\text{s}$ 期间，开关管 V$_2$、V$_3$ 导通，负载电流反方向增大。

在 $0 \leqslant t < \frac{T_\text{s}}{4}$，期间，开关管由 V$_2$、V$_3$ 导通切换到 V$_1$、V$_4$ 导通，由于电感中的电流不能突变，电流方向尚未改变。此时，V$_1$～V$_4$ 均不导通，VD$_1$ 与 VD$_4$ 导通，起续流作用，将电感性能量由负载反馈回电源。

负载电感中获得如图 8.2 - 2(d)所示的电流波形。

3) 阻感 $R-L$ 负载

由于电阻的加入，电压超前电流的相位将小于 90°，使 VD$_1$～VD$_4$ 的导通时间缩短，因此 V$_1$～V$_4$ 的导通时间变长，得到如图 8.2 - 2(e)所示的电流波形。

8.2.2 电压型三相桥式逆变电路

如图 8.2 - 3 所示为电压型三相全桥逆变电路原理。逆变器的开关管与续流二极管序号如图 8.2 - 3 所示，负载为三相感性负载(三相异步电动机)，逆变器的输入电压为直流稳压电源 U_d。调制控制电路控制 6 个开关管的导通时间与顺序。若相隔 60°给开关管 V_1～V_6 控制极加顺序脉冲，如图 8.2 - 4 所示，则开关管依次导通。每一 60°区间有 3 个开关管同时导通，每隔 60°更换一个管子，每管导通 180°。同一桥臂的两个开关管 V$_1$ 与 V$_4$、V$_3$ 与 V$_6$、V$_5$ 与 V$_3$ 不能同时导通。因此，U_G1 与 U_G4、U_G3 与 U_G6、U_G5 与 U_G2 互为反量，不能同时为正。

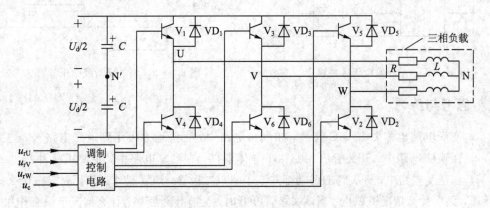

图 8.2 - 3 三相全桥逆变电路

$0 \sim 60°$区间，U_{G1}、U_{G5}、U_{G6}为正脉冲，V_1、V_5与V_6导通，三相负载上获得的电压为

$$u_1 = u_3 = \frac{1}{3}U_d, \quad u_2 = -\frac{2}{3}U_d$$

$60° \sim 120°$区间，U_{G1}、U_{G2}、U_{G6}为正脉冲，V_1、V_2、V_6导通，三相负载上获得电压为

$$u_2 = u_3 = -\frac{1}{3}U_d, \quad u_1 = \frac{2}{3}U_d$$

$120° \sim 180°$区间，V_1、V_2、V_3导通，负载上获得电压为

$$u_1 = u_2 = \frac{1}{3}U_d, \quad u_3 = -\frac{2}{3}U_d$$

同理可以获得其他区间的相电压，其波形如图 8.2 - 5(a)～8.2 - 5(c)所示，线电压如图 8.2 - 5(d)～8.2 - 5(f)所示。由波形图可知，相电压与线电压都是阶梯波，且三个相电压之间相差 $120°$，线电压之间也相差 $120°$。

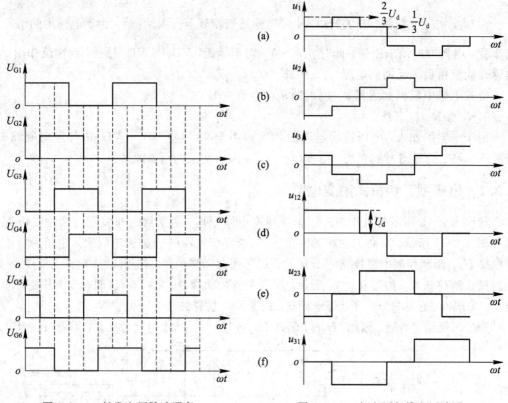

图 8.2 - 4　触发电压脉冲顺序　　　　图 8.2 - 5　相电压与线电压波形

 思考与练习

1. 逆变电路也称 DC - AC 变换。在汽车电路中，哪些地方可用到逆变电路？

2. 在逆变电路中，开关管可用哪些半导体器件？在汽车电路中，主要用哪种？

3. 在逆变电路中，开关管的两端都并联了一只二极管，该管起什么作用？它在什么情况下导通，又在什么情况下截止？当该二极管断开时，会有什么后果？什么情况下没有作用？

4. 在图 8.2 - 3 所示的全桥逆变电路中，为什么同一桥臂的两个开关管不能同时导通？

5. 在单相电压型逆变电路中，电阻性负载与电感性负载对输出电压与电流波形有什么影响？其电路结构上有什么变化？

知识点 8.3　变 频 电 路

在上述三相逆变电路中，三相负载获得的电压波形为阶梯波而并非正弦波，这样的波形含有较大的谐波成分，作为电动机的电源电压，将使电动机的效率与功率因数降低。为了使电动机获得优越的工作性能，输出转矩平稳，就要使逆变器输出的电压波形近似正弦波。同时为了能实现电动机的调速功能，必须对电动机的电源电压进行调频调压，常用正弦波脉宽调制电路来实现。

8.3.1　变频器

所谓变频器，就是把电压和频率固定不变的交流电变换为电压或频率可变的交流电的装置。变频器输出的波形是模拟正弦波，作为三相异步电动机调速用，又叫变频调速器。

我们知道，交流电动机的同步转速为

$$n = \frac{60f(1-s)}{P}$$

由此可知，转速 n 与频率 f 成正比，只要改变频率 f 即可改变电动机的转速。当频率 f 在 0 Hz～50 Hz 的范围内变化时，电动机转速的调节范围非常宽。变频器就是通过改变电动机电源的频率，实现速度调节的，是一种理想的高效率、高性能的调速手段。那么，如何调整电动机的电源频率与幅度呢？

8.3.2　正弦脉宽调制的控制原理

一个连续函数可以用无限多个离散函数逼近或替代，因此可以用多个不同幅值的矩形脉冲波来替代正弦波。图 8.3-1 中，将正弦半波切割出多个等宽不等幅的波形，只要矩形波宽度足够小，这一系列矩形波就是正弦波波形。如果每一个矩形波的面积都与相应时间段内正弦波的面积相等，则这一系列矩形波的合成面积就等于正弦波的面积，也即有等效的作用。为了提高等效的精度，矩形波的个数越多越好。反过来，把上述一系列等宽不等幅的矩形波用一系列等幅不等宽的矩形脉冲波来替代，如图 8.3-2 所示，只要每个脉冲波的面积都相等，也应该能实现与正弦波等效的功能，我们称这个波形为正弦脉宽调制（Sinusoidal Pulse Width Modulation，SPWM）波形。

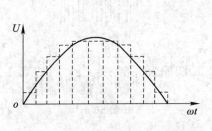

图 8.3-1　正弦波等效矩形脉冲

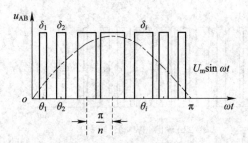

图 8.3-2　SPWM 波形

　　把正弦半波分作 n 等分，把每一等分的正弦曲线与横轴所包围的面积都用一个与此面积相等的矩形脉冲来代替；矩形脉冲的幅值不变，各脉冲的中点与正弦波每一等分的中点相重合，这样就形成 SPWM 波形。同样，正弦波的负半周也可用相同的方法与一系列负脉冲波等效。

　　将正弦波作为调制电压，将等腰三角波作为载波，载波受正弦波调制。当调制电压与载波相交时（见图 8.3-3(a)），其交点决定了逆变器开关器件的通断时刻。例如，当 U 相的调制波电压 U_{ru} 高于载波电压 U_t 时，开关器件 V（图 8.2-3）导通，输出正的脉冲电压（见图 8.3-3(b)）；当 U_{ru} 低于 U_t 时，V 关断，输出电压下降为零。在 U_{ru} 的负半周中，可用类似的方法控制下桥臂的 V，输出负的脉冲电压序列。若改变调制波的频率，输出电压的频率也随之改变；降低调制波的幅值时，各段脉冲宽度变窄，输出电压的基波幅值也相应减小，达到调频与调幅的目的。

　　在三相电压型逆变电路中，控制开关管的顺序脉冲调制电压必须是三相对称正弦电压，通常三角波的幅值是一定的。输出电压的波形如图 8.3-4(b)所示，这种等幅不等宽的矩形脉冲使开关管在应导通期间按一定规律多次导通，在逆变器的输出端获得的电压不论线电压还是相电压都已不再是阶梯形电压，而是如图 8.3-4(e)和(f)所示的等幅不等宽的序列矩形脉冲，脉冲宽度正比于正弦函数。

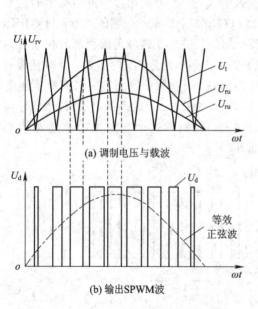

(a) 调制电压与载波

(b) 输出 SPWM 波

图 8.3-3　正弦脉宽调制波的形成

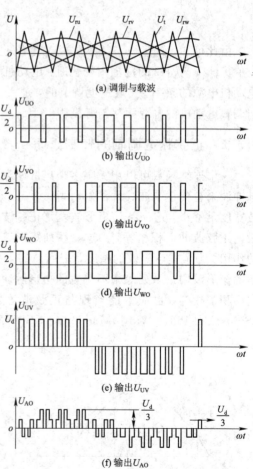

(a) 调制与载波

(b) 输出 U_{UO}

(c) 输出 U_{VO}

(d) 输出 U_{WO}

(e) 输出 U_{UV}

(f) 输出 U_{AO}

图 8.3-4　三相桥式逆变器的 SPWM 波形

知识点 8.4　DC‐DC 变换

DC‐DC 变换是一种将电压值固定的直流电，转换为另一固定电压或可调电压的装置，一般是指直流对直流的转换，又称直流斩波器。斩波电路是斩波器的核心组成部分，负责将输入电压转换成目标输出电压。如图 8.4‐1 为 DC‐DC 转换电路的工作原理图。

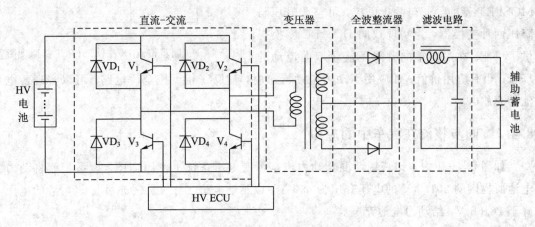

图 8.4‐1　DC‐DC 变换原理框图

逆变器将直流 HV 变成交流，由变压器降压成目标电压，然后经二极管整流电路、LC 滤波电路又变成直流。实际上，DC‐DC 变换经过了 DC—AC—DC 的变换。

在 DC‐DC 变换电路中，电源的损耗包括功率开关管损耗、高频变压器损耗与输出端整流二极管损耗。采用通态电阻极低的专用功率 MOSFET 管进行整流，能大大提高 DC‐DC变换器的效率。现以降压型斩波器（BUCK）为例说明其工作原理。

8.4.1　DC‐DC 同步整流原理

在图 8.4‐2 所示电路中，U_s 为直流电源，SW 为主开关 MOSFET 管，通过调整该管的通断比例（门极控制电压占空比）来改变输出直流电压的平均值；SR 为同步整流 MOSFET 管，取代了续流二极管；L 与 C 为滤波电路，U_o 为输出直流电压。其工作原理与开关电源相同，SW 与 SR 的门极控制电压互补，保证 SW 导通时 SR 截止，SW 截止时 SR 导通。当 SW 在门极驱动电路控制下导通时，SR 截止，其电流通路为：$U_s+→SW→L→R→U_s-$，电感存储磁能，同时向电容充电，负载电阻上获得直流电压。SW 导通时间越长，输出平均

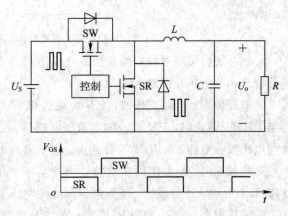

图 8.4‐2　降压斩波器工作原理图

电压越高。当 SW 截止时，SR 导通，电感上电压极性发生跃变，电感向负载释放能量，其电流通路为：$L+\rightarrow R\rightarrow SR\rightarrow L-$，$LC$ 同时兼具滤波与储能的作用，在负载两端能得到一个电流较为平滑的波形。

DC-DC 升压电路的电路形式与降压电路相同，不同的是元件组成不一样。如图 8.4-3 为同步整流 DC-DC 升压电路原理图。

电路中用 MOSFET 管取代整流二极管。因 MOSFET 管的导通与截止可控，可整合升压与降压两种变换器，为实现双向 DC-DC 变换提供了可能。在需要单向升降压能量双向流动的场合，很有应用价值。如应用于动力电动汽车时，辅以三相可控全桥电路，可以实现蓄电池的充放电。

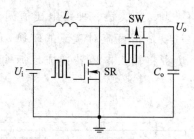

图 8.4-3 同步整流 DC-DC 升压工作原理图

8.4.2 同步整流在汽车中的应用

如图 8.4-4 为丰田普锐斯混合动力汽车可变电压系统工作原理图。该系统能将动力电池所提供的 201.6 V 的电压升压为 650 V，以驱动电机工作；反之亦可将 650 V 的电压降至 201.6 V，给动力电池充电。

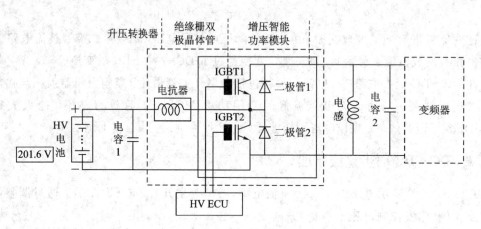

图 8.4-4 可变电压系统升压工作原理图

该系统由带一对内置绝缘栅双极晶体管的增压智能电源模块、起储能作用的电容与起感应作用的电抗器组成。

升压原理：电路工作时，HV 电池为电容 1 与电容 2 加载 201.6 V 的电压进行充电。当 IGBT2 截止时，HV 电池的电流经电抗器、二极管 1、电感回到 HV 电池负极，电抗器与电感吸收电能；当 IGBT2 导通时，电抗器放电，为电容 1 叠加充电，电感释放电能为电容 2 叠加充电，使得作用在电容 1 与电容 2 两端的电压升高。如此反复，HV ECU 控制 IGBT2 不断导通与截止，使得电容两端的电压不断叠加升高到 650 V。

降压原理：ECU 控制 IGBT1 在截止与导通之间切换，从而间歇性地中断由变频器提供给电抗器的电压，使得电压降低至 201.6 V，为动力电池充电。

知识点 8.5* 可控整流电路

可控整流是指利用晶闸管将交流电变换成电压大小可以调节的直流电。

8.5.1 单相半控桥式整流电路

图 8.5-1 是单相半控桥式整流电路,它与普通不可控桥式整流电路的差别在于用两个晶闸管元件 V_1、V_2 代替了原来的两个二极管 VD_1、VD_2,R_L 为电阻性负载,控制晶闸管导通时刻的触发信号 U_G 由触发电路提供。

当输入交流电压为正半周时,晶闸管 V_1 承受正向电压。若在 t_1 时刻给控制极加上触发脉冲,则晶闸管 V_1 导通,电流的通路为:A→V_1→R_L→VD_2→B,负载上获得电压。

当输入交流电压为负半周时,晶闸管 V_2 承受正向电压。若在 t_2 时刻给控制极加上触发脉冲,晶闸管 V_2 导通,电流的通路为:B→V_2→R_L→VD_1→A,负载上获得电压波形,如图 8.5-2 所示。

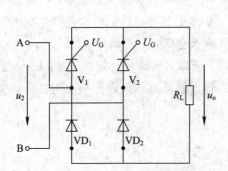

图 8.5-1 阻性负载单相半控整流电路

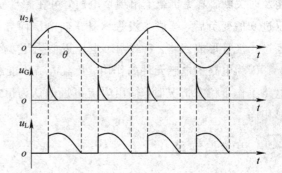

图 8.5-2 电阻性负载单相半控式整流电路波形

改变触发电压 U_G 的相位,就可以改变晶闸管起始导通时刻,从而调节输出直流电压。晶闸管在正向电压下不导通的范围称为控制角 α,而导通范围称为导通角 θ。输出电压 U_o、输出电流 I_o 与输入电压 U_2、控制角 α 的关系为

$$U_o = 0.9U_2 \frac{1+\cos\alpha}{2}$$

$$I_o = \frac{0.9U_2}{R_L} \frac{1+\cos\alpha}{2}$$

$$(8.5-1)$$

8.5.2 电感性负载与续流二极管

上面所讲的都是电阻性负载,实际上较多的负载是电感性的,如电机励磁绕组、各种继电器、电磁阀线圈,它们既有电感,又含有电阻。

电感性负载可用纯电感元件 L 与电阻元件相串联来表示。当晶闸管触发导通时,电感元件产生阻碍电流变化的感应电动势,极性为上正下负。电路中的电流不能突变,将由零逐渐上升。当电流达到最大时,感应电动势为零,而后随着输入电压的减小而减小,电动

势也随之改变方向，变为上负下正，如图 8.5 - 3(a) 所示。在输入交流电压达到 0 值之前，输入电压与 e_L 相串联，晶闸管继续导通；在输入交流电压达到 0 值之后，只要电动势 e_L 大于晶闸管的维持电压，晶闸管不关断，负载上将出现一个负电压，如图 8.5 - 3(b) 所示。

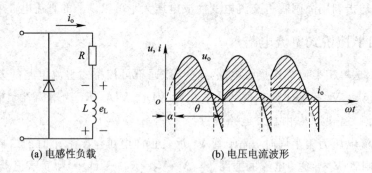

(a) 电感性负载　　　　　　　　(b) 电压电流波形

图 8.5 - 3　感性负载与电压波形

　　在一个周期中，负载上负电压所占的比重越大，整流输出电压和电流的平均值越小，电感越大，晶闸管导通的时间越长，负电压越大。为了使晶闸管在电源电压降到 0 值之后能及时关断，避免负载上出现负电压，可在感性负载两端并联一个续流二极管。当交流电压过 0 值变负后，续流二极管承受正向电压而导通，于是负载上由感应电动势产生的电流经过二极管形成回路，负载两端电压近似为零，晶闸管承受反向电压而关断。

　　因为电路中电感元件的作用，负载电流不能跃变，所以是连续的。特别是当 $\omega L \gg R$ 且电路工作于稳态情况时，输出电流可近似认为恒定。此时负载电压的波形与电阻性负载波形相同。

 思考与练习

　　如图 8.5 - 4 所示为灯光亮暗可控调整电路，试问：(1) 调整哪个元件，可改变灯光亮暗？(2) 灯泡两端的电压波形如何？(3) 当灯泡点亮后，无触发脉冲，灯会不会依然亮？

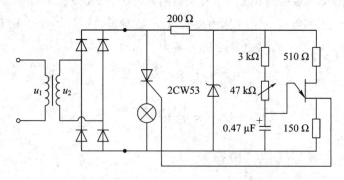

图 8.5 - 4　灯光可调电路工作原理图

项目9 汽车仪表电路的认识与检测

情境导入

数字电子技术的应用一直在继续向着广度和深度扩展。时至今日,"数字化"浪潮几乎已经席卷了电子技术应用的一切领域。数字电路的广泛应用和高度发展标志着现代电子技术的水准,在智能汽车迅猛发展的今天,汽车上的局域网、数字式仪表、数字化通信及繁多的数字控制装置全都是以数字电路为基础的。

项目概况

现代汽车仪表都是数字式的。要认知与检测仪表电路,首先需夯实数字电路的理论基础,其基本内容有:数字电路的概念、特点、数制与数码,逻辑代数与基本逻辑门,组合逻辑电路与设计,常用组合逻辑电路的分析,组合逻辑电路的应用等。此外,还要完成相应电路的检测与分析。

项目描述

一辆家用小轿车,2011年版。行驶里程4.6万公里时,车主反映,仪表公里数走两公里又回到原来公里数,如此循环,不再增加里程。车主申请保修。

汽车仪表盘(见图9-1)上的故障报警、液位显示、里程计数、时钟等都采用了数字电路。由仪表盘本身产生的故障并不多见,通常都是电路某部分出现故障才会导致仪表相应系统出现异常。

要求学生通过本项目的学习后,能:

(1)知道数字电路中组合逻辑电路的基本单元与功能。

(2)知道组合逻辑电路的设计与常用的组合逻辑电路。

图 9-1 汽车仪表电路板

（3）知道里程表的显示原理。

（4）知道液位的显示原理。

（5）知道数字钟的显示原理。

（6）初步掌握电路检测。

项目任务分解与实施

任务分解	知识点链接	学生技能培养	任务实施
任务 9.1	9.1 数字电路基础 9.2 逻辑代数与基本逻辑门	测试基本逻辑门的逻辑功能	见工作单任务 9.1
任务 9.2	9.3 组合逻辑电路	设计简单的组合逻辑电路	见工作单任务 9.2
任务 9.3	9.3 组合逻辑电路	编码器与译码器的逻辑功能测试	见工作单任务 9.3
任务 9.4	9.3 组合逻辑电路	数据选择器的逻辑功能测试	见工作单任务 9.4

知识导航

知识点 9.1　数字电路基础

电子电路包含模拟电路与数字电路两大部分，数字电路是在模拟电路的基础上发展而来的。两种不同电路的物质基础都是半导体，但在信号处理方面上有很大的差别。在现代电子电路中，模拟电路与数字电路通常是共存的。

9.1.1　数字电路

1. 数字信号与数字电路

物理量的变化在时间上和数值上是连续的，例如正弦波、锯齿波等，这一类物理量叫做模拟量。我们把表示模拟量的信号叫作模拟信号，如图 9.1-1 所示；把处理模拟信号的电子电路叫作模拟电路，前面所讲的放大电路、滤波电路及整流电路都属于模拟电路。

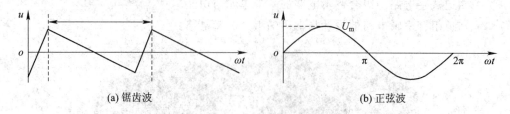

(a) 锯齿波　　　　　　　　　　　(b) 正弦波

图 9.1-1　模拟信号

物理量的变化在时间上和数值上都是离散的。同时，它们的数值大小和每次的增减变化都是某一个最小数量单位的整数倍，小于这个最小数量单位的数值没有任何物理意义。这一类物理量叫做数字量。我们把表示数字量的信号叫作数字信号，把处理数字信号的电子电路叫作数字电路。在数字电路中，常用的波形有矩形波与尖脉冲波，如图 9.1-2 所示。

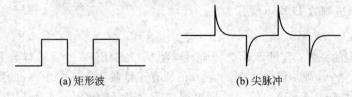

(a) 矩形波　　　　　(b) 尖脉冲

图 9.1 - 2　常见的数字信号波形

2. 数字电路的特点

数字电路具有稳定性好，抗干扰能力强，可靠性高（数字电路中只需分辨出信号的有无），电路参数允许有较大的飘移范围，可长期存储，便于计算机处理，便于高度集成化等优点，其特点是：

（1）工作信号是二进制的数字信号，在时间上和数值上是离散的，反映在电路上就是低电平和高电平两种状态（即 0 和 1 两个逻辑值）。

数字电路中的信号通常用最简单的数字“0”和“1”表示，这两个数字可以用脉冲的“有”和“无”、电平的“高”和“低”来表示，从而把脉冲和数字联系在一起。通常以“1”表示高电平（一般为 3 V 以上），以“0”表示低电平（一般为 0.3 V 以下），称为正逻辑；反之则为负逻辑。本书均采用正逻辑。

（2）在数字电路中，研究的主要问题是电路的逻辑功能，即输入信号的状态和输出信号的状态之间的逻辑关系。

（3）数字电路对组成数字电路的元器件的精度要求不高，只要在工作时能够可靠地区分 0 和 1 两种状态即可。

3. 数字电路的分析方法

数字电路主要研究输入信号与输出信号之间的逻辑关系，主要的工具是逻辑代数，电路的功能用真值表、逻辑表达式及波形图表示。

研究模拟电路时，我们注重电路输入、输出信号间的大小、相位关系、失真等，通常用估算法、图解法等进行分析。在实际应用中，汽车上的 ECU 只能识别数字信号，而大多数传感器检测到的是模拟信号，实际使用的信号也往往是模拟信号，因此需要将两种信号进行相互转换，即 D/A（数/模）转换或 A/D（模/数）转换。

9.1.2　数制与码制

在数字电路中，不同的数码既可以表示不同的数量大小，又可以用来表示不同的事物。

1. 数制

我们把数码中每一位的构成方法以及从低位到高位的进位规则称为数制。

在数字电路中经常使用的计数制除了十进制以外，还经常使用二进制和十六进制。

1）十进制

十进制是日常生活和工作中最常使用的进位计数制。在十进制数中，每一位有 0～9 十个数码，所以计数的基数是 10；超过 9 的数必须用多位数表示。其中低位和相邻高位之间的关系是“逢十进一”，故称为十进制，例如 $143.75 = 1 \times 10^2 + 4 \times 10^1 + 3 \times 10^0 + 7 \times 10^{-1} + 5 \times 10^{-2}$。

所以任意一个十进制数 D 均可展开为

$$D = \sum K_i \times 10^i \qquad\qquad (9.1-1)$$

其中 K_i 是第 i 位的系数，它可以是 $0\sim9$ 这十个数码中的任何一个。若整数部分的位数是 n，小数部分的位数是 m，则 i 包含从 $n-1$ 到 0 的所有正整数和从 -1 到 $-m$ 的所有负整数。

若以 N 取代式(9.1-1)中的 10，即可得到任意进制数展开式的普遍形式为

$$D = \sum K_i \times N^i$$

式中，i 的取值与式(9.1-1)的规定相同；N 称为计数的基数；K_i 为第 i 位的系数；N^i 称为第 i 位的权。

2）二进制

目前在数字电路中应用最广泛的是二进制。在二进制数中，每一位仅有 0 和 1 两个数码，所以计数基数为 2。低位和相邻高位间的进位关系是"逢二进一"，故称为二进制。

任何一个二进制数均可展开为 $D = \sum K_i \times 2^i$，并由此计算出它所表示的十进制数值。例如，$(101.11)_2 = 1\times2^2 + 0\times2^1 + 1\times2^0 + 1\times2^{-1} + 1\times2^{-2} = (5.75)_{10}$，式中的脚标 2 和 10 分别表示括号里的数是二进制和十进制数。有时也用 B(Binary) 和 D(Decimal) 代替 2 和 10 这两个脚标。

3）八进制

八进制数的每一位有 $0\sim7$ 八个数码，所以计数基数为 8，低位和相邻高位之间的关系是"逢八进一"。因此，任意一个八进制数均可展开为 $D = \sum K_i \times 8^i$，由此可计算出它所表示的十进制数值。例如，$(207.04)_8 = 2\times8^2 + 0\times8^1 + 7\times8^0 + 0\times8^{-1} + 4\times8^{-2} = (135.0625)_{10}$。

4）十六进制

十六进制数的每一位有十六个不同的数码，分别用 $0\sim9$、A(10)、B(11)、C(12)、D(13)、E(14)、F(15) 表示。例如，$(D8.A)_{16} = 13\times16^1 + 8\times16^0 + 10\times16^{-1} = (216.625)_{10}$。

2. 数制相互转换

1）二进制转换成十进制

把二进制转换为等值的十进制数称为二-十转换。将一个二进制数转换成为它的等效十进制，只要将它按权展开，然后相加就可以了。例如，$(1011.01)_2 = 1\times2^3 + 0\times2^2 + 1\times2^1 + 1\times2^0 + 0\times2^{-1} + 1\times2^{-2} = (11.25)_{10}$。

2）十进制转换成二进制

将一个十进制数转换成它的等效二进制数，首先整数部分采用除 2 取余法，直到商 0 为止，先得到的余数为低位，后得到的余数为高位；小数部分采用乘 2 取整法，先得到的整数为高位，后得到的整数为低位。

例如，把十进制数 44.375 转换成二进制数，方法如下所示：

所以$(44.375)_{10}=(101100.011)_2$。

采用此方法，可将十进制数转换为任意进制数。

3）二进制转换成八进制或十六进制

因为 3 位二进制数恰好是 8 个状态，若将 3 位二进制数看作一个整体，它的进位刚好是逢八进一，所以只要从低位到高位将整数部分每 3 位二进制分为一组，并代之以等值的八进制数，小数部分从高位到低位，每 3 位二进制代之以等值八进制数即可。

例如，将 01011101.101100101，化为八进制数，方法如下：

同样，4 位二进制数恰好是 16 种状态，将 4 位二进制数看作一个整体，它的进位刚好是逢十六进一，所以将二进制数整数部分从低位到高位每 4 位划分为一组并以等值的十六进制数代替，小数部分从高位到低位每 4 位划分为一组以等值十六进制数代替即可。

例如，将 1000 1111 1010 .1100 0110 化为十六进制数，方法如下：

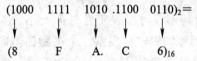

3. 码制

用数码表示不同的事物时，这些数码已没有数量大小的含义，所以将它们称为代码。常用的代码有十进制代码、格雷码、美国信息交换标准代码（American Standard Code for Information Interchange，ASCII）等。

十进制代码是指用二进制数表示十进制数的 0～9 十个状态，二进制代码至少应该有 4 位才能代表。而 4 位二进制代码有 16 个，取其中哪十个以及如何与 0～9 相对应，有许多种方案，它们的编码规则各不相同，常用的有 8421BCD 码、余 3 码、2421 码、5211 码等。

8421BCD 码是十进制代码中最常用的一种，如表 9.1-1 所示。在这种编码方式中，每一位二值代码的 1 都代表一个固定数码。由于代码中从左至右每一位上的 1 分别表示 8、4、2、1，因此将这种代码称为 8421BCD 码。

表 9.1-1　8421BCD 码

二进制	0000	0001	0010	0011	0100	0101	0110	0111	1000	1001
十进制	0	1	2	3	4	5	6	7	8	9

用 8421BCD 码来表示十进制，就变得简单方便。

例如，用 8421 码表示十进制的 159.23，方法如下：

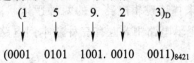

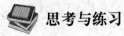 **思考与练习**

1. 数字电路较模拟电路的优点是什么？

2. 数字信号的特点是什么？

3. 将下列十进制数转换成二进制：

(1) 25　　　(2) 156　　　(3) 12.3

4. 将下列二进制数转换成等值十进制、八进制、十六进制：

(1) 11010　　　(2) 1110101.1001　　　(3) 101100.110011

5. 将下列十进制数用 8421BCD 码表示：

(1) 456.98　　　(2) 17

6. 有 500 份文件要进行顺序编码，若采用二进制代码，至少需要多少位二进制？

知识点 9.2　　逻辑代数与基本逻辑门

9.2.1　逻辑代数与逻辑电路

1. 逻辑代数

9.1 节中提到，不同的数码不仅可以表示数量的大小，还可以表示不同的事物。在数字逻辑电路中，用 1 位二进制数"0"与"1"表示一个事物的不同逻辑状态，例如事物信号的有和无、电位的高和低、开关的通和断、灯泡的亮和灭等。这种只有两种对立逻辑状态的逻辑关系称为二值逻辑。我们把这种仅具有"0"和"1"的二值变量称为逻辑变量，因此，逻辑代数是二值代数。换句话说，逻辑变量的数值不是数量的概念，而是表示一个问题的两种可能性。

所谓"逻辑"，是指事物的因果之间所遵循的规律，即指"条件"对"结果"的关系。逻辑代数正是反映这种逻辑关系的数学工具。在逻辑代数中，最基本的逻辑关系有三种，即"与"逻辑、"或"逻辑和"非"逻辑，相应地也有三种基本的逻辑运算："与"运算、"或"运算和"非"运算。

逻辑代数属数学范畴，与普通代数有类似之处，但也有本质上的区别。与普通代数一样，逻辑代数也用文字 A、B、C、$\cdots$、X、Y、Z 等来表示变量，其逻辑关系也可表示为 $Y = f(A, B, C)$，在逻辑代数中称之为逻辑函数式或逻辑表达式。在普通代数中，变量可以取任意数值，而逻辑代数中的变量取值只有"0"和"1"。

2. 逻辑电路与逻辑代数的关系

所谓逻辑电路，是指输入量和输出量之间具有一定逻辑关系的电路。通常逻辑电路的输入量、输出量都是用脉冲信号的有无、电位的高低等来表示的。例如，如果将有脉冲信号、高电位的逻辑状态用"1"表示，那么，无脉冲信号、低电位的逻辑状态就可用"0"表示，即用逻辑代数中的"0"和"1"来描述逻辑电路中的两种逻辑状态。在逻辑代数中，有三种基本逻辑关系和基本运算；在逻辑电路中，也有三种基本门电路与之相对应，即"与"门电路、"或"门电路和"非"门电路。

9.2.2　逻辑代数中的基本运算与基本逻辑门

所谓逻辑门，乃是一种开关电路，它按一定条件进行开和关，从而控制着信号的通过或不通过。在电控单元中,这些电路是在一定条件下,按一定规律进行工作的。逻辑门所具有的功能称为逻辑功能。理论研究和工程实践均已表明,任何复杂的数字系统,均可以用三种基本门电路构成,这叫作逻辑电路的"完备性"。

1. "与"运算和"与"门电路

1)"与"逻辑运算

"与"是和的意思。图 9.2-1 为两个开关 A、B 串联控制一盏灯 Y 的电路。只有当开关 A 与 B 全都接通时,灯 Y 才亮;只要有一个或一个以上的开关断开,该灯就灭。上述开关状态和灯亮、灯灭之间的逻辑关系如表 9.2-1 所示。这个例子表明,只有决定事物结果的全部条件同时具备时,结果才发生。这种因果关系叫做与逻辑。

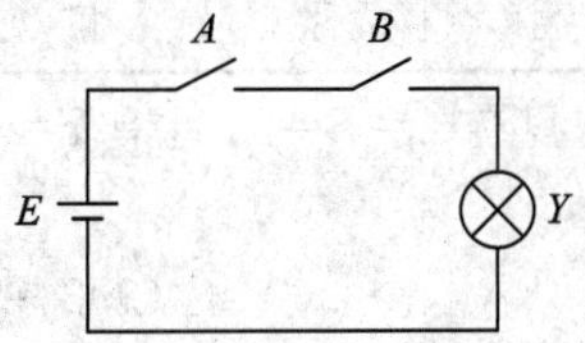

表 9.2-1　"与"逻辑关系表

条　件		结果
A	B	Y
断开	断开	灭
断开	闭合	灭
闭合	断开	灭
闭合	闭合	亮

表 9.2-2　"与"逻辑真值表

条　件		结果
A	B	Y
0	0	0
0	1	0
1	0	0
1	1	1

图 9.2-1　"与"逻辑关系

如果用逻辑代数来描述这种电路的工作特点,就能在灯与开关之间建立起相应的逻辑函数关系。此时,开关 A、B 的状态为条件(即输入信号),灯 Y 的状态为结果(即输出信号)。设开关接通为"1"状态,断开为"0"状态;灯亮为"1"状态,灯灭为"0"状态,则可列出表 9.2-2。这种用"0"和"1"表示输入状态与输出状态之间逻辑关系的表格,称为真值表。

在真值表 9.2-2 中,左栏为输入变量的所有可能的取值组合,右栏为其对应的输出状态。由表 9.2-2 可以看出:当有 $A=B=1$ 时,$Y=1$;否则 $Y=0$。这就是"与"逻辑功能,用公式可表示为

$$Y = A \cdot B \quad 或者 \quad Y = AB \tag{9.2-1}$$

其中符号"·"读作"与"。

有时"·"可以省略,但 A 和 B 之间的逻辑关系仍表示"与"的关系。从逻辑运算的结果看,"与"运算和普通代数中的乘法运算规则是一致的,因此,"与"逻辑有时又称作逻辑"乘"。

2)"与"门电路

能实现"与"逻辑功能的电路称为"与"门电路,其逻辑符号见图 9.2-2。"与"门的输入端可以有多个,但一般常用的"与"门,输入端不超过八个,其输出端只有一个。

74 系列的"与"门有多种型号,常用的有 74LS08 和 74LS11 等。

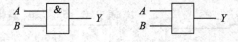

图 9.2-2　"与"门逻辑符号

2. "或"运算和"或"门电路

1)"或"逻辑运算

"或"是或者的意思。图 9.2-3 为两个开关 A、B 并联然后与灯 Y 及电源 E 串联的电

路，开关与灯泡之间的逻辑关系如表9.2-3所示。很明显，只要开关 A 和 B 中有任何一个接通或者两个都接通时，灯 Y 就亮；只有当两个开关都断开时，灯才灭。一般地，只要在决定某一种结果的各种条件中，有一个或一个以上的条件具备时，该结果就会发生，则这种逻辑关系称为"或"逻辑，其真值表见表9.2-4。

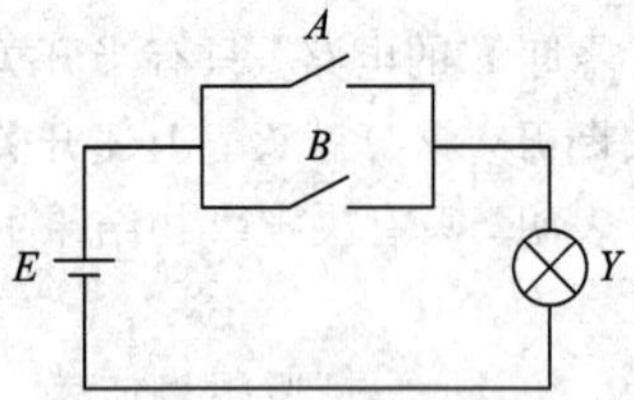

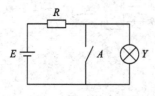

图 9.2-3　"或"逻辑关系

表 9.2-3　"或"逻辑关系表

条　件		结果
A	B	Y
断开	断开	灭
断开	闭合	亮
闭合	断开	亮
闭合	闭合	亮

表 9.2-4　"或"逻辑真值表

输　入		输出
A	B	Y
0	0	0
0	1	1
1	0	1
1	1	1

由该真值表可见，输入变量中只要有一个为1，结果为 $Y=1$；只有 $A=B=0$，才有 $Y=0$。这就是"或"的功能，其表达式为

$$Y = A + B \qquad (9.2-2)$$

式中，符号"+"读作"或"。

从形式上看，它和普通代数中的加法式一致，因此，也称为逻辑加。

2）"或"门电路

能实现"或"逻辑功能的电路称为"或"门电路，其逻辑符号见图9.2-4。同样地，"或"门的输入端可以是多个，但一般不超过8个，其输出端只有一个。

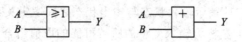

图 9.2-4　"与"门逻辑符号

3. "非"运算和"非"门电路

1）"非"逻辑运算

"非"是否定的意思。如图9.2-5所示，开关 A 与灯 Y 并联后接到电路中。很显然，当开关 A 接通时，灯不亮；而当开关 A 断开时，则灯亮。上述开关状态与灯亮、灭之间的关系用真值表来描述时，如表9.2-5所示。在任何事物中，如果结果是其条件的逻辑否定，则这种特定的因果关系称为"非"逻辑。从真值表9.2-5中可以看出，当 $A=1$ 时，$Y=0$；当 $A=0$，$Y=1$。这就是"非"逻辑功能，其逻辑式为

$$Y = \overline{A} \qquad (9.2-3)$$

式中，符号"－"读作"非"，$\overline{A}$ 读作 A 非。

图 9.2-5　"非"逻辑关系

表 9.2-5　"非"逻辑真值表

条　件	结果
A	Y
0	1
1	0

2）"非"门电路

能实现"非"逻辑功能的电路称为"非"门电路。由于"非"门的输出和输入信号电压相位相反，因此"非"门常被称作反相器。一般"非"门只有一个输入端和一个输出端，其逻辑符号见图9.2-6。

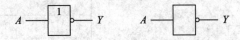

图9.2-6　"非"门的逻辑符号

4. 复合门电路

由与门、或门、非门经过简单的组合，可构成另一些常用的复合逻辑门，如"与非门""或非门""异或门"等。

1）与非门电路

将"与"运算和"非"运算相结合，就构成"与非"逻辑运算。这里的"与非"是指先"与"后"非"，其逻辑符号如图9.2-7所示。

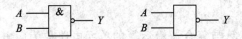

图9.2-7　"与非"门的逻辑符号

与非门的逻辑关系表达式为

$$Y = \overline{AB} \tag{9.2-4}$$

与非门的逻辑功能可概括为：输入有0，输出为1；输入全1，输出为0。即，有0出1，全1出0。

常用的集成与非门有74LS00，它内部有4个二输入与非门电路。

2）或非门电路

将"或"运算和"非"运算相结合，就构成"或非"逻辑运算。这里的"或非"是指先"或"后"非"，其逻辑符号如图9.2-8所示。

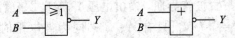

图9.2-8　"或非"门的逻辑符号

或非门的逻辑关系表达式为

$$Y = \overline{A + B} \tag{9.2-5}$$

或非门的逻辑功能可概括为：有1出0，全0出1。

3）与或非门电路

将与运算、或运算、非运算相结合，就构成与或非运算。如图9.2-9为与或非门的逻辑符号。

与或非门的逻辑表达式为

$$Y = \overline{A \cdot B + C \cdot D} \tag{9.2-6}$$

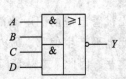

图9.2-9　"与或非"门的逻辑符号

4）异或门电路

异或门也是一个常用的组合逻辑门，图形符号如图 9.2－10 所示，其逻辑关系见表 9.2－6。

表 9.2－6　"异或"逻辑真值表

输　入		输出
A	B	Y
0	0	0
0	1	1
1	0	1
1	1	0

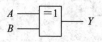

图 9.2－10　"异或"门的逻辑符号

从逻辑关系图可知异或门的逻辑功能为：相同出 0，相异出 1。

异或门的逻辑表达式为

$$Y = \overline{A}B + A\overline{B} = A \oplus B \qquad (9.2-7)$$

9.2.3* 　集成门电路

用以实现基本逻辑运算与复合逻辑运算的单元电路称为门电路，与上一节所讲的基本逻辑运算相对应。在电子电路中，用高、低电平分别表示二值逻辑的 1 和 0 两种逻辑状态，而高、低电平的实现可以用开关的断开或接通来完成。如图 9.2－11 所示为互补开关电路，开关是用半导体器件来完成的。门电路中开关半导体器件较多，分立元件显然已不符合当代电子电路的发展，所以门电路无一例外地采用集成门。

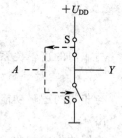

图 9.2－11　互补开关电路

1. 二极管门电路

最简单的与门和或门电路用二极管与电阻组成，如图 9.2－12 所示。设图 9.2－12(a) 中的 U_S 为 5 V，A、B 的高电平为 3 V，低电平为 0 V。在图 9.2－12(a) 中，A、B 中只要有一个为低电平，则必有一个二极管导通，输出电压 Y 等于二极管的导通压降。若二极管的导通压降取 0.7 V，则 Y＝0.7 V。只有 A、B 端同为高电平时，输出电压 Y 才会等于 3.7 V，实现了"与"的逻辑功能。图 9.2－12(b) 中，只要 A、B 输入端有一个为高电平，则必有一只二极管导通，输出为 2.3 V。只有当 A、B 同时为 0 电平时，输出电压才为零，实现了或门的逻辑功能。

双极型三极管具有倒相功能，所以非门可以用三极管来实现。如图 9.2－12(c) 所示，二极管组成的与门加上一级三极管非门，则可构成与非门，称为 DTL 门，它的缺点是运行速度慢。

二极管组成的门电路简单，但存在严重的缺点。因为二极管的管压降较高，会导致高、低电平产生偏移。另外，当输出端对地接上负载电阻时，负载电阻的改变会影响输出高电平。因此，二极管门电路仅用作集成电路内部的逻辑单元，而不用它直接去驱动负载。

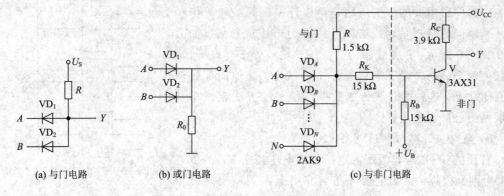

图 9.2-12 二极管组成的门电路

2. TTL 门电路

用三极管的开关特性来完成逻辑运算功能,则称为 TTL 门电路。TTL 是晶体管-晶体管逻辑电路的缩写,它具有高速度与品种多等特点。

1) TTL 与非门

如图 9.2-13 所示为三极管组成的与非门。图 9.2-14(a) V_1 为多发射极三极管,其作用相当于二极管与门。当输入端有一个或几个或全部为低电平时,不足以使 V_1 导通,则 V_2 截止,V_3 截止,V_4 饱和导通,输出高电平。V_4 的电流从电源经电阻 R_4 流向负载,这种电流称为拉电流。当输入端全为高电平时,V_1 导通,V_3 导通,V_4 饱和导通,输出为低电平,实现了与非逻辑功能。

常用的 TTL 与非门有 74S 20 系列与 74LS 00 系列。

2) 三态输出与非门

三态输出与非门与上述与非门电路不同,它的输出端除了输出高电平与低电平外,还可以输出第三种状态——高阻状态。

图 9.2-14 中 EN 称为使能端或控制端。当 EN=1 时,输出端的状态取决于输入端 A、B,实现与非的逻辑功能。当 EN=0 时,VD_1 导通,V_4、V_3 均截止,输出端处于高阻状态。

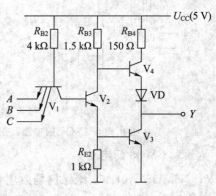

图 9.2-13 TTL 与非门

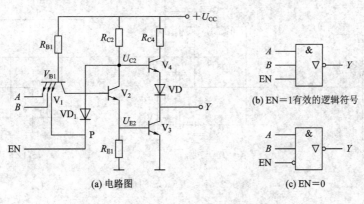

图 9.2-14 TTL 三态与非门电路与符号

三态门最重要的一个应用是可以让一根导线轮流传送几个不同的数据信号,这根导线称为母线或总线。如图 9.2-15 所示,只要让各门的控制端轮流处于高电平,则任何时刻只有一个三态门处于工作状态,其他门都处于高阻状态。这种用总线传送数据或信号的方法在汽车局域网中已广泛采用。

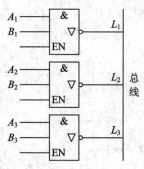

图 9.2-15　TTL 三态与非门的应用

3) 集电极开路与非门电路(OC 门)

普通的 TTL 与非门不能直接驱动电压高于 5V 的负载,否则会损坏。而集电极开路与非门电路的输出端可以直接接负载,如继电器、二极管、指示灯等。其电路与逻辑符号如图 9.2-16 所示。

OC 门的应用主要是实现"线与"功能,可以实现多个与非门直接相连,多个输出信号再按与逻辑输出,如图 9.2-17 所示。

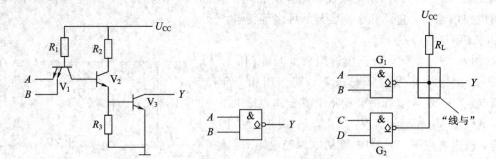

图 9.2-16　OC 门电路及逻辑符号　　　　　图 9.2-17　OC 门线与电路示意图

3. CMOS 门电路

CMOS 门电路由绝缘栅场效应管组成,它具有制造工艺简单、集成度高、功耗低、抗干扰能力强等优点,缺点是运行速度较低。但随着制造工艺的不断改进,CMOS 门的工作速度已非常接近 TTL 门,所以得到广泛使用。

CMOS 由 NMOS 与 PMOS 组成。如图 9.2-18 所示为 CMOS 非门、CMOS 与非门、CMOS 或非门电路图。

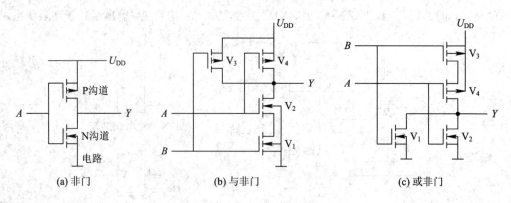

(a) 非门　　　　　　(b) 与非门　　　　　　(c) 或非门

图 9.2-18　CMOS 门电路

CMOS 门电路主要包括 74 系列和 CD 4000 系列。其中 74 与门系列 CMOS 集成电路的 74X08、74X09(OC)包含 4 个独立的 2 输入与门，74X11 包含 3 个独立的 3 输入与门，74X21 包含 2 个独立的 4 输入与门；CD4000 系列集成电路的 VCD4081 包含 4 个 2 输入端与门，CD4082 包含 2 个 4 输入端与门。

9.2.4　逻辑函数及其化简

1. 逻辑函数的表示方法

常用的逻辑函数表示方法有逻辑函数式、真值表、逻辑图、波形图等。

1) 逻辑函数表达式

所谓逻辑函数，一般来讲，是指当输入逻辑变量 A、B、C…的值确定以后，输出变量 Y 的值也唯一地被确定，则我们就称 Y 是 A、B、C…的逻辑函数，记为

$$Y = f(A、B、C…)$$

这里无论输入逻辑变量 A、B、C…还是输出逻辑变量 Y，仅能取逻辑值"1"或"0"。

逻辑运算约定的顺序为括号、与、或，可按先"与"后"或"的规则省去括号。

逻辑函数表达式简洁，书写方便，它直接反映了变量间的运算关系，也便于逻辑图的实现；其缺点是不够直观，不能直观反映出变量取值间的对应关系。

2) 真值表

真值表是由变量的所有可能取值组合及其对应的函数值所构成的表格，它直观、明了、唯一地反映了变量取值和函数之间的对应关系。一个逻辑函数只有一个真值表，真值表是逻辑函数的另一种表示方法。因此，逻辑函数表达式和真值表之间可以相互转换。

真值表的列写方法为：每一个变量均有 0、1 两种取值，n 个变量共有 2^n 种不同的取值；将这 2^n 种不同的取值按顺序排列起来，同时在相应位置上填入函数的值，便可得到逻辑函数的真值表。

由真值表可得到逻辑函数表达式。只要把真值表中逻辑函数等于"1"的各种变量的取值组合用"与"项来表示，再把所有这些"与"项用"或"号连在一起，就可得到逻辑函数表达式。

例如表 9.2－7，当 C 等于 0 时，输出 $Y=B$；当 C 等于 1 时，输出 $Y=A$。

表 9.2－7　真值表

A	B	C	Y
0	0	0	0
0	0	1	0
0	1	0	1
0	1	1	0
1	0	0	0
1	0	1	1
1	1	0	1
1	1	1	1

由真值表可写出函数表达式为 $Y=\overline{AB}\,\overline{C}+A\,\overline{B}C+AB\overline{C}+ABC$。

由上可以总结出由真值表写出逻辑函数表达式的一般方法为：

(1) 首先找出真值表中使逻辑函数 $Y=1$(或 $Y=0$)的那些输入变量取值的组合；

（2）每组输入变量取值的组合对应一个乘积项，其中取值为1的写入原变量，取值为0的写入反变量；

（3）将这些乘积项相加，即得到输出变量 Y 的逻辑函数表达式。

3）逻辑图

将逻辑函数中各变量之间的与、或、非等逻辑关系用图形符号表示出来，就可以画出表示逻辑函数关系的逻辑图，只需用逻辑符号代替代数运算符号即可。

例如，异或门 $Y = \overline{A}B + A\overline{B} = A \oplus B$，用逻辑电路表示为图9.2-19。

逻辑图所表示的是原理性电路，它比较接近工程设计，便于制作实际电路。而逻辑函数则是实际电路的抽象，所以，逻辑图是逻辑函数表达式的一种具体实现。因此，逻辑图、逻辑函数表达式、真值表之间可以相互转换。

由逻辑图写逻辑函数表达式的方法为：根据逻辑图，从输入端到输出端逐级写出逻辑函数式。

例如，由9.2-20可写出逻辑函数表达式为

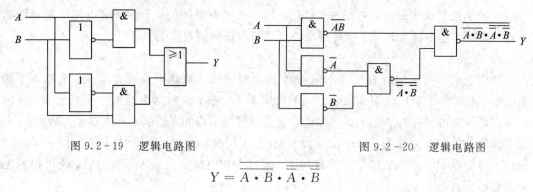

图 9.2-19　逻辑电路图　　　　　　　　图 9.2-20　逻辑电路图

$$Y = \overline{\overline{A \cdot B} \cdot \overline{\overline{A} \cdot \overline{B}}}$$

4）波形图

如果将逻辑函数输入变量每一种可能出现的取值与对应的输出值按时间顺序依次排列起来，就得到表示该逻辑函数的波形图。波形图较能直观地反映出输出与输入变量之间的关系，在逻辑分析仪与计算机仿真工具中，通常会以这种波形图的形式给出分析结果。另外，也可以通过实验观察波形图的方法来检验实际逻辑电路的功能。

例如，对于逻辑函数 $Y = A(B+C)$，若用波形图来表示，如图9.2-21所示。

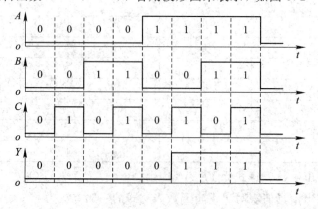

图 9.2-21　波形图

逻辑函数、真值表、逻辑图、波形图是同一个逻辑函数不同的描述方法，这几种方法之间都能相互转换。

2. 逻辑代数的运算与化简

1）基本公式

表 9.2-8 给出了逻辑代数的基本公式。这些公式是根据逻辑变量的特点和三种基本运算规则推导出来的，也可以用真值表来验证这些公式。

表 9.2-8　逻辑代数的基本公式

类　　别		名称	逻辑"与"（非）	逻辑"或"
常量和变量的关系		01 律	$A \cdot 1 = A$ $A \cdot 0 = 0$	$A + 1 = 1$ $A + 0 = A$
变量间的关系	类似初等代数定律	交换律	$A \cdot B = B \cdot A$	$A + B = B + A$
		结合律	$A \cdot (BC) = (AB) \cdot C$	$A + (B + C) = (A + B) + C$
		分配律	$A \cdot (B + C) = AB + AC$	$A + (B \cdot C) = (A + B)(A + C)$
	逻辑代数特殊规律	互补律	$A \cdot \overline{A} = 0$	$A + \overline{A} = 1$
		重叠律	$A \cdot A = A$	$A + A = A$
		反演律	$\overline{AB} = \overline{A} + \overline{B}$	$\overline{A + B} = \overline{A} \cdot \overline{B}$
		还原律	$\overline{\overline{A}} = A$	

2）常用公式

利用基本公式可以推出一些常用公式，这些公式有助于化简逻辑函数。常用公式如下所示：

$$AB + A\overline{B} = A$$
$$A + AB = A$$
$$A + \overline{A}B = A + B$$
$$AB + \overline{A}C + BC = AB + \overline{A}C$$

3）逻辑函数的化简

在数字电路中，往往要根据实际问题进行逻辑设计，得出的逻辑函数要进行化简。只有最简的逻辑函数才能使得电路最简，逻辑表达式越简单，实现它的电路越简单，电路工作越稳定可靠。逻辑函数化简的方法有多种，在这里只介绍公式化简法。

（1）并项法：利用公式 $A + \overline{A} = 1$ 将两项合并为一项，并消去一个变量。

例如：

$$Y = ABC + \overline{A}BC + B\overline{C} = (A + \overline{A})BC + B\overline{C}$$
$$= BC + B\overline{C} = B(C + \overline{C}) = B$$

（2）吸收法：利用公式 $A + AB = A$，消去多余的乘积项。

例如：

$$Y = \overline{A}B + \overline{A}BCD(E + F) = \overline{A}B$$

（3）消去法：利用公式 $A + \overline{A}B = A + B$，消去多余的因子。

例如：

$$Y = AB + \overline{A}C + \overline{B}C = AB + (\overline{A} + \overline{B})C$$
$$= AB + \overline{AB}C = AB + C$$

（4）配项法：利用公式 $A+\overline{A}=1$、$A+A=A$、$A \cdot A=A$ 等给逻辑函数式适当增项，进而消去更多的余项。

例如：

$$Y = AC + \overline{B}\,\overline{C} + A\overline{B} = AC + \overline{B}\,\overline{C} + A\overline{B}(C+\overline{C})$$
$$= AC + \overline{B}\,\overline{C} + A\overline{B}C + A\,\overline{B}\,\overline{C} = AC + \overline{B}\,\overline{C}$$

 思考与练习

1. 用公式法将下列函数化简成最简与或表达式。

（1）$Y=ABC+A\overline{B}+A\overline{C}$　（2）$Y=A\overline{B}+\overline{A}B+AB$　（3）$Y=(\overline{A+B})C+\overline{A}\,\overline{B}\,\overline{C}$

（4）$Y=A\overline{B}C+AB\overline{C}+A+\overline{A}B$

2. 根据下列各逻辑函数式画出逻辑图。

（1）$Y=\overline{A}+BC$　　（2）$Y=(A+B)(A+C)$　　（3）$Y=A\overline{B}+A\overline{C}+\overline{A}BC$

3. 如图 9.2-22 所示，写出下列逻辑电路的逻辑表达式。

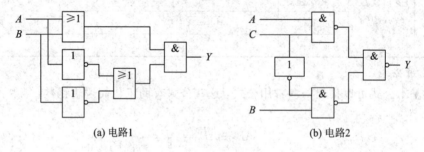

(a) 电路1　　　　　　　　　(b) 电路2

图 9.2-22　思考与练习 3

4. 根据真值表 9.2-9 写出逻辑表达式。

5. 已知逻辑函数的波形图如图 9.2-23 所示，列出真值表并写出逻辑函数表达式。

6. 请列表比较与门、或门、非门、与非门、或非门、异或门的逻辑表达式、逻辑功能、逻辑电路符号。

表 9.2-9　思考与练习 4

A	B	C	Y		A	B	C	Y
0	0	0	0		0	0	0	1
0	0	1	0		0	0	1	0
0	1	0	0		0	1	0	0
0	1	1	1		0	1	1	0
1	0	0	1		1	0	0	0
1	0	1	1		1	0	1	0
1	1	0	1		1	1	0	0
1	1	1	1		1	1	1	1
	(a)					(b)		

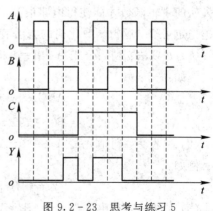

图 9.2-23　思考与练习 5

知识点 9.3　组合逻辑电路

根据逻辑功能的不同，可以将数字电路分成两大类，一类称为组合逻辑电路(简称组合电路)，另一类称为时序逻辑电路(简称时序电路)。

组合逻辑电路由若干个基本门或复合门组成，其特点是输出状态仅取决于当时的输入状态，而与前一时刻无关，所以组合逻辑电路不具有记忆功能。

9.3.1　组合逻辑电路的分析

对于一个已知的逻辑电路，要知道其逻辑功能，就需要对电路进行分析。从理论上讲，逻辑图本身就是逻辑功能的一种表述形式，但在多数情况下，电路图不能直观地表达电路的逻辑意图，往往需要用逻辑表达式或真值表的形式进一步使逻辑功能更加直观明显。

组合逻辑电路分析的目的是为了明确组合电路的逻辑功能和应用方法。组合逻辑电路分析大致可分为以下几个步骤：

(1) 根据组合逻辑电路的逻辑图，写出电路逻辑函数表达式；

(2) 对逻辑表达式进行化简，得到最简表达式；

(3) 列真值表，将输入/输出变量及所有可能的取值列成表格；

(4) 确定功能，根据真值表和逻辑表达式确定电路的逻辑功能。

【例 9.3.1】 分析图 9.3-1 的逻辑功能。

【解】 (1) 根据逻辑图，写出电路输出函数的逻辑表达式为

$$P = \overline{ABC}$$

$$Y = AP + BP + CP = A\overline{ABC} + B\overline{ABC} + C\overline{ABC}$$

(2) 化简与变换，结果为

$$Y = \overline{\overline{ABC}(A+B+C)} = \overline{\overline{ABC} + \overline{A+B+C}} = \overline{\overline{ABC} + \overline{A}\,\overline{B}\,\overline{C}}$$

(3) 由表达式列出真值表 9.3-1。

(4) 分析逻辑功能：当 A、B、C 三个变量不一致时，输出为"1"，这个电路称为"不一致电路"。

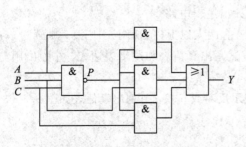

图 9.3-1　例 9.3.1电路图

表 9.3-1　例 9.3.1 真值表

A	B	C	Y
0	0	0	0
0	0	1	1
0	1	0	1
0	1	1	1
1	0	0	1
1	0	1	1
1	1	0	1
1	1	1	0

【例 9.3.2】 分析图 9.3-2 所示逻辑电路的逻辑功能。

【解】 (1) 根据逻辑图，写出电路输出函数的逻辑表达式为

$$P_1 = \overline{A} \quad P_2 = B + C \quad P_3 = \overline{BC} \quad P_4 = \overline{P_1 P_2} \quad P_5 = \overline{AP_3}$$

$$Y = \overline{P_4 P_5} = \overline{\overline{A} \cdot (B+C)} \cdot \overline{A \cdot \overline{BC}}$$

(2) 化简与变换，结果为

$$Y = A \oplus B + A \oplus C$$

(3) 由表达式列出真值表 9.3-2。

(4) 分析逻辑功能：当 A、B、C 相同时，输出为零；当 A、B、C 三个变量不一致时，输出为"1"，这个电路称为"不一致电路"。

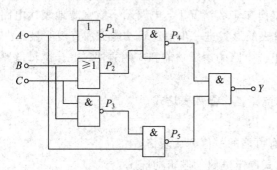

图 9.3-2　例 9.3.2 逻辑电路图

表 9.3-2　例 9.3.2 真值表

A	B	C	Y
0	0	0	0
0	0	1	1
0	1	0	1
0	1	1	1
1	0	0	1
1	0	1	1
1	1	0	1
1	1	1	0

9.3.2　组合逻辑电路的设计

组合逻辑电路的设计是指根据已知的实际逻辑问题，画出实现这一逻辑功能的最简单逻辑电路，完成组合逻辑电路的原理性设计。组合逻辑电路的设计是组合逻辑电路分析的逆过程，它是根据给定的逻辑功能设计出逻辑电路，一般步骤为：

(1) 分析实际问题：确定哪些是输入变量，哪些是输出变量；以二值逻辑给输入和输出变量赋值；把实际问题归纳为逻辑问题，并确定它们之间的逻辑关系。

(2) 列出真值表：若有 n 个变量，则共有 2^n 种输入变量组合；列出所有可能情况下输出变量的取值，即采用"穷举法"进行列举。

(3) 根据真值表，写出输出逻辑函数表达式，并化简成最简单的形式。

(4) 根据实际问题、技术和材料的要求设计出逻辑电路。

【例 9.3.3】 设有甲乙丙三人进行表决，若有两人以上(包括两人)同意，则通过表决。用 A、B、C 代表甲乙丙，用 L 表示表决结果。试写出真值表和逻辑表达式，并画出用与非门构成的逻辑图。

【解】 (1) 分析题意，用 1 表示同意，0 表示反对或弃权，可列出真值表如图 9.3-3(a) 所示。

(2) 由真值表写出表达式为

$$L = \overline{A}B C + A\overline{B}C + ABC + A B\overline{C}$$

(3) 化简函数表达式，结果为

$$L = A\overline{B}C + AB\overline{C} + ABC + \overline{A}BC = AC + AB + BC$$
$$= \overline{\overline{AC + AB + BC}} = \overline{\overline{AC} \cdot \overline{AB} \cdot \overline{BC}}$$

（4）画出逻辑电路图如图 9.3-3（b）所示。

ABC	L
000	0
001	0
010	0
011	1
100	0
101	1
110	1
111	1

（a）真值表　　　　　（b）逻辑图

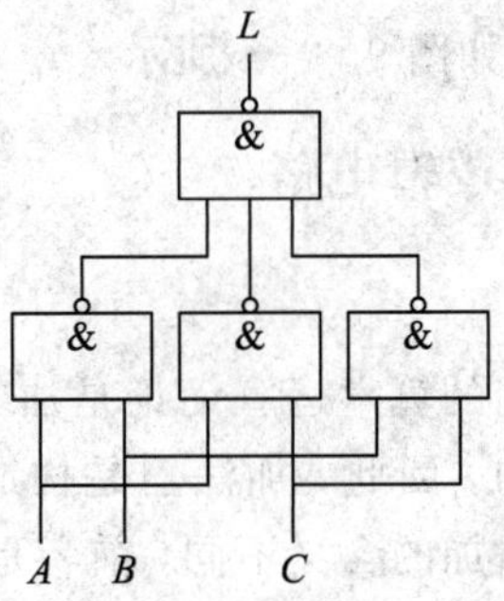

图 9.3-3　表决器真值表和逻辑图

【例 9.3.4】　某工厂有 A、B、C 三个车间和一个自备电站，站内有 G_1 与 G_2 两台发电机，G_1 的容量是 G_2 的两倍。如果一个车间开工，只需 G_2 运行即可满足要求；如果两个车间开工，只需 G_1 运行；如果三个车间同时开工，则 G_1 与 G_2 均需运行。试画出控制 G_1 与 G_2 的逻辑图。

【解】　（1）根据实际要求，确定输入变量为 A、B、C 三个车间，输出变量为 G_1 与 G_2 两台发电机。车间开工为 1，不开工为 0；发电机运行为 1，发电机不运行为 0。

（2）列出真值表 9.3-3。

表 9.3-3　真值表

A	B	C	G_1	C_2
0	0	0	0	0
0	0	1	0	1
0	1	0	0	1
0	1	1	1	0
1	0	0	1	0
1	0	1	1	0
1	1	0	1	0
1	1	1	1	1

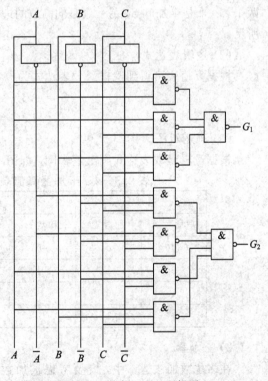

图 9.3-4　例 9.3.4 逻辑图

（3）根据真值表写出输出逻辑函数表达式，并化简成所需要的最简单的表达式，即

$$G_1 = \overline{A}BC + A\overline{B}C + AB\overline{C} + ABC = AB + BC + AC$$
$$= \overline{\overline{AB} \cdot \overline{BC} \cdot \overline{AC}}$$

$$G_2 = \overline{A}\,\overline{B}C + \overline{A}B\overline{C} + A\overline{B}\,\overline{C} + ABC = \overline{\overline{\overline{A}\,\overline{B}C} \cdot \overline{\overline{A}B\overline{C}} \cdot \overline{A\overline{B}\,\overline{C}} \cdot \overline{ABC}}$$

（4）画出逻辑图，如图 9.3-4 所示。

9.3.3 常用的组合逻辑电路

1. 加法器

两个二进制数之间的算术运算无论是加、减、乘、除，目前在数字计算机中都是根据若干步加法运算进行的。因此，加法器是构成算术逻辑运算的基本部件。值得注意的是，二进制加法运算与逻辑加的含义不同，前者是数的运算，如 $1+1=10$；而后者体现的是逻辑关系，如 $1+1=1$。本节所讲的加法器指的是二进制加法运算。

1）半加器

不考虑由低位来的进位，只考虑两个 1 位二进制本身加法的运算叫半加运算。能实现半加运算的电路叫半加器。

半加运算步骤如下：

（1）真值表。

由半加运算的定义可知，输入端由被加数的某一位 A 和加数的某一位 B 组成；输出有两个：一个是半加和 S，另一个是向高位的进位 C。列出这一输入、输出的真值表如表 9.3-4 所示。

（2）逻辑表达式。

根据真值表可得到逻辑函数表达式为

$$S = \overline{A}B + A\overline{B} = A \oplus B$$
$$C = AB$$

（3）画逻辑图。

根据逻辑函数表达式画出逻辑图，如图 9.3-5 所示。

表 9.3-4 半加器真值表

输 入		输 出	
被加数 A	加数 B	和数 S	进位数 C
0	0	0	0
0	1	1	0
1	0	1	0
1	1	0	1

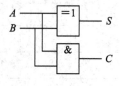

图 9.3-5 半加器

2）全加器

在多位数加法运算中，既要考虑被加数和加数的某一位，又要考虑来自较低位的进位，这就是全加运算。所谓全加运算，是指由两个加数及一个来自较低位的进位三者相加的运算。能实现全加运算的逻辑电路叫全加器。

全加运算步骤如下：

（1）真值表。

1 位全加器真值表如表 9.3-5 所示。

表 9.3-5   1 位全加器真值表

输　入			输　出	
A_i	B_i	C_{i-1}	S_i	C_i
0	0	0	0	0
0	0	1	1	0
0	1	0	1	0
0	1	1	0	1
1	0	0	1	0
1	0	1	0	1
1	1	0	0	1
1	1	1	1	1

（2）逻辑表达式。

1 位全加器的输入变量是被加数 A_i、加数 B_i 及较低位的进位 C_{i-1}，输出变量为本位和 S_i 及向较高位的进位 C_i。由真值表可写出逻辑函数式，并化简得到

$$S_i = \overline{A_i} \cdot \overline{B_i} C_{i-1} + \overline{A_i} B_i \overline{C_{i-1}} + A_i \overline{B_i} \cdot \overline{C_{i-1}} + A_i B_i C_{i-1}$$
$$= \overline{(A_i \oplus B_i)} C_{i-1} + (A_i \oplus B_i) \overline{C_{i-1}} = A_i \oplus B_i \oplus C_{i-1}$$
$$C_i = \overline{A_i} B_i C_{i-1} + A_i \overline{B_i} C_{i-1} + A_i B_i \overline{C_{i-1}} + A_i B_i C_{i-1}$$
$$= A_i B_i + (A_i \oplus B_i) C_{i-1}$$

（3）画逻辑图。

图 9.3-6 为全加器逻辑图及逻辑符号。

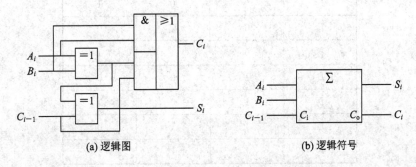

(a) 逻辑图　　　　　　　　　　(b) 逻辑符号

图 9.3-6   1 位全加器

3）多位加法器

将多个 1 位全加器适当地组合就能构成多位加法器。例如，只要依次将低位的进位输出接到高位的进位输入，就组成串行进位加法器。图 9.3-7 是 4 位串行进位加法器，被加数、加数是并行输入，和数也是并行输出，但各位全加器间的进位却是串行传递。就是说，

最高位的进位数需经过四个全加器才能传递出去,耗费时间多,所以串行进位加法器速度较慢。若要提高运算速度,必须直接由输入数码产生各位所需的进位信号,消除串行进位所耗费的时间,实行提前进位。

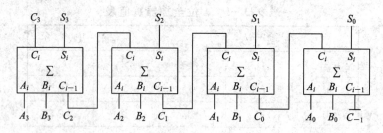

图 9.3-7　4位串行进位加法器

2. 编码器

为了区分一系列不同的事物,可将其中的每个事物用一个二值代码表示,这就是编码的含意。在二值逻辑电路中,信号都是以高、低电平的形式给出的。因此编码器的逻辑功能就是把输入的每一个高、低电平信号编成一个对应的二进制代码。

1) 3 位二进制编码器

目前经常使用的编码器有普通编码器和优先编码器两类。在普通编码器中,任何时刻只允许输入一个编码信号,否则输出将发生混乱。

现以 3 位二进制普通编码器为例,分析编码器的工作原理。它的输入是 $I_0 \sim I_7$ 8 个高电平信号,输出是 Y_2、Y_1、Y_0 3 位二进制代码。为此,又把它叫做 8 线-3 线编码器。输出与输入的对应关系由表 9.3-6 给出。

表 9.3-6　3 位二进制编码器真值表

输　入	输　出		
	Y_2	Y_1	Y_0
I_0	0	0	0
I_1	0	0	1
I_2	0	1	0
I_3	0	1	1
I_4	1	0	0
I_5	1	0	1
I_6	1	1	0
I_7	1	1	1

由真值表可列出逻辑函数表达式为

$$Y_2 = I_4 + I_5 + I_6 + I_7 = \overline{\overline{I_4}\ \overline{I_5}\ \overline{I_6}\ \overline{I_7}}$$

$$Y_1 = I_2 + I_3 + I_6 + I_7 = \overline{\overline{I_2}\ \overline{I_3}\ \overline{I_6}\ \overline{I_7}}$$

$$Y_0 = I_1 + I_3 + I_5 + I_7 = \overline{\overline{I_1}\ \overline{I_3}\ \overline{I_5}\ \overline{I_7}}$$

用门电路实现其逻辑电路，如图 9.3－8 所示。

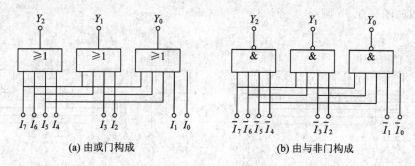

(a) 由或门构成　　　　　　　　　　　(b) 由与非门构成

图 9.3－8　3 位二进制编码器

2) 8421BCD 码编码器

8421 码编码器是指在输入端输入一个一位十进制数，通过内部编码，输出四位二进制代码，每组代码与相应的十进制数的对应关系如表 9.3－7 表示。

表 9.3－7　8421 码编码器真值表

输　入	输　出			
I	Y_3	Y_2	Y_1	Y_0
I_0	0	0	0	0
I_1	0	0	0	1
I_2	0	0	1	0
I_3	0	0	1	1
I_4	0	1	0	0
I_5	0	1	0	1
I_6	0	1	1	0
I_7	0	1	1	1
I_8	1	0	0	0
I_9	1	0	0	1

(1) 真值表。

从真值表可以看出，输入 10 个互斥的数码，输出 4 位二进制代码。

(2) 写出逻辑表达式。

由真值表写出逻辑表达式为

$$Y_3 = I_8 + I_9 = \overline{\overline{I_8}\ \overline{I_9}}$$

$$Y_2 = I_4 + I_5 + I_6 + I_7 = \overline{\overline{I_4}\ \overline{I_5}\ \overline{I_6}\ \overline{I_7}}$$

$$Y_1 = I_2 + I_3 + I_6 + I_7 = \overline{\overline{I_2}\ \overline{I_3}\ \overline{I_6}\ \overline{I_7}}$$

$$Y_0 = I_1 + I_3 + I_5 + I_7 + I_9 = \overline{\overline{I_1}\ \overline{I_3}\ \overline{I_5}\ \overline{I_7}\ \overline{I_9}}$$

（3）画逻辑图。

逻辑图如图 9.3-9 所示。

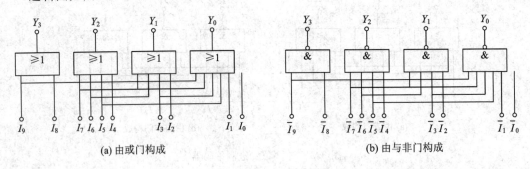

       (a) 由或门构成   (b) 由与非门构成

图 9.3-9   8421 码编码器

3）优先编码器

在优先编码器电路中，允许同时输入两个以上编码信号。不过在设计优先编码器时已经将所有的输入信号按优先顺序排了队，当几个输入信号同时出现时，只对其中优先权最高的一个进行编码。

现以 8 线-3 线优先编码器为例进行分析。在优先编码器中，优先级别高的信号排斥级别低的，即具有单方面排斥特性。设 I_7 的优先级别最高，I_6 次之；依此类推，I_0 最低。

（1）真值表。

根据优先级别的高低，列出真值表如表 9.3-8 所示。

表 9.3-8   8-3 线优先编码器真值表

输　　入								输　　出		
I_7	I_6	I_5	I_4	I_3	I_2	I_1	I_0	Y_2	Y_1	Y_0
1	×	×	×	×	×	×	×	1	1	1
0	1	×	×	×	×	×	×	1	1	0
0	0	1	×	×	×	×	×	1	0	1
0	0	0	1	×	×	×	×	1	0	0
0	0	0	0	1	×	×	×	0	1	1
0	0	0	0	0	1	×	×	0	1	0
0	0	0	0	0	0	1	×	0	0	1
0	0	0	0	0	0	0	1	0	0	0

（2）逻辑表达式。

根据真值表写出逻辑表达式，即

$$\begin{cases} Y_2 = I_7 + \overline{I_7}I_6 + \overline{I_7}\,\overline{I_6}I_5 + \overline{I_7}\,\overline{I_6}\,\overline{I_5}I_4 = I_7 + I_6 + I_5 + I_4 \\ Y_1 = I_7 + \overline{I_7}I_6 + \overline{I_7}\,\overline{I_6}\,\overline{I_5}\,\overline{I_4}I_3 + \overline{I_7}\,\overline{I_6}\,\overline{I_5}\,\overline{I_4}\,\overline{I_3}I_2 \\ \quad = I_7 + I_6 + \overline{I_5}\,\overline{I_4}I_3 + \overline{I_5}\,\overline{I_4}I_2 \\ Y_0 = I_7 + \overline{I_7}\,\overline{I_6}I_5 + \overline{I_7}\,\overline{I_6}\,\overline{I_5}\,\overline{I_4}I_3 + \overline{I_7}\,\overline{I_6}\,\overline{I_5}\,\overline{I_4}\,\overline{I_3}\,\overline{I_2}I_1 \\ \quad = I_7 + \overline{I_6}I_5 + \overline{I_6}\,\overline{I_4}I_3 + \overline{I_6}\,\overline{I_4}\,\overline{I_2}I_1 \end{cases}$$

（3）逻辑电路图。

逻辑电路图如图 9.3-10 所示。

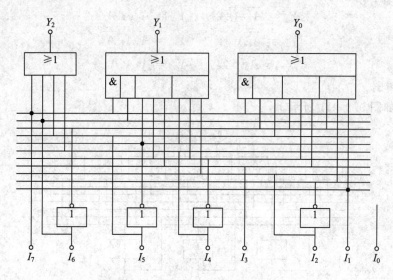

图 9.3-10 8-3 线优先编码器

3. 译码器

译码是编码的逆过程，即把代码的特定含义翻译出来；实现译码操作的电路称为译码器。译码器就是把一种代码转换为另一种代码的电路。常用的译码器电路有二进制译码器、二-十进制译码器和显示译码器三类。

1）二进制译码器

设二进制译码器的输入端为 n 个，则输出端为 2^n 个，且对应于输入代码的每一种状态，2^n 个输出中只有一个为 1（或为 0），其余全为 0（或为 1）。二进制译码器可以译出输入变量的全部状态，故又称为变量译码器。现以 3 线-8 线译码器为例进行分析。

（1）3 线-8 线译码器真值表。

从真值表 9.3-9 可以看出，输入为 3 位二进制代码，输出为 8 个互斥的信号。

表 9.3-9 3 线-8 线译码器真值表

输	入		输		出					
A_2	A_1	A_0	Y_0	Y_1	Y_2	Y_3	Y_4	Y_5	Y_6	Y_7
0	0	0	1	0	0	0	0	0	0	0
0	0	1	0	1	0	0	0	0	0	0
0	1	0	0	0	1	0	0	0	0	0
0	1	1	0	0	0	1	0	0	0	0
1	0	0	0	0	0	0	1	0	0	0
1	0	1	0	0	0	0	0	1	0	0
1	1	0	0	0	0	0	0	0	1	0
1	1	1	0	0	0	0	0	0	0	1

（2）逻辑表达式。

逻辑表达式为

$$Y_0 = \overline{A_2}\,\overline{A_1}\,\overline{A_0} \qquad Y_4 = A_2\,\overline{A_1}\,\overline{A_0}$$
$$Y_1 = \overline{A_2}\,\overline{A_1}\,A_0 \qquad Y_5 = A_2\,\overline{A_1}\,A_0$$
$$Y_2 = \overline{A_2}\,A_1\,\overline{A_0} \qquad Y_6 = A_2\,A_1\,\overline{A_0}$$
$$Y_3 = \overline{A_2}\,A_1\,A_0 \qquad Y_7 = A_2\,A_1\,A_0$$

（3）逻辑图。

逻辑图如图 9.3 - 11 所示。

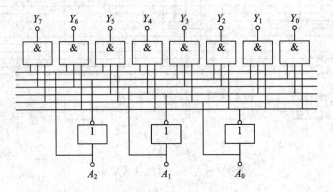

图 9.3 - 11　3 - 8 线译码器

常见的 3 线-8 线译码器有 74LS138。

2）二-十进制译码器（8421BCD 码译码器）

把二-十进制代码翻译成 10 个十进制数字信号的电路，称为二-十进制译码器。二-十进制译码器的输入是十进制数的 4 位二进制编码（BCD 码），分别用 A_3、A_2、A_1、A_0 表示；输出的是与 10 个十进制数字相对应的 10 个信号，用 $Y_9 \sim Y_0$ 表示。由于二-十进制译码器有 4 根输入线，10 根输出线，所以又称为 4 线-10 线译码器。

（1）真值表。

真值表如 9.3 - 10 所示。

表 9.3 - 10　二-十进制译码器真值表

输　入				输　出									
A_3	A_2	A_1	A_0	Y_9	Y_8	Y_7	Y_5	Y_5	Y_4	Y_3	Y_2	Y_1	Y_0
0	0	0	0	0	0	0	0	0	0	0	0	0	1
0	0	0	1	0	0	0	0	0	0	0	0	1	0
0	0	1	0	0	0	0	0	0	0	0	1	0	0
0	0	1	1	0	0	0	0	0	0	1	0	0	0
0	1	0	0	0	0	0	0	0	1	0	0	0	0
0	1	0	1	0	0	0	0	1	0	0	0	0	0
0	1	1	0	0	0	0	1	0	0	0	0	0	0
0	1	1	1	0	0	1	0	0	0	0	0	0	0
1	0	0	0	0	1	0	0	0	0	0	0	0	0
1	0	0	1	1	0	0	0	0	0	0	0	0	0

（2）逻辑表达式。

逻辑表达式为

$$Y_0 = \overline{A_3}\,\overline{A_2}\,\overline{A_1}\,\overline{A_0} \quad Y_1 = \overline{A_3}\,\overline{A_2}\,\overline{A_1}\,A_0 \quad Y_2 = \overline{A_3}\,\overline{A_2}\,A_1\,\overline{A_0} \quad Y_3 = \overline{A_3}\,\overline{A_2}\,A_1\,A_0$$

$$Y_4 = \overline{A_3}\,A_2\,\overline{A_1}\,\overline{A_0} \quad Y_5 = \overline{A_3}\,A_2\,\overline{A_1}\,A_0 \quad Y_6 = \overline{A_3}\,A_2\,A_1\,\overline{A_0} \quad Y_7 = \overline{A_3}\,A_2\,A_1\,A_0$$

$$Y_8 = A_3\,\overline{A_2}\,\overline{A_1}\,\overline{A_0} \quad Y_9 = A_3\,\overline{A_2}\,\overline{A_1}\,A_0$$

（3）逻辑图。

逻辑图如图 9.3 - 12 所示。

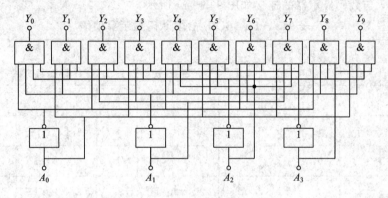

图 9.3 - 12 二-十进制译码器

常用的二-十进制译码器有 74LS247。

4. 数字显示器

为了能以十进制数码直观地显示运行数据，目前广泛使用数字译码显示器。数字译码显示器随显示器件的类型不同而异，如与辉光数码管相匹配的是 BCD/十进制译码器，常用的有发光二极管数码管、液晶数码管、荧光数码管等，由 7 个或 8 个字段构成字型，因而与之相匹配的有 BCD/七段或 BCD/八段显示译码器。这里我们将简单介绍驱动发光二极管的 BCD/七段译码器。

发光二极管由特殊的半导体材料砷化镓、磷砷化镓等制成，可单独使用，也可组装成分段式显示器件。分段式显示器件由 7 条线段围成字型，如图 9.3 - 13 所示。每一段包含

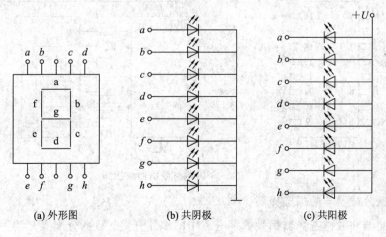

(a) 外形图   (b) 共阴极   (c) 共阳极

图 9.3 - 13 七段字型显示

一个发光二极管，分别用 a、b、c、d、e、f、g 表示，外加正向电压时二极管导通，发出清晰的红、绿、黄等光色。只要按规律控制各发光段的亮灭，就可以显示各种字型和符号。发光二极管有共阴、共阳极之分，共阴极发光二极管使用时公共阴极接地，七个阳极 $a\sim g$ 由相应的 BCD/七段译码器来控制。

　　BCD/七段译码器的输入是一位 8421BCD 码，输入端用 A_3、A_2、A_1、A_0 表示，输出用数码管的各段信号 $Y_aY_bY_cY_dY_eY_fY_g$ 来表示。用 BCD/七段译码器驱动共阴极发光二极管时，输出信号为高电平有效，即输出为 1 时，相应各段显示发光，真值表见表 9.3-11。译码器 74LS247 与数码显示器的连接如图 9.3-14 所示。

表 9.3-11　BCD/七段译码显示真值表

输　入				输　出							显示字形
A_3	A_2	A_1	A_0	a	b	c	d	e	f	g	
0	0	0	0	1	1	1	1	1	1	0	0
0	0	0	1	0	1	1	0	0	0	0	1
0	0	1	0	1	1	0	1	1	0	1	2
0	0	1	1	1	1	1	1	0	0	1	3
0	1	0	0	0	1	1	0	0	1	1	4
0	1	0	1	1	0	1	1	0	1	1	5
0	1	1	0	1	0	1	1	1	1	1	6
0	1	1	1	1	1	1	0	0	0	0	7
1	0	0	0	1	1	1	1	1	1	1	8
1	0	0	1	1	1	1	1	0	1	1	9

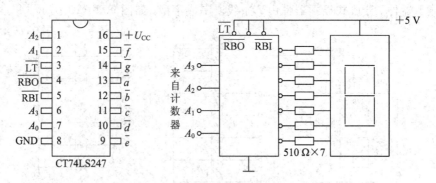

图 9.3-14　译码器与显示器连接图

5*. 数据分配器与数据选择器

　　数据分配器和数据选择器都是数字电器中的多路开关。数据分配器是将一路输入数据分配到多路输出；数据选择器是从多路输入数据中选择一路输出。

1) 数据分配器

数据分配器不单独生产，由译码器改接而成。例如，要将 74L138 型 3 线-8 线译码器改成 8 路数据数据分配器，如图 9.3-15 所示，将译码器的两个控制端 $\overline{S_2}$ 和 $\overline{S_3}$ 相连作为分配器的数据输入端 D，将使能端 S_1 接成高电平；译码器的输入端 A、B、C 作为分配器的地址输入端，根据它们的 8 种组合将数据 D 分配给 8 个输出端。由真值表 9.3-12 可知，当 $ABC=000$ 时，输入数据 D 分配至 $\overline{Y_0}$ 端；当 $ABC=001$ 时，输入数据 D 分配到 $\overline{Y_1}$ 端，依此类推。

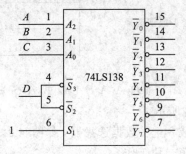

图 9.3-15　74LS138 接成 8 路分配器

表 9.3-12　74LS138 译码器真值表

使能	控制端		输入端			输出端							
S_1	$\overline{S_2}$	$\overline{S_3}$	A	B	C	$\overline{Y_0}$	$\overline{Y_1}$	$\overline{Y_2}$	$\overline{Y_3}$	$\overline{Y_4}$	$\overline{Y_5}$	$\overline{Y_6}$	$\overline{Y_7}$
0	×	×	×	×	×	1	1	1	1	1	1	1	1
×	1	×											
×	×	1											
1	0	0	0	0	0	0	1	1	1	1	1	1	1
1	0	0	0	0	1	1	0	1	1	1	1	1	1
1	0	0	0	1	0	1	1	0	1	1	1	1	1
1	0	0	0	1	1	1	1	1	0	1	1	1	1
1	0	0	1	0	0	1	1	1	1	0	1	1	1
1	0	0	1	0	1	1	1	1	1	1	0	1	1
1	0	0	1	1	0	1	1	1	1	1	1	0	1
1	0	0	1	1	1	1	1	1	1	1	1	1	0

2) 数据选择器

数据选择器的功能是能从多个输入数据中选择一个作为输出。图 9.3-16 是用 74LS153 型四选一的逻辑图，其中 $D_0 \sim D_3$ 是四个数据输入端；A_1 与 A_0 是地址输入端；S 为使能端，低电平有效；Y 是输出端。

表 9.3 - 13　　74LS153 数据选择器真值表

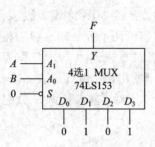

输入			输出
$\overline{S}$	A_1	A_0	Y
1	×	×	0
0	0	0	D_0
0	0	1	D_1
0	1	0	D_2
0	1	1	D_3

图 9.3 - 16　74LS153 型 4 选 1 数据选择

逻辑表达式为

$$Y = D_0 \overline{A_1}\,\overline{A_0}S + D_1 \overline{A_1} A_0 S + D_2 A_1 \overline{A_0} S + D_3 A_1 A_0 S$$

逻辑功能表如表 9.3 - 13 所示。

由两块 74LS153 可以构成 8 选 1 数据选择器，如图 9.3 - 17 所示。当 $\overline{S}=0$ 时，第一块 74LS153 工作；当 $\overline{S}=1$ 时，第二块工作。

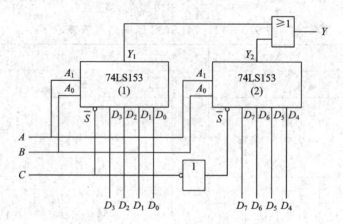

图 9.3 - 17　74LS153 型 8 选 1 数据选择器

9.3.4　组合逻辑电路的应用

1. 汽车里程表

图 9.3 - 18 为数字里程表的方框图，来自车速传感器的脉冲信号，经整形后成为一个矩形波，输入计数器进行计数；经计数器累加后送入计算器，计算器将输入的二进制数乘以倍率，折合成里程数，经译码器译成十进制由显示器显示。

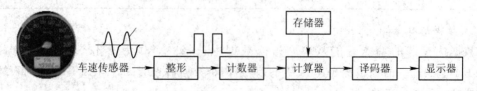

图 9.3 - 18　汽车里程表原理

2. 故障报警电路

图 9.3 - 19 为一个故障报警电路。

（1）当工作正常时，输入端 A、B、C、D 均为 1（表示温度、压力、电流、位置等参数）时，各路指示灯全亮；晶体管 V_1 导通，电动机工作；晶体管 V_2 截止，蜂鸣器不响。

（2）当系统中某路出现故障时，如 A 路出现故障时，A 的状态从 1 变为 0，A 路灯熄灭；V_1 截止，电动机停止工作；V_2 导通，蜂鸣器报警声响。

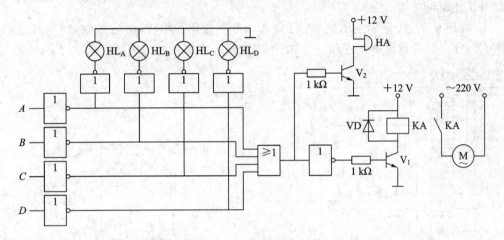

图 9.3 - 19　故障报警电路

3. 自动液位检测电路

图 9.3 - 20 为与非门组成的液位检测电路。

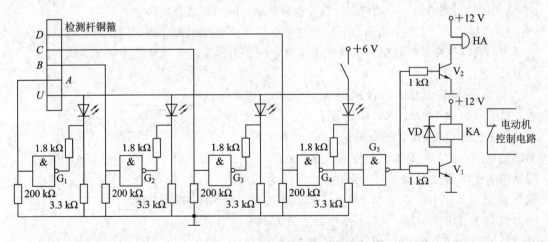

图 9.3 - 20　液体检测电路

（1）当箱体内无液体时，A、B、C、D 与电源正极 U 都是断开的，与非门 $G_1 \sim G_4$ 输入端全为低电平，输出端全为高电平。调整 3.3 kΩ 电阻的阻值可使发光二极管全处于微导通状态，发光二极管微亮。此时 G_5 输出为低电平，V_2 截止，蜂鸣器不响；V_1 截止，电动机控制电路接通，向箱体内注入液体。

（2）当箱体内的液面达到 A 时，A 与 U 端接通，G_1 输入高电平，输出低电平，相应的发光二极管点亮；当液面依次到达 B、C、D 时，相应的二极管次第点亮。

（3）当箱体内液面达到 D 时，说明箱体已经注满，G_4 输入高电平，G_5 输出高电平。此时 V_1 导通，电动机控制电路断电，停止向箱体内注入液体；V_2 导通，蜂鸣器报警声响，提示箱体已注满。

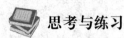 **思考与练习**

1. 请分析图 9.3-21 所示的逻辑电路的逻辑功能，写出逻辑函数表达式，列出真值表，并描述逻辑功能。

2. 在图 9.3-22 所示的电路中，已知 A 与 B 的波形如图所示。在控制端 $C=1$ 与 $C=0$ 两种情况下，试求输出 Y 的逻辑表达式，画出波形，并说明该电路的逻辑功能。

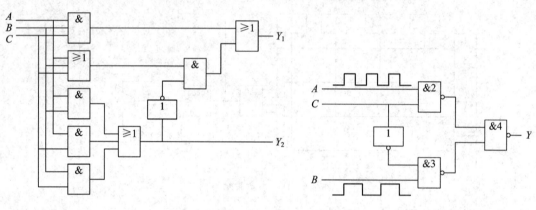

图 9.3-21 思考与练习题 1 电路图   图 9.3-22 思考与练习题 2 电路图

3. 在击剑比赛中有 A、B、C 三名裁判，A 为主裁判。当两名以上裁判（必须包括 A 在内）认为运动员得分时，按动电钮，发出得分信号。设计该组合电路。

4. 用红、黄、绿三个指示灯表示三台设备的工作情况：绿灯亮表示全部正常，红灯亮表示有一台不正常，黄灯亮表示两台不正常，红、黄全亮表示三台都不正常。试设计出组合电路。

5. 有一水箱由大小两台水泵 MS 与 ML 供水，如图 9.3-23 所示。水箱中设置了 3 个水位检测元件 A、B、C。水面低于检测元件时，检测元件给出高电平；水面高于检测元件时，给出低电平。现要求当水位超过 C 点时，水泵停止工作；水位低于 C 点而高于 B 点时，MS 单独工作；水位低于 B 点高于 A 点时，ML 工作；水位低于 A 点时，ML 与 MS 同时工作。试设计一个控制两台水泵的逻辑电路，写出其逻辑表达式，并画出逻辑电路。

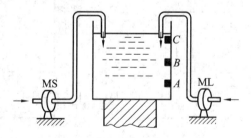

图 9.3-23 思考与练习题 5 电路图

项目10　时序逻辑电路的认识与设计

情境导入

在汽车的仪表盘上，胎压报警、燃油报警、充电指示报警、发动机温度报警等都只与当前实际状态有关，而与之前的工作状态无关。故障解除或恢复正常时无需存储结果，似乎只用组合逻辑电路进行设计即可。而实际上，汽车ECU有很多数据需要进行存储，单纯的组合逻辑电路是不能满足要求的。这时就需要具有记忆功能的逻辑电路，例如汽车里程表的计数、存储、计算以及各种传感器数字的存储与比较等。

项目概况

为了交通安全，近年生产出厂的汽车都安装有日间行车灯。本项目是加装汽车日行灯，要求日行灯能反映出车速快慢。项目用环形计数器进行设计，需夯实的理论基础包括认识并熟悉触发器，掌握寄存器、计数器的分析，学会简单时序逻辑电路的设计，并完成相应电路的功能测试。

项目描述

有关资料表明，开启日间行车灯可降低12.4％的车辆意外，同时也可降低26.4％的车祸死亡概率。日间行驶灯安装于汽车车身前部，它的功效不是为了使驾驶员能更好地看清路面，而是为了让别人知道有一辆汽车正开过来了。这种灯不是照明灯，而是一种信号灯。

根据要求，选择车灯设计为环形流动LED(其电路见图10-1)，用具有自启动功能的环形计数器电路，时钟脉冲取自车速传感器，用分频器降频。完成项目必须掌握以下内容：

(1) 知道触发器的逻辑功能并对其进行测试；

(2) 掌握寄存器及计数器的分析；

(3) 知道时序逻辑电路在汽车上的应用。

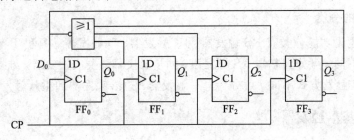

图10-1　环形计数器电路

项目任务分解与实施

任务分解	知识点链接	学生技能培养	任务实施
任务 1	10.1 触发器	触发器的功能测试	见工作单任务 10.1
任务 2	10.2 时序逻辑电路	移位寄存器的测试与应用	见工作单任务 10.2
任务 3	10.2 时序逻辑电路	二-十进制计数、译码与显示电路	见工作单任务 10.3
任务 4	10.3 555 定时器	汽车转向灯电路的调试	见工作单任务 10.4

知识导航

知识点 10.1　触　发　器

10.1.1　触发器概述

1. 触发器

项目 9 所讲述的组合逻辑电路不具有记忆功能。而实际上在各种复杂的数字电路中，不但需要对二值信号进行算术运算和逻辑运算，还经常需要将这些信号和运算结果保存起来。为此，需要具有记忆功能的逻辑单元。这种具有记忆功能的基本逻辑单元就是触发器，它能够存储一位二进制数。

时序逻辑电路具有记忆功能，它由触发器与组合逻辑电路构成。与组合逻辑电路相比较，它的输出状态不仅取决于当时的输入信号，还与电路原来所处的状态有关。触发器是一种最简单的时序逻辑电路，是构成其他时序逻辑电路最基本的单元电路。

2. 触发器的特征

(1) 触发器有两个稳定状态，一个称为"0"态，另一个称为"1"态。在没有外来信号作用时，它将一直处于某一种稳定状态。

(2) 触发器能从一种稳定状态翻转为另一种稳定状态。只有在一定的输入信号控制下，才有可能从一种稳定状态转换到另一种稳定状态，并保持这一状态不变，直到下一个输入信号使它翻转为止。

(3) 触发器有两个互补的输出端，一个为 Q，另一个为 $\overline{Q}$。

3. 触发器的分类

触发器按逻辑功能分类有 RS 触发器、JK 触发器、D 触发器、T 和 T′ 触发器；按照电路结构形式的不同，可分为基本 RS 触发器、同步触发器、主从触发器、维持阻塞触发器和边沿触发器；按触发方式不同，可分为电平触发器、边沿触发器和主从触发器等。

10.1.2　RS 基本触发器

RS 触发器按电路结构分类，有基本 RS 触发器、可控 RS 触发器和主从 RS 触发器三种。

1. 基本 RS 触发器

1）电路结构

基本 RS 触发器的电路结构最简单，它是构成触发器的一个基本组成部分。如图 10.1 - 1 所示，它由两个与非门的输入端和输出端相互交叉连接构成，有 $\overline{R}$ 和 $\overline{S}$ 两个信号输入端，$\overline{R}$ 叫置"0"输入端或复位端，$\overline{S}$ 叫置"1"输入端或置位端。$\overline{R}$ 和 $\overline{S}$ 上面加上"—"表示低电平触发有效。两个输出端互补，分别用 Q 与 $\overline{Q}$ 表示。

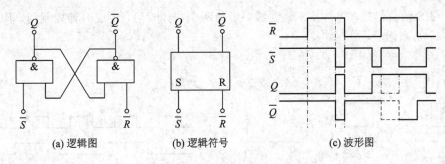

(a) 逻辑图　　　　　　(b) 逻辑符号　　　　　　(c) 波形图

图 10.1 - 1　基本 RS 触发器

一般规定，当 $Q=1$、$\overline{Q}=0$ 时称触发器处于"1"态，$Q=0$、$\overline{Q}=1$ 时称触发器为"0"态。我们把触发信号输入前，触发器所处的稳定状态叫原态(初态)，用 Q_n 表示；触发信号输入后触发器所处的稳定状态叫现态(次态)，用 Q_{n+1} 表示。

2）逻辑功能分析

根据输入信号的不同组合，可以得出基本 RS 触发器的逻辑功能如下所示：

(1) 当 $\overline{R}=0$、$\overline{S}=1$ 时，根据与非门的逻辑功能可知，无论原来 Q 的状态是 0 还是 1，都有 $Q=0$，即触发器被置为"0"态。

(2) 当 $\overline{R}=1$、$\overline{S}=0$ 时，无论原来 Q 状态是 0 还是 1，都有 $Q=1$，即触发器被置为"1"态。

(3) 当 $\overline{R}=1$、$\overline{S}=1$ 时，根据与非门的逻辑功能不难推知，触发器保持原有状态不变，即原来的状态被触发器存储起来，这体现了触发器的记忆能力。

(4) 当 $\overline{R}=0$、$\overline{S}=0$ 时，$Q=\overline{Q}=1$，不符合触发器的逻辑关系。并且由于与非门延迟时间不可能完全相等，在两输入端的 0 同时撤除后，将不能确定触发器是处于 1 状态还是 0 状态，我们把触发器的这种状态叫做不定态。触发器正常工作时不允许出现这种情况，对基本 RS 触发器的输入信号应遵守 $\overline{R}+\overline{S}=1$ 的约束。

根据上面的分析我们可以列出基本 RS 触发器的逻辑功能表，如表 10.1 - 1 所示。

表 10.1 - 1　基本 RS 触发器功能表

输　入		输　出		功　能
$\overline{R}$	$\overline{S}$	Q_n	Q_{n+1}	
0	0	0	不定态	禁止
		1	不定态	
0	1	0	0	置0
		1	0	
1	0	0	1	置1
		1	1	
1	1	0	0	保持
		1	1	

基本 RS 触发器的输入信号是以电平信号直接控制触发器翻转的。在实际应用中，当采用多个触发器工作时，往往要求各触发器的翻转在某一时刻同时进行，这就需要引入一个时钟控制信号，简称时钟脉冲，用 CP 表示。这种触发器只有当时钟脉冲信号到达时，才能根据输入信号一起翻转。我们将用时钟信号控制的触发器称为可控触发器。

可控触发器按触发方式分类，有同步 RS 触发器和主从 RS 触发器两种。

2. 同步 RS 触发器

1）电路结构

同步 RS 触发器是在基本 RS 触发器中增加两个"与非"门，组成时钟控制门，其逻辑图如图 10.1 - 2 所示。

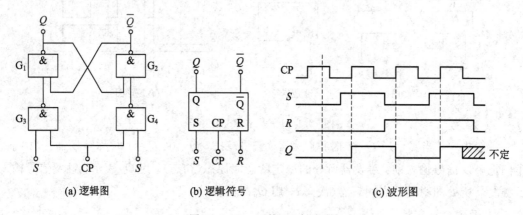

(a) 逻辑图　　　　　(b) 逻辑符号　　　　　(c) 波形图

图 10.1 - 2　可控 RS 触发器

2）逻辑功能分析

（1）当 CP＝0 时，输入信号 R、S 不起作用，触发器的状态保持不变。

（2）当 CP＝1 时，工作情况与基本 RS 触发器相同，其逻辑功能见表 10.1 - 2。

表 10.1 - 2　可控 RS 触发器功能表

CP	R	S	Q_n	Q_{n+1}	功能
0	×	×	Q_n	Q_n	保持
1	0	0	0	0	保持
1	0	0	1	1	保持
1	0	1	0	1	置1
1	0	1	1	1	置1
1	1	0	0	0	置0
1	1	0	1	0	置0
1	1	1	0	×	禁用
1	1	1	1	×	禁用

3）空翻现象

通常在一个时钟脉冲 CP 的作用期间，触发器的状态只能发生一次变化。若在同一个时针脉冲作用下，触发器状态发生二次或多次状态变化，称为空翻。空翻使计数器对一个计数脉冲重复计数而产生错误，是不允许的。

3. 主从 RS 触发器

为了提高触发器工作的可靠性，希望在每个 CP 周期里输出端的状态只能改变一次，为此在同步 RS 触发器的基础上设计出了主从 RS 触发器。

1）电路结构

主从 RS 触发器由两个同步 RS 触发器组成，但它们的时钟信号相位相反。如图 10.1-3 所示，与非门 $G_1 \sim G_4$ 组成从触发器，与非门 $G_5 \sim G_8$ 组成主触发器。逻辑符号"∧"表示正边沿触发，即 CP 由"0"变"1"时刻，触发器才能被触发翻转；在"∧"下边加个小圆圈表示负边沿触发，即 CP 由"1"变"0"时刻，触发器才能被触发翻转。$\overline{R}_D$ 与 $\overline{S}_D$ 分别为置 0 端与置 1 端，零电平有效。输入端为 R、S，时针控制端为 CP。

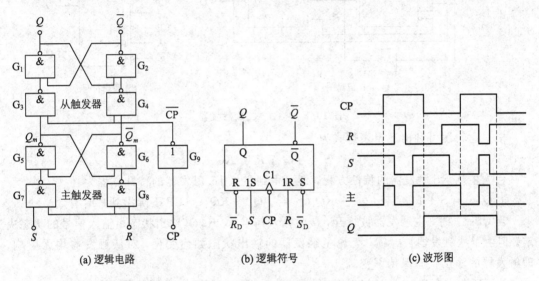

(a) 逻辑电路　　　　　(b) 逻辑符号　　　　　(c) 波形图

图 10.1-3　主从 RS 触发器

2）逻辑功能分析

（1）CP=1 时，主触发器控制门 G_7、G_8 打开，接收输入信号 R、S，从触发器控制门 G_3、G_4 封锁，其状态保持不变。

（2）CP 下降沿到来时，主触发器控制门 G_7、G_8 封锁，在 CP=1 期间接收的内容被存储起来。同时，从触发器控制门被 G_3、G_4 打开，主触发器将其接收的信号送入从触发器，输出端随之改变状态。

（3）CP=0 时，由于主触发器保持状态不变，因此受其控制的从触发器的状态也不可能改变，其功能表如 10.1-3 所示。

由上述分析可得出主从 RS 触发器的特性方程为

$$\begin{cases} Q_{n+1} = S + \overline{R}Q_n \\ RS = 0 \end{cases}$$

表 10.1-3　**主从 RS 触发器逻辑功能表**

CP	S	R	Q_{n+1}
⌐_	0	0	Q_n
⌐_	0	1	0
⌐_	1	0	1
⌐_	1	1	不定

10.1.3　JK 触发器

为了克服 RS 触发器存在不定状态的缺点，在主从 RS 触发器的基础上增加两条反馈线，就构成了 JK 触发器。为了和主从 RS 触发器区别开，把两个信号输入端称 J 和 K，其逻辑符号如图 10.1-4 所示。

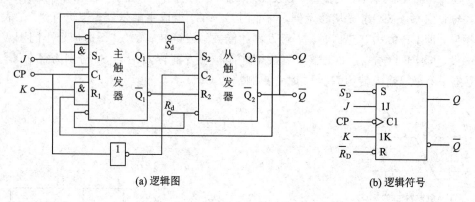

(a) 逻辑图　　　　　　　　　　　　　　(b) 逻辑符号

图 10.1-4　主从 JK 触发器

根据逻辑图可列出逻辑表达式为

$$S = J\,\overline{Q}_n, \ R = KQ_n$$

代入主从 RS 触发器的特性方程，即可得到主从 JK 触发器的特性方程为

$$Q_{n+1} = S + \overline{R}Q_n = J\,\overline{Q}_n + \overline{KQ_n}Q_n = J\,\overline{Q}_n + \overline{K}Q_n \quad \text{（CP 下降沿到来时有效）}$$

当 CP＝1 时，主触发器被打开，接收输入信号 J、K，其输出状态由输入信号的状态决定。但由于从触发器被封锁，无论主触发器的输出状态如何变化，对从触发器均无影响，即触发器的输出状态保持不变。

当 CP 由 1 变 0 时，主触发器被封锁，从触发器按照主触发器的状态翻转。J、K 输入状态的改变不会引起主触发器的变化，而从触发器状态也不会改变，这就保证了在 CP 脉冲的一个周期内，触发器的输出状态只改变一次，而且是在 CP 脉冲下降沿时刻改变状态。具体分析如下：

(1) $J＝0$，$K＝0$。设触发器初态为 0，即 $Q_n＝0$，当 CP＝1 时，由于主触发器 $S＝J\overline{Q}_n＝0$，$R＝KQ_n＝0$，所以状态保持不变，即 $Q_{主}＝0$；当 CP 由 1 变 0 时，从触发器 $S_{从}＝Q_{主}＝0$，$R_{从}＝\overline{Q}_{主}＝1$，$Q_{n+1}＝0$，状态保持不变。

(2) $J＝0$，$K＝1$。设触发器初态为 0，当 CP＝1 时，由于主触发器 $S＝J\overline{Q}_n＝0$，$R＝KQ_n＝0$，状态不变；当 CP 由 1 变 0 时，从触发器状态与主触发器状态一致，$Q＝Q_{主}＝0$。若初态为 1，当 CP＝1 时，主触发器 $S＝J\overline{Q}_n＝0$，$R＝KQ_n＝1$，状态翻转为 0。即不论触发器原来处于何种状态，下一个状态均是 0。

(3) $J＝1$，$K＝0$。通过类似(2)的过程分析可知，不论触发器原来处于何种状态，下一个状态均是 1。

(4) $J＝1$，$K＝1$。设触发器初态为 0，主触发器 $S＝J\overline{Q}_n＝1$，$R＝KQ_n＝0$；当 CP＝1 时主触发器输出 $Q_{主}＝1$。当 CP 从 1 变 0 时，从触发器状态与主触发器变为一致，$Q_{n+1}＝1$。若触发器初态为 1，主触发 $S＝J\overline{Q}_n＝0$，$R＝KQ_n＝1$，当 CP＝1 时，主触发器输出 $Q_{主}＝0$。

当 CP 由 1 变为 0 时，触发器输出 $Q_{n+1}=0$。即当 $J=1$、$K=1$ 的情况下，每一脉冲时钟到来时，触发器的状态发生翻转，与原状态相反，此时 JK 触发器具有计数功能，波形如图 10.1-5 所示，功能表如 10.1-4 所示。

表 10.1-4　主从 JK 触发器逻辑功能表

CP	J	K	Q_n	Q_{n+1}	功能
1	×	×	Q_n	Q_n	保持
⌐⌐↓	0	0	0	0	保持
			1	1	
⌐⌐↓	0	1	0	0	置0
			1	0	
⌐⌐↓	1	0	0	1	置1
			1	1	
⌐⌐↓	1	1	0	1	计数
			1	0	

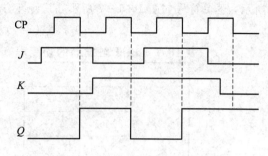

图 10.1-5　主从 JK 触发器波形图

JK 触发器具有置 0、置 1、保持和翻转（计数）功能，在各类集成触发器中，JK 触发器的功能最为齐全。在实际应用中，它不仅有很强的通用性，而且能灵活地转换为其他类型的触发器。

10.1.4　D 触发器与 T 触发器

1. D 触发器

D 触发器又叫 D 锁存器，只有一个信号输入端 D，逻辑功能最简单，常用来储存一位二进制数。常用的是边沿触发器，其状态仅取决于 CP 边沿到达时刻输入信号的状态，而与此边沿时刻以前或以后的输入状态无关，因而可以提高可靠性与抗干扰能力。CP 脉冲有效时，触发器接收信号 D，逻辑符号如图 10.1-6 所示，逻辑功能表见表 10.1-5。

由 D 触发器的功能表可以得出其特性方程为

$$Q_{n+1} = D_n$$

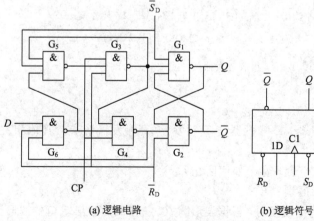

表 10.1-5　D 触发器的功能表

D	Q_{n+1}	功能
0	0	置0
1	1	置1

(a) 逻辑电路　　　　(b) 逻辑符号

图 10.1-6　D 触发器逻辑符号

由于 D 触发器只有置 0 与置 1 的功能，所以也可以由 JK 触发器转换而成。

2. T 触发器

T 触发器具有保持与计数功能。在时钟脉冲的控制下，当输入端 $T=1$ 时，每来一个时钟脉冲，就翻转一次；当 $T=0$ 时，时钟脉冲到达后，保持不变。T 触发器的功能表 10.1-6 所示，逻辑符号如图 10.1-7 所示，其特性方程是

$$Q_{n+1} = T\overline{Q}_n + \overline{T}Q_n$$

表 10.1-6   T 触发器的功能表

T	Q	Q_{n+1}
0	0	0
	1	1
1	0	1
	1	0

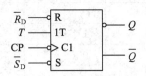

图 10.1-7   T 触发器逻辑符号

10.1.5   集成触发器简介

集成触发器有 TTL 系列与 CMOS 系统两大类。TTL 系列电路的电源 U_{CC} 一般为 $+5\ \text{V}$，而 CMOS 系列电源 U_{DD} 通常在 $+3\ \text{V} \sim +18\ \text{V}$ 之间。通过查阅相关数字集成电路手册，可以得到各种类型集成触发器的详尽资料。对于使用者而言，熟悉集成触发器的外引线排列与各引脚功能是十分必要的。

图 10.1-8 中，U_{CC} 或 U_{DD} 为电源正端；U_{SS} 为电源负端，亦可接地；GND 为接地端；R_D 与 S_D 为置 0 端与置 1 端；字母上方加横线表示低电平有效。在有多个触发器的集成块上，输入与输出端前加同一数字属于同一触发器的引出脚。

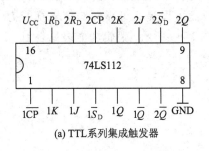
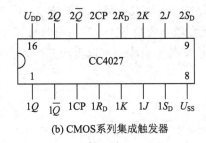

(a) TTL系列集成触发器   (b) CMOS系列集成触发器

图 10.1-8   集成触发器

思考与练习

1. 试将 JK 触发器转换成 T' 触发器、D 触发器与 T 触发器（T' 触发器请参考其他相关资料学习）。

2. 为什么同步 RS 触发器会产生空翻现象？如何防止？

3. 触发器与门电路相比，有什么区别？

4. JK 触发器的初态为 0、CP 下降沿触发时，根据波形图 10.1-9 画出输出端 Q 的波形。

5. 如图 10.1-10 所示触发器，设初态为 0，未接的输入端悬空（相当高电平 1）。试画出在时钟脉冲作用下，输出端 Q 的波形。

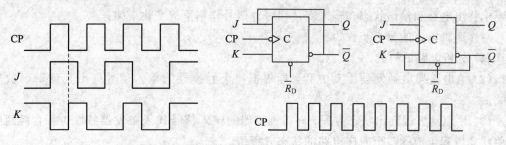

图 10.1-9 思考与练习 4   图 10.1-10 思考与练习 5

6. 为什么 JK 触发器、D 触发器、T 触发器都有一个 $\overline{S}_D$ 与 $\overline{R}_D$？这两个端起什么作用？

7. 如图 10.1-11(a)为一个防止抖动的开关电路，当拨动开关 K 由 B 至 A 或由 A 至 B 时，由于开关触点接通瞬间发生抖动，U_A 与 U_B 的电压波形如图 10.1-11(b)所示，试画出 Q 端的输出波形。

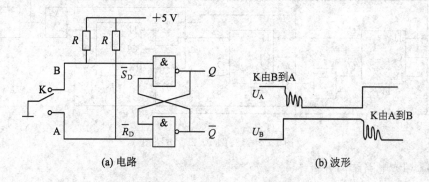

(a) 电路   (b) 波形

图 10.1-11 思考与练习 6 电路与波形

8. 如图 10.1-12 为 D 触发器的时钟脉冲与输入端波形，当采用电平触发时，试画出其输出端的电压波形。在电平触发期间，会发生什么现象？

9. 在图 10.1-13 中，触发器的原态为 $Q_1 Q_0 = 01$，则在下一个 CP 脉冲作用后，$Q_1 Q_0$ 为何种状态？

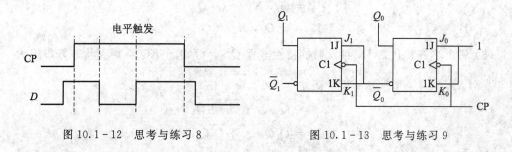

图 10.1-12 思考与练习 8   图 10.1-13 思考与练习 9

知识点 2   时序逻辑电路

10.2.1* 时序逻辑电路的分析方法

时序逻辑电路的分析就是指根据已知的逻辑电路，求出电路的逻辑功能。具体地说就是要求找出电路和输出状态在输入变量和时钟信号作用下的变化规律。

时序逻辑电路的分析步骤为：

(1) 分析电路的构成。

(2) 由电路列出触发器驱动方程，即根据每个触发器的输入信号列出其逻辑函数表达式。

(3) 由驱动方程列出状态方程，即将触发器的输入信号代入触发器特性方程，得到由这些状态方程组成的整个时序电路的状态方程组。

(4) 列出逻辑状态表。

(5) 画出状态循环图。

(6) 分析逻辑功能。

【例 10.2.1】 如图 10.2-1 所示电路，设初始状态为 000，试分析其逻辑功能。

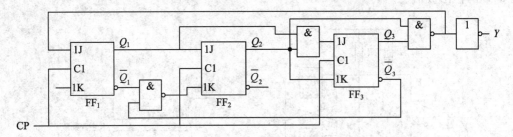

图 10.2-1 例 10.2.1 电路图

【解】 (1) 电路结构分析。

该电路由三个 JK 触发器、一个非门、一个与门和两个与非门构成。三个触发器的时钟脉冲相同，是一个同步时序逻辑电路。

(2) 列驱动方程。

根据以上分析列出电路的驱动方程为

$$J_1 = \overline{Q_2 Q_3}, \quad K = 1$$
$$J_2 = Q_1, \quad K_2 = \overline{\overline{Q_1}\ \overline{Q_3}}$$
$$J_3 = Q_1 Q_2, \quad K_3 = Q_2$$

(3) 将上述方程代入 JK 触发器的特性方程 $Q_{n+1} = J\overline{Q_n} + \overline{K}Q_n$，得到状态方程组为

$$Q_1^n = \overline{Q_2 Q_3} \cdot \overline{Q_1}$$
$$Q_2^n = Q_1\overline{Q_2} + \overline{Q_1}\ \overline{Q_3}Q_2$$
$$Q_3^n = Q_1 Q_2 \overline{Q_3} + \overline{Q_2}Q_3$$

由此可得输出方程为

$$Y = Q_2 Q_3$$

(4) 列出逻辑状态表。

将 000 输入特性方程，得到 001；再将 001 代入，得到 010；依此类推，当输入第 7 个 CP 时，状态恢复为 000，一次循环结束。而输出只有当 Q_2 与 Q_3 同时为 1 时，才输出 1，否则为 0。逻辑状态表如表 10.2-1 所示。

表 10.2 - 1　例 10.2.1 的逻辑状态表

CP 顺序	Q_3	Q_2	Q_1	Y
0	0	0	0	0
1	0	0	1	0
2	0	1	0	0
3	0	1	1	0
4	1	0	0	0
5	1	0	1	0
6	1	1	0	1
7	0	0	0	0

（5）画状态循环图。

根据逻辑状态表画出电路的状态循环图为

$$000 \longrightarrow 001 \longrightarrow 010 \longrightarrow 011$$

$$1 \longleftarrow 110 \longleftarrow 101 \longleftarrow 100 \longleftarrow$$

（6）分析电路的逻辑功能。

从以上状态循环图可以看出，电路每积累 7 个波形，就会向前进位。因此，该电路为同步七进制计数器。

【**例 10.2.2**】　如图 10.2 - 2 所示电路，试分析其逻辑电路功能。

【**解**】　（1）电路结构分析。

该电路由两个 JK 触发器与三个与门、一个非门构成。因时钟脉冲同时送入两个 JK 触发器，所以为同步时序逻辑电路。

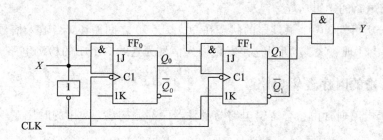

图 10.2 - 2　例 10.2.2 电路图

（2）列驱动方程。

根据以上分析，列出电路的驱动方程为

$$J_0 = \overline{Q_1} X, \ K_0 = 1$$

$$J_1 = Q_0 X, \ K_1 = \overline{X}$$

（3）列状态方程。

将上述方程代入 JK 触发器的特性方程 $Q_{n+1} = J\overline{Q_n} + \overline{K}Q_n$，得到状态方程为

$$Q_0^n = X \overline{Q_1} \ \overline{Q_0}$$

$$Q_1^n = X Q_0 \ \overline{Q_1} + X Q_1$$

由此可得输出方程为

$$Y = XQ_1$$

（4）列逻辑状态表。

设初始状态为 0，即 $Q_0 = 0$，$Q_1 = 0$，输入 $X = 0$，$Y = 0$。

第一个时钟脉冲到来后，输入 $X = 1$，$Q_0 = 0$，$Q_1 = 0$，代入状态方程得 $Q_0 = 1$，$Q_1 = 0$，$Y = 0$。

第二个时钟脉冲到来后，输入 $X = 0$，$Q_0 = 1$，$Q_1 = 0$，代入状态方程得 $Q_0 = 0$，$Q_1 = 0$，$Y = 0$。

依此类推得到状态表 10.2-2。

表 10.2-2　例 10.2.2 逻辑状态表

CP	Q_1	Q_0	X	Q_1^n	Q_0^n	Y
0	0	0	0	0	0	0
1	0	0	1	0	1	0
2	0	1	0	0	0	0
3	0	1	1	1	0	0
4	1	0	0	0	0	0
5	1	0	1	1	0	1

（5）画状态循环图。

根据逻辑状态画出电路的状态循环图为

$$00 \longrightarrow 01 \longrightarrow 10$$

（6）分析电路的逻辑功能。

从以上分析可知，两个触发器的状态在 00、01、10 之间循环，当输入信号连续有 3 个 1 输入时，输出才现一次 1。所以这是一个输入信号为连续 3 个 1 的检测电路。

10.2.2　常用的时序逻辑电路

时序逻辑电路通常由组合逻辑电路与触发器两部分构成，常用的时序逻辑电路有寄存器、计数器等。

时序逻辑电路按状态转换情况不同分为同步时序逻辑电路与异步时序逻辑电路。同步时序逻辑电路中所有触发器都受同一时钟脉冲控制，它们的状态在同时刻会发生变化；而异步时序逻辑电路不用统一的时钟脉冲，各触发器的状态改变不在同一时刻发生。

1. 寄存器

寄存器是一种重要的数字逻辑部件，常用于接收、暂存、传递数码与指令等信息。一个触发器有两种稳定状态，可以存放一位二进制数码。存放 n 位二进制数码则需要 n 个触发器。常用的寄存器有 4 位、8 位、16 位等。

寄存器存放数码的方式有并行与串行两种，并行方式是指数码的各位从各对应位输入端同时输入到寄存器中；而串行方式是指数码从一个输入端逐位输入到寄存器中。从寄存器取出数码的方式也有并行与串行两种方式。

1）数码寄存器

数码寄存器只有接收、寄存、清除原有数码的功能。图 10.2-3 所示为由可控 RS 触发器构成的 4 位数码寄存器，输入端四个非门，输出端为四个与门，采用并行输入与并行输出方式。

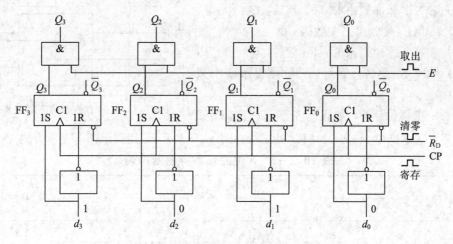

图 10.2-3　4 位数码寄存器

$\overline{R}_D$ 端为清零端，零电平有效，在工作之初首先设置 $Q_3Q_2Q_1Q_0 = 0000$。当取出数码时，$E = 1$，数码从 $Q_3 \sim Q_0$ 端输出；CP 时钟脉冲为寄存指令，高电平有效。例如数码 1010 从 $d_3 \sim d_0$ 输入，触发器 FF$_3$ 有 $S_3 = 1$, $R_3 = 0$；FF$_2$ 有 $S_2 = 0$, $R_2 = 1$；FF$_1$ 有 $S_1 = 1$, $R_1 = 0$；FF$_0$ 有 $S_0 = 0$, $R_0 = 1$。CP 来一个脉冲，则 $Q_3 = 1$, $Q_2 = 0$, $Q_1 = 1$, $Q_0 = 0$。当 $E = 1$ 时，$Q_3Q_2Q_1Q_0 = 1010$。

2）移位寄存器

移位寄存器不仅有存放数码的功能，还有移位的功能。所谓移位就是每来一个时钟脉冲，触发器的状态向左或向右移动 1 位，即寄存的数码可在移位脉冲的控制下依次进行移动。

移位寄存器有单向移位寄存器与双向移位寄存器两种。

图 10.2-4 所示为由四个 JK 触发器构成的左移寄存器。JK 触发器接成 D 触发器形式，采用串行输入，并行输出。

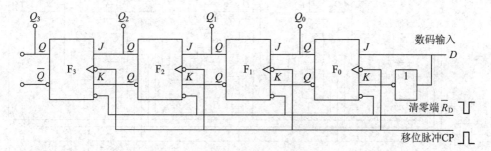

图 10.2-4　4 位左移寄存器

设寄存数码为 1101，按移位脉冲的工作节拍从高位到低位依次串行送到数码输入 D 端，工作之初首先清零。

（1）第一个脉冲到来时，F_0 翻转，$Q_0=1$，其他保持不变。

（2）第二个脉冲到来时，F_1 翻转，$Q_1=1$；F_0 输入第二个数码1，$Q_0=1$。

（3）第三个脉冲到来时，F_2 翻转，$Q_2=1$；F_1 置1，$Q_1=1$，F_0 接收第三个数码，$Q_0=0$。

（4）第四个脉冲到来时，F_3 翻转，$Q_3=1$；F_2 置1，$Q_2=1$，F_1 翻转，$Q_1=0$，F_0 接收第四个数码，$Q_0=1$。

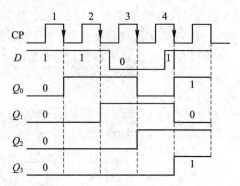

图 10.2-5　4 位左移寄存器波形图

每来一个移位脉冲，数码向左移动一位。第四次脉冲后，$Q_3Q_2Q_1Q_0=1101$。其移位状态如表 10.2-3 所示，用波形图可表示为图 10.2-5。

表 10.2-3　4 位左移寄存器状态表

移位脉冲数	寄存器中数码				移位过程
	Q_3	Q_2	Q_1	Q_0	
0	0	0	0	0	清零
1	0	0	0	1	左移一位
2	0	0	1	1	左移二位
3	0	1	1	0	左移三位
4	1	1	0	1	左移四位

双向移位寄存器既可以左移，又可以右移。如图 10.2-6 为 4 位双向移位寄存器，该电路采用四个 D 触发器与组合逻辑电路构成（含 8 个与门与 4 个或非门）。电路采用串行输入，而输出即可以是并行输出，也可以采用串行输出。B 为左右移位控制端，当 $B=1$ 时，左移输入；当 $B=0$ 时，右移输入。

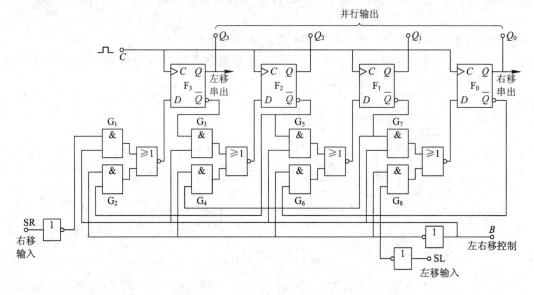

图 10.2-6　4 位双向移寄存器

现在实验室用得较多的集成双向寄存器有 74LS194、CD40194BE、通用 40104 等。74LS194 引脚功能如图 10.2-7 所示。

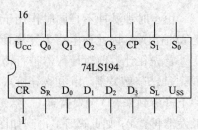

图 10.2-7　74LS194 引脚排列与功能

图 10.2-8 为用两片 74LS194 接成的 8 位双向移位寄存器电路。将第一片 74LS194 集成块的右移输入端作为串行输入端，同时将该片的串行输出端 Q_3 作为第二片集成块的右移串行输入端；同样将第二片集成块的左移串行输出端作为第一片集成块的左移串行输入端，其余的移位脉冲、清零端与工作状态端分别相连，就实现了将两片 4 位双向移位寄存器接成一个 8 位双向移位寄存器的目标。

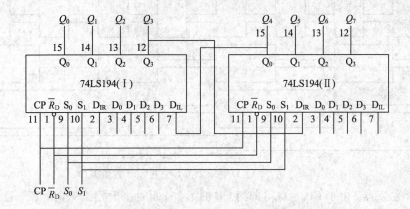

图 10.2-8　两片 74LS194 接成的 8 位双向移位寄存器

2. 计数器

在电子计算机与数字逻辑系统中，计数器是基本部件之一。它的功能是累计输入脉冲的数目，最后给出累计总数。计数器可以进行加法计数，也可以进行减法计数，或者两者兼有的可逆计数。根据计数数制，计数器可分为二进制计数器、十进制计数器与 N 进制计数器；根据时钟脉冲作用的不同，计数器可分为同步计数器与异步计数器。

计数器在数字电路中应用十分广泛，它除了有计数功能外，还可以用于分频、定时、测量等电路。

1）二进制计数器

二进制遵循"逢二进一"的原则，只有 0 与 1 两个数码，即 0+0=0，0+1=1，1+1=10。当本位为 1 再加 1 时，本位和为 1，向高位进位，高位为 1。一个触发器只能存储一位二进制数，要计数 N 位二进制，则需要 N 个触发器。现以 4 位二进制计数器数为例进行说明。

如图 10.2-9 为由 D 触发器构成的 4 位二进制加法计数器。

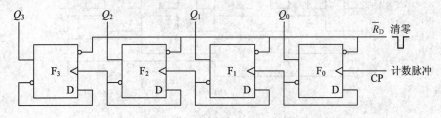

图 10.2-9　4 位异步二进制加法计数器

由于时钟脉冲不是同时作用于每个触发器，高位触发器的时钟脉冲来自于低位触发器的 $\overline{Q}$ 输出端，因此该电路为异步计数器，CP 时钟脉冲上升沿触发。

首先在计数前对计数器进行清零，使 $\overline{R}_D=0$，则 $Q_3Q_2Q_1Q_0=0000$。

（1）F_0 触发器。由电路分析可知，第一个脉冲上升沿到来时，D 触发器置1；第二个脉冲上升沿到来，D 触发器置0；第三个脉冲到来，D 触发器再置1，第四个脉冲到来时，D 触发器再置0；如此循环，得到如图 10.2-10 所示的 Q_0 的波形。相当于每来一个脉冲，触发器计数一次。

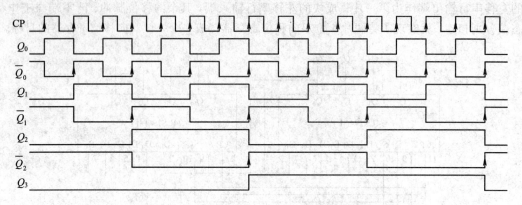

图 10.2-10　4 位 D 触发器异步二进制计数器波形

（2）F_1 触发器。由于 $CP_1=\overline{Q}_0$，即当 CP 的第2个脉冲上升沿到来时，FF_1 置1；第4个 CP 脉冲上升沿到来进，FF_1 置0；依此类推，相当于每来两个脉冲，触发器计数一次。

（3）F_2 触发器。$CP_2=\overline{Q}_1$，同理可分析，每来4个脉冲，触发器计数一次。

（4）F_3 触发器。$CP_3=\overline{Q}_2$，每来8个脉冲，触发器计数一次。

4 位异步二进制加法计数器也可由 4 个 JK 触发器构成，如图 10.2-11 所示，其工作过程请自行分析。

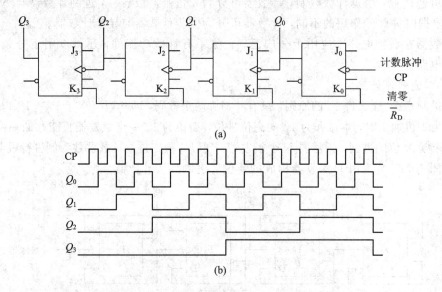

(a)

(b)

图 10.2-11　4 位 JK 触发器异步二进制计数器

异步二进制加法计数器 4 位的有 74LS293、74LS393、74HC393 等，7 位的有 CC4024，12 位的有 74HC4040，14 位的有 74HC4020 等。

为了提高计数速度，应将计数器计数脉冲送到各个触发器的时钟输入端，使各个触发器的状态变化与计数脉冲同步，这种计数器称为同步计数器。如图 10.2 - 12 是由 JK 触发器构成的 4 位二进制同步计数器。

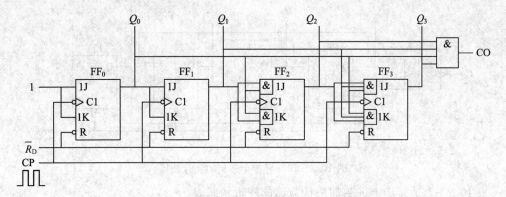

图 10.2 - 12　4 位 JK 触发器构成的同步二进制计数器

分析图 10.2 - 12 可知，电路由 4 个 JK 触发器和与门构成，其触发器的驱动方程与变化状态为：

$J_0 = K_0 = 1$，每来一个脉冲，FF_0 翻转一次；

$J_1 = K_1 = Q_0$，当低位 Q_0 输出为 1 时，FF_1 翻转一次，否则不变；

$J_2 = K_2 = Q_0 Q_1$，当低位 Q_0 与 Q_1 都输出为 1 时，FF_2 翻转一次，否则不变；

$J_3 = K_3 = Q_0 Q_1 Q_2$，当低位 Q_0、Q_1 与 Q_2 都为 1 时，FF_3 翻转一次，否则不变。

$CO = Q_0 Q_1 Q_2 Q_3$，当低四位全为 1 时，向高位进位，$CO = 1$。

由以上分析可列出计数器的状态表，如表 10.2 - 4 所示。

表 10.2 - 4　4 位 JK 触发器构成的同步二进制计数器状态表

计数脉冲	二进制数				十进制数	计数脉冲	二进制数				十进制数
	Q_3	Q_2	Q_1	Q_0			Q_3	Q_2	Q_1	Q_0	
0	0	0	0	0	0	8	1	0	0	0	8
1	0	0	0	1	1	9	1	0	0	1	9
2	0	0	1	0	2	10	1	0	1	0	10
3	0	0	1	1	3	11	1	0	1	1	11
4	0	1	0	0	4	12	1	1	0	0	12
5	0	1	0	1	5	13	1	1	0	1	13
6	0	1	1	0	6	14	1	1	1	0	14
7	0	1	1	1	7	15	1	1	1	1	15

2）十进制计数器

在日常生活中，我们都是采用十进制计数方式，对于二进制计数不那么熟悉，所以在大多数场合，应用十进制计数器显示比较方便。在数字电路中，多采用8421BCD码进行十进制的计数与显示。

如图10.2-13是由JK触发器构成的异步十进制加法计数器，CP下降沿触发。

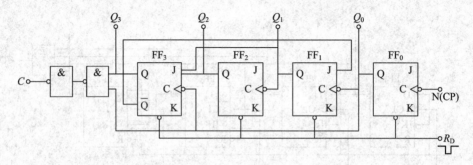

图 10.2-13　异步十进制加法计数器

表10.2-5是异步十进制加法计数器的逻辑状态表。

表 10.2-5　异步十进制计数器逻辑状态表

计数脉冲	二 进 制 数				十进制数	计数脉冲	二 进 制 数				十进制数
	Q_3	Q_2	Q_1	Q_0			Q_3	Q_2	Q_1	Q_0	
0	0	0	0	0	0	6	0	1	1	0	6
1	0	0	0	1	1	7	0	1	1	1	7
2	0	0	1	0	2	8	1	0	0	0	8
3	0	0	1	1	3	9	1	0	0	1	9
4	0	1	0	0	4	10	0	0	0	0	进位
5	0	1	0	1	5						

计数前，电路先清零，使 $Q_3Q_2Q_1Q_0 = 0000$。

FF_0：$J = K = 1$，每来一个脉冲翻转一次。

FF_1：$CP_1 = Q_0$，$J = \overline{Q_3}$，$K = 1$。当 $Q_3 = 0$、$Q_1 = 1$ 时，触发器翻转；当 $Q_3 = 1$ 时，触发器置0。

FF_2：$CP_2 = Q_1$，$J = K = 1$。以 Q_1 为时钟脉冲，每来一个脉冲翻转一次。

FF_3：$CP_3 = Q_0$，$J = Q_2Q_1$，$K = 1$。以 Q_0 为时钟脉冲，只有当 Q_2 与 Q_1 同时为1时，触发器翻转；否则置0。其波形图如图10.2-14所示。

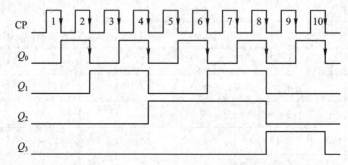

图 10.2-14　异步十进制加法计数器波形图

因异步计数器触发器的翻转是逐步进行的，计数速度慢，如 74LS290；而同步计数器触发器的翻转是与时钟脉冲同步进行的，速度较异步计数器快，如 74LS190、CC4510 等。

如图 10.2-15 为 JK 触发器构成的同步十进制加法计数器。

FF_0 触发器：$J=K=1$，每来一个脉冲，触发器翻转一次。

FF_1 触发器：$J_1=Q_0\overline{Q_3}$，$K_1=Q_0$。在 $Q_0=1$ 时再来一个脉冲翻转，而在 $Q_3=1$ 时不得翻转。

FF_2 触发器：$J_2=Q_0Q_1$，$K_2=Q_0Q_1$，当 $Q_0=Q_1=1$ 进再来一个脉冲翻转。

FF_3 触发器：$J_3=Q_2Q_1Q_0$，$K_3=Q_0$，当 $Q_0=Q_1=Q_2=1$ 时再来一个脉冲翻转，并在来第 10 个脉冲时由 1 翻转为 0。

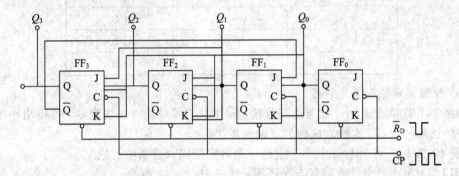

图 10.2-15　同步十进制加法计数器

3）N 进制计数器

（1）任意进制计数器。

目前最常用的计数器主要是二进制与十进制计数器。其他任意进制的计数器可由二进制或十进制计数器改接而成。下面我们以 74LS290 为例来讨论任意进制计数器。

74LS290 是异步二-五-十进制计数器，其内部逻辑电路与引脚排列如图 10.2-16 所示。$R_{0(1)}$ 与 $R_{0(2)}$ 是清零输入端，当两端全为 1 时，4 个触发器全清零；$S_{9(1)}$ 与 $S_{9(2)}$ 是置"9"输入端，当两端全为 1 时，4 个触发器输出 9，即 $Q_3Q_2Q_1Q_0=1001$。清零时，$S_{9(1)}$ 与 $S_{9(2)}$ 至少保证有一个为零，以保证清零可靠。74LS290 有 CP_0 与 CP_1 两个时钟脉冲，其计数功能表 10.2-6 所示。

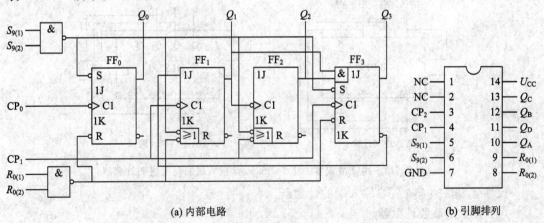

(a) 内部电路　　　　　　　　　　(b) 引脚排列

图 10.2-16　74LS290 内部电路与引脚排列

当只输入计数脉冲 CP_0 时，由 Q_0 输出，$FF_1 \sim FF_3$ 三个触发器不用，为二进制计数器。

当只输入计数脉冲 CP_1 时，由 Q_1、Q_2、Q_3 输出，为五进制计数器。

当 CP_0 与 CP_1 两个计数脉冲都用时，由 Q_0、Q_1、Q_2、Q_3 输出，为十进制计数器。此时将时钟脉冲由 CP_0 输入，Q_0 端与 CP_1 连接，即可完成十进制计数。

表 10.2-6　74LS290 计数功能表

$R_{0(1)}$ $R_{0(2)}$	$S_{9(1)}$ $S_{9(2)}$	$Q_3 Q_2 Q_1 Q_0$
1　1	0　×	0000
×　×	1　1	1001
×　0	×　0	计数
0　×	0　×	计数
0　×	0　×	计数
×　0	0　×	计数

（2）反馈置零法改装计数器。

如将 74LS290 十进制计数器适当改接，利用其清零端进行反馈置零，可得出小于十进制的多种进制计数器。这种方法称为反馈置零法。

【例 10.2.1】 将 74LS290 型十进制计数分别接成六进制与七进制。

【解】 列出六进制计数器状态循环图，如图 10.2-17 所示。

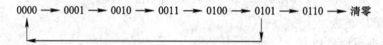

图 10.2-17　六进制循环状态图

由状态图可知，当第五个脉冲到来时，Q_2 与 Q_0 为 1，此时输出 0101；再来一个脉冲，将出现 0110，由于此时 $R_{0(1)} = Q_1$，$R_{0(2)} = Q_2$ 反馈清零，所以稳态不出现 0110，立即回到 0000，电路如图 10.2-18（a）所示。同理，改接成七进制时，第六个脉冲到来，输出为 0110；再来一个脉冲将出现 0111，此时 $R_{0(1)} R_{0(2)} = Q_0 Q_1 Q_2$，反馈置零，稳态不出现 0111，立即回到 0000，电路如图 10.2-18（b）所示。

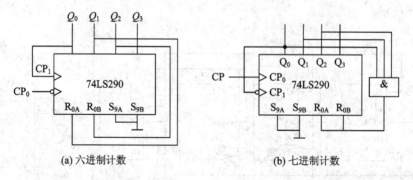

（a）六进制计数　　　　　　　　　（b）七进制计数

图 10.2-18　用反馈置零法将 74LS290 接成六进制与七进制计数器

反馈置零法适合有置零输入端的计数器。

（3）置数法改装计数器。

将具有并行预置数的计数器利用其预置功能改接成任意进制的计数器称为置数法，如

74LS160、74LS161 都具有并行预置数端。74LS160 的 $D_3D_2D_1D_0$ 为并行预置数端，可以预置计数循环中一个适当的数值，得到任意进制计数器。如图 10.2 - 19 所示为将同步十进制计数器 74LS160 改接成七进制，预置数为 0000。当 $Q_3Q_2Q_1Q_0=0110$ 时，下一次 CP 信号上升沿到达时置入输出端，使输出状态变为 0000，从而跳过 $0111\sim1001$ 这 3 种状态，得到七进制计数器。

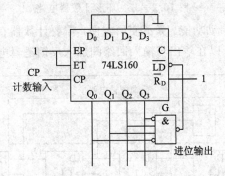

图 10.2 - 19 用置数法将 74LS160 改接成七进制计数器

【例 10.2.2】 用两片 74LS290 改接成 100 进制计数器与 24 进制计数器。

【解】 因 74LS290 为异步十进制计数器，无置数端有置零端，故采用反馈置零法改接。

将两片 74LS290 采用串行进位方式连接，如图 10.2 - 20(a) 所示，构成 100 进制计数器。

在 100 进制的基础上，用反馈置零法，其改装成 24 进制计数器。当第一片为 0100，第二片为 0010 时反馈置零，如图 10.2 - 20(b) 所示。

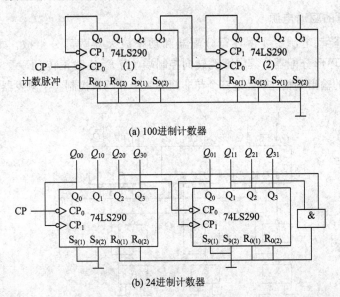

(a) 100进制计数器

(b) 24进制计数器

图 10.2 - 20 用反馈置零法将 74LS290 改接的 100 进制与 24 进制计数器

4）环形计数器

如图 10.2 - 21 所示，若将移位寄存器首尾相接，即 $D_0=Q_3$，那么在不断输入时钟脉冲时，寄存器里的数据循环右移。

例如，当电路的初状态为 $Q_3Q_2Q_1Q_0=1000$ 时，则每来一个移位脉冲，电路的状态按 $1000\rightarrow0001\rightarrow0010\rightarrow0100\rightarrow1000$ 的次序循环变化。

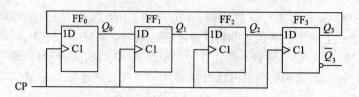

图 10.2－21　环形计数器电路

显然这个电路没有自启动功能。为了使用方便，需要计数器在任何时候都能在时钟脉冲的作用下自动循环。为此可以在输出与输入回路间加入反馈逻辑电路，如图 10.2－22 所示。

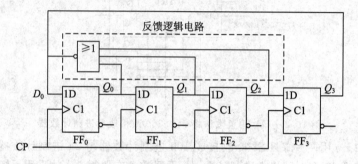

图 10.2－22　具有自启动功能的环形计数器电路

10.2.3　时序逻辑电路在汽车中的应用

以数字电路为基础的现代智能汽车，时序逻辑电路的应用可以说无处不在。

1. 步进电机的驱动电源

步进电机的驱动电源主要由环行分配器和功率放大器两部分组成。如图 10.2－23 为六拍通电方式的环形分配器，其中 E 为转向控制端，当 $E=1$ 时正转，$E=0$ 时反转。六个输入端与触发器相应的输出端相连，经过三个与非门和一个非门来控制各个触发器 J 和 K 的状态。

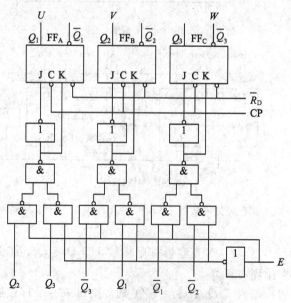

图 10.2－23　六拍环形分配器

2. 数字钟

由任意进制计数器的分析不难理解数字钟电路的组成及原理。如图 10.2-24 所示为数字钟的组成框图，它由脉冲发生器、计数与显示电路、校准电路三大部分构成。

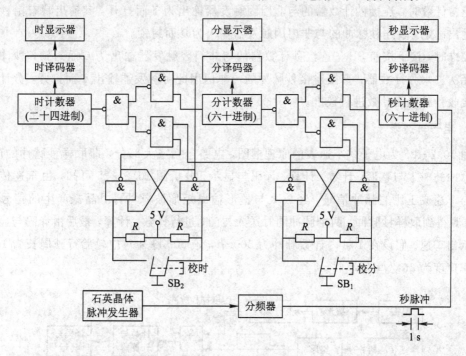

图 10.2-24　数字钟原理框图

1）脉冲发生器

脉冲发生器的作用是产生一个标准的秒脉冲，它由石英晶体振荡器与分频器组成。

石英晶体振荡器产生的脉冲稳定性很高，频率选择性好，因此一般都采用石英晶体振荡器作为标准秒脉冲发生器。

分频器的作用是将石英晶体振荡器产生的高频信号变换为频率为 1 kHz 的标准秒脉冲。由二进制计数器的波形可知，（如图 10.2-14）第一级触发器输出的波形是计数脉冲的二分之一，即输入两个脉冲，触发器输出一个脉冲，所以 1 位二进制计数器就是一个二分频器。第二级触发器个输入四个计数脉冲，输出一个脉冲；第三级触发器输入 8 个脉冲，输出 1 个脉冲。对于十进制计数器，第四级触发器输入 10 个脉冲，输出端输出一个脉冲，将输入频率降为原来的十分之一，称为十分频器。设石英晶振荡产生频率为 1 MHz 的信号，则需六级十分频器才能变成秒脉冲。

2）计数与显示电路

时、分、秒计数器包括两个 60 进制计数器与一个 24 进制计数器及时、分、秒三个译码与显示器。秒计数器每来一个脉冲计数一次，累计 59 个脉冲后，第六十个脉冲后进位，产生一个分脉冲；该分脉冲作为分计数器的计数脉冲。分计数器每来一个脉冲计数一次，第 60 个脉冲产生进位，作为时计数器的计数脉冲，最大显示为 23 时:59 分:59 秒，再输入一个脉冲，显示为零。

3）校准电路

校准电路由一个 RS 基本触发器与三个与非门构成。两个校准电路原理是一样的,图 10.2-24 中校时与校分的按钮位置为正常计数。

正常计数时,连接秒计数器的与非门因触发器输出为 1 而打开,其输出状态由秒计数器的输出确定。直连秒脉冲的与非门因触发器输出为 0 而封锁。

校准时,按下按钮 SB_1,连接秒计数器的与非门因触发器输出为 0 而封锁,秒计数器输出无法进入分计数器;直接连接秒脉冲的与非门因此时触发器输出 1 而打开,分计数器直接接收秒脉冲而计数进行校准。

3. 电子车速表

图 10.2-25 为电子式车速表的原理框图,电路包括三大部分,即取样秒脉冲的产生,车速脉冲的产生与整形、计数、计算、译码与显示。分析图 10.2-25 可知,由车速传感器产生与车速成正比的脉冲信号,经放大与整形输出矩形波脉冲;由晶振产生的信号经整形、分频得到取样秒脉冲,两个脉冲同时送入与门,进行计数、计算,最后由译码与显示电路显示出车速。假设在 1 秒内计数脉冲为 500 个,该 500 脉冲对应轮胎行驶周长为 10 米,则汽车速度为 36 公里每小时。

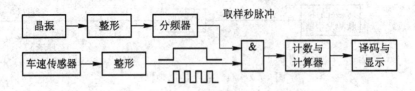

图 10.2-25 电子车速表原理框图

 思考与练习

1. 试用 JK 触发器实现三位异步二进制减法计数器,画出电路图与波形图,分析其工作原理。

2. 比较用 74LS290 反馈置零法改接的任意进制计数器与用 74LS160 置数法改接成的任意进制计数器有何不一样?可否用反馈置零法将 74LS160 改接任意进制计数器?

3. 将 74LS290 改接成 60 进制计数器,画出电路图。

4. 试画出汽车电子车速里程表的原理框图,并说明其工作原理。

知识点 10.3　555 定时器

10.3.1　555 集成定时器

555 集成定时器是一种数字电路与模拟电路相结合的中规模集成电路,也称 555 时基电路。通过外部电路不同的连接,可以构成单稳态触发器,也可以构成无稳态触发器。常用的 555 定时器有 TTL 型的，也有 CMOS 型的，如 CB555、CC7555 等。两种集成电路的功能与引脚相同，现以 CB555 为例加以说明。

1. CB555 内部电路（见图 10.3 - 1）

电路由两个集成运算放大器构成的电压比较器 C_1 与 C_2，一个由与非门构成的 RS 基本触发器，一个非门，一个放电三极管以及三个 5 kΩ 的电阻构成的分压器组成。

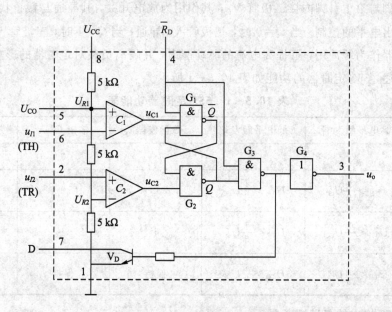

图 10.3 - 1　CB555 内部电路

1）电阻分压器

三个等值的 5 kΩ 电阻将电源电压 U_{CC} 分成了 $\frac{1}{3}U_{CC}$、$\frac{2}{3}U_{CC}$ 两个参考电压。参考电压 $\frac{2}{3}U_{CC}$ 也可以调整，在 5 脚外接电压或电阻即可，故 5 脚称为电压控制端。

2）电压比较器

比较器 C_1 的参考电压为 $\frac{2}{3}U_{CC}$，由同相端输入；比较器 C_2 的参考电压为 $\frac{1}{3}U_{CC}$，由反相端输入。

引脚 6 为高电平触发端。当该引脚的电压 $U_{TH} > \frac{2}{3}U_{CC}$ 时，比较器 C_1 输出为高电平 "0"；$U_{TH} < \frac{2}{3}U_{CC}$ 时，比较器 C_1 输出为低电平 "1"。

引脚 2 为低电平触发器。当该引脚电压 $U_{TR} > \frac{1}{3}U_{CC}$，比较器 C_2 输出为高电平 "1"；$U_{TR} < \frac{1}{3}U_{CC}$，比较器 C_2 输出为低电平 "0"。

3）基本 RS 触发器

当 $C_1=1$、$C_2=0$，即 $R=1$、$S=0$ 时，$Q=0$；

当 $C_1=0$、$C_2=1$，即 $R=0$、$S=1$ 时，$Q=1$；

当 $C_1=1$、$C_2=1$，即 $R=1$、$S=1$ 时，Q 保持原态。

4）放电三极管与输出缓冲器

第 7 引脚与第 1 引脚内接三极管 V_D，其作用为放电开关，其导通与截止状态受 RS 基本触发器输出电平的控制。当 $Q=0$ 时，三极管 V_D 导通；当 $Q=1$ 时，三极管 V_D 截止。输出端的反相器作为缓冲用，可提高电流的驱动能力，并隔离负载对定时器的影响。

综上所述，555 定时器的功能如表 10.3-1 所示。

表 10.3-1　555 定时器功能表

复位端	高电平触发端	低电平触发端	RS 触发器 Q	输出 OUT	放电管状态
0	×	×	×	0	导通
1	$U_{TH} > \frac{2}{3}U_{CC}$	$U_{TR} > \frac{1}{3}U_{CC}$	0	0	导通
1	$U_{TH} < \frac{2}{3}U_{CC}$	$U_{TR} < \frac{1}{3}U_{CC}$	1	1	截止
1	$U_{TH} < \frac{2}{3}U_{CC}$	$U_{TR} > \frac{1}{3}U_{CC}$	保持	保持	保持

2. 由 555 构成的多谐振荡器

如图 10.3-2 为由 CB555 定时器构成的多谐振荡器，电压控制端 5 脚外接 0.01 μF 的电容，防止干扰引入。高电平触发端 6 脚与低电平触发端 2 脚相连，其电压随外接电容 C 两端的电压而变化，其工作过程是：

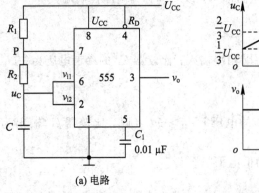

(a) 电路

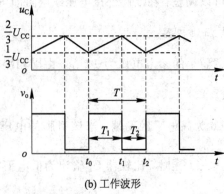

(b) 工作波形

图 10.3-2　由 555 构成的多谐振荡器

接通电源，电源 U_{CC} 经 R_1 与 R_2 向电容 C 充电，电容两端的电压上升。

初态：当 $0 < u_C < \frac{1}{3}U_{CC}$ 时，$\overline{R}_D=1$，$\overline{S}_D=0$，触发器置 1，输出为高电平 1。三极管 V 截

止，电容继续充电。

保持：当 $\frac{1}{3}U_{CC}<u_C<\frac{2}{3}U_{CC}$ 时，$\overline{R}_D=1$，$\overline{S}_D=1$，触发器保持为 1，输出仍为高电平 1。触发器保持暂稳态，三极管仍保持截止状态。

翻转：当 $u_C>\frac{2}{3}U_{CC}$ 时，$\overline{R}_D=0$，$\overline{S}_D=1$，触发器置 0，输出为低电平 0。三极管导通，电容通过 R_2、三极管 V 放电，电容两端电压开始下降。

保持：当电容端电压下降到 $\frac{1}{3}U_{CC}<u_C<\frac{2}{3}U_{CC}$ 时，$\overline{R}_D=1$，$\overline{S}_D=1$，触发器保持不变，输出为低电平 0。触发器保持暂稳态，三极管仍保持导通状态，电容继续放电。

返回初态：当 $0<u_C<\frac{1}{3}U_{CC}$ 时，$\overline{R}_D=1$，$\overline{S}_D=0$，触发器置 1，输出为高电平 1，电路返回初态，三极管截止，电容开始充电，进入下一次循环。

初态的保持时间为第一暂稳态的脉冲宽度 T_1 就是电容 C 的充电时间，即

$$T_1 \approx (R_1+R_2)C\ln 2 \approx 0.7(R_1+R_2)C$$

翻转后的保持时间为第二暂稳态的脉冲宽度为 T_2 就是电容的放电时间，即

$$T_2 \approx R_2 C\ln 2 \approx 0.7R_2 C$$

矩形波的周期为

$$T = T_1+T_2 = 0.7(R_1+2R_2)C$$

频率为

$$f = \frac{1}{T} \approx \frac{1.43}{(R_1+2R_2)C}$$

占空比 D 为

$$D = \frac{T_1}{T_1+T_2} = \frac{R_1+R_2}{R_1+2R_2}$$

10.3.2 汽车应用电路举例

1. 汽车转向灯电路

在汽车起步、转弯、变更车道或路边停车时，需要打开转向信号灯以表示汽车的趋向，提醒周围车辆和行人注意。当接通危险报警信号开关时，所有转向信号灯同时闪烁，表示车辆遇紧急情况，请求其他车辆避让。汽车转向灯电路有很多种，图 10.3-3 为 555 多谐振荡器 LED 转向灯电路。

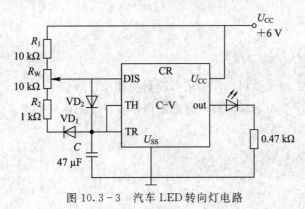

图 10.3-3 汽车 LED 转向灯电路

调整 R_w 可改变输出矩形波的占空比,从而调节发光二极管的闪烁频率。两个二极管可将电容 C 的充电回路与放电回路分开。

充电回路为:$U_{cc} \rightarrow R_1 \rightarrow R_w$ 上 $\rightarrow VD_2 \rightarrow C \rightarrow$ 地;

放电回路为:$C \rightarrow VD_1 \rightarrow R_2 \rightarrow R_w$ 下 $\rightarrow DIS(7) \rightarrow$ 放电三极管 $\rightarrow$ 地。

2. 汽车前照灯自动控制电路

如图 10.3-4 为汽车前照灯自动灯光控制电路,图中 R_G 为光敏元件。当光线弱时,电阻值很大;当光线强时,光敏电阻值下降。V_1 与 V_2 为 VMOS 场效应功率驱动管,栅极为高电平时,管子导通;栅极为低电平时,管子截止。调整电位器 R_P 的大小,可以调整集成定时器 IC 的触发电压阈值。

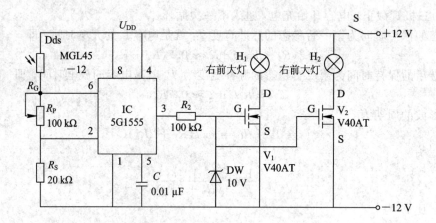

图 10.3-4 汽车前大灯自动控制电路

当光线较强时,由于光敏电阻的电阻值较小,集成定时器 IC 第 6 脚电压与 2 脚电压都较高,满足条件 $U_6 > \frac{2}{3}U_{cc}$,$U_2 > \frac{1}{3}U_{cc}$,第 3 脚输出低电平"0",V_1 与 V_2 场效应功率驱动管截止,前大灯灭。

当光线变暗时,光敏电阻值增大,集成定时器 IC 第 6 脚电压与 2 脚电压都下降,满足条件 $U_6 < \frac{2}{3}U_{cc}$,$U_2 < \frac{1}{3}U_{cc}$,第 3 脚输出高电平"1",V_1 与 V_2 场效应功率驱动管导通,前大灯亮。

 思考与练习

1. 为什么单稳态触发器可以用于定时控制与脉冲整形?

2. 计算图 10.3-3 所示转向灯电路输出信号占空比的可调范围。

3. 如图 10.3－5 为由 555 定时器汽车前照灯自动控制电路，试分析电路的工作原理。

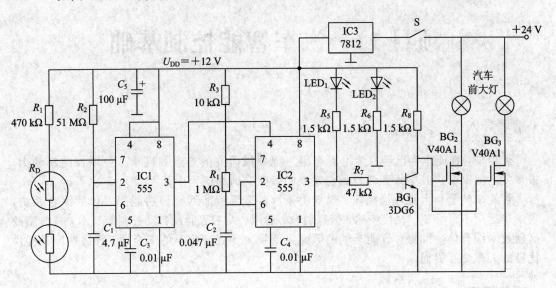

图 10.3－5　汽车前大灯自动控制

项目 11　汽车智能控制基础

┊情境导入┊

近年来，智能车辆已经成为世界车辆工程领域研究的热点和汽车工业增长的新动力，很多发达国家都将其纳入到各自重点发展的智能交通系统当中。

智能车辆是一个集环境感知、规划决策、多等级辅助驾驶等功能于一体的综合系统，它集中运用了计算机、现代传感、信息融合、通讯、人工智能及自动控制等技术，是典型的高新技术综合体。目前对智能车辆的研究主要致力于提高汽车的安全性、舒适性以及提供优良的人车交互界面。

┊项目概况┊

总线控制是汽车智能控制中的一个重要组成部分。要完成对总线控制的故障检测必须知道自动控制、汽车电脑、数/模转换与模/数转换、汽车总线系统、车载无线电技术等相关知识，以便为今后进一步学习专业课打下基础。

┊项目描述┊

一辆起亚 VQ MPV 2016 款汽车行驶里程 4 万公里。车主描述，点火开关打到 ON 位置时，近光灯常亮，踩刹车刹车灯不亮。顶灯开到 DOOR 时，阅读灯闪烁，中门无法自动打开。技师初步诊断，该故障可能是 CAN 总线失效。要想对车身 CAN 进行检测，你应该掌握以下知识：

（1）自动控制的基础知识；

（2）汽车电脑的基本组成；

（3）D/A 与 A/D 转换；

（4）CAN 总线控制（见图 11-1）及 CAN 总线的类型与结构。

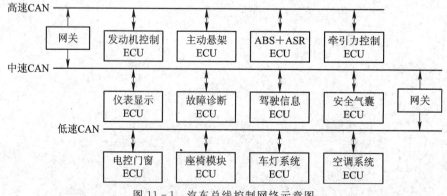

图 11-1　汽车总线控制网络示意图

项目任务分解与实施

任务分解	知识点链接	学生技能培养	任务实施
任务 11.1	11.1 自动控制概述	汽车典型控制系统的控制框图制作	见工作单任务 11.1
任务 11.2	11.3 数/模转换与模/数转换	测试数/模与模/数转换	见工作单任务 11.2
任务 11.3	11.4 汽车总线系统基础	CAN 总线的检测	见工作单任务 11.3

知识导航

知识点 11.1　自动控制概述

11.1.1　自动控制的基本概念

自动控制技术是指在没有人直接参与的情况下,利用控制装置或控制器,使被控对象的某个工作状态或参数(即被控制量)自动地按照预定的规律运行。

例如汽车全自动空调无需人工干预,ECU 对各传感器信号和功能选择键输入的指令进行计算、分析、比较后,发出控制指令,自动调整空调风门风向,以达到人体感觉最舒适状态。

又如,汽车前照灯自动控制亦无需人工干预。夜间会车时,远光灯的强光照射会使人眼短暂出现失明状态,可能导致严重的安全事故。为了避免事故发生,当汽车检测到前方有强光时,控制电路能自动将远光灯关闭;当会车过后,前照灯又恢复正常。

再如汽车自动雨刮器上的雨量传感器感应到雨量的大小时,会将雨量情况发送给雨量控制主节点控制器 BCM,主节点控制器控制雨刮器进行相应的动作,从而实现雨刮的自动控制。

自动控制技术的发展初期以反馈理论为基础的自动调节原理,主要用于工业控制。二次世界大战后,自动控制技术形成了完整的自动控制理论体系——以传递函数为基础的经典控制理论。20 世纪 60 年代初期,随着现代应用数学新成果的推出和电子计算机的应用,自动控制理论跨入了一个新的阶段——现代控制理论(时域与频域)。它主要研究具有高性能、高精度的多变量变参数的最优控制问题,主要采用以状态为基础的状态空间法。目前,自动控制理论还在继续发展,并向以控制论、信息论、仿生学、人工智能为基础的智能控制理论深入。

汽车工业作为国家经济重要支柱产业,不断应用自动控制技术,如自适应巡航、自动泊车、自动驾驶技术等。近年来,汽车自动控制正向人工智能发展。

11.1.2　反馈控制原理

控制技术的作用是控制某些物理量按照指定的规律变化,为此,实际中广泛采用反馈控制。

例如，稳压电路就属于反馈控制。在串联稳压电路当中，电网电压的变化或者负载的变化都将导致负载端电压的变化，从而造成电压不稳。若由一名工人经常监视电压表的波动，及时调整电阻的大小以改变负载端电压，使之符合输出要求，无疑是不现实的。为了将这种波动控制在尽可能小的范围内，如今广泛采用自动控制技术。如图 11.1-1 所示，由于晶体三极管的 CE 间电压受基极电压控制，可用晶体三极管来代替电阻的调节，只要其基极控制信号能反映输出信号的变化，使三极管 CE 间电压及时得到调整，即可保持输出电压基本稳定。为此，给定一个基准电压，从输出电压端取出一个反映输出电压变化的比较信号，两相比较得到一个偏差，然后用这个偏差作为三极管的基极控制信号去控制三极管的 CE 间电压，即可使输出电压保持在给定值不变。

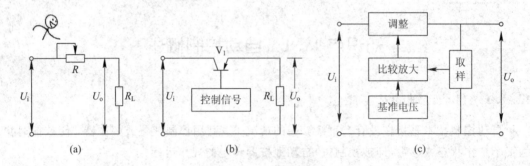

图 11.1-1　串联自动稳压电路原理框图

在上述例子中，被控制的对象是三极管，被控制的物理量是负载端电压，其自动控制过程是先从被控制量得到信息，反过来又把调节被控制量的作用反馈送给被控制对象，这种控制方式称为反馈控制。

在反馈控制装置中，被控制量的信息获取之后，经过一些中间环节（检测装置、比较放大环节、执行器等）最后又作用于被控制量自身，使之按指定规律发生变化，信息的传递途径是一个自身闭合的环，称为闭环，如图 11.1-2 所示。

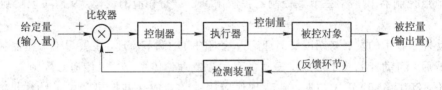

图 11.1-2　闭环控制原理方框

如汽车智能灯光随动控制系统、全自动空调控制、自适应巡航等都是通过闭环来实现自动控制的。在闭环中，除了被控制对象，还有实现控制的设备，称为控制器。控制器与被控制对象构成一个互相作用的整体。凡是一些对象互相作用、互相制约，组成一个具有一定特定功能的整体就称为系统。被控制对象与控制器就组成一个控制系统。

基于反馈控制原理的控制系统属于负反馈。因为反馈控制的目的是要消除（或减小）被控制量与输入量之间的偏差，则控制作用的方向必须与偏差的极性相反。在稳压反馈系统中，当负载端电压高于设定值时，可调节三极管 CE 间电压使之升高，从而使输出电压下降；相反，当负载端电压低于设定值时，可调节三极管的 CE 间电压使之降低，使输出电压上升。

在有些控制系统中，可以不用直接测量偏差（或扰动）就组织起一个控制系统，只要监视由扰动对被控系统造成的偏差就行了。例如在汽车灯光自动控制系统中，控制的对象是汽车前照灯，被控制量是电压，输入量是光线明暗，输出量只受输入量的控制，即受控的场效应管（电子开关）只受输入端光线明暗程度的控制，无需反馈电子开关的状态或灯光的明暗信息，这种无反馈回路的控制称为开环控制，如图 11.1-3 所示。又如自动雨刮控制电路，其输入量是雨滴传感器获取的雨量大小电信号，控制对象是雨刮电动机，输出量是电动机电压高低。在这个系统中，无需测量电动机电压高低，只要感应雨滴大小即可。

图 11.1-3 开环控制原理方框

11.1.3 反馈控制系统的组成

反馈控制系统由控制器、被控制对象组成。控制器是由一些基本的部件或元件构成的，其中包含计算机系统。

1. 检测元件

检测元件的作用是获取被控制的物理量。若这个量是非电量，则需要将它转换为电量，以便于处理。如 11.1 节分析的稳压电路，被控制量是负载端电压，取样电路就是检测元件。又如在汽车智能灯光随动系统中，被控制量是角度，转向检测就是检测元件，它需将角度变成电压，常采用旋变作为检测元件。在全自动空调控制电路中，温度传感器、空调压缩机锁止传感器等可将温度或位置转换成对应的电信号。

检测元件的质量及检测参数的精度是整个控制系统控制性能的基本保证。检测元件应当牢固、可靠，特性应当准确、稳定，不受环境条件的影响，所得到的电信号中所含的噪声小。

在汽车控制系统中，被控制的物理量日益增多，如电压、电流、温度、湿度、位置、角度、距离、压力、光线等。作为检测元件的传感器也多种多样，新的检测元件也不断被研制出来。有的情况需要采用很复杂的技术才能测出一种物理量。

2. 整定元件

整定元件的功能是代表被控制量应取的数值。在全自动空调系统中，车内温度设定为 26℃，湿度为 60%，该值就是整定值。又如，在汽车巡航系统中，若设定车速为 90 km/h，则该时速为整定值。整定元件给出的信号必须准确、稳定，它的精度应当高于要求的控制精度。

3. 比较元件

比较元件的作用是将检测元件给出的信号与整定元件给出的信号相比较，得出它们之间的偏差（误差）。比较元件可以用电桥完成，也可以用差动放大器完成。也有的控制电路不需要另外的比较元件，比如检测元件给出的是直流电压信号，整定元件也是给出的直流电压信号，只要将它们反向串联即可形成差值信号，就不需要专门的比较元件了。

4. 放大元件

放大元件的作用是放大微弱的偏差信号，以推动被控制对象工作。几乎所有的检测元件取得的电信号与偏差信号都是微弱的，微弱的电信号不足以推动被控制对象工作，所以总是要用放大元件加以放大。放大元件的输出必须有足够大的功率，才能实施控制功能。对于电信号而言，放大元件包括电压放大与功率放大。

5. 执行元件

执行元件的作用是直接推动被控制对象工作，以改变被控制量。在汽车智能灯光控制系统中，伺服电动机就是执行元件。执行元件有电动机、电子开关、电磁阀等。

6. 校正元件

校正元件的作用是根据偏差信号形成适当的控制作用。在恒值控制系统中，整定值是确定的，如定速巡航控制系统。若整定值为 90 km/h，则控制系统使车速始终保持这个速度。而在随动系统中，其整定值是一个变量，预先并不知道会是什么一个变化规律。若控制器控制作用的动态性质与被控制对象不相适应，其控制效果会很差甚至不能发挥其控制作用，这时就必须要引入一装置来改变控制器的动态性质，使它产生的控制作用足够强、足够快，能与被控制对象的动态性质很好地配合，最好地发挥其控制作用。简单的校正元件可以是一个电阻，而复杂的校正元件含有计算机。

7. 能源元件

能源元件的作用是为控制系统提供能源。在大多数情况下，整个控制系统都是电的系统，各元件都是电的元件，所以能源元件就是电源。如放大电路使用直流电源，交流电动机使用交流电源。但也有时候，能源元件使用气动或液动控制系统。

在实际的控制系统中，各个元件的作用可能不是单一的，有时兼有多种功能。如放大器既做比较元件，又做放大元件使用。

11.1.4　控制系统的类型

控制的目的是使被控制量按照指定的规律变化。在设计控制系统时，需克服两个困难，一是各种外界的干扰与变化，影响被控制量偏离指定的规律；另一个是控制系统本身具有惰性，使被控制量不能灵活自如。这两个困难存在于所有的控制系统中，但由于各个特定的系统运行方式不同，两个困难的重要程度也不一样，控制系统的运动规律与解决问题的侧重点也不同。

按照不同的分类标准，控制系统可分为多种类型，下面具体加以讲述。

1. 按给定信号的不同分类

从给定信号来分，可将控制系统分为恒值调节系统与随动系统两种。

恒值调节系统是指控制被控制对象，使被控制量与整定值相等，或使被控制量等于一个常数，即整定值是一个常数。如在自动空调系统中，若温度的整定值为 26℃，则被控制温度就要求等于 26℃。相应的车外温度的变化、日照的变化、人员的进出、车门的开闭、发动机的转速都是使车内温度发生偏离整定值的扰动。

随动系统是指保持被控制量等于某个不能预知的变化量。因此在随动系统中，整定值是一个变量，被控制量也是变化着的。例如在汽车智能灯光随动系统中，要使大灯的灯光随驾驶方向变化，但这个转动的方向预先并不知道，是随路况或前方情况及驾驶人的意图变化的。这个系统主要克服的困难是被控制对象本身的惰性，使大灯的转向尽量跟随方向的变化。

2. 按控制原理的不同分类

按控制原理的不同，可将控制系统分为闭环控制系统与开环控制系统两种。

从使用能源的角度不同来分，可分为电控系统、气动系统、液压系统、机械系统。

随着自动控制的不断发展，一些新的控制方式得到了实现与推广。

最优控制：它的特点是根据每一时刻系统中的各有关变量自动形成复杂的反馈信号和控制作用，使控制过程的某种指标达到最优。例如电控汽油喷射系统，使发动机在各种工况下都能获得最佳空燃比的可燃混合气。

极值控制：它的特点是自动搜索系统的最合理工作状态，被控制量经常保持在其极大值或极小值附近，如汽车防抱死控制系统（ABS）。

自适应控制：它的特点是自动改变系统中某一部分的参数甚至结构，使系统在对象特性或环境大幅度变化时仍能保持良好的性能，如汽车自适应巡航系统。

11.1.5　基本要求

1. 稳定性

工作稳定是一个控制系统保证系统正常工作的前提条件。稳定性是指当被控制量偏离整定值时，系统能抑制这种偏离的能力。

2. 快速性

快速性是衡量一个控制系统是否优良的一个指标，指的是被控制量趋近于整定值的时间长短。快速性越好的系统，其过渡时间越短，控制精度越好。

3. 精确性

精确性是指当控制过渡过程结束后被控制量与整定值之间的偏差大小。这个值越小，其控制精度越高。

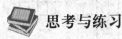 **思考与练习**

1. 查找资料，了解现阶段市场上汽车有哪些自动控制技术。

2. 就你现在所掌握的知识，画出汽车定速巡航的控制原理框图。

3. 汽车灯光控制、雨刮控制、安全气囊控制、ABS 控制、巡航控制分别属于哪种控制类型？

知识点 11.2　汽车电脑基础

现代汽车实质上就是一个以汽车电脑为核心的高度自动化控制系统。汽车电脑按照预定程序自动地对各种传感器的输入信号进行处理，然后输出信号给执行器，从而控制汽车电子设备，自动完成某些功能，使汽车运行于最佳工作状态。该控制系统随着汽车功能的不断增加而日渐完善和复杂，并在解决汽车所面临的安全、节能与环保等问题上起着重要作用。

11.2.1　汽车电脑的基本组成

　　汽车电脑又称为电子控制单元，英文缩写为"ECU"(Electronic Control Unit)。它的主要作用是按照特定的程序对来自传感器的输入信号进行处理，并形成相应的控制指令，输出足够大的控制信号，推动执行器工作。

　　如图 11.2-1 为汽车电子控制单元的基本组成框图。汽车电子控制单元主要输入回路、输出回路、数/模与模/数转换电路、存储器及中央处理器(CPU)构成。

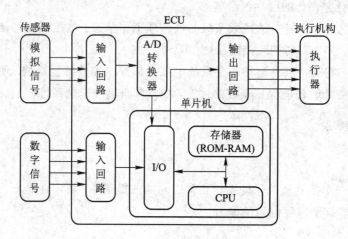

图 11.2-1　汽车电子控制单元的基本组成

1. 输入回路

　　输入回路是接收传感器与其他装置的输入信号，并对信号进行放大、过滤、整形、变换等一系列处理。如图 11.2-2 所示，从传感器获得的信号往往是十分微弱的，为了使微机能够采用并对其处理，必须对其进行放大。如氧传感器，产生的电压信号低于 1 V，只能得到极小的电流，这样的信号送入电脑内的微处理器之前必须放大；过滤的目的是滤除信号中的杂质与干扰，防止微电脑产生误判而输出误动作；整形是指将传感器产生的正弦波整形成矩形波，以利于电路计数；变换是指电源变换或信号变换，如将 12 V 的电压信号变为 5 V 的低压信号，以便微机接收。又如，一般曲轴位置

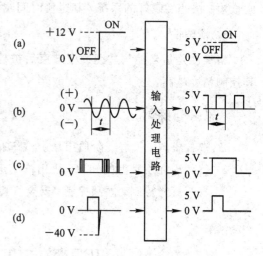

图 11.2-2　输入电路信号处理

传感的齿盘只有几十个齿，若仅用这些齿数产生的几十个脉冲来代表曲轴每转的步数，就显得太粗糙，会引起输送较大的误差。为了确保一定的精度，转角的步长设定为 0.5°(或 1°)，为此在输入回路设立了一个转角脉冲发生器，将齿盘上产生的几十个脉冲转变成曲轴转一圈产生 720 个脉冲(或 360 个脉冲)，这样一个脉冲就代表曲轴角的 0.5°(或 1°)。

2. A/D 转换器与 D/A 转换器

　　A/D 转换器的功能是将模拟信号转换成数字信号。从传感器送出的信号，大多都是模

拟信号，如空气流量计、水温传感器、节气门位置传感器等都是输出变化缓慢的连续信号，而微电脑只能处理数字信号，所以这些信号在送入微电脑分析、判断、比较、计算之前需转换成数字信号（详见 11.3 节）。

经微电脑处理之后的控制信号以数字信号的方式输出，要控制执行机构运行。对于有些执行机构来说，必须将数字信号还原成模拟信号，这就是 D/A 转换。

3. 中央处理器

中央处理器(CPU)是微机的运算核心与控制核心，它负责调取指令、解释指令并执行指令。

4. 存储器

存储器是微机的记忆部件，是存放程序与数据的单元。按功能不同可将存储器分为随机存取存储器与只读存储器两种。

随机存储器(RAM)存储的信息可以随时读取，也可以随时擦除。汽车在运行时，工况变化频繁，由传感器获取的信息也随时在变化。这类需要暂时存储的信息由微处理器传送至 RAM，需要用时再从存储器读取出来，读取完毕还能擦除。

对于只读存取器(ROM)，微处理器只能从中读取信息，不能将信息进行写入也不能擦除。ROM 存储器用于存放各种永久性的程序与数据，如电子控制燃油喷射发动机系统中一系列控制程序、喷油特性脉谱、点火控制特性脉谱以及其他特性数据等。即使电源断开，ROM 中的信息也不会丢失。

5. 输出回路

输出电路是微机与执行器之间建立联系的一部分装置。它将微机发出的决策指令转变成控制信号来驱动执行器工作。输出电路一般包含 D/A 转换、功率放大。微机输出的是数字信号，当执行机构的控制信号为模拟信号时，需要将数字信号转换成模拟信号。如伺服电动机的控制信号就是连续的模拟信号。微机输出的控制信号很微弱，电流很小，不足以驱动执行器工作。功率放大的目标是获得足够大的功率以推动执行器工作。

例如图 11.2-3 为燃油喷射系统的输出接口电路。由微处理器发送出的数字脉冲信号，经输出功率驱动模块进行功率放大后，控制燃油喷射器打开与闭合的时间，从而控制喷油量的多少。

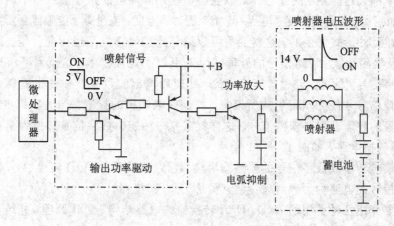

图 11.2-3　输出电路信号处理

6. I/O 接口

I/O 接口是 CPU 连接外部设备及存储器之间数据交换的设备。由于 CPU 与外部设备或存储器在交换数据时速度不同，时序不同，信号类型不同，格式不同，因此 CPU 与外设之间的数据交换必须通过 I/O 接口来完成。I/O 接口通过寄存或缓存来实现 CPU 与外设之间的速度差，通过格式转换与电平转换协调 CPU 与外设信息类型与电平的差异，并可进行地址译码与设备选择，协调时序差异与设置中断与控制逻辑等。

11.2.2　汽车电脑的工作过程

目前，汽车电脑的控制都采用程序控制。在微机的存储器中预先存放了各种控制程序与控制数据。现以发动机电子控制系统为例简单说明汽车电脑的工作过程。

发动机启动时，电子控制器进入工作状态，在执行程序过程中，发动机所需的信息来自各个传感器。从传感器来的信号首先进入输入回路，对其信号进行处理。如果是数字信号，根据 CPU 的安排，经 I/O 接口进入微机；如果是模拟信号，则要经 A/D 转换器转换成数字信号后，再经 A/D 接口进入微机。进入微机的信号大多数暂时存储在 RAM 存储器中，根据指令再从存储器 RAM 调取送到 CPU。CPU 读取指令后，将预存在存储器中的控制程序或控制数据调出，与从传感器获得的信息进行比较、分析、计算、判断，得出此时最适合的程序或数据，作为控制信号，经 I/O 接口，必要时经 D/A 转换器转换成模拟信号，最后经输出电路去控制执行器动作。

 思考与练习

1. 查资料，了解现在汽车上主要有哪些 ECU？各自的作用是什么？
2. 汽车电脑由哪些部分构成？各部分的作用是什么？
3. 试说明汽车全自动空调的基本控制过程。

知识点 11.3　数/模转换与模/数转换

现在汽车都大量应用了传感技术，以获得车辆外部环境的感知信息与车辆本身的适时工作信息，如距离、位置、温度、电压、电流、压力、速度、流量等。传感器获得的这些信号都是以"模拟量"的形式发生的，这些变量可以取任意值，它们是连续变化地。然而在现代控制、通信及检测领域中，对信号的处理广泛采用数字处理技术，这就需要将这些模拟信号转换成数字信号。此外，经过计算机分析、处理后输出的数字量往往也需要将其转换成为相应的模拟信号才能为执行机构所接收，如伺服电动机的控制信号为模拟电压信号，声音与图像信号的还原都需要模拟信号。这样就需要一种能将数字信号转换为模拟信号的电路——数/模转换电路，如图 11.3-1 所示。

将模拟信号转换成数字信号的电路称为模/数转换器（简称 A/D 转换器）；将数字信号转换成模拟信号的电路称为数/模转换器（简称 D/A 转换器）。

本节主要介绍几种常用的 A/D、D/A 转换器的电路结构、工作原理，并结合典型集成芯片介绍其应用。

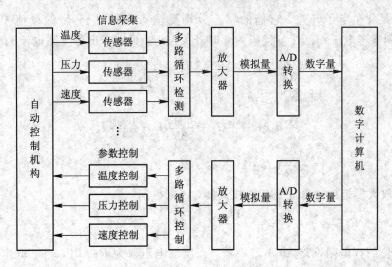

图 11.3-1   A/D 转换与 D/A 转换自动控制应用方框图

11.3.1   D/A 转换器

数字-模拟转换器是将包含在数字编码中的数字信息转换为等价的模拟信号,它由数码寄存器、模拟电子开关、解码网络、求和电路等几部分组成,如图 11.3-2 所示。

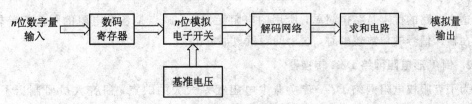

图 11.3-2   D/A 转换器组成方框图

为了将数字量转换成模拟量,必须将每一位代码按其权的大小转换成相应的模拟量,然后将这些模拟量相加,即可得到与数字量成正比的总模拟量。

目前常见的 D/A 转换器有权电阻 D/A 转换器、倒 T 形电阻网络 D/A 转换器、权电流型 D/A 转换器、开关树型 D/A 转换器等类型。

1. 权电阻 D/A 转换器

图 11.3-3 是 4 位权电阻网络 D/A 转换器的原理图,它由权电阻网络、4 个模拟开关和 1 个求和放大器组成。

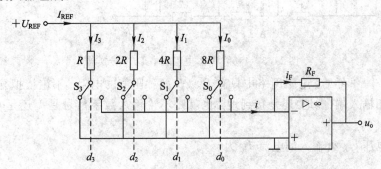

图 11.3-3   权电阻网络 D/A 转换器

$S_0 \sim S_3$ 是 4 个电子开关，它们的状态分别受输入代码 $d_0 \sim d_3$ 的取值控制，代码为 1 时开关接到参考电压 U_{REF} 上，代码为 0 时开关接地。可以求出各支路电流为

$$I_0 = \frac{U_{\text{REF}}}{8R}, \ I_1 = \frac{U_{\text{REF}}}{4R}, \ I_2 = \frac{U_{\text{REF}}}{2R}, \ I_3 = \frac{U_{\text{REF}}}{R}$$

$$i = I_0 d_0 + I_1 d_1 + I_2 d_2 + I_3 d_3$$

$$= \frac{U_{\text{REF}}}{8R} d_0 + \frac{U_{\text{REF}}}{4R} d_1 + \frac{U_{\text{REF}}}{2R} d_2 + \frac{U_{\text{REF}}}{R} d_3$$

$$= \frac{U_{\text{REF}}}{2^3 R} (d_3 \cdot 2^3 + d_2 \cdot 2^2 + d_1 \cdot 2^1 + d_0 \cdot 2^0)$$

把运算放大器近似地看成是理想放大器，可以得到

$$u_o = -R_F i_F = -\frac{R}{2} \cdot i = -\frac{U_{\text{REF}}}{2^4}(d_3 \cdot 2^3 + d_2 \cdot 2^2 + d_1 \cdot 2^1 + d_0 \cdot 2^0)$$

对于 n 位的权电阻网络 D/A 转换器，当反馈电阻取为 $R/2$ 时，输出电压的计算公式可变为

$$u_o = -\frac{U_{\text{REF}}}{2^n}(d_{n-1} 2^{n-1} + d_{n-2} 2^{n-2} + \cdots + d_1 2^1 + d_0 2^0) = -\frac{U_{\text{REF}}}{2^n} D_n \quad (11.3-1)$$

式(11.3-1)表明，输出的模拟电压正比于输入的数字量 D_n，实现了从数字量到模拟量的转换。

这个电路的优点是结构简单，所用的电阻元件少；缺点是各个电阻的阻值相差较大，尤其在输入信号的位数较多时，这个问题就更加突出。

2. 倒 T 形电阻网络 D/A 转换器

为了克服权电阻网络 D/A 转换器中电阻相差太大的缺点，研究人员研制出了如图 11.3-4 所示的倒 T 形电阻网络 D/A 转换器。

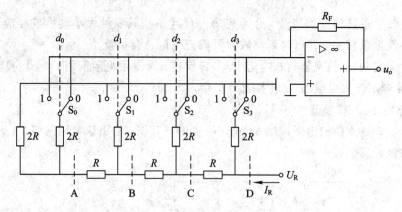

图 11.3-4 倒 T 形电阻网络 D/A 转换器

由图 11.3-4 可见，电阻网络中只有 R、$2R$ 两种阻值的电阻。不论模拟开关接到运算放大器的反相输入端（虚地）还是接到地，也就是不论输入数字信号是 1 还是 0，各支路的电流不变。

从参考电压 U_R 处输入的电流 I_R 为

$$I_R = \frac{U_R}{R}$$

在求和放大器的反馈电阻阻值等于 R 的条件下，输出电压为

$$I = I_0 d_0 + I_1 d_1 + I_2 d_2 + I_3 d_3 = \frac{U_R}{2^4 R}(d_3 \cdot 2^3 + d_2 \cdot 2^2 + d_1 \cdot 2^1 + d_0 \cdot 2^0)$$

对于 n 位输入的倒 T 形电阻网络 D/A 转换器，在求和放大器的反馈电阻阻值为 R 的条件下，输出的模拟电压的计算公式为

$$\begin{cases} u_o = -R_F I = -\dfrac{U_R R_F}{2^4 R}(d_3 \cdot 2^3 + d_2 \cdot 2^2 + d_1 \cdot 2^1 + d_0 \cdot 2^0) \\ u_o = -\dfrac{U_R}{2^n}(d_{n-1} 2^{n-1} + d_{n-2} 2^{n-2} + \cdots + d_1 2^1 + d_0 2^0) = -\dfrac{U_R}{2^n} D_n \end{cases} \quad (11.3-2)$$

式(11.3-2)说明输出的模拟电压与输入的数字量成正比。同时可知，输出电压的最小值为 $\dfrac{U_R}{2^n}$，最大值为 $\dfrac{2^{n-1} U_R}{2^n}$。

目前，数/模转换器集成电路芯片的种类很多，按输入二进制位数有 8 位、10 位、12 位、16 位等。如 TLC7226 为四路 8 位数模转换；TLC5615 为 10 位串行输入数模转换，采用倒 T 形电阻网络，模拟开关由 CMOS 完成，集成运算放大器同时集成在芯片中；TLC5615CP 只有 8 个引脚(见图 11.3-5)，其功能为：1 脚为串行数据输入端；2 脚为串行时钟输入端；3 脚为芯片选择端，低电平有效；4 脚为串行数据输出端；5 脚为模拟信号接地端；6 脚为参考电压输入端；7 脚为模拟信号输出端；8 端为电源端。

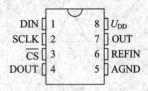

图 11.3-5　TLC5615CP 引脚功能

3. D/A 转换器的主要技术指标

1) 分辨率

分辨率用输入二进制数的有效位数表示。在分辨率为 n 位的 D/A 转换器中，输出电压能区分 2^n 个不同的输入二进制代码状态，能给出 2^n 个不同等级的输出模拟电压。所以输入数码数位越多，分辨率越高。

分辨率也可以用 D/A 转换器的最小输出电压与最大输出电压的比值来表示。10 位 D/A 转换器的分辨率为 $\dfrac{1}{2^{10}-1} = \dfrac{1}{1023} \approx 0.001$。

2) 转换精度

D/A 转换器的转换精度是指输出模拟电压的实际值与理想值之差，即最大静态转换误差。该误差由参考电压偏离标准值、运算放大器的零点漂移、模拟开关的电压降以及电阻阻值的偏差等原因引起。

3) 输出建立时间

从输入数字信号起，到输出电压或电流到达稳定值时所需要的时间，称为输出建立时间。目前 10 位或 12 位的单片集成 D/A 转换器的转换时间一般不超过 1 μs。

4) 线性度

用非线性误差的大小表示 D/A 转换器的线性度。产生非线性误差有两种原因，一是各个模拟开关的电压降不一定相等；二是各个电阻阻值的偏差不可能做到完全相等。

11.3.2　A/D 转换器

1. A/D 转换的基本原理

在 A/D 转换器中，因为输入的模拟信号在时间上是连续的，而输出的数字信号是离散的，所以转换只能在一系列选定的瞬间对输入的模拟信号取样，然后再把这些取样值转换成输出的数字量。一般的 A/D 转换过程是通过取样、保持、量化和编码这四个步骤完成的，如图 11.3-6 所示。

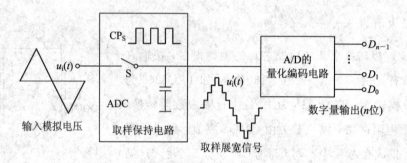

图 11.3-6　模拟量到数字量的转换过程

1) 取样

所谓取样，就是将一个连续的时变信号转换为在时间上不连续的模拟量。

如图 11.3-7 所示，为了能正确无误地用取样信号 U_S 表示模拟信号 U_i，取样信号必须有足够高的频率。可以证明，为了保证能将取样信号恢复成原来的被取样信号，必须满足

$$f_S \geqslant 2f_{i(max)} \tag{11.3-3}$$

式中，f_S 为取样频率；$f_{i(max)}$ 为输入模拟信号的最高频率。

式(11.3-3)就是所谓的取样定理。

在满足取样定理的条件下，可以用一个低通滤波器将信号 U_S 还原为 U_i，这个低通滤波器的电压传输系数在低于 $f_{i(max)}$ 的范围内应保持不变，而在 $f_S - f_{i(max)}$ 以前应迅速下降为零，如图 11.3-8 所示。

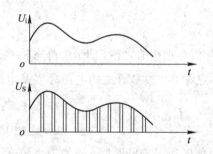
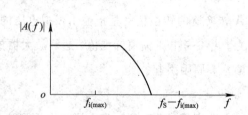

图 11.3-7　对输入模拟信号的取样　　　　图 11.3-8　还原取样信号所用滤波器的频率特性

因此，A/D 转换器工作时的取样频率必须高于式(11.3-3)所规定的频率。取样频率提高以后，留给每次进行转换的时间也相应地缩短了，这就要求转换电路必须具备更快的工作速度。但也不能无限制地提高取样频率，通常取 $f_S=(3\sim5)f_{i(max)}$ 就可以满足要求。

因为每次把取样电压转换为相应的数字量都需要一定的时间，所以在每次取样以后，必须把取样电压保持一段时间。可见，进行 A/D 转换时所用的输入电压，实际上是每次取样结束时的 U_i 值。

2) 取样保持电路

取样电路输出的脉冲宽度由取样时间决定，通常取样时间是很短的，所以取样输出的脉冲宽度也很小。要把一个已取样的信号通过量化、编码需要一定的时间，所以必须在取样电路后面接一个保持电路。保持电路的作用是将取样电路输出的信号暂时保存起来，以便将它量化。一般地，取样保持电路常做在一起，如图 11.3-9 所示。N 沟道 MOS 管 V 作为取样开关。

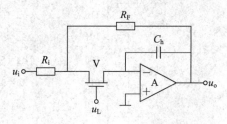

图 11.3-9　取样保持电路的基本形式

当 u_L 为高电平时，V 导通，u_i 经 R_i 和 V 向电容 C_h 充电。若取 $R_i=R_F$，则充电结束后 $u_o=-u_i=u_C$。

当 u_L 返回低电平后，V 截止，C_h 无放电回路，所以 u_o 的数值可被保存下来。

该电路的缺点是取样过程中需要通过 R_i 和 V 向 C_h 充电，所以取样速度会受到限制。

3) 量化和编码

我们知道数字信号不仅在时间上是离散的，而且数值大小的变化也是不连续的。这就是说，任何一个数字量的大小都只能是某个规定的最小数量单位的整数倍。在进行 A/D 转换时，必须把取样电压表示为这个最小单位的整数倍。这个转化过程叫做量化，所取的最小数量单位叫做量化单位，用 Δ 表示。显然，数字信号最低有效位的 1 所代表的数量大小就等于 Δ。

把量化的结果用代码(可以用二进制，也可以是其他进制)表示出来，称为编码。这些代码就是 A/D 转换的输出结果。

既然模拟电压是连续的，那么它就不一定能被 Δ 整除，因而量化过程不可避免地会引入误差。这种误差称为量化误差。将模拟电压信号划分为不同的量化等级时，通常有图 11.3-10 所示的两种方法，它们的量化误差相差较大。

例如要求把 0 V~1 V 的模拟电压信号转换成 3 位二进制代码，则最简单的方法是取 $\Delta=\frac{1}{8}$ V，并规定凡数值在 0 V~$\frac{1}{8}$ V 之间的模拟电压都当作 $0\cdot\Delta$ 对待，用二进制 000 表示；凡数值在 $\frac{1}{8}$ V~$\frac{2}{8}$ V 之间的模拟电压都当作 $1\cdot\Delta$ 对待，用二进制 001 表示，依此类推，如图 11.3-10(a)所示。不难看出，这种量化方法可能带来的最大量化误差可达 Δ，即 $\frac{1}{8}$ V。为了减小量化误差，通常采用图 11.3-10(b)所示的改进方法来划分量化电平。在这种划分量化电平的方法中，取量化电平 $\Delta=\frac{2}{15}$ V，并将输出代码 000 对应的模拟电压范围规定为0 V～$\frac{1}{15}$ V，即0Δ～$\frac{1}{2}\Delta$，这样可以将最大量化误差减小到$\frac{1}{2}\Delta$，即$\frac{1}{15}$ V。这个道理不难理解，因为现在将每个输出二进制代码所表示的模拟电压值规定为它所对应的模拟电压范围的中间值，所以最大量化误差自然不会超过$\frac{1}{2}\Delta$。

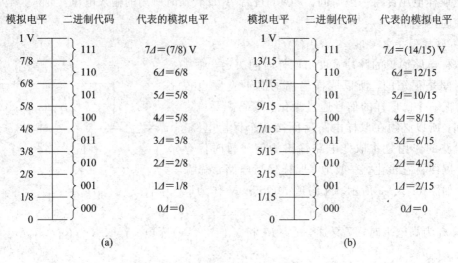

图 11.3 - 10　划分量化电平的两种方法

2. 逐次渐近型 A/D 转换器

根据工作原理的不同，可以把 A/D 转换器分为直接 A/D 转换器和间接 A/D 转换器两大类。在直接 A/D 转换器中，输入的模拟电压直接转换成数字代码，不经过任何中间变量；而在间接 A/D 转换器中，首先需要把输入的模拟电压转换成某一种中间变量，然后再把这个中间变量转换为输出的数字代码。

逐次渐近型 A/D 转换器属于直接 A/D 转换器的一种，是目前集成 A/D 转换器产品中用得最多的一种。

如图 11.3 - 11 是一个输出为 3 位二进制的逐次渐近型 A/D 转换器，其中 3 个 RS 触发器组成 3 位数码寄存器，6 个 D 触发器与门电路组成控制逻辑电路，集成运算放大器为电压比较器。其转换过程为：

首先置零，$D_2 D_1 D_0 = 000$，环形移位寄存器 $Q_1 Q_2 Q_3 Q_4 Q_5 = 10000$。

第一个时钟脉冲到来，FF_3 置 1，FF_2、FF_1 置 0，则 $D_2 D_1 D_0 = 100$ 加到 D/A 转换器的输入端，并在 D/A 转换器的输出端得到相应的模拟电压 U_o。U_o 与 U_i 在电压比较器中比较，若 $U_i \geqslant U_o$，电压比较输出 $U = 0$；若 $U_i < U_o$，电压比较器输出为 $U = 1$，移位寄存器右移一位，使 $Q_1 Q_2 Q_3 Q_4 Q_5 = 01000$。

第二个时钟脉冲到达，FF_2 置 1。若原来的 $U = 1$，则 FF_2 置 0；若 $U = 0$，则 FF_2 的 1 状态保留，同时移位寄存器右移一位，为 00100 状态。

第三个时钟脉冲到达，FF_1 置 1。若原来的 $U = 1$，则 FF_1 置 0；若原来 $U = 0$，则 FF_1 的 1 状态保留。同时移位寄存器右移一位，变成 00010 状态。

第四个时钟脉冲到达，同样根据这时的 U 的状态决定 FF_0 是否应当保留，变为 00001 状态。由于 $Q_5 = 1$，因此 FF_3、FF_2、FF_1 的状态通过输出锁存器送到输出端。

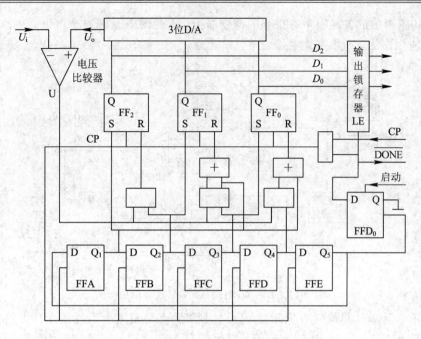

图 11.3 - 11　3 位逐次渐近型 A/D 转换器原理图

第五个时钟脉冲至达后，移位寄存器右移一位，使 $Q_1 Q_2 Q_3 Q_4 Q_5 = 10000$，返回原始状态。同时 $Q_5 = 0$，寄存器被锁，输出信号随之消失。

上述的比较过程如同用天平去称量一个未知重量的物体。转换控制信号为高电平时开始转换，时钟信号首先将寄存器的最高位置成 1，使寄存器输出变为 100…00。这个数字量被 D/A 转换器转换成相应的模拟电压 U_o，送到电压比较器与输入信号 U_i 进行比较。如果 $U_i \geqslant U_o$，说明数字过大，这个 1 应去掉；若 $U_i < U_o$，说明数字还不够大，这个 1 应当保留。再用同样方法依次比较下去，直到最低位比较完为止，这时寄存器里所存的数码就是所变换的数字量。

目前市场上的单片集成 A/D 转换器种类繁多，如 8 位的 A/D7574\7820\7821，12 位的 7874、7878、7888，14 位的 SD9241，16 位的 AD976A；TLV0838 为串行输出 8 位 A/D 转换器，THS1206 为 12 位 CMOS 并行输出成 A/D 转换器等。

3. 双积分型 A/D 转换器

双积分型 A/D 转换器是一种间接的 A/D 转换器。它首先将输入模拟电压信号转换成与之成正比的时间宽度信号，然后在这个时间宽度里对固定频率的时钟脉冲计数，计数的结果正比于输入模拟电压的数字信号。

双积分型 A/D 转换器由积分器、比较器、计数器、控制时钟信号源组成，如图 11.3 - 12 所示。

双积分型 A/D 转换器最突出的优点是工作性能比较稳定。转换过程中先后两次积分且两次积分的 RC 参数相同，转换结果与 RC 参数无关。因此可以用精度较低的元器件制成精度高的双积分型 A/D 转换器。另一优点是抗干扰能力比较强。由于输入端使用积分器，对平均值为零的各种噪声有很强的抑制能力。它的缺点是转换速度低，在速度要求不高的场合应用广泛，如数字式电压表等。

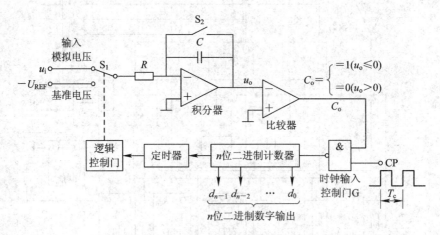

图 11.3 - 12　双积分型 A/D 转换器结构框图

现已有多种单片集成的双积分型 A/D 转换器产品，只需少量外接元件即可完成 A/D 转换，并且可以直接驱动 LED 数码管，常用的有 MCI4433、ICL7106、ICL7135、AD7555 等。如 ICL7106 是双积分型 CMOS 工艺 4 位 BCD 码输出 A/D 转换器，它包含双积分 A/D 转换电路、基准电压发生器、时钟脉冲产生电路、自动极性变换、调零电路、七段译码器、LCD 驱动器及控制电路等，采用 9 V 单电源供电，CMOS 差动输入，可直接驱动 7 位液晶显示器（LCD）。

4. A/D 转换器的主要技术指标

1）分辨率

分辨率是指 A/D 转换器在量化时对输入模拟电压的分辨能力，一般用二进制数表示，如 8 位、10 位、12 位、14 位等。从理论上讲，n 位输出的 A/D 转换器能区分 2^n 个不同等级的输入模拟电压，能区分输入电压的最小值为满量程输入的 $1/2^n$。在最大输入电压一定时，输出位数愈多，量化单位愈小，分辨率愈高。例如 A/D 转换器输出为 8 位二进制数，输入信号最大值为 5 V，那么这个转换器应能区分输入信号的最小电压为 19.53 mV。

2）转换误差

转换误差表示 A/D 转换器实际输出的数字量和理论上的输出数字量之间的差别，常用最低有效位的倍数表示。例如给出相对误差小于等于 ±LSB/2，表明实际输出的数字量和理论上应得到的输出数字量之间的误差小于最低位的半个字。

3）转换时间

转换时间是指从输入模拟电压开始到获得稳定的数字输出为止所需要的时间，该时间随着模拟电压的变化而变化。如果模拟输入电压增加，则转换时间也增加。该时间与时钟频率和位数有关。

 思考与练习

1. D/A 转换器的转换误差是怎样定义的？它与哪些因素有关？

2. D/A 转换器的建立时间是怎样定义的？哪种结构形式的 D/A 转换器转换速度较快？

3. 四位倒 T 形电阻网络 D/A 转换器的 $R_F = R$，设 $U_R = 10\text{ V}$，则输出模拟电压最小值为多少？输出模拟电压最大值为多少？

4. 四位倒 T 形电阻网络 D/A 转换器，输出最小值为 0.313 V。当数字输入量为 1010 时，输出的模拟电压为多少 V？

5. 在倒 T 形 D/A 电阻网络转换器中，当数字量为 1 时，输出模拟电压为 4.885 mV，最大输出电压为 10 V，则该 D/A 转换器是几位的？

6. 12 位 A/D 转换器，输入信号最大值为 5 V，则该转换器能区分的最小电压为多少？

7. A/D 转换器的转换速度与什么因素有关？

8. 已知 8 位 A/D 转换器参考电压为 5 V，输入模拟电压为 3.91 V 时，输出数字量为多少？

知识点 11.4　汽车总线系统基础

随着汽车电子化和自动化程度的提高，汽车 ECU 越来越多，如汽车发电动 ECU、空调 ECU、仪表 ECU、照明 ECU、底盘控制 ECU 等。若这些 ECU 都相互独立地获取传感器信号控制汽车的某个功能，一方面将导致车身线束增多，不利于汽车的轻量化与小型化；另一方面不利用汽车整车管理与控制。为了实现多个汽车 ECU 之间的信息快速传递，简化电路以及降低成本，汽车 ECU 之间要采用通信网络技术连成一个网络系统。为了满足各个子系统的实时性要求，有必要对汽车公共数据实行共享，现场总线正是为满足这些要求而设计的。

11.4.1　汽车车载网络

车载网络是将汽车各个 ECU 按照一定的通讯协议组成的计算机网络。总线将控制系统最基础的现场设备变成网络节点连接起来，它的特点是支持双向、多节点、总线式的全数字通信。

1. 基本概念

（1）节点。节点就是网络中的各个单元。这个单元可以是网络系统中的计算机，也可以是支持网络运行的各种数据处理设备。车载网络系统中的节点主要是各系统中的 ECU，如发动机 ECU、制动防抱死 ECU、空调 ECU、防盗 ECU 等。

（2）通信协议。通信协议是控制网络各节点有效完成信息交换的一种约定与规则，包括对数据格式、同步方式、传送速度、传送步骤、检纠错方式以及控制字符定义等问题做出统一规定，通信双方必须共同遵守。

（3）网关。网关（Gateway）又称网间连接器、协议转换器，它使具有不同的通信协议、数据格式或语言，甚至体系结构完全不同的两种系统之间能够正常进行数据交换，保证网络各节点之间的通信顺畅。

（4）网络拓扑结构。如果把网络中的计算机和通信设备抽象为一个点，把传输介质抽象为一条线，那么由点和线组成的几何图形就是计算机网络的拓扑结构。它反映出网络中各实体的结构关系。

（5）数据总线。数据总线是各节点之间传递数据的通道。一条数据总线上可以传递多个信息，以实现共享的目的。

2. 车载网络的拓扑结构

1）总线型

如图 11.4-1(a)是总线型拓扑结构，其结构特点是用一条公共的传输介质将所有的计算机都通过相应的硬件接口直接连接，这条公共传输介质称为总线。任何一个节点的信息都可以沿着总线双向传输，并且能被接在总线上的任何一个节点所接收。每一个节点都有发送与接收信息的功能。总线两端有阻抗匹配器，主要与总线进行阻抗匹配，最大限度吸收传送端的能量，避免信号反射回总线，产生不必要的干扰。

总线型拓扑结构的优点是：结构简单灵活；可靠性高，网络响应速度快；设备量少，价格低；共享资源能力强。

2）环型

如图 11.4-1(b)是环型拓扑结构，其结构特点是网络中的各节点首尾相连，串成一个闭合的回路。环路中的节点都可以请求发送信息，请求批准就可以向环路发送信息。信息可以单向传输也可以双向传输。一个节点发出的信息必须穿越环中所有的环路接口，信息流中目的地址与环上某节点地址相符时，信息被该节点的环路接口所接收；而后信息继续流向下一环路接口，一直流回到发送该信息的环路接口节点为止。

3）星型

如图 11.4-1(c)是星型拓扑结构，其结构特点是以中央节点为中心，把若干外围节点连接起来，构成辐射式结构。各节点之间的通信都通过中央节点进行，因此中央结点相当复杂，负担也重，要求其容量与可靠性很高。由于采用中央集中式控制，每一个节点都与中央节点都有连接线，因此这种结构需要大量的电缆。

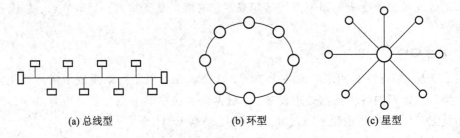

(a) 总线型　　　　　　　(b) 环型　　　　　　　(c) 星型

图 11.4-1　网络拓扑结构

11.4.2　典型的车载网络

为了适用汽车通信网络的要求，各大汽车公司都致力于汽车网络技术的研究与应用，目前已有多种网络标准被应用。一般用单一的通讯网络很难满足现代汽车各种性能与成本要求，很多时候都采用多种通信网络以实现更好的控制目的。多种通信网络之间用网关进行转换。

如图 11.4-2 为汽车控制网络拓扑图。图中有三种网络控制标准，一种为 CAN 总线，一种为 LIN 总线，一种是 MOST 总线。

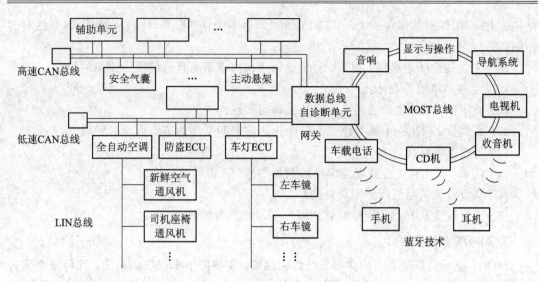

图 11.4 - 2　总线网络拓扑图

1. CAN 总线网络

CAN 是控制器局域网络的简称，是 1986 年由德国博世公司开发出来的、面向汽车的 CAN 通信协议。CAN 属于现场总线的范畴，它是一种有效支持分布式控制或实时控制的串行通信网络。

在汽车通信网络中，CAN 总线有高速(动力)CAN 总线与低速(舒适)CAN 总线之分。高速 CAN 总线的传输速率较高(最高可达 1 Mb/s)，主要用于实时控制反应要求快的电控单元，如整车控制、电池管理、充电系统、电机控制异或燃油汽车的发动机控制、点火控制、自动变速箱控制等。而低速 CAN 总线传输速率较低，主要用于实时控制速度相对较低的电控单元，如全自动空调、车门、防盗、带记忆功能的电动座椅等。

CAN 总线的特点是：

(1) 结构简单。只有两根线(双绞线)与外部设备相连接，并且内部集成了错误探测与管理模块。

(2) 各节点之间通信自由。CAN 总线上任意节点均可在任意时刻主动向网络上其他节点发送信息而不分主次，因此可在各节点之间实现自由通信。当多个节点同时发起通信时，由优先级别来确定通信次序。优先级低的避让优先级别高的，保证对通信线路不会造成拥堵。

(3) 网络内的节点个数在理论上不受限制。CAN 协议采用对通信数据块进行编码，采用这种方法可使网络内的节点个数在理论上不受限制。

(4) 通信距离与速率。CAN 总线的通信距离最远可达 10 km(低速率下)，传输速率最高可达 1 Mb/s(近距离)。

(5) 通信介质多样化。通信介质可以是双绞线、同轴电缆或光导纤维。

2. LIN 总线网络

LIN 是本地互联网络的英文缩写，是一种低速、低成本的串行通讯网络，用于实现汽车中的分布式电子系统控制，主要用作 CAN 总线的辅助网络或子网络。它是典型的主从结构，主控 ECU 有且仅有一个，从控 ECU 可以有多个，主控 ECU 对从控 ECU 有绝对的控制权。

LIN 总线适合于距离短、简单、对传输入速率要求不高且通信不太密集的场合。

LIN 总线网络的特点是：

(1) 成本低：用质优价廉的 8 位单片机即可实现。

(2) 用线少：仅用一根信号总线与一个无固定时间基准的节点同步时钟线。

(3) 传输速率最高为 20 kb/s。

(4) 简单：采用单主控制器与多从控制器结构，无需仲裁机构。

(5) 从节点无需晶振就能实现自同步。

(6) 无需改变从节点的硬件或软件即可在网络上增加节点。

3. MSOT 总线网络

MOST 总线网络是面向媒体的系统传输总线，主要用于车载娱乐系统，其传输介质为光导纤维，支持 24.8 Mb/s 的数据传输速率。

MOST 总线网络可以采用星形或者环形等多种拓扑结构。大多数汽车装置都采用环形布局，在环形总线内数据只能朝一个方向传输。一个 MOST 网络中最多可以有 64 个节点，只要接通电源，网络中的所有 MOST 节点就全部激活。网络可以即插即用，当上电或有连接改变时，有一个寻找设备的过程。网络内的任何设备都可以指定为主设备，其他所有节点都从主设备处获得自己的时钟，实现与总线完全同步。

MOST 总线的特点是：

(1) 传输介质为光导纤维，信号不会产生电磁干扰也不受电磁干扰影响。

(2) 传输速率快，支持 24.8 Mb/s 的数据传输速率。

(3) 环形结构的 MOST 结构简单、传输线少，数据从一个方向由第一个控制单元向另一个控制单元传播，这个过程一直持续，直至首发数据的控制单元又接收到这些数据为止。

4. BLUETOOTH 总线网络

BLUETOOTH 总线网络又称蓝牙技术，实际上是一种短距离无线通信技术，可实现固定设备、移动设备之间的短距离数据交换。

车载蓝牙用于自动识别移动电话，无需电缆便可与手机进行连接，实现免提通话。

蓝牙技术 1994 年由爱立信公司创制，工作于频率为 2.4 GHz 的短距离无线电频段，这在全球范围内无需取得工作许可，是一种不用付费的低功耗、低成本无线电通讯连接方法。为防止干扰，蓝牙技术将传输的数据分割成数据包，采用每秒 1600 次的快速跳频技术进行传输。

蓝牙技术基于数据包传输，有着主从架构协议。一个主设备最多可同时与同一网络中的七个从设备通信。

蓝牙技术的特点是：

(1) 设备之间的通信无需协议与付费。

(2) 抗干扰能力强。

(3) 数据传输速率高，最高可达 1 Mb/s。

（4）蓝牙装置微型模块化，其天线、控制器、编码器、收发器均集成在微型模块内。

（5）蓝牙设备间数据传输方便、简单、无需设定。蓝牙设备相遇后可自动建立联系。

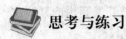 **思考与练习**

1. 你是如何理解总线的？利用总线系统有什么优点？

2. 如何在一条总线上传输多路信息？

3. 实时控制反应要求快的电控单元为什么用 CAN 总线而不用 MOST 总线或蓝牙技术？

知识点 11.5　车载无线电技术基础

无线电技术是通过无线电波传播，发送与接收声音、图像及其他信号的技术。车载收音机、电视机、雷达、导航、定位、移动电话都是利用无线电技术通信的，车联网、物联网、智能公路、智能车辆的发展也都依靠无线电技术。

由于无线电波具有能量，因此利用无线电波可以传送电能。无线充电技术就是无线电能传输技术，可分为无线小功率充电与无线大功率充电。小功率充电诸如手机、人体值入仪器等，大功率无线充电如电动汽车。

在汽车电路上，无线电技术发挥了重要作用。如汽车胎压检测，利用无线发射器将压力信息从轮胎内部发送到中央接收器模块上，然后对各轮胎气压数据进行显示；而汽车智能仪表数据采用无线电传输技术已成为一种必然。

11.5.1　无线电波的基础知识

无线电波或射频波是指在自由空间（包括空气和真空）中传播的电磁波。

我们知道，变化的电场会产生磁场，而变化磁场又会产生电场，因此变化的电场与磁场会产生一个不可分离的电磁场，变化的电磁场在空间的传播形成了电磁波。所以电磁波是由同相且互相垂直的电场与磁场在空间中衍生发射的震荡粒子波，是以波动的形式传播的电磁场，如图 11.5 - 1 所示。

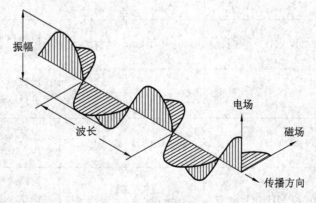

图 11.5 - 1　电磁波

真空中电磁波的传播速度 c 等于波长 λ 和频率 f 的乘积，其值约等于光速（3×10^5 km/s），是宇宙间物质运动的最快速度。

频率是电磁波的重要特性,电磁波由低频率到高频率依次为:工频电磁波、无线电波、微波、红外线、可见光、紫外线、χ射线、γ射线、宇宙射线。无线电波被开发利用的频谱主要为 3 kHz～3000 GHz。

1. 无线电波的传播方式

不同波长的无线电波有不同的传播特性,其传播方式大致分为地波、天波与空间波三种,如图 11.5 - 2 所示。

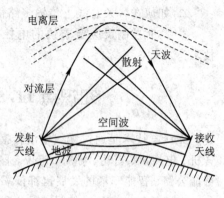

图 11.5 - 2　无线电波的传播

(1)地波。沿着地球表面传播的电波,称为地波。地波在传播过程中受到地面的吸收而衰减,频率越高,衰减越大,其传播距离不远。因此短波、超短波沿地面传播时,距离较近,一般不超过 100 km。如收音机收到的电台往往只能接收本地或邻省的频道就是这个原因。而中波传播距离相对较远,优点是受气候影响较小,信号稳定,通信可靠性高。

(2)天波。靠大气层中的电离层反射传播的电波,称为天波,又称电离层反射波。发射的电波经距地面 70 km～80 km 以上的电离层反射后传播至接收地点,其传播距离较远,一般在 1000 km 以上。

(3)空间波。在空间中由发射地点向接收地点直线传播的电波,称空间波,又称直线波或视距波。传播距离为视距范围,仅为数十公里,对讲机和雷达均是利用空间波传播方式进行通信的设备。

2. 无线电波频段的划分与应用

不同波长(或频率)的无线电波传播特性不同,应用于通讯的范围也不相同。为了合理、有效、充分利用无线电波,我们将无线电频谱按频率大小一段段进行划分,称为频段,如表 11.5 - 1 所示。

表 11.5 - 1　无线电频段的划分

频段名	符号	频率	波段	波长	传播特性	主要用途
甚低频	VIF	(3～30) kHz	超长波	(100～10) km	地波为主	潜艇通信,远距离通信,超远导航
低频	LV	(30～300) kHz	长波	(10～1) km	地波为主	调幅无线电广播、电报、地下岩层通讯、远距离导航
中频	MF	(0.3～3) MHz	中波	1 km～100 m	地波与天波	电报、船用通信、业余无线电通信、移动通信、中距离导航
高频	HF	(3～30) MHz	短波	(100～10) m	天波与地波	调幅无线电广播、远距离短波通信、国际定点通信基地、移动通信

续表

频段名	符号	频率	波段	波长	传播特性	主要用途
甚高频	VHF	(30~300) MHz	米波	(10~1) m	空间波	高频无线电广播、电视、导航、雷达、对空间飞行体通信、移动通信
特高频	UHF	(0.3~3) GHz	分米波	(1~0.1) m	空间波	调频无线电广播、电视、导航、雷达、中小容量微波中继通信、移动通信
超高频	SHF	(3~30) GHz	厘米波	(10~1) cm	空间波	大容量微波中继通信、数字通信、卫星通信、国际海事卫星通信
极高频	EHF	(30~300) GHz	毫米波	(10~1) mm	空间波	空间通信、气象雷达、射电天文、医学理疗
至高频	THF	(300~3000) GHz	丝米波	(1~0.1) mm	空间波	

车载电台的使用频段与具体频率由当地无线电管理局确定，可以分配专用频率使用，也可用业余无线电波频段。

11.5.2　无线电发射与接收

不管是无线电通信还是无线电充电技术，都须有无线电波发射器与无线电波接收器。发射器的作用是将所传输的信息变成无线电波并发射出去，接收器的作用是接收无线电波并还原信息。例如无线电广播电台将声音信号变成无线电波向空间发射，收音机接收到无线电波并将其还原成声音。又如车载雷达，发射器朝某个方向发射一个测距无线电波，无线电波遇到物体被反射回汽车，接收器接收到反射波，通过计算发射与接收到无线电波的时间差而测算其距离。

1. 无线电波的发射

图 11.5-3 为无线电波发射的原理框图，发射器主要由高频振荡电路、调制器、高频功率放大器构成。

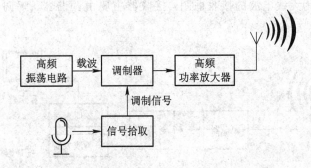

图 11.5-3　无线电波的发射

（1）信号拾取。信号拾取是指将被发射的声音、图像或其他信息先通过话筒、摄像机或其他装置变成电信号。该电信号称为调制信号，调制信号可以是模拟信号，也可以是数字信号。

（2）高频振荡电路。由于调制信号本身的频率较低，不能进行远距离传播，因此必须加载到一个高频信号上，这个信号称为载波。载波是一个等幅等频的高频正弦波振荡信号。

（3）调制器。它的作用是将调制信号运载到高频振荡信号上。调制的方法有调频、调幅、调相等。

调频就是使载波的频率按调制信号的变化规律变化，如图 11.5－4(d)所示。

调幅就是使载波的幅度按调制信号的变化规律变化，如图 11.5－4(c)所示。

调相就是使载波的相位按调制信号的变化规律变化。

（4）高频功率放大器。无线电波在传输过程中，会因为传播的路径、传播的距离产生损耗。为了实现远距离传播，必须具有一定的发射功率。高频功率放大器的作用就是获得足够大的发射功率。

（5）天线。天线是发射与接收电磁波的一种金属装置。

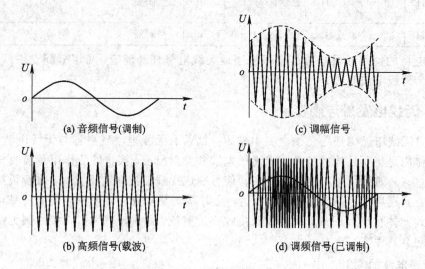

(a) 音频信号(调制)　　　(c) 调幅信号

(b) 高频信号(载波)　　　(d) 调频信号(已调制)

图 11.5－4　载波的调制

2. 无线电波的接收

如图 11.5－5 为无线电波的接收框图。接收器主要由调谐器、解调器、视频或音频放大器组成。

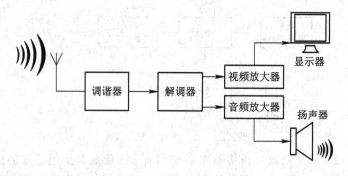

图 11.5－5　无线电波的接收

调谐器的作用是从众多的电磁波中选出所需载波频率，一般由谐振电路与放大器构成。

解调器的作用是从载波信号中还原出调制信号。调幅波的解调称为检波，调频波的解调称为鉴频，调相波的解调称为鉴相。

音频或视频放大器的作用是将解调出来的声音信号或图像信号进行电压与功率放大，以推动扬声器或显示器工作。

3. 无线充电技术

如图 11.5-6 为近距离无线电能传输示意图。无线电能的传输由两部分构成，一是电能发射部分，二是电能接收部分。无线充电技术突出的优点是安全、方便、耐用，尤其是小功率人体植入仪器的充电；缺点是电能在传送与转换过程中存在能量损失，效率不高。

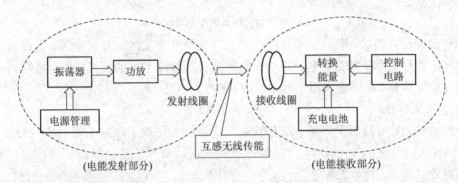

图 11.5-6 无线充电技术

11.5.3 车载定位与导航

1. 北斗全球卫星定位导航系统

北斗全球卫星导航定位系统是利用新一代极轨卫星星座对全球提供定位服务的系统，在全球范围内具有全天候、全天时、高精度、高可靠、自动化、高效益的特点，可以向陆地用户、空间飞行器、海上运载体等提供授时、三维定位、导航、短报文通信、测绘、车辆监控管理、跟踪等服务。

1）全球卫星导航定位系统的组成

北斗卫星导航系统由空间段、地面段、用户段组成。

空间段由静止轨道卫星和非静止轨道卫星组成。目前，我国北斗卫星导航系统计划5 颗静止轨道卫星和 30 颗非静止轨道卫星于 2020 年左右覆盖全球，定位精度为 10 m，测速精度 0.2 m/s，授时精度 10 ns。

地面段包括主控站、注入站和监测站等若干个地面站，如图 11.5-7 所示。主控站用于系统运行管理与控制等，从监测站接收数据并进行处理，生成卫星导航电文和差分完好性信息，而后交由注入站执行信息的发送。注入站用于向卫星发送信号，对卫星进行控制管理，在接受主控站的调度后，将卫星导航电文和差分完好性信息向卫星发送。监测站用于接收卫星的信号，并发送给主控站，可实现对卫星的监测，以确定卫星轨道，并为时间同步提供观测资料。

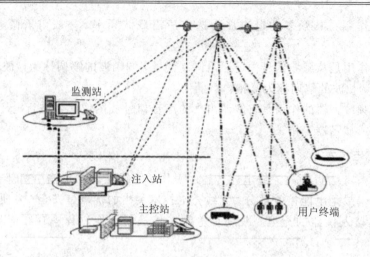

图 11.5 - 7　全球卫星导航定位系统

　　用户段即用户终端，既可以是专用于北斗卫星导航系统的信号接收机，也可以是同时兼容其他卫星导航系统的接收机。接收机需要捕获并跟踪卫星的信号，根据数据按一定的方式进行定位计算，最终得到用户的经纬度、高度、速度、时间等信息。

　　2）卫星定位原理

　　卫星导航的核心是时间测量。现有卫星导航系统上搭载了时间非常准确的原子钟（氢原子钟一千万年误差只有一秒），以便精准授时。它与地面监控站的原子钟同步，建立起一个精确的时间系，称为卫星时。

　　如何定位用户终端呢？设用户终端在某地的位置与时间均为未知，其空间坐标与时间坐标为 $a = f(x, y, z, t)$，卫星 A 的空间坐标与时间坐标为 $A = f(x_1, y_1, z_1, t_1)$，是已知的。当用户终端捕获到卫星信号时，则可测算出用户终端与卫星的距离为

$$s = c(t - t_1) \tag{11.5 - 1}$$

式中 s 为距离；c 为光速；t 为用户终端时间；t_1 为卫星时间。

　　由空间几何可知，若已知两个点之间的坐标，那么其距离的计算公式为

$$s = \sqrt{(x - x_1)^2 + (y - y_1)^2 + (z - z_1)^2} \tag{11.5 - 2}$$

则有

$$\sqrt{(x - x_1)^2 + (y - y_1)^2 + (z - z_1)^2} = c(t - t_1) \tag{11.5 - 3}$$

　　方程（11.5 - 3）中有四个未知量，若要解出方程，还需三个这样的方程。所以用户终端还需搜索与捕捉到其他三颗卫星的信号，才能列出其他三个方程。求解这四个方程，即可得出用户终端的经度、纬度及高度与时间。北斗全球有 35 颗卫星，能覆盖全球任何地方，用户终端在任何位置都可搜索到至少四颗卫星的信号，从而实现定位。

　　如何保证定位的精度，其关键在于保证时间的精准。由于信号在真空中的传播速度为光速，在大气中传播速度会减慢，而且大气也会变化，因此在测量中就会产生误差。1 ns 的时间误差将导致 0.3 m 的距离误差，如此精确的时间测量只有原子钟可以做到。现在普遍采用差分定位法进行误差修正，即地面基站有十分精密的定位坐标，基站与卫星联络，计算出卫星到基站的修正数，并由基站将这一实时数据发送出去。用户终端在收到卫星信

号的同时也收到基站的修正数，对其定位结果进行修正，以提高精确度。

美国的 GPS 是全球卫星定位导航系统最早的，有 24 颗工作卫星与 4 颗备用卫星；俄罗斯格洛纳斯规划 24 颗工作卫星；此外，还有欧盟的伽利略卫星导航系统。不管哪种导航系统，其基本工作原理都是一样的。

2. 电子地图

由上述内容可知，单靠定位系统硬件接收设备与导航软件是不可以实现导航的，导航需要有导航电子地图。

电子地图是一个功能强大的地图软件，可全面展现我国铁路和各级公路在内的交通状况，地图细至乡镇，包括各级行政边界、居民地、水系、机场、铁路、高速公路、国道、省道、县乡道、旅游景点等；可以智能化设计国内任意两地间的驾车出行路线报告，设计的路线除用地图直观展示路线外，还提供"总里程""A 公里后，向 B 方向转，上 C 国道"等内容的详细文字报告，并提供距离量算功能。

电子地图还提供城市公交查询、全国机票酒店查询、全国最新列车时刻查询等服务。

3. 车载导航系统

车载导航包括车载全球卫星定位系统接收机、导航电子地图、导航 ECU 以及语音播放器与屏幕显示器。

电子地图以数据库的形式存于存储器。全球卫星定位系统测出汽车具体位置后将数据送给导航 ECU，ECU 将车辆位置用图标的方式显示于电子地图上，并配以语音提示。

4. 车载防盗系统

对于一般车载导航系统，用户设备只能接收卫星信号，不具有上行发射信号的功能。而用于防盗的定位跟踪系统可借助于全球卫星定位系统与通信网络及政府配套系统，向用户提供付费解决方案。例如我国的北斗全球卫星定位系统，用户终端具有接收和发射的双向功能，可以上行发射位置报告与短报，车主可以通过手机与网络查看车辆的实时情况。

 思考与练习

1. 无线电技术在汽车上有哪些应用？
2. 试描绘北斗定位系统在智能车辆管理、智能交通、智能公路等方面的作用与前景。
3. 你如何理解全球卫星定位系统定位原理的？
4. 车载导航系统是如何实现导航的？

参 考 文 献

[1] 秦曾煌. 电工学(上下册)[M]. 北京：高等教育出版社，2009.

[2] 马云贵. 汽车电路与电器[M]. 长沙：中南大学出版社，2011.

[3] 任成尧. 汽车电工与电子基础[M]. 北京：人民交通出版社，2005.

[4] 周永洪. 电工电子技术[M]. 北京：清华大学出版社，2011.

[5] 黄鹏. 汽车电工与电子技术[M]. 长沙：中南大学出版社，2011.

[6] 申荣卫. 汽车电子技术[M]. 北京：机械工业出版社，2003.

[7] 吴定才. 汽车电工 1000 问[M]. 北京：中国电力出版社，2012.

[8] 凌凯汽车资料编写组. 汽车电工[M]. 北京：邮电大学出版社，2006.

[9] LQBAL H. 纯电动及混合动力汽车设计基础[M]. 林程，译. 北京：机械工业出版社，2012.

[10] 银石立方科技有限公司. 新能源汽车概论[M]. 北京：人民交通出版社，2016.

[11] 徐斌. 新能源汽车[M]. 北京：人民交通出版社，2014.

[12] 王文伟. 电动汽车技术基础[M]. 北京：机械工业出版社，2011.

[13] 赛斯·莱特曼. 电动汽车设计与制造基础[M]. 王文伟，译. 北京：机械工业出版社，2016.